# 区域环保国际合作

REGIONAL ENVIRONMENTAL PROTECTION
INTERNATIONAL COOPERATION
STRATEGY AND POLICY

周国梅  彭  宾  国冬梅/主编

## 战略与政策

### 亚太环境观察与研究 2014

中国环境出版社·北京

**图书在版编目（CIP）数据**

区域环保国际合作战略与政策：亚太环境观察与研究．2014 / 周国梅，彭宾，国冬梅主编．-- 北京：中国环境出版社，2015.7

ISBN 978-7-5111-2411-1

Ⅰ．①区… Ⅱ．①周… ②彭… ③国… Ⅲ．①区域环境－环境保护－国际合作－研究－亚太地区－2014 Ⅳ．① X321.3

中国版本图书馆 CIP 数据核字（2015）第 112979 号

| | | |
|---|---|---|
| 出 版 人 | 王新程 |
| 责任编辑 | 赵惠芬 |
| 责任校对 | 扣志红 |
| 装帧设计 | 彭　杉 |

出版发行　**中国环境出版社**
　　　　　（100062　北京市东城区广渠门内大街 16 号）
　　　　　网　　　址：http://www.cesp.com.cn
　　　　　电子邮箱：bjgl@cesp.com.cn
　　　　　联系电话：010-67112765（编辑管理部）
　　　　　　　　　　010-67168033（监测与监理图书出版中心）
　　　　　发行热线：010-67125803，010-67113405（传真）

| | | |
|---|---|---|
| 印　　刷 | 北京中科印刷有限公司 |
| 经　　销 | 各地新华书店 |
| 版　　次 | 2015 年 7 月第 1 版 |
| 印　　次 | 2015 年 7 月第 1 次印刷 |
| 开　　本 | 787×1092　1/16 |
| 印　　张 | 28.25 |
| 字　　数 | 470 千字 |
| 定　　价 | 120.00 元 |

## 编委会顾问

徐庆华　李海生　任　勇　郭　敬　夏　光　陈　亮
高吉喜　王金南　宋小智　张　磊　涂瑞和

## 主　编

周国梅　彭　宾　国冬梅

## 副主编

李　霞　陈　刚

## 执行编辑

范纹嘉

## 编委会成员（按姓氏笔划排序）

丁士能　王　晨　王玉娟　王语懿　毛立敏　石　峰
田　舫　汉春伟　刘　平　闫　枫　李　博　李　霞
张　立　陈　超　陈　刚　国冬梅　周国梅　郑　军
贾　宁　奚　旺　彭　宁　彭　宾　谢　静　蓝　艳
解　然　魏　亮

# 序　一

## 面向未来，打造区域环境合作共同体 [①]

当前，亚太经济保持良好发展势头，成为世界经济复苏和可持续增长的重要推动力量。同时，国际金融危机的深层次影响仍然存在，气候变化、生态退化、资源危机、重大自然灾害等全球性挑战日益突出，全球经济与环境治理任重道远，国际社会正在共同谋划制定后 2015 年可持续发展目标。在这种背景下，加强中国与东盟的环境合作既是双方自身发展的需要，也是对全球可持续发展的积极贡献。

近年来中国更加重视环境保护和可持续发展，制定和实施了一系列的政策措施。2013 年 11 月，中国做出了全面深化改革的重大决定，把建设生态文明和生态环境保护体制改革作为重要战略任务，积极推动形成人与自然和谐发展的新格局。这些政策和措施，对中国经济、社会、环境的协调和可持续发展产生了重大而深远的影响，形成了以生态文明建设为统领，以建设美丽中国为目标的总体思路，着力解决影响科学发展和损害群众健康的突出环境问题，积极探索在发展中保护、在保护中发展的环保新道路，加快推进环境管理战略转型。重点表现在以下几个方面：

一是污染防治力度不断加大，节能减排深入推进。二是环境保护优化经济发展作用日益显现。三是生态和农村环境保护得到加强。四是生态环境质量持续改善。

下一步，我们将重点围绕以下几个方面，着力推进生态文明，加强环境治理体系建设。

---

[①]　本文为环境保护部副部长李干杰在 2014 年中国 - 东盟环境合作论坛上的讲话摘编。

一是以积极探索环保新道路为实践主体，进一步丰富环境保护的理论体系。借鉴国际环境治理的经验，结合中国国情和发展阶段，改革创新，发展体制和制度优势，努力改善环境质量，推动绿色发展、循环发展、低碳发展。

二是以新修订的《环境保护法》实施为龙头，形成有力保护生态环境的法律法规体系。2014年4月24日，中国全国人大常务会审议通过了新修订的《环境保护法》，并将于2015年1月1日正式实施。这部法律的突出亮点是用制度来保护生态环境，推动建立基于环境承载能力的绿色发展模式，形成多元共治的现代环境治理体系，建立严格刚性的环境保护监管制度和责任体系。我们将切实贯彻新《环境保护法》，全面推进环境保护法律法规、政策制度和环境标准建设。

三是以深化生态保护体制改革为契机，建立严格监管所有污染物的环境保护组织制度体系。我们将通过体制创新，建立和完善严格的污染防治监管体制、生态保护监管体制、核与辐射安全监管体制、环境影响评价体制、环境执法体制、环境监测预警体制，建立统一监管所有污染物排放的环境保护管理制度，独立进行环境监管和行政执法。

四是重点以大气、水、土壤污染防治为核心，构建改善环境质量的工作体系。我们将坚持源头严防、过程严管、后果严惩，优先解决损害群众健康的突出环境污染问题，逐步改善环境质量。强化环境执法监管，全面推进环境信息公开。

中国的生态文明是开放、包容、共赢、创新的建设体系，需要加强区域环境保护国际合作。中国和东盟，面临着区域经济发展绿色转型的共同挑战与机遇，决定了我们之间的合作是推动区域可持续发展的关键力量。

近十年来，特别是2010年中国 - 东盟环境保护合作中心成立以来，中国与东盟的环境合作迎来了新的发展机遇。双方通过了环境合作战略，制定了两期合作行动计划，重点推进了环境政策对话与交流、生物多样性和生态保护、环保产业与技术交流、环境管理能力建设、联合研究等领域的合作。启动和实施了中国－东盟绿色使者计划，制定了中国－东盟环境技术与产业合作框架。双方的成功合作探索了卓有成效的区域环境合作和南南环境合作新模式。

为进一步深化中国与东盟的环境合作，实现区域绿色发展，未来应重点开展如下工作：

第一，共建海上绿色丝绸之路，打造区域环境合作共同体。我们愿同东盟国家共同努力，携手建设更为紧密的中国—东盟环境合作共同体，倡导环境安全、生态安全理念，为双方和本地区人民带来更多福祉。东南亚地区自古以来就是"海上丝绸之路"的重要枢纽，中国愿同东盟国家加强生态环境合作，建设一条绿色丝绸之路，同东盟国家共享绿色发展机遇、共迎挑战，实现共同发展、绿色繁荣。

第二，加强政策交流与能力建设，构建多层次、宽领域的合作平台与网络。中国－东盟国家应围绕绿色发展战略问题加强政策交流与对话，相互学习，彼此借鉴。要继续发挥好中国－东盟环境保护合作中心的平台作用，进一步加强合作网络建设，建立区域绿色发展伙伴关系，在中国－东盟环境合作战略和行动计划的基础上，抓紧制订新的合作战略，重点关注环境可持续城市建设、可持续消费和生产、泥炭地管理等国际与区域热点，促进双方的环境合作取得实效。

第三，积极开展环境技术与产业合作，为区域绿色发展注入新动力。环境技术和产业是环境保护和可持续发展的有力保障和支撑。我们应积极鼓励企业界参与合作，广泛开展技术交流，加强政府、企业和科研机构之间的科技合作和信息分享，不断提升中国与东盟各国的环境产业水平和科技创新能力。重点推动落实好中国 - 东盟环境技术与产业合作框架，抓好合作示范基地建设，形成对双方环境合作的有力支撑。

环境保护部副部长

# 序 二

## 打造环境与发展合作共同体，共建和谐发展的绿色丝绸之路 [①]

当前，国际社会共同面临着气候变化、能源资源安全、生物多样性保护等全球性资源环境问题的挑战，深化区域和国际环保合作已成为世界各国的共识。上海合作组织作为凝结中国与周边国家丝绸之路精神的纽带，自诞生之日起就是成员国、观察员国、对话伙伴国之间经验互鉴、互利共赢的命运共同体。在推动安全与经济合作两大车轮不断向前发展的同时，上合组织顺应时代潮流，加强生态环境保护合作，必将为推动地区的可持续发展发挥积极作用。

作为上合组织成员国，中国积极推动区域机制下的环保务实合作。在上个月召开的第四届亚信峰会期间，习近平主席提出愿意在上海合作组织框架内巩固和发展环保领域的合作与交流，发挥中国 - 上合组织环保合作中心的作用，促进区域可持续发展。2013 年 11 月，李克强总理在上合组织成员国总理理事会第 12 次会议上指出：各方应共同制定上合组织环保合作战略，依托中国 - 上合组织环保合作中心，建设环保信息共享平台。

今天，中国 - 上合组织环保合作中心正式启动，既是落实中国领导人倡议的积极行动，也是推动区域环境合作平台建设、加强各成员之间交流对话的重要活动。希望中心充分发挥窗口、桥梁和平台作用，为推进中国与上合组织环保合作做出贡献。

---

① 本文为环境保护部副部长李干杰 2014 年 6 月 4 日在中国—上海合作组织环保合作高层研讨会上的主旨讲话摘编。

中国政府把保护环境确立为基本国策，实施可持续发展国家战略。近年来，把环境保护摆上更加突出的战略位置，大力推进生态文明建设，积极探索环境保护新路，着力解决突出问题，各项工作取得积极进展。突出表现在以下五个方面：

一是污染防治力度不断加大。二是节能减排进展顺利。三是环境保护优化经济发展作用日益显现。四是生态和农村环境保护得到加强。五是生态环境质量持续改善。

但是，我们也清醒地认识到，我国发展中不平衡、不协调、不可持续问题依然突出，发达国家一两百年出现的环境问题，在我国近30多年来的快速发展中集中显现，呈现明显的结构型、压缩型、复合型特点，环境质量改善与公众期待仍有较大差距。

为破解日趋强化的资源环境瓶颈制约，中国共产党第十八次全国代表大会把生态文明建设纳入中国特色社会主义事业"五位一体"总体布局，党的十八届三中全会要求紧紧围绕建设美丽中国深化生态文明体制改革，加快生态文明制度建设，推动形成人与自然和谐发展现代化建设新格局。面对新形势新任务，我们将站在推进国家生态环境治理体系和治理能力现代化的高度，着力构建推进生态文明建设和环境保护的四梁八柱。

一是以积极探索环保新路为实践主体，进一步丰富环境保护的理论体系。这是推进生态文明建设的有效路径。我们既要借鉴西方发达国家治理污染的经验教训，又要结合我国国情和发展阶段，改革创新，用新理念新思路新方法来进行综合治理，发挥体制和制度优势，尽量缩短污染治理进程，努力改善环境质量，造福全体人民。探索环境保护新路的根本要求是正确处理经济发展与环境保护的关系，牢固树立保护生态环境就是保护生产力、改善生态环境就是发展生产力的理念，决不以牺牲环境为代价去换取一时的经济增长，更加自觉地推动绿色发展、循环发展、低碳发展。

二是以新修订的《环境保护法》实施为龙头，形成有力保护生态环境的法律法规体系。这是推进生态文明建设的强大武器。4月24日，中国全国人大常委会审议通过了新修订《环境保护法》，将于2015年1月1日正式实施。作为中国环境保护领域的基础性、综合性法律，新《环境保护法》在基本理念、公众参与、法律责任等方面实现了诸多突破，为进一步保护和改善环境、推进生态文明建设提供了强大武器。我们将切实宣传好贯彻好实施好新《环境保护法》，加快推进大气污染防治、水污染防治、土壤环境保护、核与辐射安全等专项法律法规的制修订，全面推进环境保护法律法规、政策制度和环境标准建设。

三是以深化生态环保体制改革为契机，建立严格监管所有污染物的环境保护组织制度体系。这是推进生态文明建设的组织保障。生态环保体制改革的主攻方向和着力点是建立和完善严格的污染防治监管体制、生态保护监管体制、核与辐射安全监管体制、环境影响评价体制、环境执法体制、环境监测预警体制。我们将通过体制创新，建立统一监管所有污染物排放的环境保护管理制度，对所有污染物，以及点源、面源、固定源、移动源等所有污染源，大气、土壤、地表水、地下水、海洋等所有污染介质，实行统一监管。独立进行环境监管和行政执法，切实加强对有关部门和地方政府执行国家环境法律法规和政策的监督，纠正其执行不到位，以及一些地方政府对环境保护的不当干预行为。

四是以打好大气、水、土壤污染防治三大战役为抓手，构建改善环境质量的工作体系。这是推进生态文明建设的主战场。我们将坚持源头严防、过程严管、后果严惩，用铁规铁腕强化大气、水、土壤污染防治，优先解决损害群众健康的突出环境污染问题，以实际行动逐步改善环境质量。深入实施《大气污染防治行动计划》，健全政府、企业、公众共同参与新机制，实行区域联防联控。抓紧编制《水污染防治行动计划》和《土壤污染防治行动计划》，争取尽早实施。

我们愿与各方在上合组织框架下加强区域环保合作，打造环境与发展合作共同体，共建人与自然和谐发展的绿色丝绸之路。为此，对加强中国与上合组织环保合作提出四点建议。

一是定战略明方向，以务实合作诠释"上海精神"。希望各方在"互信、互利、平等、协商、尊重多样文明、谋求共同发展"的"上海精神"引领下，在上合秘书处的协调指导下，凝聚合作共识，积极推动制定中国 - 上海合作组织环保合作战略框架，明确合作的指导思想、战略目标与优先领域。

二是建平台促交流，以全球视野提升合作水平。希望各方加强在全球与区域环境问题上的政策对话和经验交流，构建生态环境保护信息共享平台，重点开展生态恢复和生物多样性保护等领域合作，共同提升区域环保合作的质量与水平。

三是谋发展利长远，以能力建设带动合作对话。启动"中国南南环境合作：丝绸之路绿色使者计划"，推进环境保护能力建设、提升公众环境认知与环境意识，并进一步推动上合组织建立与有关国家、组织建立环境合作伙伴关系。

四是重示范见成效，以绿色经济引领绿色发展。推动绿色经济、环保产业与环保技术的务实合作，开展从技术交流、合作研发到科技成果产业化的多层次合作，为区域绿色发展提供支撑。

中国与上合组织的环境保护合作有着深厚的基础、牢固的纽带，潜力巨大，前景广阔。我们希望与大家携手共进，共同呵护我们赖以生存的生态环境，共同打造一条新世纪的绿色丝绸之路，为区域可持续发展作出积极贡献。

环境保护部副部长　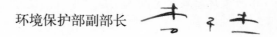

# 目　录

## 理论探讨与国际经验 /133

## 国际环境与发展 /259

# 热点问题关注 /341

战略与政策

# "十三五"环境保护国际合作：
# 应对新挑战　构建大战略

周国梅

　　"十三五"是我国全面建成小康社会的关键时期，也是我国实现经济绿色转型发展，全面改善环境质量的攻坚时期。国内环境保护工作负重前行，环保国际合作面临新形势、新挑战，需要明确定位和重点任务。

　　回望"十二五"，环境保护国际合作取得积极进展，已融入环境保护工作的主战线，在促进对外关系健康发展，积极应对全球与区域环境挑战，引进国外先进技术、资金和管理经验，服务环保中心工作等方面发挥了积极作用。

　　展望"十三五"，一方面，从国内形势看，我国经济进入新常态，经济社会转型发展面临的资源环境矛盾将更加突出，人民对良好生态环境质量的要求更加迫切。从国际形势看，世界经济复苏乏力，国际政治经济秩序深度调整，以中国为代表的新兴经济体成为世界经济增长的主要动力。国际经济治理体系与环境治理体系同时发生重大调整与变革。环境事务在全球政治体系中的重要性显著增加，国际社会大力推动后2015可持续发展进程和目标。但全球环境形势依然严峻。中国国际地位大幅提升，在全球事务中拥有了更大的话语权，也将承担更多责任，在应对气候变化和全球环境治理中的作用凸显。随着中国在全球产业链中的分工调整和延伸，我国所面临的环境问题也日益复杂，承担的大国责任也将更加凸显。

　　因此，面对这些新形势和新要求，需要我们正确判断国际环境与发展的形势，统筹国际和国内，将环境保护的国际合作和国际环境公约履约有机地融入"十三五"环境保护规划中，使之常态化、主流化、融合化。伴随着国家"一带一路"战略的实施，"十三五"期间，环境保护国际合作需要谋划新格局，构建大战略，促进国际环境保护工作与国内环境保护的有机结合。一是在指导思想和认识理念上，"十三五"

规划中要统筹纳入国际环境合作与履约的内容，实现理念与认识的转变；二是要围绕"一带一路"战略，提供生态环保服务与支撑保障；三是要服务国内环境质量改善的中心工作，制定专门的行动计划和任务；四是建立绿色产业链和价值链，提升对外贸易和投资绿色化水平；五是构建南南环境合作网络，建立健全服务保障体系；六是要加强基础研究与能力建设，健全强化保障制度与措施。

## 一、"十三五"环境保护国际合作面临新的形势与挑战

当今社会，经济全球化不断加速，世界格局正在发生着深刻的变化，2008 年 9 月以来，世界经济遭受了 20 世纪大萧条以来最为严峻的挑战。目前世界经济复苏依然乏力，面临的多重危机并未从根本上消除，气候变化、能源危机、粮食、资源环境危机等问题相互交织，正如联合国环境规划署 2009 年年报中所指出的"气候变化问题与其他全球环境问题紧密相关、相互交织，更强调了人类社会需要在可持续发展的大框架下，采取系统性措施来应对的重要性"。国际社会正在谋划的后 2015 可持续发展进程正在加速，环境保护与可持续发展依然是国际社会的主旋律。

"十三五"是我国全面建成小康社会的关键时期，也是建设资源节约型和环境友好型社会的攻坚时期。深刻理解和把握世界环境与发展趋势，对于我们做好"十三五"时期的环境保护国际合作工作有重要的现实意义。分析"十三五"期间的国际环境与发展形势，可以用两个基本判断和四个强化来概括。

一是我国面临复杂的国际环境与发展形势。世界经济下行，我国经济进入新常态。发达国家实施再工业化以及美国的亚太再平衡战略，给我国产业升级、绿色转型带来挑战和压力；世界政治与经济局势复杂多变，我国周边地区形势持续处于快速变化过程中，不确定性和不稳定性显著突出。

自 2000 年《联合国千年宣言》签署，以减贫为主要宗旨的千年发展目标极大地推动了 21 世纪以来的全球发展事业，但发展不平衡、气候变化、能源安全、粮食安全、防灾减灾等全球性挑战依然严峻。鉴于千年发展目标将于 2015 年到期，联合国于 2010 年要求联合国秘书长为推进 2015 年后联合国发展议程提出建议[1]，

---

[1] 2010 年 9 月 22 日，联合国大会第 65/1 号决议。

标志着有关 2015 年后国际发展议程（以下简称后 2015 议程）正式提上联合国议事日程。以可持续发展目标作为后 2015 议程的基础已成为国际社会的共识，可持续发展理念将在后 2015 时代得到进一步强化。相比千年发展目标，可持续发展超越了具体问题导向的思路，更能为全球发展议程提供一套国际规范和哲学基础。

目前正在商议的与环境有关的目标也很多，包括确保健康的生活方式，到 2030 年大幅度减少危险化学品以及空气、水和土壤污染导致的死亡和患病人数；积极为所有人提供水，可持续管理水和卫生，改善水质，减少污染和倾倒废物，减少危险化学品排放，未经处理废水排放减半，保护和恢复与水有关的生态系统；建设具有包容性、安全、有复原力和可持续的城市和人类居住区。确保可持续的生产和消费模式。保护、恢复和促进可持续利用陆地生态系统，可持续管理森林，防治荒漠化，制止和遏制土地退化现象，遏制生物多样性丧失。

但同时，发达国家与发展中国家的分歧日益凸显。一是关于"共同但有区别的责任"原则，发达国家试图以共同责任取而代之，发展中国家则强调必须继续坚持；二是关于目标执行情况的具体指标设定，发达国家试图设置清晰、量化、可达成的指标，发展中国家则主张应根据本国国情、能力和发展阶段确定，不可强加；三是关于构建全球发展伙伴关系，发达国家试图淡化南北合作对发展融资的重要性，发展中国家则要求发达国家落实援助承诺和技术转让。

国际社会对环境可持续的重要性认知不断上升。一是当前后 2015 议程讨论中关注的环境议题更为全面，凸显了环境可持续目标在后 2015 时代全球发展进程中的支柱性地位。二是后 2015 议程关注可持续发展各个方面的一体化，强调了环境可持续目标与经济目标、社会目标的进一步融合。

二是全球与区域环境问题形势严峻，各方博弈日趋激烈。根据联合国环境规划署组织编写的《全球环境展望 5》报告研究得出的重要结论：全球环境问题整体上呈现恶化趋势，面临更加严峻的挑战，包括气候变化在内的多重危机交织，更加剧了千年目标实现的挑战性。

具体而言，全球环境问题主要有如下特征和趋势：

（1）全球环境总体状况恶化，环境问题的地区及社会分布失衡加剧。过去 20 年，在经济全球化过程中，少数发达国家和地区的环境压力逐渐减弱，但大多数欠发达、发展中和转型国家和地区环境状况没有得到改善，甚至恶化。总体态势是局部地区改善、全球范围恶化，全球环境变化的地理与社会分布失衡加剧。

（2）少数全球或区域性环境问题取得积极进步，多数进展缓慢或改善乏力。过去 20 年，诸如臭氧层破坏和酸雨等少数相对简单的全球和区域环境问题的解决取得了积极进展，但包括气候变化、生物多样性、水资源、化学品、土地退化和森林减少等多数全球环境问题没有得到有效解决或进展缓慢。

（3）各种全球环境问题相互影响，复杂性不断增强。各种全球环境问题之间的关联性不断增强，例如全球气候变暖可能导致海洋、土地、森林、生物多样性、水资源等全球环境问题的进一步恶化，反过来，森林等生态系统的恶化又会加剧气候变化，互为因果，全球环境问题的复杂性不断增强，应对更加艰巨。

（4）传统的环境问题尚未得到有效解决，新环境问题不断出现。因工业化而产生的传统的环境问题尚未得到解决，如大气污染问题、水环境污染问题等，新出环境问题严重威胁人类生存和人的身体健康而被提上国际社会议程。如化学品、汞污染问题、持久性有机污染物问题、电子废弃物的跨境转移问题等，国际社会已就化学品污染达成具有约束力的新国际环境公约。

国际环境与发展形势中的变化，主要体现在以下几个方面。

一是环境问题愈来愈成为世界问题复合体，上升到政治和发展的高度，甚至决定国家的发展空间。环境问题从来都不是一个单纯的技术问题，而是综合了政治、经济、社会、文化等多个领域，是世界问题的复合体，这一点特别体现在气候变化问题上。李克强同志在"绿色经济与应对气候变化国际合作会议"上指出："气候变化问题既是环境问题，也是发展问题，已经成为人类社会面临的共同挑战。"国际社会就气候变化问题寻找解决之道，其根本分歧实际上就体现在温室气体减排的国家责任如何界定、减排的"可测算、可报告、可衡量"的机制如何执行等焦点问题上，实际表现为国家竞争力之争、国家发展空间之争。

除了气候变化问题外，其他全球和区域环境问题也或多或少地体现了环境问题的多重属性。可以说，当今社会，环境问题已经开始成为影响国际经济和政治秩序的重要因素，环境安全已经成为国家非传统安全的重要范畴，环境利益也已经成为国家利益中的重要组成部分。因此，在制定"十三五"环境保护规划时，必须将全球和区域环境问题提高到影响国家安全和国家利益、影响国家长远发展的战略高度来认识和考虑。

二是绿色发展趋势越来越强化，已经成为增强国家竞争力、占据战略制高点的重要选择。绿色经济、绿色发展等概念在金融危机中为国际社会所广泛接受，在后金融危机时期，通过不断探索，绿色经济、绿色发展的实践正在不断深化。越来越多的国家深刻地认识到多重危机表面上是对经济的冲击，实际上是对不可持续的发展方式的冲击，危机常常伴随着新一轮产业与技术的革命。

因此，发达国家及很多新兴经济体都非常重视绿色经济、低碳经济的发展，不仅在经济刺激计划中有相当大的绿色投资比例，更在技术与研发中加大对节能、低碳、环境保护技术投入的比例，将之作为战略性新兴产业进行全面布局和重点培育。很多国家都深刻地认识到，绿色、低碳技术与标准将成为未来影响国家竞争力的重要砝码。一些发达国家正在利用其在低碳、环保方面的优势，一方面增强其在节能环保产品和技术的出口，打开发展中国家的市场，另一方面，又利用制定国际规则的话语权，利用贸易手段，制定碳关税政策，限制高碳产品的进口和消费。因此，绿色发展的能力将成为决定未来国家竞争力的重要因素，成为一个国家在新一轮全球产业调整中，能否占据战略制高点的重要选择。

三是国际环境治理进程进一步加快，国际环境规则趋于机制化、刚性化。全球环境保护作为一种公共物品，只靠单个国家的努力很难奏效，国际社会必须建立一套规则和制度才能有效保护全球环境。国际环境治理的概念应运而生。国际环境治理可以被认为是国际社会为保护环境、解决各种环境问题，特别是全球性环境问题而建立起来的相应的管理制度以及采取的行动，包括组织结构、政策工具、资金机制、规则、程序和规范的总和，用以规范国家对于国际环境问题所采取的行动。其中联合国环境机构（以联合国环境规划署为代表）在国际环境治理改革进程中起到核心作用，也是国际环境治理改革的主要推动力量。

国际环境治理改革推进力度不断加大，进程不断加快。虽然前几年联合国环境署牵头提出了渐进式改革与更广泛的改革双轨推进的方案，包括改革与强化联合国环境规划署，通过科学研究强化决策的政治影响力与政治意愿，通过推动建立联合国环境组织或世界环境组织的体制改革，强化国际环境规则与标准的约束力，使之进一步刚性化，通过推动多边环境公约的整合与协同增效，提高履约效果与效率。2014年6月召开了联合国环境署首届联合国环境大会，大气环境质量问题高度关注，列入日程。打击野生动植物非法贸易问题成为关注点，并提出了铅、镉等化学品污染问题、海洋微塑料污染等新型环境问题。

四是包括中国在内的新兴经济体在国际环境与发展格局中具有越来越大的影响力，国家责任进一步强化。当前，包括中国在内的新兴经济体在经济发展方面取得了令世人瞩目的成就，在国际环境与发展格局中影响力越来越大，对世界经济的贡献越来越大，据国际货币基金组织测算，2014年，中国经济增量对全球经济增量的贡献率已居世界首位，达到27.8%。但同时也意味着这些国家需要承担更多的全球和区域环境保护的责任。

通过国际环境治理改革，提高国际环境规则和标准的约束性，强化发展中国家特别是新兴经济体的环境责任。在国际环境规则和标准的制定中，发达国家一直处于主导地位，而发展中国家因发展阶段和能力限制等因素，一直处于弱势地位，近年来以中国、巴西、印度等为代表的新兴经济体在国际环境事务中的影响力不断提升，受到国际社会的关注。

在国际社会讨论的国际环境治理改革方案中，对加强发展中国家的能力建设、兑现发达国家的资金承诺，建立技术转让机制等发展中国家普遍关注的内容比较弱，而环境规则与标准制定、国际环境公约的遵约机制等内容很强，显示了发达国家意欲通过改革进一步强化发展中国家特别是新兴经济体的环境责任，特别是当前处于后金融危机时代，绿色发展、低碳经济成为世界发展趋势，各国都在抢占新一轮绿色产业改革的制高点，通过改革国际环境治理，进一步强化新兴经济体的环境责任，遏制新兴经济体的发展空间。

新形势、新挑战和新机遇的特征主要体现在以下几个方面：

一是我们所处的外部环境已经发生了变化，我们需要研判新形势，应对新挑战。

随着国家"一带一路"战略的实施，我们所处的国际环境与所采取的战略正在深刻调整和转型。"一带一路"战略标志着我们已经从过去的"输入型"战略转型为"输入与输出相结合"的战略。中国在全球产业链、价值链中的位置也在发生变化，过去的一些环境问题很多是因为中国处于全球产业链的制造国地位所造成的。未来一段时期，中国的经济结构调整将主要依靠扩大国内消费、减少国内基础设施投资、发展技术密集型和服务主导型产业等推动，在一定程度上可能会减少国内生态环境足迹。但是全球产业链上的环境责任在加大。

二是中国经济深度融入全球，环境与贸易、投资关系密切。

当前，国际资本流动迅速增长，国际分工不断深化，全球经济一体化趋势日益增强，生产要素跨国界流动的自由化程度越来越高，世界经济进入新的发展阶段。作为当今世界经济活动中最活跃、最重要的因素，对外投资与贸易在全球范围得以发展，并成为世界经济发展中的主导力量。我国参与国际经济的深度和广度迅速提升，进出口贸易额快速增长（图1）。世界贸易组织统计数据表明，2013年和2014年我国连续两年成为世界货物贸易大国之首，2014年贸易总额达到4.303万亿美元（约合人民币26.7万亿元）。

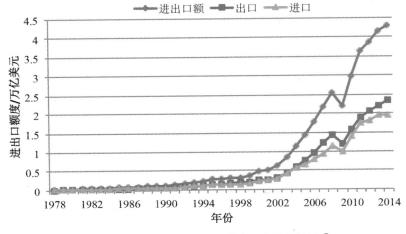

图1　1978—2014年我国进出口贸易额统计 [①]

随着世界市场一体化以及因市场活动带来的对环境损害的认识能力的不断提高，贸易与环境之间的冲突日益凸显。长期看来，那些以牺牲环境为代价提高国际"竞争力"的国家，将会不自觉地成为世界污染产业的落脚地；而高环境标准国家将从绿色技术和产品中获利，在国际贸易中更具竞争力。

目前看来，过去支撑我国出口导向型贸易政策的低成本劳动力、资源、环境等要素的比较优势正在迅速变化，加工贸易的出口产品正在逐步萎缩；另一方面，发达国家绿色贸易壁垒越来越多的影响到我国对外贸易的正常进行。我国对外贸易面临转型的临界点，需要通过发展绿色贸易，促进经济发展方式转变及产业结构调整，实现经济效益、生态效益和社会效益的多赢目标。

---

① 资料来源：中国海关统计数据，1981年以前数据来自于外经贸业务统计。

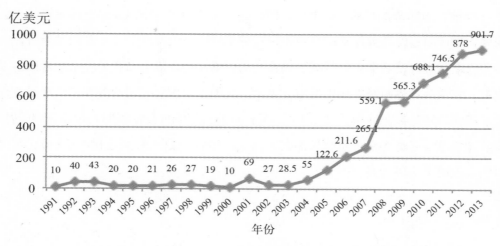

图 2 　1991—2013 年中国对外直接投资流量情况 [①]

三是国内环境保护工作正在转型，对国际合作提出新要求。提高环境质量，防范环境风险将是"十三五"环境保护工作的重点和目标，环境保护国际合作也要全面围绕改善环境质量这个中心点，借鉴经验，搭建平台，加强和深化合作，切实实现协同效应与共赢效果。目前，国际环境合作在管理体制、能力建设与政策保障方面，尚存在不足与短板。环境保护国际合作相关的职能相对分散，协调不足，如国家一些大的对外援助与投资计划等并没有环境保护部门的参与，环境保护公约履约等也没有建立起国家层次的统一、高效的协调机制，对地方开展环境保护国际合作工作缺乏指导、沟通与交流。

当前我国参与国际环境保护合作的能力还相当薄弱，资金保障不足，基础研究不够，对跨国界环境保护问题、区域环境保护问题等研究不够，机理不清，人才队伍建设不足，熟悉国际规则、参与国际谈判的人才严重不足，必须加强能力建设，加大资金支持力度和人才队伍建设。

## 二、"十三五"迎来构建国际合作大战略的"机会之窗"

综上，综合考虑"十三五"国际国内形势，可以看到，"十三五"是我国推动

---

① 　数据来源：2013 年度中国对外直接投资统计公报。

绿色转型、改善环境质量的"机会之窗"（window of opportunity），也是我们全面融入国际环境与发展进程，参与国际环境治理体系构建的机会之窗。对我们进一步融入国际环境与发展进程，解决好全球、区域环境问题，促进我国国内环境问题的解决，都具有重要的意义。为适应全球化、国际化的要求，环境保护国际合作事关国家利益、国家形象和国家环境安全，已上升到国家战略高度，必须给予高度重视；已经到了强化顶层设计，强化谋篇布局，主动积极构建合作"大战略"的时机。

大战略是大国政治经济发展和外交的战略。当今世界，现代化本质上还是大国竞争，大国的兴衰始终伴随着大国相互竞争的现代化过程。对世界上人口规模大、国土辽阔、资源丰富的大国而言，凡是那些开放的、对现代化挑战做出积极响应的、实施进取型大国战略的国家迅速崛起成为强国。有鉴于此，中国在迅速崛起的现代化过程必须构建自己的大战略，界定中国的国家利益，分析中国所处的发展阶段，判断中国在全球中的地位与作用，识别中国发展的各类机遇与挑战，更加清晰地认识中国的战略目标与利益之所在（胡鞍纲，2005）。与之相适应，我国环境保护国际合作，也需要实施与新形势要求相适应的"大战略"。

一是统筹国际国内，强化顶层设计。

"大战略"要求我们一定要在全球化、国际化的大背景下，具有国际视野，强化顶层设计。至少包括三个要点，一是要借鉴发达国家的经验教训，不走"先污染后治理"的老路，下决心调整环境与经济的关系；二是学习一些发达国家先进的环境管理制度，引进先进的管理理念和技术，根据我国的国情，为我所用；三是以环境友好的方式利用好国际环境容量和资源，配合我国"走出去"战略，在全球产业和分工大调整的格局中，优化产业结构，提升发展质量，在全球以绿色经济发展为标志的大趋势中，占据战略制高点，以环境保护国际合作服务国内总体战略。

二是设计好国际合作"大战略"的目标。

国际合作大战略的目标要点包括：深入贯彻落实党的"十八大"精神，维护国家发展战略机遇期、实现两个"百年"目标，发挥环境保护在生态文明建设中主阵地作用，统筹国际国内两个大局，服务国家政治外交需要和环保中心工作，进一步提高改革开放水平，为实施"走出去"战略、建设生态文明和美丽中国、维护全球生态安全发挥积极作用。

坚持既要服务政治外交大局和环保中心工作，又要积极融入其中，真正实现三个方面的转变，即由侧重强调"有区别的责任"原则，向既坚持"有区别的责任"，又重视"共同的责任和义务"的方向转变，把做好自身生态环保工作与维护全球生态安全有机结合起来；由过去被动应对全球环境问题带来的各种压力，向积极参与、推动国际环境规则和治理体系向更加公平公正的方向转变；由强调争取环境与发展援助，向既要继续引进资金和技术，又要提倡"相互帮助、协力推进"，为其他发展中国家提供力所能及援助的方向转变。

环境保护国际合作大战略的重点任务与措施

环保国际合作要适应新形势和新要求，从指导思想、目标与任务、政策制度保障上有机地纳入环境保护国际合作的要求，坚持国际、国内"统筹兼顾、协调发展、协同推进、取得共赢"的原则。

一是在指导思想和认识理念上统筹纳入国际环境合作。

指导思想体现了对问题的基本认识，因此，在指导思想中要统筹国内国际两个大局，继续坚持"共同但有区别的责任"的原则，将环境保护国际合作有机地融入国内环境保护工作中，通过推动环保国际合作和履行国际环境公约，完善环境保护政策法规和标准制度体系，实现国内环境质量改善与履行国际环境责任的协同效应，展示负责任的大国形象，为全球可持续发展作出积极贡献。

二是要全面体现为"一带一路"提供服务与支撑的要求。

加强生态环境保护，可以丰富区域合作的维度和内涵，全面体现可持续发展的原则，是"一带一路"建设的应有之义。建设"绿色丝绸之路"的内涵，体现在两个层面：

一是生态环保为"一带一路"提供服务支撑，经济贸易、基础设施建设等活动应该绿色化、生态化，发展应是绿色、低碳的发展模式，遵循资源节约和环境友好的原则，为此需要制定相关的区域环境保护准则或指南，成为丝绸之路经济带建设的环境保护准则。

二是加强"一带一路"沿线国家在环境与发展领域的合作，促进环境与经济和谐发展，提升区域环境可持续承载力，实现共同绿色发展，为此可以与沿线国家共同制定环境保护合作行动方案。

紧紧围绕绿色"一带一路"建设的要求，发挥生态环境保护工作在"政策沟通、设施联通、贸易畅通、资金融通、民心相通"中的全面服务支撑作用，加强我国与"一带一路"沿线国家的环保合作，支持我国产业与服务"走出去"，防范生态环境风险，并与各国共享建设成果。

三是服务国内环境质量改善的中心工作，制订专门的行动计划和任务。

紧紧围绕改善环境质量这一"十三五"环保工作的核心目标，以建立面向环境质量改善和风险防控为目标，加强国际间、尤其是区域间的联合研究和技术交流，基本建成环境质量改善的治理技术体系和管理技术体系。通过国际环保政策和科技交流合作，引进先进理念，不断创新研究手段、内容和方法，全面提升环境综合治理能力，推动我国环保领域创新能力的提升和环保产业发展，全面提升应对区域和全球环境问题的能力。

在环境保护国际公约履约方面，基本思路是按领域分要素，将国际环境公约中的要求与国内污染减排与环境质量改善相衔接，相互补充，互相促进。将《斯德哥尔摩公约》、汞公约等履约任务有机纳入大气、水、土壤污染防治行动计划，实现国内污染减排与国际环境履约的协同与衔接。

四是建立绿色产业链和价值链，提升对外贸易和投资绿色化水平。

绿色贸易与投资是中国解决自身发展与环境问题的必然选择，也是促进区域及全球经济绿色发展的最佳实现方式。当前，应优先大力发展服务贸易并转变高能耗出口模式，提高资源利用效率以减少对外资源依赖，发展绿色环保产业并促进对外投资的绿色转型，推动绿色发展经验共享，搭建国际合作平台。识别和解决我国对外贸易和投资中面临的主要环境问题，建立绿色产业链和价值链，提升中国对外贸易和投资的绿色化水平。

五是构建南南环境合作网络，建立健全服务保障体系。

以政策交流，能力建设，技术交流，产业合作为主要内容，加强与发展中国家的环境合作，研究推进南南环境保护合作行动计划，特别是加强与周边国家的区域环保合作，包括中国-东盟，上海合作组织框架下合作，重点开展绿色经济、环境执法、环境影响评价、大气、水、土壤等污染防治政策对话与合作，加强环境管理能力建设与知识分享；研究制订国家绿色援助计划，开展面向发展中国家的环境与发展援助，取得南南环境合作的共赢效益。

六是要加强基础研究与能力建设，健全强化保障制度与措施。

针对当前我国对大部分全球与区域环境问题的基本机理、现状、影响情况和发展趋势都缺乏系统综合研究，直接制约着我国应对全球与区域环境问题的对外和对内战略与对策的制定。为此，应加强机构和能力建设，建立起一支专门的国际环境问题研究队伍，同时组织相关国内研究机构开展系统和长期的基础观测和研究工作，并加强与国际智库的沟通交流，打造一批具有国际影响力的环境与发展研究智库。

要重视环境保护对外宣传工作，这是新形势新阶段我国国际环境合作的新任务，要将环境保护的对外宣传工作综合纳入国家对外宣传总体战略部署中，讲好美丽中国故事，让国际社会充分了解我国环境保护工作的进程、成就和必要的经验，展示出负责任大国形象。

# "一带一路"背景下环保产业"走出去"的机遇与对策

周国梅

"丝绸之路经济带"和"21世纪海上丝绸之路"（简称"一带一路"）是我国从战略高度审视国际发展潮流，统筹国内国际两个大局做出的重大战略决策。"一带一路"战略倡导开放包容、和平发展、互利共赢理念，强调相关各国要打造互利共赢的"利益共同体"和共同发展繁荣的"命运共同体"，开创了我国全方位对外开放新格局。构建绿色"一带一路"，生态环境保护是"一带一路"建设中的重要内涵和应有之义。"一带一路"战略为我国环保产业"走出去"搭建了战略通道与平台，是重大发展机遇。节能环保产业可以搭上"一带一路"的快车，利用好国际资源，统筹国内国际两个市场，为此，提出以下建议：政府引导，以援外项目为先导和示范，搭建环保产业国际化发展平台；发挥市场机制作用，提升龙头企业产业链整合能力；借力绿色金融，采取公私合作伙伴模式，解决资金瓶颈；搭建服务与技术支撑平台，为产业国际化发展提供支持；融入区域环保国际合作大格局，打造环保产业与技术交流国际合作示范基地。

"丝绸之路经济带"和"21世纪海上丝绸之路"（简称"一带一路"）是我国从战略高度审视国际发展潮流，统筹国内国际两个大局做出的重大战略决策。将生态文明理念融入"一带一路"建设，加强生态环保对"一带一路"建设的服务和支撑，发挥环保国际合作的交流平台作用，将为古老的丝绸之路赋予新的时代内涵，为亚欧区域合作注入新的活力。因此生态环境保护是"一带一路"建设中的重要内涵和应有之义。伴随着"一带一路"的"政策沟通、设施联通、贸易畅通、资金融通、民心沟通"的"五通"措施，我国的节能环保产业"走出去"也迎来了重大发展机遇。节能环保产业应充分抓住机遇，积极参与国际市场开拓与竞争，在发展壮大中服务好国家重大战略。

# 一、环保产业"走出去"迎来重大发展机遇

2012 年以来，中国政府先后发布了《"十二五"国家战略性新兴产业发展规划》和《"十二五"节能环保产业发展规划》，进一步明确了包括环保产业在内的战略性新兴产业的发展目标、方向和任务。2013 年 8 月，国务院发布了关于加快发展节能环保产业的意见，指出加快发展节能环保产业，对拉动投资和消费，形成新的经济增长点，推动产业升级和发展方式转变，促进节能减排和民生改善，确保 2020 年全面建成小康社会，具有十分重要的意义。其中，通过国际化发展支撑环保产业发展成为重要内容。

在目前国际环保市场分工格局尚未完全形成的背景下，尽快实现中国环保产业由大变强，不仅要立足中国国内、扩大内需，更要积极参与国际竞争。通过环保产业的国际化发展，有助于拓宽我国产业发展市场空间，带动产业升级；同时，国际化发展也是反哺环保企业竞争力的有力手段，更是优化中国对外投资结构、推动可持续投资的重要举措。因此，环保产业国际化发展对中国环保产业发展具有重要意义。

随着"一带一路"国家大战略的实施，环保产业"走出去"面向国际市场迎来重大发展机遇。"一带一路"以立体综合交通运输网络为纽带，以沿线城市群和中心城市为支点，以跨国贸易投资自由化和生产要素优化配置为动力，以区域发展规划和发展战略为基础，以资金融通和人民友好往来为保障，以实现各国互利共赢和区域经济一体化为目标的带状经济合作区。"一带一路"不仅强调地理和交通上的连接，更注重形成新的绿色可持续发展经济带，实现丝绸之路历史文化线和生态文明线的融合。

"一带一路"愿景和行动计划将加强生态环境保护合作列为积极推动务实合作的重要领域之一，重点突出生态文明、合作共建绿色丝绸之路、统筹推进区域生态建设和环境保护，要求各领域开展合作时都要高度重视生态环境保护，这为我国环保产业走出去，打开国际市场提供了政策规范的市场基础。

# 二、我国环保产业发展趋势分析

第一，我国环保产业体系完善，部分环保技术达到国际先进水平。

近年来，在环境治理和环保政策措施的驱动下，特别是"气十条"、"水十条"的颁布，

以及预期的"土十条"的出台，创造了巨大的环保市场，我国的环保产业得到迅猛发展，无论是在产业规模、技术水平还是市场环境等方面都具有良好的发展基础。

据第四次全国环保产业调查表明，当前我国环境保护相关产业呈现出产品品种增加、产业规模不断扩大、产业政策逐渐完善、技术水平不断提高、市场需求不断扩大的特征，我国环境保护相关产业正处于产业生命周期的成长期，下阶段将快速发展，产业规模将进一步扩大。

2004—2011 年，我国环境保护相关产业的从业单位数量增加 104.9%，年平均增长速度为 10.8%；从业人数增加 100.3%，年平均增长速度为 10.4%；营业收入增加 572.6%，年平均增长速度为 31.3%；营业利润增加 605.1%，年平均增长速度为 32.2%；出口合同额增加 439.3%，年平均增长速度为 27.2%。

经过 30 多年的发展，我国环保产业已形成了包括环保产品生产、洁净产品生产、环境服务提供、资源循环利用、自然生态保护等多门类的环保产业体系，为我国环境保护事业的快速发展提供了重要的技术支撑和保障。

通过自主研发与引进消化相结合，我国环保技术与国际先进水平的差距不断缩小，部分技术达到国际先进水平。目前，我国主要的环保技术与产品可以基本满足市场的需要，并掌握了一批具有自主知识产权的关键技术。在大型城镇污水处理、工业废水处理、垃圾填埋、焚烧发电、除尘脱硫、噪声与振动控制等方面，已具备依靠自有技术进行工程建设与设备配套的能力。

第二，我国环保产业具有比较优势，"走出去"潜力大。

与东盟等发展中国家相比，我国环保产业具有成本较低、效果好、技术适应强的比较优势。

据调查，2011 年，我国环境保护相关产业的出口合同额与 2004 年相比有大幅提高，但占总营业收入的比例仅为 1.1%。其中，环境保护产品出口合同额从 2004 年的 1.9 亿美元增加到 2011 年的 20.4 亿美元，增长 9.7 倍，年平均增长速度达到 40.4%。环境保护服务出口合同额从 2004 年的 0.7 亿美元增加到 2011 年的 4.3 亿美元，增长 5.1 倍，年平均增长速度为 29.6%。资源循环利用产品出口合同额从 2004 年的 11.3 亿美元增加到 2011 年的 32.2 亿美元，增长 1.8 倍，年平均增长速度为 16.1%。这些领域出口合同额的增长，反映出我国在这些领域国际竞争力的加强。

尤其是环境保护产品出口的迅猛增长，表明我国环境保护产品的技术水平和产品质量都有较大程度的提高，在国际市场上已经具有一定竞争力。

但是与美国、日本、西欧等发达国家相比，我国环境保护产品和服务的贸易总额还比较低。2009 年，美国、日本、西欧等发达国家的环境保护产品和服务的出口额占全球环境保护产品和服务贸易总额的比例已超过 80%，相比之下，我国与发达国家尚存在较大差距。

第三，我国环保产业与技术面临研发能力弱、投资总体不足、企业规模偏小等发展短板。

发达国家的环保技术正朝着高精尖方向发展，其新能源技术、新材料技术、生物工程技术等正在不断地被应用于环境产业。尤其水污染控制、大气污染控制、固体废弃物处理等方面的技术已处于领先地位。与发达国家相比，我国大多数环保企业的技术开发投入不足，科研设计能力有限，产品大多为常规产品，技术含量不高，尤其在新技术、新工艺、新设备的开发方面经验不足。技术力量薄弱的直接后果是，我国的大部分设备及核心技术无独立的知识产权，长期依赖进口，在环保市场国际化时，国外产品会抢占先机争夺国内市场份额，使我国的环保企业举步维艰。

我国的环保产业中小型企业占比过大，环保产业缺少领头羊。其次，产业地域布局不合理。环保产业主要集中在东南沿海与长江流域，其中北京、上海、江苏、浙江、山东、广东、辽宁、吉林、四川、湖南等省份的环保产业总产值占全国的 80% 以上，中西部地区的总产值份额不足 20%。

环保产业的区域特性导致了地方保护主义，这阻碍了环保企业的区域扩张，使得产业呈现碎片化的状态，环保产业纵向整合和横向专业分工及协作水平低下。企业缺乏大规模、高效率的集约化生产，削弱了技术创新的动力，从而影响了产业组织整体效率的提高。同时在国内无法应对上游国际巨头的挑战，在国际市场上受制于自身能力而无法实现国际布局。

在环保产业中，我国目前形成了公众、政府、环保服务企业这一利益－责任－服务链条，即公众是需求和受益主体，政府是责任主体，环保服务企业是服务主体。因此，由于环保公用事业的属性，对于公有制经济体的有着自然的偏好。而此时，私有制经济体的高效率以及基于市场的最优配置优势往往被忽略。在一定程度上，目前环保产业中的私有制经济体面临"看不见"的天花板，成长空间难以实现质的突破。

# 三、借力"一带一路"，推动环保产业"走出去"发展

技术、市场和资本是产业发展的三大基本驱动力。而"一带一路"战略的实施给环保产业"走出去"带来了技术创新的机遇、巨大的潜在市场和资本的保障，蕴含巨大商机。

## （一）"政策沟通"、"民心相通"成为"走出去"的政策基础

"一带一路"沿线大多是新兴经济体和发展中国家，普遍面临工业化和全球产业转移带来的环境污染、生态退化等多重挑战，加快转型、推动绿色发展的呼声不断增强。"政策沟通"要求我们与这些国家加强政策对话与交流，了解这些国家的环境保护法律法规、政策标准，为我国环保产业"走出去"提供了政策基础。环保本身是公益事业，大力推动生态环保，服务"一带一路"战略的"民心相通"，进一步夯实民意基础，有助于实现互利共赢。

## （二）"设施联通"、"贸易畅通"推动环保产业实现全产业链融合

"一带一路"战略提出"设施联通"，主要是加强沿线国家的基础设施建设规划、技术标准体系的对接，共同推进国际骨干通道建设，逐步形成连接亚洲各次区域以及亚欧非之间的基础设施网络。交通基础设施是关键。基础设施建设中环境保护基础设施建设也是其中的环节之一。

"贸易畅通"着力研究解决投资贸易便利化问题，消除投资和贸易壁垒，构建区域内和各国良好的营商环境，积极同沿线国家和地区共同商建自由贸易区。在"贸易畅通"中，可以加上更多绿色内容，推动绿色贸易，加大环保产业、环保服务业的出口，鼓励环境产品的贸易流通，实施优惠政策，大力推动绿色供应链发展，搭上"贸易畅通"的快车。

## （三）"资金融通"为环保产业"走出去"提供资金保障机制

技术创新是环保产业在面对国际竞争的核心竞争力，市场是需求，资金机制是发展的保障。"一带一路"提出资金融通，就是要深化金融合作，推进亚洲货币稳定体系、投融资体系和信用体系建设。共同推进亚洲基础设施投资银行、金砖国家开发银行、丝路基金等，以银团贷款、银行授信等方式开展多边金融合作。目前方兴未艾的绿色金融机制，倡议更多的资金要投向节能环保产业，要求重大项目投资都要考虑环保设施建设需求，实施绿色信贷，无疑为环保产业"走出去"提供了资金保障机制。

# 四、对策建议

"一带一路"为环保产业国际化发展提供了重大发展机遇，要将机遇变为现实，尚需要明确的"走出去"路线图，需要政策的引导和技术实力等内外部支撑条件。建议借力"一带一路"战略，探索环保产业国际化发展模式，形成政府引导与政策支持，援外示范与平台搭建，技术支撑与基地建设的"走出去"路线图。

## （一）政府引导，结合"一带一路"，以援外项目为先导，搭建环保产业国际化发展平台

从美国、欧洲等发达国家环保产业走进我国的模式来看，多以环保理念、法规、制度、技术标准等"走出去"为先导，推动投资国环境政策、技术标准等与本国接轨，带动本国环保产业"走出去"，创造了良好的政策、标准等支撑环境。

考察"一带一路"沿线国家的环境保护法规与制度标准，大多比较健全，有的标准甚至高于我国。也有国家的法律法规标准不够完善，需要进一步加强。

对于第一类国家，我们"走出去"之前需要全面了解掌握其政策标准，政府支持的研究咨询机构可以做好这方面服务工作。对于第二类国家，可以通过合作机制，介绍我国经验，帮助其进一步完善标准，为进入其市场占得先机。推动完善环保产业相关标准（包括基础设施建设标准，污染物排放标准、相关环境服务标准等），推动其国际化，为环保产业"走出去"提供技术支撑。

"一带一路"战略将涉及大量项目投资，为打造绿色"一带一路"，建议建立国家环境保护对外援助计划，将环境保护作为其中重要支撑内容，与沿线国家共同开发一批环境保护基础设施建设和示范项目，政府搭建起合作交流平台，我国企业紧随其后，承担其中的环境保护基础设施建设。

## （二）发挥市场机制作用，提升龙头企业产业链整合能力

建立、健全环保产业市场机制，为我国环保产业发展提供良好的发展环境。改善环保产业规模和地域布局，扶持环保出口龙头企业，提升环保产业聚集区的产业聚集水平；遵照市场规律，鼓励环保企业提升产业链整合能力。

鼓励规模企业在自身发展壮大的同时要利用资源积极辅助小企业，实现以大带小、促进共赢。指导中小企业向专业化、精细化、特别化发展，提高为产业链整合能力强的企业提供专业的配套服务的水平。

### （三）搭建服务与技术支撑平台，为产业国际化发展提供支持

借助"一带一路"战略，搭建环保产业国际化发展公共服务平台，为我国环保企业"走出去"提供相关信息、政策需求等支撑，为相关国家的环保标准制定提供援助，为环保企业进入该国市场奠定良好的产业环境。

通过公共服务平台，为外国企业在中国建设示范项目提供支持，也为中国环保产业优秀技术和产品提供宣传服务；此外，利用公共服务平台，通过第三方技术筛选，制定适用的环保技术清单，并根据清单上的技术，建设一批对外环保示范项目，提升中国环保企业的知名度，推动中国环保企业"走出去"。

### （四）以区域环境合作机制为支撑，打造环保产业与技术转让合作平台与依托基地

我国与"一带一路"沿线国家有多个稳定活跃的环境保护区域国际合作机制，如中国-东盟、上海合作组织、中阿、中日韩、大湄公河次区域等，都是区域环境合作的重点区域，技术交流与产业合作是其重要内容之一。特别是东盟国家，已经成为中国环保产业"走出去"的重要目标国。

目前，与东盟的产业合作已经纳入了中国-东盟环境保护合作战略。2013年10月9日，李克强总理出席第16次中国-东盟（10＋1）领导人会议时提出了中国与东盟的"2+7"合作框架，其中，在环保领域，提出了中国-东盟环保产业合作倡议，建立中国-东盟环保技术和产业合作交流示范基地。

在中日韩环境部长会议机制下，企业论坛、中日韩循环经济研讨会、中日韩环保产业圆桌会作为中日韩环保产业合作平台，为环保技术转移发挥了积极作用。

建议将东盟国家作为中国环保产业"走出去"的重点领域，支持中国-东盟环保技术和产业合作交流示范基地在广西和中国宜兴环保科技产业园的试点工作；在中日韩环境部长会议机制下，结合我国企业的实际需求，广泛吸纳中日韩三国环保企业参与其中，推动中日韩三国环保技术转移与联合开发。对上海合作组织成员国的绿色经济与环保产业现状进行调研，开展产业政策交流，为双方合作开展顶层设计，推动建设中俄环保技术与产业合作示范基地。

统领各种机制，以我国环保产业发达的东部沿海地区为依托，打造"一带一路"环保技术转移与产业合作示范基地，筛选一批适用型技术，集聚一批有竞争力的环保企业，推动大气防治、水处理、固体废弃物处理等技术国际间转移，加强我国环保企业在这些领域的技术储备，推动我国实用型环保技术和产品在发展中国家的推广，服务"一带一路"大战略中的环保要求，为打造绿色"一带一路"保驾护航。

# 借力国家"一带一路"战略
# 建设中国与"南南"环保合作共同体

周国梅　李　霞　解　然

21 世纪的第一个 10 年，可持续发展国际语境的形成，发展中国家自身对环境问题重视度的提升，全球环境合作机制的逐步演进，发展中国家参与全球环境治理的诉求日益上升，"南南"环境合作重要性愈加凸显。中国和其他广大发展中国家在工业化、城镇化发展进程中，都面临着人口与资源压力巨大、生态环境脆弱和发展中不平衡、不协调、不可持续等突出问题，如何有效促进环保与经济发展的良性互动、推动可持续发展进程是发展中国家共同追求的方向和目标。同时，发展中国家之间对全球可持续发展进程持有相近的看法和立场，对于环境合作有着共同的利益。作为世界上最大的发展中国家，中国与其他广大发展中国家在环境与发展领域具有加强合作的现实基础和充分意愿。

"南南"环境合作是中国环境保护国际合作工作的重要组成部分，是中国环境保护"走出去"的重要一环。中国积极参与"南南"环境合作对推动中国和其他发展中国家自身的环境治理进程及全球可持续发展总体进程意义重大。总体上看，当前中国参与"南南"环境合作进程正加快发展，然而理论上仍缺乏系统的顶层设计，实践中合作的广度与深度尚待扩展。2013 年 9 月和 10 月，习近平主席访问中亚四国和印度尼西亚时，分别提出建设"丝绸之路经济带"和"21 世纪海上丝绸之路"构想。"一带一路"区域的大部分国家为发展中国家和新兴市场，作为旨在借用古代"丝绸之路"的历史符号携手沿线国家求合作、谋发展的理念和倡议，"一带一路"战略与"南南"合作有着紧密的内在联系。环境合作服务于我国政治外交大局，同时也是"一带一路"的重要战略支点。

2014 年 6 月联合国环境大会非洲日期间，首次中非环境合作部长级对话会将在肯尼亚内罗毕举行，本次会议将是中国践行国家"一带一路"战略的具体举措，是响应中国国家领导人推动"南南"合作的具体行动。

2013年3月24日至30日，中国国家主席习近平访问非洲，向非洲国家领导人表达了中国对待非洲老朋友讲求的"真"、"实"、"亲"、"诚"原则，重申了"中非从来都是命运共同体"，强调了中国与非洲"永远做可靠朋友和真诚伙伴"的决心，指出了中非关系发展"没有完成时，只有进行时"。这不仅标志着中非关系发展的崭新起点，也为推动"南南"合作向纵深发展、开启"南南"合作新阶段奠定了重要基础。

2014年5月4日至11日，中国国务院总理李克强访问非洲，不仅强调了"中非关系是休戚与共的关系，是共同发展的关系，是文明互鉴的关系"，更提出了"平等相待、团结互信、包容发展、创新合作"四项原则和"产业合作、金融合作、减贫合作、生态环保合作、人文交流合作、和平安全合作"六大工程。

中非环境合作部长级对话会将秉持上述战略理念与合作框架，把中非永续发展、生态合作、经验共享的良好关系推向前进，中非环境合作面临空前的历史机遇和光明的发展前景。会议也将为中国"南南"环境合作搭建起一个潜力巨大的崭新平台，在中国加快参与"南南"环境合作整体背景下，结合国家"一带一路"发展战略，为谋划"一带一路"建设中的中国"南南"环境合作总体战略布局提供智力支持。

# 一、"南南"环境合作的内涵

根据联合国的定义，"南南"合作指两个或以上的发展中国家通过知识、技能、资源和技术的交换及区域和跨区域共同行动（包括与政府、区域组织、公民社会、学术界和私营部门的伙伴关系）实现单个或集体发展的过程。"南南"合作在国际合作进程中一直占有重要地位，对促进发展中国家发展发挥了重要作用。在经历"冷战"后，由于国际格局的北强南弱，因此20世纪90年代中后期发展中国家为谋求建立国际新秩序而加强团结，进入21世纪以来，"南南"合作出现如下趋势：一是随着全球化的发展与非传统安全问题的衍生，全球"南南"合作的内容形式大为拓展，所涉领域由传统的政治、经济、安全逐步扩展到环境、农业、人力资源等议题，形式从传统的经济和技术合作扩展到知识合作等；二是发展中大国自身实力及国际影响力显著增强，成为"南南"合作的主要倡导者；三是联合国在推动"南南"

合作方面作用凸显，搭建了一系列"南南"合作机构平台。

传统上"南南"合作聚焦于经济合作与科技合作，然而随着全球及区域环境问题关注度的上升及全球环境治理进程的快速发展，环境合作已经日益发展成为"南南"合作的一项重要议题。"南南"环境合作即发展中国家之间的环境合作，其内容与形式主要包括：在环境与发展理念、环境政策、环境法律法规、环境治理等方面进行经验交流与对话，促进环保产业与技术合作，发展"南南"绿色贸易与投资，加强能力建设与知识共享，开展环境与发展援助等。

"南南"环境合作层次丰富，不仅包含国别间的双边合作，也涵盖区域内与跨区域的环境合作以及全球层面上发展中国家在多边环境机制及国际环境谈判中协调立场、谋求共同利益。

## 二、"南南"环境合作的总体形势与发展趋势

### （一）发展中国家整体实力上升，南北力量对比发生变化

"南南"合作已经成为联合国主要会议以及 77 国集团和 20 国集团等国际机制的主流议题，其重要性近十年来不断加强。"南南"合作得以加强的背后，是发展中国家自身经济力量的日益壮大及其带来的南北力量对比此消彼长。近 20 年来，发展中国家对全球经济发展的贡献度不断提升。根据联合国文件中的相关数据，从 1990—2008 年，世界贸易增加了将近三倍，而"南南"贸易增加了 10 倍以上。2010 年，南方国家占全球贸易的 37%，"南南"贸易占其中的一半以上。[1] 尤其在国际金融危机后，相比西方发达国家经济增长乏力，多数新兴市场国家成为世界经济增长的主要动力。总体上看，随着以金砖国家为代表的发展中国家群体性崛起，发展中国家国际地位整体提升，频频进入全球事务的最高议事场所，在 20 国集团、气候大会等多边机制中加强合作，话语权明显扩大。

### （二）发达国家不断挑战"共同但有区别的责任"原则，南北环境合作受阻

自 1972 年联合国人类环境会议以来，发达国家一直在全球环境合作议程中居于主导地位，并在相关国际机制议题设定和国际谈判中掌握主动权。1992 年联合国

---

[1] http://ssc.undp.org/content/dam/ssc/documents/HLC%20Reports/Framework%20of%20Operational%20Guidelines_all%20languages/HLC%2017_3C.pdf.

里约环发大会通过了《关于环境与发展的里约宣言》《21 世纪议程》等一系列重要文件，并首次在国际环境合作中明确了共同但有区别的原则，显示了发达国家较为积极的合作意愿。而随着南北实力对比发生变化，发达国家对国际援助逐渐感到"力不从心"，开始试图挑战共同但有区别的责任原则，强调发展中国家应承担共同责任，而淡化发达国家与发展中国家之间责任的区别，这一倾向在 2002 年联合国世界可持续发展峰会上即有所体现，在"里约 +20"会议上则更为明显。"里约 +20"峰会成果文件虽然继续坚持了共同但有区别的责任，但就发达国家如何落实已承诺的资金和技术援助则未予明确。同时，WTO 机制下《与贸易有关的知识产权协定》（*Agreement on Trade-Related Aspects of Intellectual Property Rights*，TRIPS）强调的知识产权保护进一步提高了环境技术向发展中国家转移的门槛。而另一方面，发达国家则以其主导确立的知识产权国际准则为名，利用发展中国家的生物资源发展生物科技却拒绝与发展中国家分享相关惠益。

事实证明，发达国家在国际环境合作领域并未如其承诺提供相应的资金和技术。发达国家在 1992 年里约环发大会上承诺向发展中国家提供占其 GDP 的 0.7% 的额外资金援助以支持发展中国家的可持续发展，然而 20 多年来这一承诺未被履行，技术转让方面也未有实质性进展。可以说，近年来，在国际金融危机冲击和全球格局演变的大背景下，国际可持续发展的格局已经发生显著变化，在全球环境合作中发达国家合作意愿下降，现实能力也相对削弱，来自发达国家的全球及区域环境公共产品有效供给大幅减少，"南北"环境合作受阻。

### （三）"南南"环境合作进一步深化，发展势头良好

随着大批发展中国家尤其是新兴经济体的迅速发展，发展中国家彼此间开展"南南"合作的意愿和能力都随之加强。而发展中国家在环境与发展领域的巨大需求和发达国家资金与技术支持不足之间形成的赤字也要求南方国家联合自强，加大对可持续发展的战略资源投入，通过合作来优化可持续发展的行动及效益。总体上看，当前"南南"环境合作正处于上升期，发展势头良好。1992 年的联合国里约环发大会上形成了"77 国集团＋中国"合作方式，为促进"南南"环境合作发挥了积极的作用。《关于环境与发展的里约宣言》和《21 世纪议程》若干章节也是以"77国集团＋中国"提出的草案为基础而被大会通过。进入 21 世纪，"南南"环境合

作形成新局面。在 2002 年约翰内斯堡可持续发展世界首脑会议上，为使大会取得实质性成果，以中国和 77 国集团为代表的发展中国家在谈判中发挥了建设性作用。近年来，在国际气候变化领域，发展中国家阵营中形成了具有代表性的"基础四国"。同时，非洲、东盟、拉美等区域性或次区域组织也发展了相应的"南南"环境合作机制，如大湄公河次区域环境合作机制、非洲环境部长会议、加勒比共同体中的环境合作等。

## 三、中国"南南"环境合作的有益实践

中国是发展中国家的一员，是"南南"合作的积极倡导者和支持者。伴随着经济快速发展，中国与其他发展中国家正集中面临着工业化和全球产业转移带来大量污染、生物多样性丧失、自然灾害、气候变化等多重环境与发展领域的共同挑战，加强在环境领域的政策对话、产业技术交流和能力建设已成为发展中国家的迫切需求。同时，中国在发展过程中面临的资源与环境瓶颈客观上促进了中国探索可持续发展的步伐与进程，中国在环境与发展领域业已积累的成功经验为积极参与"南南"环境合作提供了基础。《"十二五"环境保护国际合作工作纲要》工作目标指出，到"十二五"末期，要基本形成环保国际合作新局面，并提出了"丰富'南南'环境合作内涵，推动发展中国家合作模式创新"的具体要求。让可持续发展成果惠及南方国家人民，为"南南"合作注入新的活力，是当前我国环保国际合作工作的重要使命。

长期以来，中国"南南"环境合作已开展了丰富的实践并取得了一定的积极成果。中国一直积极参与全球层面的多边"南南"环境合作，在国际谈判中与 77 国集团协调立场，与发展中大国联合发声。2012 年"里约 +20"峰会上，我国领导人在联合国可持续发展大会演讲时宣布，中国向联合国环境署信托基金赠款 600 万美元，用于组建信托资金，支持发展中国家的环境保护能力建设，推动"南南"合作，展示了中国积极参与"南南"环境合作的坚定决心。在区域层次，中国"南南"环境合作依托相关区域机制稳步推进。以东南亚地区为例，中国－东盟环境合作论坛启动 3 年来区域国家参与人数达 700 多人，为政府部门、研究机构、民间社团、企业家、国际组织搭建了对话平台；在大湄公河次区域环境合作框架下，中国积极参与生物多样性走廊核心项目，主动提出并推动农村环境治理项目和环境友好型城市

伙伴关系新项目概念，获得各方高度认可，被纳入亚行次区域投资框架。在双边"南南"环境合作方面，以中国与非洲国家的合作为例，截至2013年8月，中国已与南非、摩洛哥、埃及、安哥拉、肯尼亚5个非洲国家签订了双边环境保护协定，明确了双方环境合作的优先领域。

同时，中国还积极与国际组织开展"南南"环境合作，目前UNEP—中国—非洲三方环境合作及发改委—UNEP—GEF的对非合作都已取得显著成效。此外，中国还开展了一系列环境培训与援助项目。自2005年以来，环保部共开展了35期研修班，培训了来自114个发展中国家的773位高级环境官员，培训主题涉及"水污染和水资源管理""生态环境保护管理""环境管理""城市环境管理"和"环境影响评价管理"等各个环境保护领域，取得了良好效果。培训得到了有关国际组织的认可，特别是培训班得到了参训学员的充分肯定，并曾被联合国环境规划署誉为"'南南'合作的典范"。

在中国－东盟绿色使者计划的基础上，为进一步加强发展中国家在环境与发展领域的合作与创新，在2013年第六届全球"南南"发展博览会期间，中国宣布将启动中国"南南"环境合作绿色使者计划，通过该计划加强中国与发展中国家在环境保护领域的能力建设与人员交流。"中国'南南'环境合作—绿色使者计划"，旨在通过多种形式的交流对话，促进发展中国家间分享环境治理的成功经验、促进环境保护能力建设、提升公众的环境认知与环境意识，并进一步推动中国与其他南方国家环境合作伙伴关系的建立。

# 四、对"一带一路"建设中的中国"南南"环境合作的基本判断

随着全球化、区域化的不断发展，国际格局面临新的调整，国际环境治理进程明显加快，国际环境规则趋于机制化、刚性化，南北矛盾更加尖锐，"南南"合作总体势头良好，是当前国际可持续发展进程的基本形势。总体上看，对中国"南南"环境合作前景可作如下基本判断：

（1）从国际环境合作的现实情况看，南北矛盾仍然是全球环境合作的主要矛盾之一，在是否坚持共同但有区别的原则这一问题上，广大发展中国家具有共同利益，中国"南南"环境合作存在坚实的基础。

（2）从"南南"环境合作的实际效果看，"南南"环境合作有助于发展中国家彼此分享环境与发展领域的相关经验，是发展中国家解决自身环境问题的有效途径，有力地促进了南方国家自身及全球可持续发展进程，这为中国"南南"环境合作提供了实际需求与现实土壤。

（3）从我国参与国际环境合作的长远谋划看，积极参与"南南"环境合作，增强对"南南"环境合作的主导权符合我国国家利益，是实现中国环境保护"走出去"的重要战略抓手。

"一带一路"建设中的中国"南南"环境合作前景广阔，为中国与广大发展中国家开展环境合作提供新的平台与契机。"一带一路"构想旨在以古代"丝绸之路"的历史符号与沿线国家共同打造互信互利共同体，其提出的形式更偏重于合作理念和倡议而非机制，这使其本身具有独特的开放性与包容性，可为中国"南南"环境合作提供广阔的战略空间。"一带一路"沿线发展中国家众多，其沿线的中亚、南亚、东南亚、中东和非洲均是中国"南南"环境合作的重要目标地区，这与"一带一路"战略构想背后所涉的地理概念相结合，不仅有利于中国"南南"环境合作结合国家战略识别优先区域与重点国家、明确方向、更好地发挥国际环保合作工作对国家政治外交总体布局的支撑作用，也有利于中国"南南"环境合作工作自身的开展，为中国与广大发展中国家开展环境合作提供新的资源、平台与契机。

## 五、"一带一路"建设中的中国"南南"环境合作总体思路与实施建议

### （一）"一带一路"建设中的中国"南南"环境合作总体思路

中国参与"南南"环境合作应秉持"平等互利、注重实效、长期合作、共同发展"的原则，并坚持以服务国家重点战略为出发点，以发展中国家在环境与发展领域的需求为导向，以提升合作影响力为目标，推动中国与广大发展中国家的务实合作。

**1. 以服务国家重点战略为出发点，为实现国家政治外交总体布局提供配套支撑**

结合中国环境保护"走出去"总体布局，以建设"丝绸之路经济带""21世纪海上丝绸之路"等国家发展战略重点，识别国家重点战略地区的潜在环境合作需求，服务于国家政治外交总体布局。

**2. 以发展中国家在环境与发展领域的需求为导向，开拓中国"南南"环境合作"市场"**

基于"一带一路"沿线不同发展中国家的发展阶段特点与面临的环境挑战，梳理其环境合作需求并以此为导向，结合我国优势和经验来合理定位与之开展环境合作的优先领域。加强环境对外援助相关顶层设计，在技术及资金方面为发展中国家提供力所能及的支持。

**3. 提升合作影响力，集中优势资源推出旗舰型项目**

利用"一带一路"战略资源投入，依托中国—"南南"绿色使者计划现有平台，以推出有影响力的旗舰型环境合作项目为切入点，打造中国参与"南南"环境合作的优势品牌，切实提升中国—"南南"环境合作层次，树立中国对"南南"环境合作议程的主导地位。

**（二）"一带一路"战略下构建多领域、多层次、多渠道、多主体的中国"南南"环境合作格局**

**1. 丰富中国参与"南南"环境合作的内容，构建"多领域"的合作体系**

由于发展中国家所面临环境挑战的复杂性及各国合作关注点的差异性，因此可开展"南南"环境合作的领域广泛多样，包括但不限于在环境与发展理念、环境政策、环境法律法规、环境治理、环保产业与技术合作、绿色贸易与投资等领域的对话与合作。目前，中国已在环境政策、环保产业与技术合作等领域开展了一些"南南"环境合作的有益实践，未来可重点结合"生态文明"理念、中国环境保护"走出去"总体布局及"一带一路"战略下其他广泛的合作领域，进一步寻求中国与"一带一路"沿线国家与区域开展环境合作的切入点并输出中国的环境制度与价值理念，提升中国参与"南南"环境合作的深度，构建"多领域"的中国"南南"环境合作体系。

**2. 在全球、区域、国别层面逐步推进，打造"多层次"的合作格局**

中国"南南"环境合作旨在打造立体的合作格局：在全球层面，联合广大发展中国家积极参与全球环境治理，与发展中国家就国际环境谈判积极协调立场；在区域层面，重点与"一带一路"沿线覆盖及辐射的东南亚、非洲、中西亚等有关国家或区域组织谋求开展环境合作；在国别层次，通过签署环保协议、开展具体项目，与发展中国家建立长期的双边合作机制；扩展与联合国环境规划署、联合国开发计划署、世界银行、亚洲开发银行等多边国际组织及国际非政府组织的合作。

### 3. 拓展中国"南南"环境合作的可行路径，发展"多渠道"的合作架构

拓展中国"南南"环境合作的可行路径，一是要充分利用国际环境外交舞台、多边环境谈判场合以及国际"南南"合作资源与平台，提升中国"南南"环境合作的显示度。二是要积极开发"南南"环境合作项目、机制与平台，推动建立中国主导的"南南"环境合作资源网络，发展"多渠道"的"南南"环境合作架构。具体可利用中国环境与发展国际合作委员会这一高层机构，加强政策对话与合作交流；依托中国"南南"环境合作绿色使者计划，整合合作资源，打造中国"南南"环境合作复合型平台；加强机构建设，在中国－东盟（上海合作组织）环境保护合作中心的基础上，逐步建立大湄公河次区域环境合作中心、中国—非洲环境合作中心等一系列"南南"环境合作机构。

### 4. 促进政府、企业、研究机构、公民社会的积极参与，形成"多主体"的合作网络

中国"南南"环境合作旨在建立起一个多元开放的合作网络，促进政府、企业、研究机构、公民社会等多主体的积极参与，包括推动政府间的环境政策对话，分享发展中国家环境治理的成功经验；加强环保产业界与环境技术专家的人员交流与互访，促进中国"南南"环保产业与技术示范项目合作；推动环境智库开展联合研究，带动"南南"环境合作国际智力网络的形成；鼓励公众参与及环保社团的交流，提高公众环境意识。

## 六、中国"南南"环境合作新期望

2014 年 6 月联合国环境大会非洲日期间，首次中非环境合作部长级对话会将在肯尼亚内罗毕举行，旨在增进中国、非洲国家以及联合国环境规划署在保护环境和实现可持续发展方面的合作，交流中非在环境政策领域取得的良好成效，探讨后续环境合作领域与方式。

非洲是历史上"海上丝绸之路"的重要一站，新时期中非环境合作是对海上丝路历史及中非间友谊的延续和发展。目前，中非在环境与发展领域的合作已取得了多项积极成果，主要包括：中非合作论坛作为中非集体对话与务实合作的有效机制，为中非环保合作搭建了重要平台。为落实中非合作论坛相关合作倡议，中国政府专门成立了包括环境保护部在内的由 27 家部委组成的中方后续行动委员会。在双边

合作方面，截至 2013 年 8 月，中国已与南非、摩洛哥、埃及、安哥拉、肯尼亚签订了双边环境保护协定，明确双方优先合作领域。此外，中国还积极举办"面向非洲的中国环保"主题活动、召开中非环保合作会议等高层政策对话，促区域环境合作与交流，并在可持续能源领域与非洲国家开展了一系列合作项目。在"南南"环境合作知识分享领域，双方合作交流正日益密切。2014 年 5 月 19—22 日，联合国环境规划署与中国－东盟（上海合作组织）环境保护合作中心在北京联合举办了"'南南'合作框架下亚洲－非洲环境执法研讨会"，来自中国、非洲 11 国、东南亚 9 国和中亚 3 国，以及 UNEP、联合国开发计划署等国际机构和合作伙伴共同探讨了帮助亚洲和非洲发展中国家环保部门在"南南"合作框架下分享环境立法和执法方面的实践和经验。

当前，中非环境合作步伐加快，势头良好。2014 年 5 月李克强总理在访非期间表示中国愿与非洲国家共同努力推进包括生态环保合作在内的六大工程。中方宣布将向非洲提供 1 000 万美元援助，专门用于保护非洲野生动物资源，保护非洲生物多样性，促进非洲可持续发展，并与肯尼亚等国共同推进保护野生动物的国际合作。中非深化环境合作已经具有坚实的基础和有力的政治保障。

本次中非环境合作部长级对话会议层次高、规模大，必将为中国"南南"环境合作搭建起一个潜力巨大的崭新平台。这一平台具备如下特点：

一是合作领域丰富、内容务实。中非双方在环境与发展领域关切相近，可重点围绕生态环境、绿色贸易与投资、环保产业与技术、可持续发展研究等领域开展合作。作为中国—"南南"绿色使者计划重要组成部分的中非绿色使者计划也将带动中非环境合作的全方位发展。

二是"南南"合作意义凸显，影响力广泛。中国是世界上最大的发展中国家，非洲是发展中国家最多的大陆，中非的人口总量占世界总人口的 1/3 以上，中非环境合作具有典型的"南南"合作意义，将对积累"南南"环境合作发展经验、提升发展中国家群体在全球环境治理进程中的地位和作用产生深远影响。

三是中非环境合作作为全球"南南"环境合作事业的重要组成部分，对推进全球"南南"环境合作进程意义重大。可以说，中非在"南南"环境合作框架下建立紧密的伙伴关系，将成为中非双方乃至发展中国家整体对全球"南南"环境合作进程的历史性贡献。

在中国加快参与"南南"环境合作整体背景下，中非环境合作面临空前的历史机遇和光明的发展前景。值此中非环境合作部长级对话会召开前夕，我们怀着对中非环境合作的美好愿景，相信在秉持互利共赢、务实合作原则的基础上，中国与非洲定能携手共创一个更加绿色的未来，为全球可持续发展进程注入新的活力。

# 加强与阿拉伯地区环保合作
# 打造"一带一路"绿色战略支点

陈　超　李　霞

2014 年 6 月，习近平主席在中阿合作论坛第六届部长级会议开幕式上做了题为"弘扬丝路精神，深化中阿合作"的重要讲话，指出"希望双方弘扬丝绸之路精神，以共建'丝绸之路经济带'和'21 世纪海上丝绸之路'为新机遇新起点，不断深化全面合作、共同发展的中阿战略合作关系。"作为两条丝绸之路的交汇点，阿拉伯地区成为中国推进"一带一路"建设的天然和重要合作伙伴。

中国与阿拉伯国家达成共识，在平等互利的原则下，共同构建丝绸之路经济带，使彼此间的政治关系更加友好、经济纽带更加牢固、安全合作更加深化、人文联系更加紧密。经济合作是共建丝绸之路经济带的着力点，而环境合作则是打造丝绸之路的重要战略支点，有利使"新丝绸之路"的建设变得更为绿色与可持续，给沿途国家和人民创造和谐的绿色发展机遇，对促进沿线国家经济的可持续发展、共同繁荣具有积极的推动作用。

本文梳理了阿拉伯国家面临的主要环境挑战与应对措施，分析了我国与阿拉伯国家开展环保合作的现状与不足，并提出推动中阿环保合作的战略思考，即借助"一带一路"建设的良好机遇，加强阿拉伯地区环境信息储备和基础科研合作，建立环境数据库；依托多边机制，逐步完善中阿环保合作机制；开拓双边渠道，深化"南南"环保合作；借鉴绿色使者计划，巩固人员与技术交流，为进一步深入合作做好充足准备。

# 一、阿拉伯国家面临的环境挑战与主要应对措施

阿拉伯国家联盟(以下简称"阿盟",LAS)是世界上成立最早的地区性国际组织。自 1945 年成立以来,由最初的 7 个成员国增加至 22 个成员国,总人口约为 3.5 亿。

作为世界上最大的石油库,随着大规模的工业化、石油开采和经济发展,阿拉伯国家的环境污染和资源争端日渐突出。地缘政治的不稳定性造成了严重的环境破坏,海湾战争导致石油设施和油轮泄漏,带来了大面积的海洋污染,直接威胁该地区海洋鱼类的生存。气候异常则进一步加重该地区的干旱程度,加快了土壤退化。环境和可持续发展问题已成为这些国家普遍面临的重大挑战。

## (一)环境挑战

### 1.水资源短缺

人口增长率高、城市化速度快、干旱和极端事件频发、经济活动加快和人民生活水平提高等,都加大了本地区供水与用水需求之间的差距,并造成污染程度加剧、资源枯竭。阿拉伯国家干旱缺水,水资源日趋枯竭,水质恶化,由此引发地表水和地下水跨界管理问题。农业灌溉用水加快了地下水的枯竭,同时还伴随着农业面源不断污染地下水的问题。

### 2.能源效率

石油是阿拉伯国家的支柱产业,该地区经济依赖石油和天然气出口收入。而石油和采掘业不仅产生了大气污染和固体废弃物,还引发了土地和水资源退化;能源生产、配送和终端使用过程中存在效率低下的情况,给该地区的环境造成了较大压力。阿拉伯地区经济快速发展,能源需求也相应增加。虽然当地具有丰富的可再生能源,但是经济发展依赖化石燃料,而使用化石燃料通常伴随着当地空气质量下降、大气中温室气体浓度增加等问题,国际科学界认为这些都是促成气候变化的主要诱因。

### 3.土地退化和荒漠化

阿拉伯地区地表贫瘠、多沙质土壤、气候干旱、植被分散。该地区的生物物理特点,加之人口快速增长,给有限的土地资源造成了极大压力,加速了土地退化和荒漠化。农业和畜牧业的集约化、人类居住区和基础设施建设不断发展、战争的破坏、实施为不可持续性用水方法提供补贴的政策(如咸水灌溉)、农用化学品过度使用、牲畜饲养过量、缺乏适当的综合性水－土地使用规划和管理,都造成了生态系统产

品和服务减少，生物多样性丧失，土地出现广泛的沙漠化和退化，反过来影响人类福祉。

### 4. 气候变化

石油是阿拉伯地区的主要能源与经济支柱，造成了很高的碳排放，加剧了气候异常。气候变化也增加了极端气候事件的发生率，加剧了沙尘暴和干旱对环境的威胁。

### 5. 沿海和海洋环境

部分阿拉伯国家沿海地区土地利用和填海、海运和石油运输、过度捕捞，都给沿海和海洋环境造成了损害。本地区海洋和沿海环境问题主要包括生物资源枯竭，沿海地区退化和海洋污染，沿海地区综合管理，海洋保护区管理，以及信息和知识方面的差距。很多阿拉伯国家沿海地区易受海平面上升、沿海洪水相关影响、海岸含水层盐度增加和土壤盐碱化等问题的冲击。这些国家广泛建设海水淡化厂，温水流出导致海水显著变暖，也造成了局部珊瑚礁死亡、生物多样性丧失、渔业资源枯竭等问题。

### （二）应对措施：落实阿拉伯国家的千年发展目标

阿拉伯国家在实现千年发展目标的环境方面已经取得了一定进展。该地区保护森林的力度很大，森林覆盖率自 1990 年以来保持不变或适度增加；温室气体排放量限制在全球 4.7% 的水平。

但是不同国家及次区域水平的温室气体总排放量、人均排放量差异较大，反映出能源获取和使用方式的不同。该地区至少有 15 个国家面临着可再生或不可再生水资源的消耗，巴林、约旦、科威特、利比亚、阿曼、卡塔尔和阿拉伯联合酋长国处在年人均 1 000m³ 的水贫困线以下，埃及，摩洛哥和突尼斯也存在严重的水资源短缺。阿拉伯地区 66% 的地表水资源来自阿拉伯以外的地区，造成了跨界水资源管理问题，从而威胁到阿拉伯地区的稳定、食物安全、水资源规划，而气候变化则加剧了这一地区的水危机。

阿拉伯地区目前面临的四个最紧迫环境挑战分别是：淡水、土地退化和荒漠化、能源、海洋。有关环境治理和气候变化交叉问题的各种政策和政策考虑也已经纳入了这四个方面的挑战中，如图 1 所示。

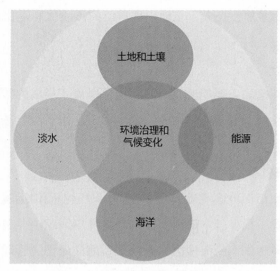

图 1　亟须采取行动的优先领域

## 1. 淡水

阿拉伯地区在 1960—2000 年实施了各种水政策：充分利用主要河流供水、浅层和深层地下水，以及淡化水以解决水资源缺乏问题；在城市地区，提高供水和卫生设施覆盖率；采取需求管理措施，包括应用节水技术、开展漏水检测和公众教育、扩大灌溉工程，实现某些商品性粮食作物的自给自足。1990—2005 年饮用水覆盖率和卫生覆盖率均有所上升，预计 2015 年会继续上升，如图 2 所示。

然而在 1990—2008 年，仅西亚地区，就有超过 4.1 万人由于缺乏安全供水和卫生设施等原因死亡。而且，城乡间的供水情况差距较大，特别是在伊拉克、叙利亚、阿曼、也门等。另外，财政投入也成为各国水资源管理的瓶颈。与马什里克地区相比，海湾合作委员会（GCC）国家（巴林、科威特、阿曼、卡塔尔、沙特阿拉伯和阿拉伯联合酋长国）在饮用水和卫生方面的财政投入较高，相应的覆盖率也较高。GCC国家大量地使用淡化水、经过处理的废水和回收利用未经处理的废水，一定程度上缓解了水资源短缺的困境。

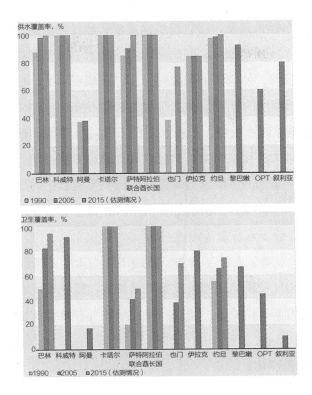

资料来源：CEDARE 和 AWC2004

图 2    1990—2015 年民用供水和卫生情况

　　该地区的水政策重点集中在三个方面：水资源整体管理框架内的综合规划；采取供需管理措施，以减少供水缺口并提高用水效率；农业用水管理。衡量供水和卫生进展情况的各项指标见表 1。

**表 1    供水和卫生进展情况的衡量指标**

| 序号 | 分类 | 衡量指标 |
|---|---|---|
| 1 | 水资源短缺和枯竭 | 每年人均可再生水资源的用水量，或者说水的可持续性 |
| 2 | 服务覆盖率和实现千年发展目标进展程度 | 能够获得安全供水和卫生设施的人口数量 |
| 3 | 水利用效率 | 灌溉和民用用水配送系统的水损失情况 |

　　（1）按照水资源综合管理原则进行规划：阿拉伯过去的水政策注重开发基础

供水设施，注重供水能力开发，而忽视用水需求管理。需要结合当地的实际情况，制定水资源综合管理规划，投入必要的财力，培养水资源管理方面的技术人员，建立自由的信息传播机制，协调不同的数据来源，获取可靠的评估资源，促进水资源供需平衡，以实现水资源的可持续性、利用效率和保护。

（2）供需管理降低水缺口：在供水方面采取适当措施，包括加大可再生地下水的可持续产量、扩大淡化水产量、对经过处理的废水进行适当的再利用、雨水管理和收集、人工地下水回灌、洪水控制结构、控制不可再生的地下水开采等方式。需求措施包括各种经济机制，如回收部分成本、在社会可接受限度内征收税费、提供节水补贴和奖励、地下水计量等方式。

（3）农业用水管理采取以下措施，有助于提高水的可持续性：扩大经过处理的污水使用量；在山区梯田实施雨水收集增墒措施；建立现代农业和灌溉系统；在推广节水技术应用方面提供补贴、奖励和软贷款等可有效缓解水资源短缺和污染问题。

**2. 土地退化和荒漠化**

针对阿拉伯地区日益严重的土地退化和荒漠化，采取以下三大类政策将有助于解决问题：开发牧场，防治土地退化；实现粮食安全和耕地复耕；在当地社区参与下，采用综合性政策改进土地和水的利用。土地利用政策进展情况的衡量指标见表2。

表2  土地利用政策进展情况的衡量指标

| 序号 | 衡量指标 |
| --- | --- |
| 1 | 受荒漠化影响的土地比例（侵蚀和盐碱化） |
| 2 | 划入国家保护区和森林范围的土地比例 |
| 3 | 相对于牧场承载能力的饲养牲畜比例 |
| 4 | 土地使用改变，包括生产性土地转化为城市用地的比例 |
| 5 | 采用现代灌溉方法的土地比例 |
| 6 | 生产力（t/hm²）和生产水平（t/a） |

（1）开发牧场，防治土地退化：通过禁止在指定区域耕作，保护和恢复已经退化的牧场，以保护自然植被的生产力和多样性，提高其可持续利用。采用各种开

发国家和区域牧场的政策，改进牧场管理，有助于防止水土流失，涵养水源，增加碳汇，降低沙尘暴的频率和幅度。然而，牧场管理的改进工作也受到多种限制，如牧民可使用的开放牧区减少、作物竞争、牧民直接经济回报降低以及地方社区冲突风险升高。

（2）实现粮食安全和耕地复耕：通过制定农业政策、采取各种激励手段（通过价格控制、减税、放松贷款等）、在土地开垦和灌溉方面引入高效技术，促进农业生产，限制谷物和动物饲料出口，以实现农产品自给自足。

（3）采用综合性政策改进土地和水的利用：实施长期的综合性策略，加强土壤和水资源保护以及灌溉、林业、畜牧业、牧场的资源管理，提高管理人员的技术能力，增进地方机构建设，以实现自然资源的可持续发展和优化。

## 3. 能源

阿拉伯地区各国实施的能源政策主要集中在两方面：提高建筑领域能效，包括空间采暖和制冷系统，以及促进使用可再生能源资源的各种措施；混合发电，并实现清洁生产目标，需要政府承诺和立法。衡量选定能源政策进展情况的各项指标见表3。

表3　能源政策进展情况的衡量指标

| 序号 | 衡量指标 |
| --- | --- |
| 1 | 以百分比或成本计算的能源节约量，降低的空调系统规模，以及对当地市场的影响 |
| 2 | 所安装太阳能热水器的总表面积（市场渗透率） |
| 3 | 作为各国规划一部分的能源来源多样化情况，以及占整体发电比例的可再生能源发电情况 |

（1）建筑物和系统节能特性：注重改进建筑物的采暖和制冷绩效，并且已经在一定程度上解决了使用节能系统、采暖／制冷和照明程序问题。制定了一些针对绿色建筑设计和性能的法规。

（2）推广使用可再生能源：通过提供热水器购买补贴，为太阳能热水器制造商提供免税优惠使用等政策，推动人们使用太阳能技术，充分利用当地丰富的天然太阳能资源，缓解常规能源供应不稳定或根本不存在能源供应的偏远地区和农村的能源困境。

（3）能源供应选择多样化：新兴技术推动了当地的能源供应选择多样化，因为该地区存在丰富的可再生能源，特别是太阳能和风能。多样化能源供应既能满足人们的能源需求，还刺激了经济增长，在一定程度上确保了石油能源供应，避免全球石油市场的波动。同时采用的可持续能源还有助于改善环境质量和公众健康，同时减少温室气体排放。

### 4. 海洋

沿海和海洋环境的应对措施主要包括：综合性和以生态系统为基础的海洋规划和管理；改进沿海和海洋生态系统保护；控制和抵制海洋污染以及渔业管理，具体见表4。

**表4　海洋政策进展情况的衡量指标**

| 序号 | 衡量指标 |
| --- | --- |
| 1 | 海洋和沿海生物多样性指数 |
| 2 | 渔业方面与国家立法规定的合规程度 |
| 3 | 海洋生物群的着陆能力 |
| 4 | 海洋生物多样性研究和评估方面的资金分配情况 |
| 5 | 沿海和海洋环境保护措施的合规程度 |

（1）综合海岸带管理：通过合理规划各种活动，实施综合海岸带管理，把环境和景观因素结合考虑到经济、社会和文化发展中，从而促进沿海地区的可持续发展。好处是可以为当代和子孙后代保护沿海地区；确保自然资源的可持续使用，特别是在水资源方面；确保沿海生态系统、景观和地貌的完整性；并预防或减轻自然灾害影响，特别是气候变化影响。

（2）建立海洋保护区：为加快实现商定目标的进程，在国家层次上选定了三项政策，包括恢复退化的生境和保护生物多样性、记录海洋生物和生物多样性、在各个不同的海洋和沿海生态系统中建立多用途保护区。

## 二、我国与阿拉伯国家环保合作的现状与不足

中国尤其西部地区与阿拉伯国家具有相似的自然环境，面临着类似的环境问题，在应对环境资源挑战方面有着较强的相似性，具有开展环保合作的共性与基础。目前，中阿环保合作尚属于起步阶段，存在缺少环境信息基础数据、合作机制不成熟、双边合作缺乏、交流较少等不足。

### （一）中阿环保合作起步较晚，但前景广阔

2004 年 1 月，中国与阿盟宣布成立"中国—阿拉伯国家合作论坛"，以"加强对话与合作、促进和平与发展"为宗旨，成员包括中国和阿盟 22 个成员国，开启了中阿合作与对话的新局面，也为中阿环保合作提供了重要平台。

2006 年 2 月，论坛框架下首次"中阿环境合作会议"在迪拜举行，中阿双方讨论了共同关心的国际环境问题，回顾了有关环境和可持续发展的联合国大会和首脑会议所取得的成果，并签署了《会议公报》。公报明确了双方在环境领域加强合作的途径，并将环境政策和立法、环境教育宣传、环境影响评价、环境保护产业、城市环境保护、可持续能源使用、生物多样性保护、沙尘暴防治、流域环境管理、废弃物管理和污染控制等作为优先合作领域。

2006 年 6 月，论坛第二届部长级会议上，中阿签署《中华人民共和国政府和阿拉伯国家联盟环境合作联合公报》，标志着中阿双方在环保领域的合作正式启动。10 月，"中非、中阿环境合作伙伴关系研讨会"在北京举行。2007 年，中阿共同制定了《中华人民共和国政府和阿拉伯国家联盟环境合作执行计划（2008—2009 年度）》，该文件于 2008 年 5 月论坛第三届部长级会议期间正式签署。

同时，自 2005 年以来，根据双方签署的相关文件，我国环境保护部组织并承办了 7 个专门针对阿拉伯国家的环保研修班，总计培训了来自近 20 个阿拉伯国家和地区的 127 名环境高级官员及相关专业人员，主题涉及"环境管理"、"水污染和水资源管理""危险和固体废物管理"等多个领域。通过成功举办这一系列的对阿环保研修班，既为阿拉伯国家培养了一批环保骨干力量，也借此广泛宣传了我国在生态文明建设中所取得的经验和成就，加深了中阿双方的了解与互信，使得中阿环保合作迈入了实质阶段。

2013 年，中国提出共建"丝绸之路经济带"和"21 世纪海上丝绸之路"（简称"一

带一路"）的倡议。阿方对此倡议给予了积极回应。2014 年 6 月召开的中国－阿拉伯国家合作论坛第六届部长级会议所发表的北京宣言中提出："阿方欢迎中方关于建设'丝绸之路经济带'和'21 世纪海上丝绸之路'的倡议。中阿要'将合作拓展至更广泛领域'"。

近年来，中阿双方在政治外交、经贸金融、文化教育等领域一直保持着良好的交往与合作。即使在国际金融危机的严峻形势下，中阿经贸合作仍然保持了良好的发展势头。双方贸易额从 2004 年的 367 亿美元迅速攀升至 2013 年的 2 389 亿美元，年均增长超过 25%。

随着"一带一路"的推进，经贸合作领域不断拓宽，正从资源开发、轻工纺织、机械制造、食品加工不断向新能源、节能环保、防沙治沙等绿色发展领域延伸。2013 年 9 月，在中国宁夏银川召开了首届中国－阿拉伯国家博览会。借助于博览会，我国与阿拉伯国家在防沙治沙、旱作节水等领域开展了技术输出、人员交流等方面的合作，并将继续在绿色经济、节能环保、防沙治沙等领域进行合作与交流，有利于中国环保产业与技术的"走出去"。

### （二）中阿环保合作存在的不足

#### 1. 对阿拉伯地区环境信息储备不充分

由于地理及历史原因，以往对于阿拉伯地区的环境信息缺乏关注，尤其是有关阿拉伯各国的环境基本情况、环保体制机制、法律法规、产业技术等信息储备不充分，需要根据中阿关系新形势，开展阿拉伯地区环境国别研究，加强对该地区的环境信息的收集和分析。

#### 2. 中阿合作起步较晚，尚无成熟的合作机制

截至目前，中国已与埃及、摩洛哥、伊朗、约旦等阿拉伯国家签署或草签了双边环境保护合作文件。但由于合作资源有限，除援外培训外，尚无开展其他具体的环保合作项目。多边框架下，"中国－阿拉伯国家合作论坛"机制下的环保合作会议，作为唯一的中阿环保合作交流平台，其机制与内容都需要进一步充实发展。

#### 3. 阿盟成员国众多，且环保状况差异较大

阿拉伯国家联盟成员国的经济发展程度悬殊，石油国家如阿联酋、卡塔尔、科威特十分富有，而科摩罗、毛里塔尼亚、吉布提属于最不发达国家行列。同时，各国环境状况差异巨大。例如，《世界银行 2006 年研究报告》显示，仅叙利亚一国，

由于环境恶化每年造成的损失就达 7 亿美元。而阿联酋则以其新旧能源开发与生态环保建设的良性运行模式及成效，为其带来了经济、生态的和谐发展，成为全球可持续发展的典范。

各国环境管理制度也不尽相同，如约旦、黎巴嫩、叙利亚等国，设有专门的环境部；阿尔及利亚、毛里塔尼亚等则是将环境与另一两个相关部门整合成一个；卡塔尔、阿联酋等则是成立了跨部门的环境理事会来处理环境相关事务等。

### 4. 与阿拉伯地区信息、技术及人员交流均不足

由于中阿的环保合作刚刚起步，且合作机制尚不成熟，因此中国与阿拉伯地区的交流缺乏稳定的制度保障，有关环保方面的信息、技术及人员交流明显不足。近年来，我国环境保护部根据中阿双方签署的相关文件，组织承办了一系列环保研修班，培训了百余名环保领域的官员及专家。但这显然不能满足中阿环保的交流需求。随着中阿环保合作的开拓和深入，亟须在巩固现有交流机制的基础上，开拓新的信息、技术及人员交流。

## 三、推动中阿环境合作的战略思考

"一带一路"建设使中阿"战略合作关系"进一步发展，中国的和平发展需要稳定的周边环境，阿拉伯国家是中国大周边外交的重要组成部分。中阿环保合作有利于稳固中国周边战略利益，中国与阿拉伯国家存在共同的环境利益，双方环保合作关系有助于促进双边政治与经贸关系的发展。"一带一路"建设为中阿环境合作指明了方向，我们要站在维护国家利益、展现国家形象和促进国家环境安全的战略高度，立足于服务国家政治外交大局和环保中心工作，谋划中阿环保合作。

### （一）加强阿拉伯地区环境信息储备和基础科研合作，建立环境数据库

开展对阿拉伯地区各国的环境研究，跟踪分析阿拉伯国家环保动态及需求，尤其是阿拉伯各国的环境保护体制机制、法律法规、产业技术等。只有充分掌握该区域的环保情况，才能为妥善解决"一带一路"建设中可能引发的环境问题，提供及时有效的技术支持；才能为中国环保产业与技术"走出去"保驾护航；也能有的放矢引入我国所需的环保资源，从而为搭建稳固的中阿环保合作夯实基础。

### （二）依托多边机制，逐步完善中阿环保合作机制

阿拉伯国家与中国同属发展中国家，在应对全球环境问题上立场一致、责任相当。虽然起步较晚，但中阿双方需求互补，合作潜力很大。"中国－阿拉伯国家合作论坛"是当前中阿级别最高的合作，该机制下首次召开的"中国－阿拉伯环境合作会议"亦取得圆满成功，开启了中阿环保合作的新篇章。"中国－阿拉伯国家博览会"是中阿规格最高的经贸合作论坛。2013 年的首届博览会，成果累累，影响广泛。2015 年将召开第二届博览会。要充分利用这些平台，提前规划，充分准备，适时举办环保合作会议，增加交流机会，积极推动中阿环保合作不断深化，并以此为依托，建立起稳定通畅的交流渠道，逐步完善中阿环保合作机制。

### （三）开拓双边渠道，深化"南南"环保合作

中阿环保合作关系的发展主要依靠两个途径，一个是多边舞台，另一个是双边渠道。中国和阿拉伯文化存在差异，阿拉伯各国在政治体制、宗教派别和同西方国家关系的亲密程度等方面也差异甚大，这就要求中阿构建环保合作关系时需区别对待。从双边关系的视角来看，阿拉伯关键国家如沙特阿拉伯、埃及、阿尔及利亚和苏丹等与中国的双边战略合作关系内涵不断丰富，这些国家在地缘上分别是海湾、地中海南部和东北非的关键性国家。适时推进中阿双边环保合作，将有助于进一步发展平等互利、真诚友好的中阿双边关系，对于深化南南环保合作，谋求共同绿色发展，促进地区和平稳定具有重要意义。

### （四）借鉴绿色使者计划，巩固人员与技术交流，为进一步深入合作做好充足准备

借鉴中国与东盟的绿色使者计划，研究制定中国"南南"环境合作：中阿绿色使者计划。继续巩固对阿拉伯国家开展能力建设的规模，开展环保技术人员的交流与培训。一方面，结合我国发展生态文明、建设美丽中国的成功实践，积极对外宣传我国生态文明建设举措及成效，推动我国环境保护理念、制度与技术标准的全方位"走出去"；另一方面，通过中阿绿色使者计划，加深双方的了解，搭建友谊的桥梁，为以后的进一步深入合作打下扎实的基础。

# 开拓上海合作组织环保合作
# 建设绿色"丝绸之路经济带"

张 立 国冬梅

"丝绸之路经济带"建设是解决区域合作的一种创新思路和合作平台，通过加强"五通"（政策沟通、道路联通、贸易畅通、货币流通和民心相通），实现区域更深层次和更广领域的大合作，实现区域互利、共赢和开放。"丝绸之路经济带"建设应以中国为出发点，以俄罗斯和中亚地区为桥梁和纽带，链接欧洲、北部非洲。上海合作组织区域是"丝绸之路经济带"建设的前沿与首要阵地，将发挥巨大作用。

上海合作组织顺应时代要求，重视环境保护合作，视其为改善区域环境状况，推动区域可持续发展的重要措施。作为上海合作组织成员国，中国根据目前面临的国内外形势变化与挑战，及时调整外交战略和政策，将环保国际合作作为外交战略调整的重要内容之一，积极宣传生态文明，巩固非传统领域合作，提升国际形象。

上合环保合作是加强本组织应对环境挑战，改善和保护区域生态环境，促进区域经济、社会和环境全面均衡发展的重要举措，符合共建"丝绸之路经济带"的内涵。它不仅是"丝绸之路经济带"建设的重要内容，而且是润滑各国关系，共建"丝绸之路经济带"的重要补充，为深化上合组织框架下的合作层次，提升和拓展"丝绸之路经济带"建设提供了新的视角和外交空间，为"丝绸之路经济带"建设提供可持续发展的基础保障，与"五通"形成六位一体，相辅相成，为"丝绸之路经济带"建设提供和谐发展的动力。

总之，务实推进上合环保合作，是打造绿色"丝绸之路经济带"建设的重要内容，是服务和促进绿色"丝绸之路经济带"建设可持续发展的重要组成部分。具体要做好以下工作：一是要加强"丝绸之路经济带"建设下上合环保合作的理论研究和政策沟通；二是要加强上合环保合作服务"丝绸之路经济带"的战略思维和主动规划，落实国家"一带一路"建设方案中的重点工作；三是要推动建立各成员国环保部门之间的部级合作机制，开展环保政策对话与经验交流、加强环保产业合作与技术交流、提高各国环保基础能力建设，制订本组织环保合作战略和行动计划，建设上合组织环境保护信息共享平台等，务实推动上合环保合作。

## 一、"丝绸之路经济带"的内涵

2013 年 9 月 7 日，中华人民共和国国家主席习近平在访问哈萨克斯坦纳扎尔巴耶夫大学时发表了题为《弘扬人民友谊 共创美好未来》的重要演讲，全面阐述了中国对中亚国家睦邻友好的合作政策，倡议创新合作模式，提出共建"丝绸之路经济带"的构想，使丝绸之路再度进入世界视野，引起了国内外特别是亚欧大陆的"共振"。什么是"丝绸之路经济带"？如何正确解读和理解其内涵，成为目前国内外学者的热门议题。

"丝绸之路经济带"从地理范围上看，东起连云港、西至荷兰鹿特丹，从太平洋到波罗的海，链接东亚、中亚、西亚、南亚惠及 30 亿人口的"泛经济带"，是一个"以点带面，从线到片，逐步形成区域合作"的经济大走廊；从经济发展区域上看，其东边牵着活力四射的亚太经济圈，西边系着发达的欧洲经济圈，是一个"世界上最长、最具有发展潜力的经济大走廊"。

国内很多学者对于"丝绸之路经济带"的解读，是将其视为经济带范围内各个国家之间解决区域合作的创新性思路，目的是在现有区域机制下，建立一个"双赢"或"多赢"的合作平台或合作方式。而这种合作平台或方式不带有任何的政治性或强制性色彩，不存在区域主导的问题，而是通过加强"五通"，实现区域更深层次和更广领域的大合作，共建区域互利、共赢和开放。

习近平主席指出，"丝绸之路经济带"建设需要加强上海合作组织和欧亚经济共同体机制下的合作，以获得更大的发展空间。据此，"丝绸之路经济带"应以中国为出发点，以俄罗斯、中亚地区及中东欧为桥梁和纽带，以欧洲为落脚点，以北部非洲为延长线，打造区域互惠利益、共同发展、合作共赢的共同体。因此，上海合作组织"丝绸之路经济带"建设中发挥着巨大的作用。

## 二、环保国际合作与中国外交

2013 年周边外交工作座谈会提出更加奋发有为推进周边外交工作的政策，提出立体、多元、跨时空开展周边外交工作是我国坚持与邻为善、以邻为伴，坚持睦邻、安邻和富邻外交政策的重要内容。我国与周边国家的关系发生了变化，提出"一带一路"建设的倡议客观上要求我们要与时俱进、更加主动开展周边外交工作，谋大势、讲战略、重运筹。

党的十七大首次将环保国际合作作为我国和平发展的重要组成部分，与国家对外政治、经济、文化和安全等重大战略并重，提出"相互帮助、协力推进、共同呵护人类赖以生存的地球家园"。环保国际合作成为服务国家政治外交大局，维护我国战略机遇期的重要组成部分，成为我国走向生态文明新时代、建设美丽中国、实现中华民族伟大复兴中国梦的重要内容。而且，当前我面临国内外形势发展变化与重大挑战的现实，客观要求我国的外交战略和政策需要及时调整，环保国际合作也成为外交战略调整的重要内容之一。

### （一）中国综合国力提升，环保国际合作任务增加，责任与义务加大

2012 年中国超过日本成为世界第二大经济体，国际社会认可中国是大国的同时，也期望中国在国际社会中承担更多的责任和义务；另一方面，"里约 +20"峰会肯定了绿色经济是发展经济、创造就业与保护环境的一个潜在结合点。两者促使环保国际合作成为我国展现大国形象，承担更多环保责任与义务的着力点。

在"丝绸之路经济带"建设与打造区域利益共同体的过程中，"五通"工程与环保契合既是"里约 +20"峰会确定的全球可持续发展的重要体现，也是中国主动承担大国责任和义务的重要行动。环保国际合作可缓解我国和平发展过程中的外部冲击力，避免"重建设、轻环保"成为"丝绸之路经济带"建设中授人以柄的重要"看点"。

### （二）中国外交"多重复合战略定位"中，环保国际合作成为重要内容和举措

当代中国以全球大国的身份和视野规划外交，在外交理念、意识、气度等方面都彰显"发展中大国"和"新兴经济体"的多重复合战略定位[①]。

做好中国当代新型外交战略，需要更加关注非传统领域的外交战略规划，建设

---

① 杨洁勉 . 站在新起点的中国外交战略调整 [J]. 国际展望 . 2014(1).

与之相匹配的国际机制。环保国际合作是中国外交有机整体的一部分，是改善我国政治、经济和安全外交机制，缓和外对冲突，营造良好周边环境的重要内容和重要措施之一，是改变重经济轻政治、重近利轻大义、重取轻予外交战略的重要补充，是建立政治共识基础的良方、加强友好经济合作的引子，是中国外交战略延伸拓展的深度实践。

这要求我们在"丝绸之路经济带"建设中，重视环保国际合作，推进区域环保合作，为参与"丝绸之路经济带"建设的各方"拿主意"、"定议题"，促进更富有建设性的区域可持续发展。

### （三）生态文明走向世界，需要中国外交助力，环保合作要冲锋陷阵

当今世界，全球金融危机和世界经济复苏乏力，绿色经济成为全球经济新的增长点。中国首次提出建设生态文明，推进五位一体的发展战略，解决我国资源环境瓶颈的约束，走可持续绿色发展的新路。生态文明建设是关系人民福祉、关系民族未来的大计。推进生态文明建设就是尊重自然、顺应自然和保护自然，这一举措得到国际社会的关注。

这要求我们在建设"丝绸之路经济带"，打造区域互惠利益、共同发展、合作共赢的共同体时，要在经济建设中保护环境，在保护环境中促进区域经济发展。在实现"两个百年"的奋斗目标中，既要"甩开膀子"干事业，也要"撸起袖子"干环保，要推动环境保护"走出去"。

## 三、上合环保合作服务"丝绸之路经济带"建设

### （一）上海合作组织环境保护

多年来，上海合作组织努力维护地区安全稳定、促进地区经济发展，使本地区的政治生态、安全环境、发展状况得到了明显改善。上合组织在推动经济与安全合作两大车轮不断向前发展的同时，重视环境保护合作，将其视为解决地区生态环境日益恶化问题，改善地区环境状况，推动区域可持续发展的重要措施，得到了本组织各成员国的积极响应。

环保合作在上合组织成立初始，被写入本组织的成立宣言和宪章；2003 年《上海合作组织成员国多边经贸合作纲要》、2004 年《〈上海合作组织成员国多边经贸

合作纲要〉的落实措施计划》明确了本组织环保合作的方向和具体领域；2004年《塔什干宣言》又提出制定上合组织环境保护领域的工作战略；为响应《塔什干宣言》2005—2008年、2014年共举行了6次成员国环保专家会；2012年上海合作组织总理会批准《2012—2016年上合组织进一步推动项目合作的措施清单》提及要加强环保领域的合作；2013年9月上海合作组织峰会就《上海合作组织长期睦邻友好合作条约》实施纲要（2013—2017）达成共识，纲要提到就环境保护、生物多样性保护与恢复开展合作[①]。

### （二）中国在上海合作组织框架下的环保合作

中国政府历来高度重视节约资源和保护环境，积极探索具有本国特色的生态文明发展道路，努力拓展国际环境保护合作。作为上合组织成员国，中国积极推动区域机制下的务实环保合作。

2012年12月，时任我国国家总理的温家宝在出席上海合作组织第11次总理会议时，提出"将成立中国－上海合作组织环保合作中心，中方愿依托该中心同成员国开展环保政策研究和技术交流、生态恢复与生物多样性保护合作，协助制定本组织环保合作战略，加强环保能力建设"。

2013年11月，李克强总理出席上海合作组织成员国总理理事会第12次会议时，指出"各方应共同制定上合组织环保合作战略，依托中国－上海合组织环保合作中心，建设环保信息共享平台"。

2014年5月第四届亚信峰会期间，习近平主席与哈萨克斯坦总统签署的联合宣言中提到"双方愿意在上海合作组织框架内巩固和发展环保领域的合作与交流，发挥中国－上合组织环保合作中心的作用，促进区域可持续发展"。

2014年6月，中国－上海合作组织环境保护合作中心启动并举办中国－上海合作组织环保合作高层研讨会，以积极行动落实中国领导人倡议和上合组织关于环保合作的有关决议，务实推动区域环境合作平台建设、加强上合组织各成员之间环保合作与交流对话。

### （三）上合环保合作为"丝绸之路经济带"理论建设提供了新的视角

按照国内学者提出的"丝绸之路经济带"是一个区域内合作的平台或方式的概

---

[①] 中国－东盟环境保护合作中心 . 上海合作组织环境保护合作研究 . 区域环境政策研究 (2012 年 ).

念，那么它就更加需要在理论上进行创新和推动。

习近平主席提出通过"丝绸之路经济带"建设，逐渐形成区域的大合作，这种合作应该是一个三维或更多维度的合作：一是区域位置上的合作；二是多领域的合作；三是多层次的合作。因此，打造互利、共赢和开放的利益共同体，不仅仅体现在交通、贸易往来的商路一体化，还体现多元因素、多重领域、多种方式的合作与发展。

上合环保合作旨在加强本组织应对环境挑战，改善和保护地区生态环境，促进地区经济、社会和环境全面均衡发展的重要举措。加强中国与上合组织成员国的环境保护合作，符合共建"丝绸之路经济带"的内涵，是中国、俄罗斯、中亚国家间开展区域大合作的重要领域，为深化上合组织框架下合作层次，提升和拓展"丝绸之路经济带"建设提供了新的视角和外交空间。

**（四）上合环保合作为"丝绸之路经济带"建设提供可持续发展的基础保障**

中亚是"丝绸之路经济带"建设的重要区域，由于地理位置和人类活动加剧，区域生态环境恶化，已经上升为全球性生态环境问题突出的地区之一；中国与该区域国家间的双边或区域合作刚刚起步，效果不显著；区域内国家对于加强生态环境领域合作逐步强化并重点关切；"丝绸之路经济带"沿线国家生态环境承载力成为制约建设的重要因素。主要体现在以下几个方面：

一是道路、能源、交通和基础设施建设可能使该区域生态系统进一步遭受破坏，生态系统逐步脆弱化，并难以恢复。

二是经济带建设进一步促进人流、物流、交通流、能量流的大流通，可能会加重或激化区域环境污染，环境质量严重下降。

三是土地利用类型变化，自然保护区、生态脆弱区和敏感区可能遭到破坏，区域生物多样性保护受到严重威胁，生态失衡。

因此，上合环保合作是预防"丝绸之路经济带"建设中重大生态环境问题的强力剂，是"丝绸之路经济带"建设的重要保障，在维护地区生态环境良好，促进区域可持续发展中发挥着重要的作用。

**（五）上合环保合作为"丝绸之路经济带"建设提供和谐发展的动力**

近年来，中国重视上合组织框架下的合作，并且顺应组织发展的时代要求，重视本组织下国家安全、经济发展、社会稳定、文化融合与环境保护和谐发展的内在

"需求"，重视发展绿色经济、保护生态环境所带来的潜在利益和促进作用。作为"丝绸之路经济带"优先合作地区的上合组织区域，加强上合组织环保国际合作是发挥这种内在"需求"作用，推动经济带建设步伐的一大动力，是深化、提升各领域合作，促进经济带和谐可持续的重要润滑剂。

总之，务实推进上合环保合作，是打造绿色"丝绸之路经济带"建设的重要内容，是服务和促进绿色"丝绸之路经济带"建设可持续发展的重要组成部分。现阶段，上合环保合作机制基础弱，内部矛盾多，为服务好绿色"丝绸之路经济带"建设，需要进一步做好以下几个方面的工作：

**1. 加强"丝绸之路经济带"建设下上合环保合作的理论研究和政策沟通**

在构建"丝绸之路经济带"的进程中，挖掘价值、剖析潜力、开展合作、共享成果，需要理论的研究和支持。上合环保合作同样不能另辟蹊径，需要在现有合作基础上，用理论武装行动，加强中国与上合组织成员国环保政策的沟通、交流和协调研究；需要运用法律、制度、条约、技术手段来强化环保合作服务与打造"丝绸之路经济带"的政策研究。

**2. 加强上合环保合作服务"丝绸之路经济带"建设的战略思维和主动规划**

当前如何建设"丝绸之路经济带"，促进区域合作大融合，是国内外学者研究的重大课题。"丝绸之路经济带"建设需要在党的十八大精神指引下，兼顾"两个百年"目标，以"亲、诚、惠、容"四字理念做好建设战略思维和顶层规划。长期以来，上合组织环保合作起点低、基础薄，缺乏主动式战略定位和顶层规划，环保合作艰难、曲折。

现阶段"丝绸之路经济带"建设提出共建区域互利、共赢和开放，这要求我们要自主加强中国与上合组织环保合作的主动谋划和顶层设计研究，着眼长远和发展基础，统筹"丝绸之路经济带"建设的生态环境保护，改善经济带下民众生存和生活环境，在环境保护中建设，在建设中利民。

**3. 重视和务实推动上合环保合作，打造绿色"丝绸之路经济带"**

上合环保合作是本组织内协调环保国际立场、促进区域经济绿色发展、补充人文合作的重要内容，是打造绿色"丝绸之路经济带"的排头兵，为上合组织区域外，其他区域绿色"丝绸之路经济带"建设提供示范。

务实推动上合环保合作，需要加强各方在遵守合作共赢、可持续发展的原则下，增进互信，加强合作、有序推进。具体如下：

一是积极推动落实上合峰会领导人提出的关于加强上合组织框架下环保合作的要求，建立各成员国环保部门之间的部级合作机制，这是上海合作组织成员国环保合作专家组成立伊始的主要目标，并通过部长级机制加强政策对话和交流，寻求共同感兴趣的领域开始合作，增进理解和互信，逐步将各方难以达成一致的焦点问题（如水资源问题等），转化各方做好国内相关工作的推动力，将是今后上合环保合作在启动阶段的关键措施。

二是制定上合组织框架下环保合作战略和行动计划，尽快签署上海合作组织环保专家会磋商的《上海合作组织成员国环保合作构想（草案）》，实施具有共识领域的合作。

三是在优先合作领域上，加强并侧重在环保政策和经验交流、生态恢复和生物多样性保护、环境技术交流与环保产业合作、环保能力建设等领域优先开展合作，优先落实好李克强总理提出的上合组织环境保护信息共享平台建设项目，落实上合组织峰会领导人提出的加强上合环保合作的倡议。

## 参考文献

[1] 杨洁勉 . 站在新起点的中国外交战略调整 [J]. 国际展望 , 2014(1).

[2] 中国－东盟环境保护合作中心 . 上海合作组织环境保护合作研究 . 区域环境政策研究（2012年）.

# 推动中国环境保护"走出去"的战略思考

李　霞

党的十八大报告提出，要继续加快转变对外经济发展方式、创新开放模式、加快"走出去"步伐。"走出去"是对外开放基本国策的重要组成部分，是实现"两个百年"目标的基本保障。而随着全球和区域环境问题与国家政治、经济和安全等领域不断相互渗透，环境利益对一国重要性不断上升，环境保护"走出去"也已经成为我国"走出去"总体战略的重要组成部分。

《"十二五"环境保护国际合作工作纲要》在环境保护国际合作工作基本原则里已明确提出，推动我国环境管理模式、标准与技术的"走出去"，实现与发展中国家的互利共赢，增强我国环境保护事业的综合国际竞争力。环境保护"走出去"既是环保国际合作的战略性延伸，也是环保国际合作工作的重要目标和着眼点。同时，作为我国"走出去"总体战略在环境与发展领域的体现，环境保护"走出去"对于扩展我国"走出去"总体战略的内涵与外延、提升我国"走出去"总体战略的可持续性、为"走出去"总体战略的实现保驾护航也具有重大战略意义。

## 一、中国环境保护"走出去"的内涵

为提升改革开放总体水平，自"十五"计划期以来，我国大力推动"走出去"战略。随着全球范围内环境议题日益发展为承载国家政治与经济安全的复合体，一国对全球及区域环境合作的参与能力日渐成为国家软实力的重要体现，当前环境保护"走出去"也已成为我国"走出去"总体战略的重要组成部分，并发挥着为"走出去"总体战略保驾护航的重要作用。

　　环境保护"走出去"意涵广阔。从具体内容上看，环境保护"走出去"主要包含两个层面含义，一是通过积极参与全球和区域环境合作，推动中国环境保护理念、制度、政策"走出去"，促进中国对外援助与对外投资的绿色转型等宏观层次的顶层设计；二是国际项目合作、人员交流、环保产业与技术"走出去"等一系列具体层次上的经验输出。

　　从"走出去"的范围上看，环保"走出去"的载体和形式包括但不限于"南南"合作，还包括"南北"合作、"南北南"合作、"北南北"合作。发展中国家与发达国家都是中国环保"走出去"的对象，而"走出去"的内容则因不同类别国家的发展阶段特点各有侧重。对于自身环境管理体系尚不完善的发展中国家，"走出去"应以制度理念、法律法规、政策、人员、技术输出为主，推广中国环保事业发展过程中一些已有的成熟经验和做法，帮助其建立完善环境管理制度，加强环境管理能力建设。

　　对于国内环境管理体系发展较为完善而更为关注全球及区域环境治理的发达国家，"走出去"应以对外宣传为主。当前国际舆论对中国在环境保护领域多有诟病，一方面是基于中国当前面临严峻环境挑战的客观事实；另一方面也是由于宣传不力，国内环境治理取得的大量成绩未在对外宣传中予以重视和体现。为此，针对发达国家的"走出去"应重点提升对外宣传能力，丰富对外宣传的方式和渠道，推动我国环保工作成效的"走出去"，向国际社会介绍中国目前在环境与发展领域采取的各项行动，使发达国家真正了解中国在环保领域的作为和努力，缓解外部压力，塑造负责任的大国形象。

# 二、中国环境保护"走出去"的有益实践

## （一）区域环境合作平台为环境保护"走出去"提供重要支撑服务

　　通过周边、区域、泛区域环境合作，在东北亚（含大图们江次区域）、东盟、大湄公河次区域、上海合作组织（中亚）、中国－非洲、中国－阿拉伯国家、中国－拉丁美洲国家、亚太经合组织、亚欧环境合作等区域环境合作平台，在环境国际合作中为推动我国环境保护"走出去"提供了切实保障。例如，在中国－东盟框架下中国－东盟环境合作论坛，3年来区域国家参与人数达700多人，为政府部门、研

究机构、民间社团、企业家、国际组织搭建了对话平台。在大湄公河次区域力主推动的农村环境治理计划和城市伙伴关系计划获得各方高度认可，被纳入亚行次区域投资框架。

为搭建区域环境保护合作平台，进一步推动我国参与区域环境保护合作，国家专门成立中国－东盟环境保护合作中心与中国－上海合作组织环境保护合作中心，成为构建我国环境保护"走出去"战略平台的重要支撑体现。

**（二）开展"走出去"项目设计与能力建设实践**

《中国"南南"环境合作：绿色使者计划》在2013年10月联合国"南南"博览会上进行了国际发布，国际社会反响热烈，认为该项目和2011年实施的东盟绿色使者计划是中国推动"南南"环境能力建设的典范。

而中国－东盟绿色使者计划作为《中国"南南"环境合作：绿色使者计划》的实践与示范，自2011年启动以来，已经有数百名东盟使者参与其中，在中国生态文明理念构建、国内环境政策与创新、环境标准实施、环保产业与技术等方面不断尝试"理念走出去、经验走出去、优势走出去、人才走出去"的有机结合，以使者计划为核心的政策对话与共赢平台构建"走出去"的试验田，并取得了阶段性成功。

**（三）构建跨界环境问题研究和区域海洋环境合作平台，为周边环境合作"走出去"提供有力技术支撑和探索**

结合陆上丝绸之路、海洋丝绸之路的国家发展战略重点，通过上海合作组织、大湄公河次区域合作、东亚酸沉降监测网络、西北太平洋行动计划、东亚海协作体、南海国际环境合作综合战略研究等区域专项合作，将跨界水环境问题研究、跨界大气环境问题、区域海洋问题研究紧密与周边环境合作以及同环境保护"走出去"策略相结合。

**（四）积极推动环保产业与技术"走出去"，落实"十二五"纲要提出的"机制－项目－人才－基地"制度化创新工作**

李克强总理于2013年11月在中国－东盟领导人峰会上提出了"中国将发布中国－东盟环保产业合作倡议，建立中国－东盟环保技术和产业合作交流示范基地"。这为推动环保产业与技术"走出去"提供了高层支持与发展动力。

为推动中国环保产业与技术"走出去"，江苏宜兴和广西的中国－东盟环保产业合作示范基地与技术交流中心；天津绿色供应链领域的合作；黑龙江省的中俄环保技术与产业合作示范基地设计；与云南积极构建的中国－南亚环保产业与技术合作桥头堡；并与相关地方积极探索中国－非洲环保产业示范合作与基地建设方案设计，有效推动中国环保产业国际合作网络和示范基地建设。

# 三、构建合作平台，系统谋划环保"走出去"

推动中国环境保护"走出去"是一项整体性的系统工程，内容多样，层次丰富，涉及环境保护国际合作工作方方面面。通过搭建合作交流平台，能够有效整合现有环保国际合作资源，拓展"走出去"途径与渠道，使之成为"走出去"的实质性载体。为此，应依托现有环保国际合作工作战略部署，加强顶层设计和整体谋划，在政策对话、国际合作、信息服务、智库交流、产业示范、能力建设方面全方位构建环境保护"走出去"六大合作平台，全面提升环境保护"走出去"的层次和水平。

## （一）加强环境保护"走出去"高层政策对话平台建设

环境保护理念、制度、政策的"走出去"是环境保护"走出去"的题中之义，更是环境保护"走出去"核心内容和当务之急。而理念、制度、政策的"走出去"需要依托层次高、影响广的交流合作机制，搭建政府间高层政策对话平台。未来可考虑以中国环境与发展国际合作委员会这一现有高层政策咨询平台为基础，充分利用国合会的广泛影响力和资源网络，着力打造"南北"、"南南"环保高层政策对话平台，推动中国与合作国家决策者间的环境政策的交流与对话，分享环境治理领域的经验与成果，积极向国际环境与发展领域宣传和输送中国的环保理念，增强中国在国际环发领域的软实力。

目前，中国已经在环境保护理念"走出去"方面做出尝试并取得重大成功。在2013 年召开的联合国环境规划署理事会上，中国力主推动的生态文明理念基本得到了与会各国的接纳和认可，并已经开始对国际环境与发展领域语境产生重大影响，成为当前中国环境保护"走出去"所取得的最重大成果。未来应重点借由中国自身搭建的环保高层政策对话平台，持续推动中国环境保护创新理念的"走出去"与国际化，提升中国在国际环境与发展领域的影响力和话语权，以来自中国的思想和观念推动全球环境领域的重大发展与革新，以"中国制造"的智力成果为人类的环境事业发展作出贡献。

### （二）加强环境保护"走出去"国际机制合作平台建设

环保国际合作是环境保护"走出去"的重要组成部分，也是我国环境保护制度、理念、政策、经验"走出去"的重要实现途径。未来可在环保国际合作整体平台下整合现有国际公约履约合作及周边、区域、泛区域环境合作，以增强对我国环保国际合作战略的整体设计，为国家政治外交大局和环保中心工作服务。

同时，应依托环保国际合作平台，扎实全球及区域环境合作机制研究，形成以"走出去"带动国际环境合作相关研究，以研究辅助"走出去"具体实践的良性互动，为环境保护"走出去"提供重要支撑。结合国家整体发展战略和环保国际合作重点领域，推动建立环保国际合作研究平台。

在全球层次，加强国际公约履约的相关研究和对外宣传，借由国际环境合作平台宣传中国环境保护的理念构想和工作进展，提升中国在国际环境合作机制及国际多边环境谈判中的参与度与影响力，展示负责任大国形象。

在区域层次，重点结合陆上丝绸之路、海洋丝绸之路的国家发展战略重点，优先识别国家重点战略及周边环境合作中的环境敏感点，在周边及区域环境合作中整体推动环境保护"走出去"战略的实现。

### （三）加强环境保护"走出去"信息服务平台建设

环保信息服务平台能够为环境保护"走出去"有效整合相关资源，并成为环境保护"走出去"为"走出去"整体战略保驾护航的重要工具。依托综合性、开放性的环保信息共享平台，可将环保法律法规、相关政策、数据信息整合上线，为在境外开展投资业务的中国企业开展对外投资项目环境技术咨询服务，形成服务于企业"走出去"的"政策支持—咨询服务—项目实施—宣传建设"的综合服务链条。依托环保信息共享平台，构建中国企业"走出去"环境政策咨询服务平台，加强政府对"走出去"企业的引导，向企业提供投资所在国环境管理法律法规相关信息，帮助企业切实履行环境社会责任。

同时，为避免在环境和政治影响高度敏感的地区开展投资经营活动引发环境争议，可考虑依托环保信息共享平台，构建投资敏感国别名录及研究数据库，开发对外援助和对外投资的环境与社会影响评估方法，基于地理信息系统平台，从经济发展、社会发展、政治影响、环境与资源、项目技术综合评价等方面评估投资行为的风险值，帮助预先排查重大的、明显的环境风险，为"走出去"提供支持性政策工具。

### （四）建立环境保护国际智库交流平台

与环保系统内相关国内环境问题研究智库合作，共同与国际顶级智库，以及与发展中国家相关智库建立合作伙伴关系，通过开展国际交流与合作，向发展历史较长的欧美发达国家智库学习发展经验。与非洲、拉美等发展中国家智库交流发展思路，拓宽国际视野，提升国际竞争力和影响力。探索"南北"、"南南"、南—北—南环境合作新模式，促进我国生态文明理念的对外宣传与输出，推动我国环境管理制度、理念、模式与经验"走出去"。

关注周边环境合作，以东盟、中日韩、大湄公河次区域、上海合作组织为核心，构建区域环境智库联盟。

加强与联合国环境署、亚洲开发银行、世界银行等国际机构、国际政治与经济问题研究智库、国际非政府组织合作，拓展国际环境问题研究智库所需的资源渠道。

### （五）建立环境保护"走出去"产业技术合作示范平台

加强与国内环保产业聚集度较高的经济发达地区的合作，探索"产业园区—合作机构—技术输出"的"走出去"模式，为我国环保理念、管理模式、技术产业等"走出去"提供有力支撑。

积极推动区域合作环保技术和产业示范基地建设工作。依托中国宜兴环保科技工业园产业聚集优势，建立中国－东盟环保技术与产业合作示范基地，推动建立中国－柬埔寨环保技术合作中心。支持广西发挥与东盟开展环境合作的地缘优势，推动建设中国－东盟环保产业科技园区及节能环保展示中心。借鉴与东盟合作经验，逐步推动中国与南亚、非洲、拉丁美洲等区域的环保技术与产业合作。形成区域基地互动、互补，促进各个单体项目的有效集成，加强产业与技术合作的顶层设计与具体实践。

### （六）建立环境保护"走出去"对外宣传与知识共享平台

环保对外宣传与知识共享平台着眼于加强中国与其他国家的环境能力建设伙伴关系，重点实现三个层次的基本功能：

**1. 为制订和实施生态文明建设和环境保护对外宣传计划提供支撑**

制订《中国环境保护"走出去"国际宣传计划》，为制订和实施生态文明建设和环境保护对外宣传计划提供支撑，利用各种国际合作平台，广泛宣传我国生态文明和环境保护政策实践和成效进展，扩大我国在环发领域的话语权，提升影响力。

通过继续加强南北对话、开拓"南南"合作，研究中国"南南"环境合作相关问题与对策，促进与发展中国家开展人员交流与能力建设。

**2. 着力推动中国－"南南"绿色使者计划品牌建设，搭建中国"南南"环境合作联盟**

以落实《中国"南南"环境合作：绿色使者计划》为战略实施核心，以中国－东盟绿色使者计划为实践经验依托，尽快启动中国"南南"环境合作：中国－上海合作组织绿色使者计划和中国"南南"环境合作：中国－非洲绿色使者计划相关工作。设计与构建中国"南南"环境合作联盟，全面推动绿色使者计划国际化、旗舰化、品牌化，充分借鉴东盟绿色使者计划的实施经验和效果，着力将"南南"使者计划打造为中国国际环境合作能力建设的旗舰项目。

**3. 通过搭建环保知识共享平台**

结合"中国－'南南'绿色使者计划"，建立系统的人才交流与培训机制。通过相关培训，使发展中国家加深对中国环境管理制度、技术要求和管理效能的了解，达到既提高发展中国家环境监管能力，同时输出中国环保理念、制度、政策、标准、人才的双重目的。

# 四、加强机制建设，为环境保护"走出去"提供制度化保障

**（一）建立环境保护"走出去"工作机制，开展环境保护"走出去"顶层设计**

环境保护"走出去"战略的制定和实施需要稳定长效的机构支持。为此，应尽快组建中国环境保护"走出去"联合工作组，组织部系统和系统外专家力量开展中国环境保护"走出去"中长期战略框架、"十三五"中国环境保护"走出去"战略计划的顶层设计与政策研究，明确中国环境保护"走出去"战略路线图。同时，应加紧制定中国环境保护"走出去"战略绩效评估指标与评价方法，并组建专家工作组对相关合作开展评估，发布评估报告。

加强环保产业与技术合作"走出去"的顶层设计，重点以东盟、上合、南亚、非洲为主，制定中国环保产业与技术转移"走出去"国际区域合作规划。

（二）与国内部委、地方政府与相关机构、企业、国际组织共同构建"走出去"合作伙伴网络

环境保护"走出去"战略的全面推进需要依托与各方建立合作与联动机制。未来应与国内相关部门建立合作关系，帮助对外或援助审批部门及政策性银行建立内部环境影响评估的机制程序和标准方法，从环境审查方面把好"走出去"的第一道关。

发挥相关省市环保产业聚集度高、技术水平先进、"走出去"能力意识强的优势，与地方政府和相关园区开展具体的"走出去"战略合作。同时，注意发挥企业的自身优势和积极性，鼓励和支持国内优势环保企业"走出去"，为企业"走出去"提供相关咨询服务、创造条件、搭建平台。

在构建对外合作网络方面，积极与联合国系统、区域性政策银行合作，促进中国经验借助第三方平台获得更大的发展空间；与国际组织加强交流与联合研究，积极构建全面外向型的"走出去"战略合作伙伴关系。

# 加强环保国际合作，维护国家生态安全

郑　军　周国梅

习近平总书记在中央国家安全委员会第一次会议上提出了总体国家安全观，指出构建集政治安全、国土安全、军事安全、经济安全、文化安全、社会安全、科技安全、信息安全、生态安全、资源安全、核安全等于一体的国家安全体系。这是中央首次把生态安全纳入国家安全战略考虑，赋予了生态安全新的内涵和意义。生态安全是其他国家安全的载体和基础，是党中央对国内外形势研判的创新决策，是实施"一带一路"战略的重要保障，是延续国际战略机遇期、推动可持续发展的时代要求。

国家生态安全赋予环保工作新的历史使命与担当。在研判我国所处的周边和区域环境新趋势的基础上，笔者认为，国家生态安全须统筹国际国内。加强、确保周边与区域生态安全是今后环保国际合作的中心工作之一；要制定并实施好国家生态安全大战略，拓宽国际视野和全球化思维，突出国家生态安全的跨境性特征，加强周边和区域环保国际合作，从而有力保障国家生态安全。

## 一、国家生态安全的新内涵

20 世纪 80 年代以来，随着切尔诺贝利核电站事故等人为环境问题全球化现象的暴露及其危害的凸显，世界各国特别是发达国家开始逐渐认识到生态安全对国家安全的重要意义。1987 年，世界环境发展委员会在其发表的《我们共同的未来》报告中明确指出，安全不仅包括对国家主权的政治和军事威胁，而且包括环境恶化及其发展条件遭到破坏。1999 年，世界观察研究所发表一份报告预言，环境生态问题将成为 21 世纪战争的根源。美国国防部 1993 年成立了环境安全办公室，并自 1995

年起每年向总统和国会提交关于环境安全的年度报告。美国对生态安全的研究，虽然也关注本国的问题，但重点却是放在全球生态安全问题上。他们认为，环境压力加剧所造成的地区性冲突或者国家内部冲突，都可能使美国卷入代价高昂而且危险的军事干预。

我国对生态安全的研究虽然晚于国际社会，但进展迅速。2000 年 12 月，国务院颁布了《全国生态环境保护纲要》，首次将维护国家生态环境安全作为生态环境保护的目标之一，并指出国家生态安全是一个国家生存和发展所需的生态环境处于不受或少受破坏与威胁的状态。之后，我国开展了大量富有成效的有关生态安全的研究。

生态风险具有漫长的隐蔽性、滞后性和无法挽回的破坏性，长期以来人们忽视了生态安全在整个国家安全中的基础地位。实际上，生态环境的退化和破坏，会使大片国土失去对国民的承载能力，这会给国家造成无法衡量的损失。生态环境恶化，导致工业、农业生产能力下降，最终造成人民生活质量下降。因此，生态安全问题与国家利益、主权及其安全密切相关。

党的十八大提出大力推进生态文明建设，优化国土空间开发格局，构建生态安全格局等。习近平总书记在中央国家安全委员会第一次会议上将生态安全纳入国家安全体系中，赋予了国家生态安全新高度和新内涵：以生态保护为抓手；以生态红线为底线；以安全可持续为目标；以公众满意度为评价标准；以风险危机管理和战略规划为核心；以国内与国际生态安全战略相统筹的一种区别于传统意义的现代新型国家安全观。

# 二、区域环保国际合作意义重大

随着我国综合国力显著增强，周边国家和国际社会要求我国承担更多的责任和义务。加强与周边国家的区域环保国际合作，及时并妥善处理各类跨国界环境问题，对避免引起跨界环境纠纷，保障国家周边生态安全，确保国家总体安全具有重大的现实意义。

## （一）周边和区域环保国际合作是确保国家生态安全的重要阵地

一个国家和民族的生存环境虽有国界相隔，但空气、水、物资、人员等的流动，使一国国内的生态环境问题可以超越国境，呈现区域性、全球性的特征。例如，国际河流、湖泊的上游和下游或环湖国家之间都存在跨国界水污染问题。一国的生态灾难必然对周边地区甚至全球生态环境造成危害。同样，区域性、全球性的生态危机必然对一国的生态安全产生直接影响。因此，为确保国家生态安全，必须统筹考虑周边和区域的生态安全。

### （二）全球化背景下生态安全与经济安全、资源安全等紧密交织

当代国际贸易中广泛存在绿色壁垒问题。我国作为 WTO 成员国家，随着对外贸易规模不断扩大，环境问题日益突出，气候环境有可能成为新型贸易壁垒工具，使环境议题传导至经济安全和社会安全等层面的可能性增大。当前，环境保护"走出去"已成为我国"走出去"总体战略的重要组成部分，并发挥着保驾护航的重要作用。为此，加大与周边国家在环境与贸易领域的合作，协调好国际贸易与环境保护之间的关系，进一步完善我国环境贸易方面的法律法规，加强国际贸易环境管制，对于实现我国国际贸易的可持续发展，确保国家生态安全、经济安全等具有重要的现实意义。

### （三）跨国界环境风险凸显了周边和区域环保合作的战略意义

我国是世界上拥有邻国最多的国家之一，与中国陆上接壤的国家有 14 个，隔海相望的国家有 6 个，地缘因素造成我国面临的周边和区域环境问题繁多，跨界影响关系复杂。研判我国周边跨界环境问题新动向，总体上看，呈现出以下主要风险特征：一是跨国界大气污染问题在周边区域关注度显著上升，尤其是近年来雾霾频发，给我国在跨国界大气污染问题上带来日益增大的外界压力；二是我国跨国界河流水系复杂，跨国界水体环境问题突出，引发的跨国界纠纷风险有增大趋势；三是海洋漂浮垃圾造成周边海洋污染的形势日趋严峻；四是气候变化、生物多样性保护、臭氧层保护、化学品管理和核安全等全球环境问题正成为周边地区的重要环境关切。

当前，我国在某些敏感的周边区域环境问题上所面临的挑战和压力不断增大。一些周边国家通过跨界环境问题对我国施压，将环境议题政治化、作为辅助外交手段的倾向日趋明显。例如 2010 年年初，湄公河下游严重干旱引发的中国大坝威胁论和干旱责任论，严重地破坏了我国国际形象以及和平发展所需的国际舆论环境，对我国的国家安全产生重大的影响。反之，如果将跨界环境问题处理得当，不仅能有效维护我国环境安全与利益，而且有助于我国与周边国家的政治外交关系。例如，

2005 年 11 月松花江水污染事件涉及沿江中俄两国人民的饮水问题，给中俄两国的关系带来了很大影响，也给国家安全和国家形象带来了压力，对我国的公共外交构成重大考验。但随着松花江水污染事件的妥善处理，中俄环保合作成为了中俄合作的典范，不仅推动了我国环保国际合作的成功转型，也为确保国家总体安全作出了重大贡献。

## 三、积极创新区域环保国际合作

国家生态安全问题不仅影响国家政权稳定，而且影响国家之间尤其是与周边邻国之间的外交关系。因此，要加强环境保护在国家生态安全中的作用，突出国家生态安全的区域性和全球性，准确把握国家生态安全与周边区域环境保护国际合作的关系，不断加强周边区域环境保护国际合作。

**（一）依托合作机制，加强周边与区域合作，减少生态安全摩擦**

我国与周边国家或地区存在一些资源环境方面的争端和遗留问题。沙尘暴、界河污染、酸沉降、海洋污染等长期拖延的矛盾问题逐步显现。为此，要积极采取行动，结合陆上丝绸之路经济带和海上丝绸之路的国家发展战略重点，通过中国－东盟、上海合作组织等环境保护合作，建立和完善合作机制，妥善解决矛盾，共同维护区域生态安全。此外，我国与这些国家在资源环境及利用方面存在突出的互补优势。在稳固周边、塑造周边、惠及周边、消除隐患、不出问题的原则下，推进周边地区环境合作的资源优化配置，以环境合作促进资源贸易发展。

**（二）创新体制机制，推进国家生态安全治理能力现代化**

进一步完善环保国际合作管理模式，加快形成部际协调、部省协作、互为补充的多元化合作方式。开展区域环境保护信息共享平台建设，推动周边省份和周边国家环保合作区域一体化，内外联动，构造区域环境保护合作的大周边战略。要加强组织领导，推动国家生态安全与其他国家安全形成合力，在周边和区域内打出安全组合拳，共同推进国家治理体系和治理能力现代化，全力打造国家周边安全屏障。

**（三）积极参与国际规则制定，特别要以周边和区域环境合作为主线，提升我国的国家生态安全空间**

要积极参与国际环境制度构建和国际环境公约谈判，继续坚持共同但有区别的责任原则，承担与发展水平相适应的国际义务，树立保护区域与全球环境的国际形象。同时，要权衡利弊，争取发展所需要的生态空间。引进和吸收国际规范，建立生态安全评价制度，对国外投资、外来物种和外来废物进行生态安全评估，有效防范环境风险。把握经济全球化的走势，利用全球资源和国际市场缓解国内的环境压力。探索中国对外援助和对外投资环境管理的有效手段，开发产业园区—合作机构—技术输出的"走出去"模式，为我国环保理念、管理模式、技术产业等"走出去"提供有力支撑。

### （四）建立区域环保合作基地和平台，强化能力建设

推动建立一批特色鲜明的环保国际合作基地和平台，包括区域环保国际合作政策研究创新基地、周边区域环保信息共享平台、环保技术与产业国际合作示范基地、跨界环境问题研究基地等。此外，要建立多元化国际合作资金机制，充分利用国际资金开展环境保护和生态建设。进一步加大财政资金的投入力度，更好地发挥财政资金在环保国际合作中的引导作用。加强全国环保国际合作人才队伍建设，重点强化国际谈判队伍的专业化建设，着力培养一批环保国际合作复合型人才。

### （五）加强重大跨国环境问题研究，提升解决跨国环境纠纷的能力

目前，我国在跨国环境问题的研究上还比较薄弱，对重大环境问题衍生的发展趋势预测、环境问题与人体健康的关系、环境问题影响国际关系、国际理赔等国家环境安全科学研究的投入还比较缺乏。今后，应从国家层面上构建生态安全的研究平台，深入、系统地研究生态安全的具体政策问题，制定正确的生态安全政策和规划，将国家生态安全工作法定化、制度化，切实提高我国解决跨国生态环境问题的能力。

## 参考文献

[1] http://www.zhb.gov.cn/gkml/zj/wj/200910/t20091022_172001.htm.

[2] 曲格平. 关注中国生态安全 [M]. 北京：中国环境科学出版社, 2004.

[3] 欧阳志云，朱春全，杨广斌，等. 生态系统生产总值核算：概念、核算方法与案例研究 [J]. 生态学报, 2014, 33(21).

# 借力环境标准
# 推动技术与生态创新

蓝 艳 陈 刚

党的十八届三中全会提出：建设生态文明，必须建立系统完整的生态文明制度体系，用制度保护生态环境。制定全面、科学、严格的环境标准体系是建立最严格环境保护制度的一项重要任务，其制定和实施是环境行政的起点和环境管理的重要依据。

环境标准不仅是环境管理中的重要依据，更是激励技术创新的一种直接有效的手段，在指导科技变革、发掘创新空间上发挥了重要作用。回顾历史，1968—1998年美国逐步实施了一系列汽车排放标准，排放限值提高了90%以上。通过实施更加严格的环境标准，美国不仅取得了显著的减排成效，更推动了减排技术的革命性创新。1975年的氧化催化剂、1981年的三元催化剂以及1994年的热管理系统和在线故障诊断系统作为汽车工业发展史上的重要里程碑，加速推进了技术创新，有力保障了美国的领先优势。

正是环境标准对技术变革的激励效应，使其应用于生态创新领域成为可能。生态创新是可持续发展理念在技术创新领域的实践与提升，既是科学技术的创造力，更是人与环境和谐共生的影响力。为了使环境标准能够更成功的支持生态创新，需要充分发挥标准本身及其标准化过程的作用。

## 一、环境标准是推动技术创新的重要实践

环境标准是国家防治环境污染法律体系中的重要组成部分，为环境规划、环境监督管理、环境评价和企业污染治理提供了实施依据，是社会和经济持续、稳定和协调发展的重要保障。在发挥环境标准"度量衡"重要作用的同时，如何利用环境

标准及其标准化过程促进技术创新已成为当前环境保护管理决策中的重要议题。

就两者的关联性而言，环境标准与技术创新相互影响、相互制约、协同发展。一方面，环境标准是以科学技术与实践的综合成果为依据制定的，技术发展水平是环境标准赖以形成的基础，任何一项环境标准的更新或替代都源于科学技术的发展；另一方面，环境标准会给企业环境技术创新带来影响，大型企业更愿意通过技术创新来回应政府严格的环境标准，而对于污染密集型产业和企业而言，严格的环境标准极大的增加了企业的生产成本，尤其是中小企业在收益之前将面临破产的风险。

美国自20世纪开始实施一系列严格环境标准之后，技术领域随之发生的重要变革。《清洁空气法》1970修正案和1977修正案大幅提高汽车污染排放标准，促使企业进行催化转化器和三元催化转化器的开发。标准对企业技术创新具有积极的引导作用，企业只有彻底改变其技术、工艺，才能达到新环境标准的要求。同时，技术创新离不开市场，没有好的市场开拓，新技术很可能无法推广，创新成果就无从显现。

## 二、美国汽车工业的案例：严格排放标准催化重大技术革新

美国汽车排放标准对汽车排放控制技术的影响是标准推动技术创新的典型案例。一方面，汽车排放标准的实施取得了十分显著的成效，与20世纪70年代相比，汽车污染减排高达95%以上，使全国空气质量得到总体改善。另一方面，汽车排放控制技术改革推动了一系列相关技术的革新。汽车排放控制技术包括催化转化器、电子反馈控制系统和热管理系统等，其复杂程度远远大于氟氯烃控制、烟气脱硫等。不仅仅是汽车制造商，相关组件提供商也都经历了创造性的技术改变，从而推动了汽车工业整体的可持续发展。

### （一）环境标准从严制定，灵活实施

1952年，化学家施密特首次提出加州南部雾霾的形成与汽车尾气有直接关系。为了解决汽车尾气污染问题，汽车制造商自愿在加州销售的所有汽车上安装曲轴箱通风装置，但除此之外，制造商对于研发其他能够进一步降低污染排放的装置并没有积极性。针对这种情况，1959年，加州公共健康部出台首部州立空气质量标准，同时立法机关成立了加州汽车污染管理委员会，对汽车的排放水平和排放控制设备

进行监管。

1965 年，美国颁布《机动车污染控制法》，第一次建立新机动车联邦排放标准。美国环保局（EPA）设立后，以《清洁空气法》为核心，通过不断修正法律要求，提高排放标准限值，美国逐步实施越来越严格的机动车排放标准（见表1）。

**表 1　美国汽车排放标准的发展历程**

| 法案 | 汽车排放标准 |
|---|---|
| 《清洁空气法》**1970** 修正案 | 以 1970 年为基准，至 1975 年，汽车碳氢化合物（HC）和一氧化碳（CO）排放下降 90%<br>以 1971 年为基准，至 1976 年，汽车氮氧化物（$NO_x$）排放量下降 90%<br>HC、CO 和 $NO_x$ 的排放标准分别为 0.41g/mi、3.4/mi 和 0.4g/mi |
| 《清洁空气法》**1977 修正案** | 国会将 HC 排放标准的实施时间推迟至 1980 年，CO 和 $NO_x$ 排放标准推迟至 1981 年<br>$NO_x$ 的排放标准修订为 1.0 g/mi |
| 《清洁空气法》**1990 修正案** | 以 1990 年为基准，至 1994 年，汽车 HC 和 $NO_x$ 排放分别下降 35% 和 60%<br>引入了一套全面的排放监测程序，扩展了检查/保养制度、新能源汽车和清洁燃料项目、运输管理条款以及非道路排放源的调控<br>为轻型汽车规定了两套排放标准：<br>第一阶段排放标准（TIER Ⅰ）于 1991 年 6 月 5 日发布，在 1994—1997 年逐步实行<br>第二阶段排放标准（TIER Ⅱ）于 1999 年 12 月 21 日正式通过，2004—2009 年逐步实行<br>对于新配方汽油，含氧量不少于质量的 2%，苯体积含量不超过 1%，禁止含重金属（铅、锰等），芳烃体积含量不超过 25% |
| 国家低排放汽车项目（**1997 年**） | 1999 年：30% 满足 TIER Ⅱ 要求的汽车[①]，40% 过渡期低排放汽车[②]，30% 低排放汽车[③]<br>2000 年：40% 过渡期低排放汽车，60% 低排放汽车<br>2001 年：100% 低排放汽车 |

[①] TIER Ⅰ: 0.25g/mi HC, 3.4g/mi CO, 0.4g/mi $NO_x$。
[②] TLEV: 0.125g/mi NMOG, 3.4g/mi CO, 0.4g/mi $NO_x$。
[③] LEW: 0.075g/mi NMOG, 3.4g/mi CO, 0.2g/mi $NO_x$。

《清洁空气法》1970 年修正案是美国汽车排放控制史上非常重要的一个法案，汽车排放标准特意将目标设定在当时技术无法达到的水平。虽然该标准遭到汽车制造商的强烈反对，实施时间被多次推迟，但政府推行严格汽车排放标准的决心仍然十分坚定。1973 年，政府专门为 1975 年车型制定了中期的排放标准，以限制过渡时期的汽车排放，并强制 1975 年车型装配排气系统催化转化器，对汽车工业产生巨大影响。

《清洁空气法》1990 年修正案为轻型汽车规定了两套排放标准，1994—1997 年执行第一阶段排放标准（TIER I），2004—2009 年执行第二阶段排放标准（TIER II）。其中，TIER II 所设立的目标为，以 1965 年为基准年，实现 HC 和 CO 分别减排 98% 和 95%。同时，EPA 出台新的燃料标准，对汽油中的含氧量、苯、重金属和芳烃含量进行限制。

1997 年设立的国家低排放汽车项目（NLEV）为 TIER II 实施之前的过渡期提供了严格排放标准。NLEV 为自愿项目，但汽车制造商一旦选择签署该项目协议，也必须满足联邦政府对于汽车减排的其他要求。政府承诺降低协议企业的监管负担，因此许多企业为了稳定的监管环境，选择签订 NLEV 项目协议。

显而易见，美国为改善空气质量不断提高其汽车排放标准，尤其是 1970 年至 1981 年间，HC、CO 和 $NO_x$ 的排放限值严格了 90% 以上。在排放标准升级过程中，适时推出相应的燃料标准和技术标准作为补充。排放标准的实施结合企业技术水平和实际困难，设立可供达标的过渡期及其过渡标准，并推出相关自愿项目，在污染减排的总体目标下保留了企业发展和技术创新的主动权。

**（二）严格标准倒逼汽车行业技术创新**

最初，美国汽车行业的反应是投资于那些基于现有技术的创新以及投资少量资金在汽车排放控制技术的研发上。汽车制造商通过废气循环、热真空开关、热反应器和空气预热系统等技术改造来满足《清洁空气法》1970 修正案对于降低汽车污染排放的要求。本田汽车公司开发的复合涡流调速燃烧系统汽车发动机和克莱斯勒汽车公司开发的稀薄燃烧发动机将 HC 和 CO 的浓度分别降至了 1.5g/mi[①] 和 15g/mi，达到了 1975 年 EPA 对汽车污染排放的要求。

催化转化器在当时虽已是一种众所周知的技术，但将其应用于汽车领域仍需进一步的改善和提高。并且从市场的角度来看，开发催化转化技术将淘汰掉企业现有发动机改进技术，提高企业生产成本，对企业近期的核心竞争力形成破坏，并吞噬掉那些依赖于传统技术产品而产生的利润。

但当 1981 年 $NO_x$ 减排标准正式实施后，本田和克莱斯勒的发动机被迅速淘汰，

---

① g/mi，1mi ≈ 1.609km。

汽车制造商意识到开发三元催化转化器是实现 HC、CO 和 $NO_x$ 三种污染物共同达标的唯一途径。值得一提的是，在催化转化器的研发和推广过程中，EPA 工作人员将自身关于催化转化器的知识水平提升到了行业专家的水平，不仅解决了政府和企业的信息不对称问题，也帮助 EPA 确立催化转化器的技术标准。

20 世纪 90 年代，为了满足《空气清洁法》1990 修正案更加严格的汽车排放要求，汽车制造商引入了更加复杂的排放控制装置，如电控空气 - 燃料喷射器、电子废气循环系统、快速温度传感器、催化剂快速加热系统、组合 $NO_x/O_2$ 传感器等。此后，为了应对 2004 年施行的第二阶段排放标准（TIER II），汽车制造商开发出了更加先进的催化技术（如高密度的六边形孔结构的催化剂载体）和发动机控制技术（电控废气循环系统和雾化改进的燃料喷射器）。

图 1 展现了 1968—1998 年美国汽车排放标准及汽车排放控制技术的发展情况。排放标准的每一次提高，都催生了汽车工业排放控制技术的革新，引导了该领域科学技术的发展方向。1975 年的氧化催化剂、1981 年的三元催化剂以及 1994 年的热管理系统和在线故障诊断系统都是汽车工业发展史上的重要里程碑。

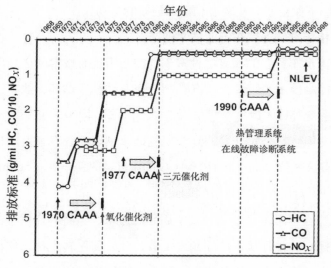

图 1　美国汽车排放控制技术随排放标准的变化情况

专利作为衡量国家和企业创新能力的重要指标之一，更加直观的展示了美国汽车工业对严格排放标准的技术响应（如图 2 所示）。在《清洁空气法》1970 年修正案、1990 年修正案和 1997 年国家低排放项目实施前后，汽车排放技术相关专利的数量都呈现出明显的上升趋势。在《清洁空气法》1977 年修正案颁布前后，汽车制造商为达到 $NO_x$ 排放标准的要求，摒弃了企业传统的发动机技术，专注致力于三元催化转化器的研发，使得专利数量逐年下滑。但该阶段专利数量的减少并不意味着美国汽车工业创新能力的下降，而是汽车工业的革命性创新。在美国机动车排放控制过程中，标准不仅仅是技术创新的积极推动者，甚至可以说，是排放技术创新的决定性因素。汽车制造商及其组件供应商持有着 93% 以上的相关专利，是汽车排放控制技术创新的主角。

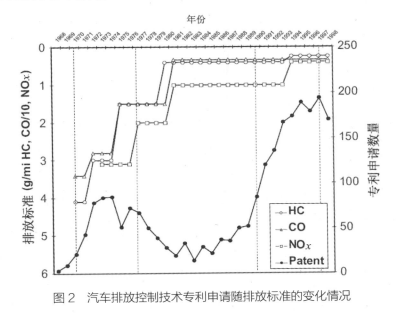

图 2　汽车排放控制技术专利申请随排放标准的变化情况

可见，严格的环境标准极大的刺激企业开发和采纳技术创新，尤其是排放标准和环境质量标准的设立，与技术标准相比具有更多的灵活性，更大程度的激发出新的创意。如果企业能够把自身先进技术推广为行业标准，并能对标准施加影响，他就更能从技术创新中获益，占有更广阔的市场并具备强大竞争力。政府在推动企业进行技术创新的同时，通过制定配套环境政策，为新知识和新技术提供了潜在市场，进一步激励了科技变革。

## 三、环境标准新使命——从技术创新到生态创新

伴随全球实现可持续发展的浪潮，生态创新理念随之兴起。2004 年，欧盟开展

了环境技术行动计划，开始在欧盟及成员国层面推动生态创新研究。2011年底，欧盟在"欧洲：2020"战略背景下提出生态创新行动计划（EcoAP），规划了未来十年的生态创新目标，旨在加快各成员国的生态创新进程。亚欧会议成员国于2011年共同成立了亚欧会议中小企业生态创新中心（ASEIC），以进一步促进和提高区域中小企业生态创新，增强区域生态创新合作。

2009年，经合组织在《可持续制造与生态创新》报告中指出：生态创新作为可持续发展重要的智力支撑和有力保障，与普通技术创新存在两点差异：一是生态创新反映了创新对减少环境影响的充分关注；二是生态创新并不局限于对产品（服务）、工艺流程、营销方法、组织方式的创新，更包括对社会结构和制度安排的创新 [1]。

正是环境标准对技术变革的激励效应，使其应用于生态创新领域成为可能。同时，由于环境问题和生态创新都具有巨大的多样性，可持续发展不是单纯的技术创新就能够实现的，必须依靠生态创新实现技术、组织和制度的共同变革才能更好地为国家可持续发展战略提供科技支撑。

EcoAP中已经明确提出通过制定新的环境标准来推动生态创新，荷兰环境评估署（PBL）也正就环境标准在生态创新中的作用开展相关研究，以为政府决策提供理论支持。这些国家在标准制定过程中充分考虑了环境标准对生态创新的推动效应，提出了建立"环境问题识别、新技术及生态创新特征识别、生态创新市场特征识别、国际标准对生态创新潜在作用识别"的标准化过程框架，为我国环境标准的制定带来了有益的启示。

当前，环境标准正在引领技术创新向生态创新迈进，对推动国家和地区的可持续发展发挥着积极作用。我国环境标准的制定，在充分考虑我国国情和环境管理需要的前提下，应更加注重环境标准化过程，强化环境标准对生态创新的引导作用，以更好地推进我国生态文明建设。

---

[1] OECD, 2009. Sustainable Manufacturing and Eco-innovation: Framework, Practices and Measurement. Synthesis Report. Paris.

区域环保国际合作

# 创新产业合作模式
# 推动区域环保产业务实合作

丁士能　贾　宁

2014 年 9 月 17—18 日，中国－东盟环境合作论坛的环境保护技术研究与应用合作主题论坛在广西南宁召开。此次主题论坛旨在通过搭建中国与东盟国家政府与环保产业界的沟通了解平台，分享中国环保产业发展红利，加强区域内环境保护能力建设，推动区域环保产业合作，实现区域可持续发展。来自东盟国家、国内相关机构和地方环境保护部门的官员、学者和企业代表共计 100 余人出席了论坛。通过此次论坛，各国代表分享了中国环保产业发展经验，展示了中国的优秀环保技术与企业，深入了解了东盟主要国家的环保产业发展现状，进一步加强了中国与东盟推动环保产业发展、加强区域技术转移的合作意愿，为推动中国环保产业国际合作发挥了积极作用。此外，结合中国与东盟国家以棕地为代表的环境修复领域的热点话题，本次论坛还设置了环境修复单元，为东盟国家开展以土壤修复为代表的环境修复行业分享相关经验。

本文在中国－东盟环境保护合作中心（简称东盟中心）在推动环保产业合作所开展的工作基础上，结合此次论坛的成果，对东盟国家环保产业发展现状进行了进一步梳理，并结合东盟国家的需求，对未来如何务实推动中国与东盟的环保产业合作提出了具体建议：依托中国－东盟博览会，探索中国－东盟环保技术展示平台建设，强化中国环保产业对东盟的示范作用；进一步加强针对东盟国家的环保技术培训，带动中国对东盟产业相关法律、法规、标准输出；结合东盟国家需求，落实产业合作网络建设，实现中国与东盟产业信息分享；设立产业合作基金，依托中国－东盟产业合作基地，开展示范项目建设、联合研究等相关务实合作。

# 一、中国－东盟国家环保产业合作概况

## （一）东盟国家环保产业发展概况

近年来，东盟各国经济整体上增速较快，但经济发展水平和产业结构仍存在较大差距，各国环保产业发展也不尽相同。

新加坡对环境的要求十分严格，环境保护法律法规、环境管理能力均比较完善且环保科技实力雄厚。新加坡环保产业发达，其中水务、垃圾处理、洁净能源等领域已走在世界前列。文莱虽然属于经济比较发达的国家，但是属于资源型国家，经济结构单一，工业基础薄弱，环保产业还处于发展阶段。印度尼西亚、马来西亚、菲律宾和泰国拥有一定的经济基础且近年来经济发展相对较快，环境保护法律法规有待进一步完善。随着环保产业促进政策的相继出台，这四个国家的城市供水、污水处理、固废处理等领域发展迅速，但环保技术、资金等问题依然严峻，总体仍属于环保产业发展中国家。柬埔寨、老挝、缅甸和越南四国环保法律法规严重滞后，随着经济的快速发展，水污染、大气污染等问题日趋严重，固体废弃物处理还处于起步阶段。受制于资金、技术、管理等因素制约，四国环保基础设施建设严重不足，属于环保产业欠发达国家。

在本次论坛中，来自泰国的代表分享了如何提升本国环保技术、推动环保产业发展的经验和做法。目前，泰国正处于2004—2020年绿色增长战略实施阶段。该战略的四大目标：一是推进可持续生产和消费；二是削减温室气体排放，以应对气候变化；三是自然资源和环境资本的管理；四是鼓励友好型社会的发展。在该战略的指导下，已经形成了预防污染、控制污染、治理污染的环境治理框架。为推动自身环保产业特别是相关技术水平提升，泰国自2004年开始在中部地区实施清洁技术项目，并预计未来将在相关工业园区内推广。2013年，泰国实施了环保管理以及电子废弃物处理的项目。通过引进日本等国的先进技术以及循环的概念，在有关区域推动电子废弃物以及资源领域的循环经济的发展。同年，为进一步推动环境质量的改善，泰国还针对氟利昂等污染物开展了一系列的污染减排工作。此外，泰国还积极从日本引进MBR膜技术，并将其列为相关战略规划中重要一部分。2014年，通过引入实时监测技术，泰国实现了对场地污染和治理情况的实时监测和评估。

马来西亚代表介绍了该国环境部门推动绿色经济和清洁生产方面措施和经验。

马来西亚经济多以中小企业为主，这些企业多为手工业者。如何提高原材料使用效率，减少电力、水资源等使用量，提高生产工艺水平，提升生产效率，减少污染和相关浪费是目前马来西亚中小企业面临的现实问题。因此，马来西亚自然资源和环境部积极推动绿色产业和清洁生产。如通过回收利用减少蜡染行业中蜡等原材料的消耗；通过安装简单的控制装置减少生产过程中的水资源浪费；通过加强污水管网建设，集中处理污水，提高处理率，减少环境污染；通过安装旁路管道、使用高效率电机、改进生产工艺等方法，提升生产效率以及能源使用效率。目前，马来西亚涉及清洁生产的领域还比较少，主要集中在蜡染、棕榈油深加工等具有一定产业优势的行业中。这些行业环境污染现象较为严重，政府已经对此逐渐重视，并希望通过引入清洁生产机制，减少环境污染。如在蜡染行业，160 个清洁生产方案已经制定并开展了相关评估工作；而在棕榈油深加工行业中，共有 254 个清洁生产方案已经制定，其中 78 个已付诸实施，其他将根据资金逐步推广。

**（二）东盟推动环保产业合作概况**

为推动各国间的环保产业合作，推进相关技术转移，加强污染防治能力建设，环境友好技术（Environmentally Sound Technology，EST）被作为东盟国家间环境合作的十大优先领域之一。EST 主要在东盟环境高官会下开展合作，主要职能是配合东盟可持续消费和生产论坛推动相关合作。自 2013 年起，印尼接替马来西亚作为该领域的牵头国开展相关工作。本次论坛，印度尼西亚代表介绍了印度尼西亚在该领域开展的主要工作，主要包括：继续推动东盟 EST 网络、EST 数据银行建设；在东盟各国的国家层面推动 EST 网络建设；更新、完善东盟国家环保技术相关人员联系名录；继续加强与中国的合作。

针对东盟国家在 EST 领域的技术转移、发展与应用合作的现状，印尼提出了一个名为"5W+1H"概念，即：WHAT、WHY、WHO、WHERE、WHEN 和 HOW。其中，WHAT 代表相关技术怎样满足市场的适用性、实用性等需求，环境保护工作的趋势以及相关变革需求；WHY 代表为什么要使用 EST，不用可不可以；WHO 代表谁来提供这些技术谁来推动技术发展，谁来促进技术转移；WHERE 代表从哪去寻找东盟国家需要的技术、或者技术提供商，亦或者相关中介机构；WHEN 代表什么时候可以推动该技术的事宜，该环境技术的使用周期是多久；HOW 代表如何利用金融等去支持 EST 实施，开展相关技术转移工作。

根据"5W+1H"概念,印度尼西亚提出未来几年东盟在 EST 领域合作的工作任务,包括:促进 EST 创新;加强能力建设和推动 EST 市场发展;加强 EST 数据银行等技术数据库建设;完善基础的环保技术运用标准;推广优秀的环保技术。印度尼西亚代表表示,中国应该在 EST 合作领域发挥积极作用,通过成立合资公司等方式,共同推动与东盟国家的 EST 应用与合作。

此外,结合东盟区域城市化趋势明显,城市大气、固体废弃物、水等污染加剧的现实,东盟将城市环境管理与治理纳入优先合作领域,并于 2005 年提出了环境可持续型城市倡议。随着清洁空气、清洁水、清洁土地等关键性指标制定并获得通过,环境可持续型城市奖励方案的启动,东盟国家旨在通过城市污染治理推动环保技术交流与产业合作的局面基本形成。目前,东盟国家已有 25 个城市参与了该倡议。

### (三)中国与东盟环保产业合作概况

2009 年 10 月,中国与东盟共同通过的《中国－东盟环境保护合作战略 2009—2015》将环境无害化技术、环境标志与清洁生产,环境产品和服务合作等涉及环保产业具体合作领域被列入优先合作领域。2010 年,中国－东盟环境保护合作中心(简称东盟中心)成立,并确定为中国与东盟环保合作战略的中方实施机构。2011 年,中国与东盟共同通过《中国－东盟环境合作行动计划 2011—2013》。根据该计划,中国与东盟环保产业合作要建立中国－东盟环境技术交流与合作网络,在环境能力建设、环境产品和服务合作、环境无害化技术、环境标志与清洁生产等领域进行交流与合作,并开展联合研究以及示范项目。

为落实行动计划,在 2011 年中国－东盟环境合作论坛上,中国与东盟就进一步推动中国－东盟环保产业发展与合作达成了共识。2013 年,李克强总理在第十六次中国－东盟领导人会议表示,将提出中国－东盟环保产业合作倡议,建立中国－东盟环保技术和产业合作交流示范基地。2014 年,为落实李克强总理在中国－东盟领导人会议上讲话精神,中方在中国－东盟环保产业合作研讨会期间,发布了由双方共同确认的《中国－东盟环境保护技术与产业合作框架》,同时启动了中国－东盟环保技术和产业合作示范基地(宜兴)的建设。目前,中国与东盟环保产业合作特别是环保技术交流与应用合作已经进入实质性合作阶段。

## 二、东盟国家环保产业合作需求

### （一）传统合作领域需求旺盛，合作模式有所创新

东盟国家经济快速发展的历程与中国相似，通过发达国家的劳动密集型、污染型、资源消耗型的产业转移，为各国提供了大量的就业机会，促进了社会经济的发展。但是，由于资金、技术、人才、制度方面的短板，东盟国家的环保基础设施建设严重落后。空气污染防治、水体污染防治、固体废弃物处理等行业发展已严重滞后于环境保护工作的需求。因此，在未来二十年内，东盟国家的产业需求主要还是大气、水、固体废弃物污染防治三大领域。但是，产业合作的具体模式已有所改变。

2008 年金融危机之前，东盟国家经济快速发展，国家财政情况比较乐观。为快速推动环境治理的改善，满足民众对环境需求，兑现选举时期的政治承诺，东盟国家对环保基础设施的投入逐年增加，环保产业需求主要体现在相关技术转移。金融危机之后，东盟国家经济发展速度减慢，失业人口增多，国家财政状况迅速恶化，民众对现状的不满意甚至导致了部分国家政局不稳定，直接或者间接造成了东盟国家对环保方面的支出减少。此外，随着 BOT、PPP 等产业合作模式不断被引入东盟国家，东盟国家环保基础设施建设开始由强调技术转移，向由项目承包商负责项目整体融资、设计、建设、运营等全产业链服务过渡。有迹象表明，未来社会资本将成为参与环保基础设施建设的重要力量。

### （二）中国环保产业的发展理念、制度体系已经成为东盟国家主要的学习对象

随着经济的快速发展，东盟国家面临着和中国类似的环境污染、水土流失、植被破坏等问题。限于经济和技术水平，很多东盟国家的环境保护工作一直十分欠缺。随着可持续发展理念不断深入，东盟国家对环境保护的重视程度已经上升到国家长远发展的战略高度，势必有力地带动当地环保市场需求的快速增长。同时，中国环保产业无论在市场规模还是自身产业发展模式、技术，人员素质、资金支持等方面，相对于东盟大多数国家都具有一定的优势。此外，中国的环境保护与经济协调发展已经成为东盟有关国家学习的对象。因此，无论是产业发展理念、相关法律制度以及符合发展中国家现状的环保技术都成为东盟国家推动环境保护工作、促进产业发展的学习对象。

### （三）环境修复行业在东盟国家逐渐重视，中国技术受到关注

2006 年，东盟国家已经开始注意"棕地"的危害。以越南为例，有数据称，该国 90% 的生产性企业将废料直接丢在垃圾场，遗留了大量棕地。此外，越战中美军投放的橙剂残留物中的二噁英仍在持续毒害越南。目前，文莱、印度尼西亚、马来西亚、菲律宾、泰国等国虽在相关立法或政策中对土壤污染防治做出规定，但尚无专门的土壤污染防治法律。

尽管如此，东盟内部相关行业人士还是在积极推动开展环境修复项目。如 20 世纪 30 年代以来的锡矿开采，给马来西亚留下了占地 11.37 万 $hm^2$ 的废矿区，土壤中含有大量铅、镍、锌等有毒重金属，使这些废矿区在地产交易市场上"姥姥不疼舅舅不爱"，无人问津。经过各方努力，目前 11% 的废矿区已经开始修复和开发，用于建设居民区、娱乐区、农场、果园和高尔夫球场等。首都吉隆坡市的铁河废矿区，被改造成一个人气很旺的高尔夫球场和娱乐场所。

为缓解土地资源稀缺带来的压力，1999 年，新加坡投资 3.6 亿美元对曾是城市主要废弃物的堆放地和焚烧厂的实马高岛加以改造。焚烧过后的垃圾灰烬被运到这里填埋，上面再铺上泥土，然后再种上植物。实马高岛现已成为以生态环境优美而著称的垃圾场。

为进一步提升东盟各国环境修复行业的技术水平，2011 年 7 月，"棕地 2011"国际会议在马来西亚召开。通过此次会议，原位修复法在东南亚国家得到推广。此外，纳米技术也逐步应用于棕地的修复中。

2004—2014 年是中国环境修复行业发展起步的十年。自 2009 年，中国实施了一系列土壤修复的重大项目，相关环境修复技术、设备已逐步实现了向工程化和实用化的转化并逐渐成熟。在此次主题论坛中，北京建工环境修复股份有限公司与广西河池市代表通过回顾中国环境修复服务模式发展历程，重点对注重综合环境服务＋城市建设运营服务的河池模式进行了解读。此外，湖南博世科华亿环境工程有限公司代表介绍了目前中国普遍使用的三种原位快速修复技术（原位固化钝化技术、原位淋洗技术、大生物量作物修复）。通过模式和相关技术介绍，展现了中国优秀的环保技术，实现了东盟国家对我国环境修复行业发展的深入了解，为下一步深化合作共识、务实开展合作项目奠定了基础。

## 三、中国－东盟环保产业合作建议

围绕落实《中国－东盟环境保护技术与产业合作框架》，中国与东盟的产业合作将围绕人员交流培训、中国－东盟环保技术交流和产业合作交流示范基地建设、示范项目建设等内容展开。结合目前开展的工作，以及上文提出的有关东盟国家开展产业合作的需求，现提出有关工作建议如下：

**（一）依托中国－东盟博览会，探索中国－东盟环保技术展示平台建设，强化中国环保产业对东盟的示范作用**

目前，每年召开的中国－东盟博览会是中国与东盟国家重要的经贸展销合作平台，今年接近 2 400 家参展企业中，外商占据了 43%。中国－东盟博览会已经成为中国与东盟企业展示自己、增强联系、洽谈合作项目的重要平台之一。中国－东盟环境合作论坛自 2011 年召开以来，已经成为中国与东盟开展环境合作的高层对话平台。目前，该论坛已经确定为中国－东盟博览会期间主要活动之一，并固定在广西召开。

因此，建议协调广西东盟博览局，依托中国－东盟博览会，探索中国－东盟环保技术展示平台建设。如每两年举办一次中国－东盟环保产业博览会以及招商推介会、东盟及国内采购对接会、企业家交流沙龙等相关边会，推动中国与东盟政企、企企之间的沟通、交流与合作。此外，在博览会期间召开中国－东盟环保产业合作促进会，通过打造中国与东盟环保产业合作领域的定期会晤机制，确定中国与东盟各国环保技术合作领域、拟定东盟国家环保适用技术清单、建立中国与东盟环保技术示范项目库，推动中国与东盟务实产业合作。

**（二）进一步加强针对东盟的环保技术培训，带动中国对东盟产业相关法律、法规、标准输出**

近些年来，东盟国家经过实践，对中国符合自身发展现状的环保法律、法规及标准逐渐认可。2011 年起，环境保护部实施了中国－东盟绿色使者计划。在该计划下，150 人次的东盟国家官员参与了培训，全面了解了中国的环保理念、法律体系、制度建设、技术标准。在此次论坛中，依托中国－东盟绿色使者计划开展的相关人员交流培训项目，得到了与会东盟国家代表的高度肯定。目前，柬埔寨、老挝等国家正以中国有关法律为蓝本，不断完善国内有关环境影响评价法律；泰国、马来西亚、印度尼西亚则积极寻求与中国开展环保标准、实用型环保技术等领域的合作。

建议加大针对东盟国家的环境管理能力建设合作项目的支持力度，完善对外人员交流培训体系建设。每年定期举办面向东盟国家的 3—4 期能力建设研讨会，支持开展帮助东盟国家制定相关环保法律、法规的示范项目。鉴于目前东盟国家在土壤修复行业中尚未建立专门的法律、法规，下一步可考虑以支持土壤修复相关法律、标准制定为内容，与泰国、印度尼西亚、马来西亚等国开展合作示范项目，为下一步开展相关技术合作奠定基础。

**（三）结合东盟国家需求，落实产业合作网络建设，实现中国与东盟产业信息分享**

根据《中国－东盟环境保护技术与产业合作框架》相关内容，2014 年，东盟秘书处表示，建议中方优先考虑东盟国家现有资源，通过加入东盟 EST 网络，实现中国与东盟环保产业网络建设。东盟 EST 领域牵头国印度尼西亚的代表在此次论坛中表示，印度尼西亚目前正积极推动在东盟国家层面的 EST 网络建设，并完善相关技术人员联系目录以及诸如数据银行等数据库建设。希望中国能加强与印度尼西亚在 EST 领域的合作，支持东盟国家环保技术水平的提升。

建议尽快建立中国－东盟环保产业合作官方网络，并实现与东盟 EST 网络对接。在该网络下，支持中国与东盟环保企业加强沟通、交流与合作，鼓励中国环保企业以抱团方式，实现包括技术联合研发、项目融资、项目建设、项目运营、设备生产在内的产业链上下游整体与东盟国家合作。同时，现阶段还应依托东盟 EST 网络技术人员联系目录，选取有影响力人员，定期召开中国－东盟环保产业合作交流会，为中国相关官员和企业介绍东盟国家环保产业发展现状和趋势，商议未来合作项目。此外，应抓住印度尼西亚积极推动东盟 EST 数据银行等数据库建设机遇，通过建设"中国－东盟环保产业信息港（HUB）"，实现中国与东盟产业信息分享。实现东盟 EST 相关数据库开放对中国的接口，帮助中国环保部门及企业更加准确地把握东盟国家产业需求以及产业趋势。

**（四）设立产业合作基金，依托中国－东盟产业合作基地，开展示范项目建设、联合研究等相关务实合作**

为落实李克强总理讲话精神，2014 年 5 月，环境保护部启动了中国－东盟环保技术和产业合作示范基地（宜兴）。该基地将充分利用了中国宜兴环保科技工业园（简称宜兴环科园）的产业聚集优势以及示范效应，为东盟国家产业发展提供借鉴。此外，依托在该基地内形成的诸如水行业污染治理"一站式"服务等商业合作便利条件，可推动中国与东盟的环保设备贸易。

广西与东盟合作具有天然地理优势，中国－东盟环保技术交流合作基地在广西落地工作已取得积极进展。依托物流、科研以及气候优势，广西基地可成为西南地区针对东盟国家出口的环保装备及产品制造聚集区、环保技术产学研聚集区。

建议在与东盟国家开展各种环境外交工作的同时，将环保产业合作作为交流合作重要领域，通过举办图片展、产业合作边会等方式，重点推介和展示宜兴和广西基地；同时，在与相关国家签署战略合作协议时，将开展符合东盟国家需求的环保技术联合研究和实施环保示范项目纳入其中，通过设立环保技术对外合作专项基金，在宜兴和广西基地开展联合研究，推广中国实用型环保技术。依托宜兴基地内诸如宜兴环保集团等国有环保企业，在东盟国家建立双边环保技术交流中心，通过建设示范项目，推广中国环保技术、标准。

# 参考文献

［1］东南亚国家棕地治理 , http://green.sina.com.cn/2012-08-21/152025007978.shtml.

［2］中国－东盟环境合作论坛的环境保护技术研究与应用合作主题论坛会议资料，2014.

# 加快推进中日韩环保产业合作的
# 对策建议

奚 旺 贾 宁

2009 年，第十一次中日韩环境部长会议将"环保产业与环保技术"确立为中日韩环境合作的十大优先领域之一，五年来在十大优先领域的指引下，中日韩三国在环境标志、绿色采购、环境管理、环保技术等领域以及在企业层面开展了研讨，交流了环保产业领域的国家政策，借鉴了日韩先进的管理经验，吸收了日韩相对成熟的环保技术，开展了大量的中日、中韩环保合作项目，极大的推动了我国环保产业的发展进程。

2014 年，第十六次中日韩环境部长会议提出三国需要进一步推动环保产业和绿色技术合作，以保障可持续发展。同时，会议还确定了 2015—2019 年三方环境合作新的九大优先领域：空气质量改善；生物多样性；化学品管理和环境应急响应；资源循环管理 /3R/ 电子废弃物越境转移；应对气候变化；水环境和海洋环境保护；环境教育、提高公众意识和企业的社会责任；农村环境管理；绿色经济转型。

在新形势下，本文通过梳理中日韩环保产业合作机制，总结分析了三方在合作中存在的问题以及取得的成果，并对下一步开展中日韩环保产业合作提出如下对策建议：① 研究建立中日韩绿色技术交流合作机制，逐步形成包容、互信的长效合作机制；② 加快搭建中日韩绿色经济合作平台，以有效推动三国信息共享和技术合作；③ 发挥环保企业的主体作用，适时推动建立跨国企业联盟，共同开拓国际市场；④ 继续发挥好中国－东盟（上海合作组织）环境保护合作中心的平台作用，推动环保产业示范基地与日韩企业的交流与合作。

# 一、中日韩环保产业合作机制概况

1999 年，首届中日韩环境部长会议的举办开启了三国开展环境合作的篇章，近年来积极推动了中日韩三国在信息交换、联合研究及合作项目的开展。目前，在中日韩环境部长会议机制下，中日韩环保产业合作机制分别为中日韩环保产业圆桌会和环境部长会议期间企业论坛。

## （一）中日韩环保产业圆桌会

中日韩环保产业圆桌会于 2000 年在第二次中日韩三国环境部长会议上确定，每年由中日韩三国联合召开，由三国轮流主办，旨在促进中日韩三国环保产业和环保技术的交流与合作，促进区域可持续发展，实现经济绿色增长。

从 2001 年开始，中日韩环保产业圆桌会已举办十三届，为中日韩三国环保产业交流与合作建立了良好的平台，促进了三国环保产业与技术的实质性合作。圆桌会在成立初期，主要针对环保产业的定义、范畴、国家政策以及三国环保产业的合作战略、发展展望等方面开展了研讨，为三方开展环保产业合作奠定了基础。之后，三方探讨的议题逐步深入到具体领域，包括生态工业园的建设、绿色投资及绿色商业、环境投融资政策、环境友好产品的生产与消费等，积极推动了三国在这些领域的交流与合作。近几年，圆桌会会议议题主要固定在绿色采购、环境标志、环境管理及环保产业与技术四个议题上，从绿色消费、环境金融、企业信息公开及社会责任、环境标志共同标准、环保技术验证等方面开展了务实性合作，积极促进了我国环保产业的发展。中日韩环保产业圆桌会会议时间、地点及议题见表 1。

**表 1　中日韩环保产业圆桌会基本情况**

|  | 时间 | 地点 | 主要议题 |
|---|---|---|---|
| 1st | 2001 年 6 月 11—12 日 | 韩国首尔 | 21 世纪环保产业发展战略展望 |
| 2nd | 2002 年 7 月 23—24 日 | 日本兵库 | ① 环境产业的现在与未来，前方的道路<br>② 绿色商业活动<br>③ 绿色投资的作用和持续发展的技术 |
| 3rd | 2003 年 12 月 16 日 | 中国北京 | ① 循环经济与生态工业园<br>② 环境投融资与环保产业发展<br>③ 促进环境友好产品的生产和消费 |

| | 时间 | 地点 | 主要议题 |
|---|---|---|---|
| 4th | 2004 年 6 月 16—17 日 | 韩国首尔 | ① 最新环境技术与政策——危险废物处置<br>② 可持续发展的企业战略与政策工具<br>③ 环境标志与绿色采购 |
| 5th | 2005 年 9 月 13—14 日 | 日本东京 | ① 绿色采购<br>② 促进中小企业的环境管理<br>③ 环境标志认证系统 |
| 6th | 2006 年 9 月 26—27 日 | 中国烟台 | ① 绿色采购<br>② 三国环境标志认证共同标准<br>③ 环境技术分享<br>④ 中小企业环境管理 |
| 7th | 2007 年 11 月 13—14 日 | 韩国釜山 | ① 企业环境管理<br>② 环境标志<br>③ 环保产业与环保技术<br>④ 绿色采购 |
| 8th | 2008 年 11 月 4—5 日 | 日本志贺 | ① 绿色采购<br>② 环境管理<br>③ 环境标志<br>④ 环保产业 |
| 9th | 2009 年 10 月 13—14 日 | 中国北京 | ① 绿色采购<br>② 环境管理<br>③ 环境标志<br>④ 环保产业及环保技术交流 |
| 10th | 2010 年 12 月 1—2 日 | 韩国首尔 | ① 绿色采购<br>② 环境管理<br>③ 环境标志<br>④ 环保产业与技术交流<br>⑤ 环保技术验证<br>⑥ 环境信息中心 |
| 11th | 2011 年 11 月 9—10 日 | 日本名古屋 | ① 绿色采购<br>② 环境管理<br>③ 环境标志<br>④ 环保产业与环保技术交流 |
| 12th | 2012 年 11 月 28—12 月 1 日 | 中国宜兴 | ① 绿色采购与环境标志<br>② 环保技术交流与合作<br>③ 企业环境管理 |
| 13th | 2013 年 10 月 23—25 日 | 韩国仁川 | ① 环保技术交流与合作<br>② 环境标志<br>③ 环境管理促进政策 |

## （二）环境部长会议期间企业论坛

中日韩环境部长会议期间企业论坛作为环境部长会议机制的一项创新，于 2010

年由韩国环境部提出，每年由中日韩三国联合召开，由三国轮流主办，旨在促进三国环保产业界经验交流、知识共享和开展深度合作。

目前，环境部长会议期间企业论坛已举办四届，共有来自三国政府、相关产业与学术机构和企业的100多位代表参与。四年来，企业论坛分别以改善环境方面加强与发展中国家企业合作、环境服务业发展、拓展绿色市场促进绿色经济的国际合作、环保产业在东北亚地区环境合作中的积极作用为主题开展了研讨，各国代表根据他们在环境咨询服务、合同环境服务、绿色技术推广以及节能减排技术等领域的丰富经验，发表了精彩的演讲，阐述了各自的深刻见解，并表达了就某些开展具体合作项目进行进一步沟通的良好意愿，从企业层面积极推动了三国环保产业的交流与合作。环境部长会议期间企业论坛时间、地点及主要议题见表2。

表2　环境部长会议期间企业论坛基本情况

| | 时间 | 地点 | 主要议题 |
|---|---|---|---|
| 1st | 2011年4月27—28日 | 韩国釜山 | 改善环境方面加强与发展中国家企业合作 |
| 2nd | 2012年5月3—4日 | 中国北京 | 环境服务业发展<br>① 建立健全市场机制，发展环境服务业<br>② 通过开展国际合作项目，提升环境服务业 |
| 3rd | 2013年5月5—6日 | 日本北九州 | 拓展绿色市场，促进环保产业的国际合作<br>① 拓展绿色市场<br>② 解决问题和障碍的思路与建议 |
| 4th | 2014年4月28—29日 | 韩国大邱 | 环保产业在东北亚地区环境合作中的积极作用 |

## 二、中日韩环保产业合作重点分析

### （一）突破三方合作中的障碍，环保产业合作领域逐渐深入具体

近年来，中日韩环保产业合作突破了合作中的层层障碍，三方合作成果显著。一是克服日中政治关系冷暖不定的影响，积极推动了两国环保产业合作进程；二是消除联络点变换频繁的不利影响，顺利完成工作交接，与日韩双方联络员保持了良好的联系；三是积极寻求三方合作需求的平衡点，在中日韩三方环保产业需求不对等的条件下形成丰厚的合作成果。

中日韩环保产业合作在突破合作障碍的同时，合作领域逐步深入具体。在环境

标志领域，三方从最初的环境标志产品的技术要求和制定标准的讨论，再由环境标志产品互认合作协议发展到共同认证标准，到目前的各类产品互认的认证规则、认证程序和实施规则的讨论与签署，三国在环境标志领域的合作越来越深入具体。在环保技术领域，三国积极探讨环保技术发展现状与趋势、环保技术评价体系、环境研究与技术发展基金、三国环境合作项目等话题，从政府层面和企业层面分享了环保技术的资源以及经验，促进了三国环保技术的交流与合作。

### （二）创新中日韩环保产业合作机制，积极适应三国环保合作实际需求

环境部长会议期间企业论坛作为环境部长会议的一项创新，近年来积极推动了三国政府间的交流与合作，但是由于企业论坛政治目的性较强、商业针对性较弱，三国企业参与度普遍不高，而且会议成果多为意识层面的共识，未有开展务实合作的打算，已不能适应目前中日韩环保产业合作的实际需求。同时，中日韩环保产业圆桌会已开展多年，会议内容由环保产业政策向环境标志、企业环境管理、环保技术交流与合作等具体领域转移。

因此，由中方提议的环保产业圆桌会和企业论坛合并的方案得到日韩积极响应，合并会议中日韩环保企业圆桌会将于 2015 年与中日韩环境部长会背靠背召开。中日韩环保企业圆桌会是在三国固有合作机制上的一项创新，将继续扩大既有合作的优势层面，拓宽三国在环境标志、环境技术等领域的固有合作；同时，圆桌会将降低务虚层面的合作，开拓更受企业欢迎、更有针对性、更加务实的合作议题，满足三方在环保产业领域的实际需求，积极推进三国在企业层面的务实合作。

### （三）积极推动三国绿色转型，绿色技术将成为三方合作的重点领域

在第十六次中日韩环境部长会议上，为应对新出现问题的需要及共同利益，三方确定了 2015—2019 年环境合作新的优先领域，绿色转型将取代环保产业和环保技术成为三方环境合作的优先领域之一。同时，联合公报肯定了三方环保产业圆桌会和企业论坛取得的成果，提出将进一步推动环保产业和绿色技术合作，以保障可持续发展。

环保产业和环保技术将不作为 2015—2019 年中日韩环境合作优先领域，一方面是适应新时期的合作形势，上一期的"十大优先领域"为三方环保产业合作提供了重要指引，环保产业合作已逐渐深入到具体合作领域，在新形势下三方将开展更加具体、更加针对性的合作；另一方面是迎合国际形势的需要，近年来国际社会将

更多的目光聚焦在绿色增长、绿色转型上，将绿色转型设为三方合作的优先领域符合国际社会发展的潮流，将对三方绿色经济的发展助力颇丰。此外，联合公报提出进一步推进绿色技术合作，扩大了三方技术合作范畴，三方合作将不再仅仅限于环保技术，这为三方下一步开展合作提供了重要指引。

# 三、对策建议

为进一步加强中日韩三国环保产业的交流与合作，借鉴日韩相对先进的环境技术和管理方式，促进三国合作项目的开展，开拓我国环保产业市场，推动区域绿色经济转型，建议如下：

**（一）研究建立中日韩绿色技术交流合作机制，逐步形成包容、互信的长效合作机制**

目前，绿色经济转型已成为世界各国推动经济发展的战略核心，环保产业与绿色技术将成为新时期的经济增长点，绿色技术合作也将成为中日韩三国的合作重点。但是中日韩三国在绿色技术领域的合作还未形成长期、有效的机制，不利于消除开展绿色技术合作的政策障碍，建议在明年召开的中日韩环保产业合作论坛上，研究建立中日韩绿色技术交流合作机制，以加强三方行政单元之间的联系和区域协调合作，促进中日韩三方绿色技术转移，进一步推动东亚一体化进程。

此外，在中日韩绿色技术合作机制下，可效仿环境标志工作组会议，设立针对绿色技术合作的工作组，定期就三方绿色技术合作召开研讨，将研讨的内容具体化、务实化，切实推动中日韩绿色技术合作形成长效机制。

**（二）加快搭建中日韩绿色经济合作平台，以有效推动三国信息共享和技术合作**

第十五次中日韩环境部长会议提出探讨构建绿色经济政策对话和技术合作平台，以加强三国信息共享和技术合作，加快可持续发展进程。因此，建议加快搭建中日韩绿色经济合作平台，以进一步分享三国的环境政策、市场、技术等信息，为三国传递政策、填补知识差距和交换信息提供平台。建议三国绿色经济合作平台从以下三个层次构建：一是分享促进三国绿色发展的相关政策、法规，为政策制定者和实践者提供必要的政策指南、最佳实践工具，支持三国向绿色经济的转型；二是开展环保市场信息交流，建立产业界的信息传递渠道，通过发布企业想要引进和推广的技术，为企业开展绿色技术合作提供供需平台；三是建立绿色技术数据库，收集日韩相对先进的绿色技术和产品，进行第三方技术筛选，制定日韩优秀绿色技术清单，为我国发展绿色科技和创新提供借鉴。

**（三）发挥环保企业的主体作用，适时推动建立跨国企业联盟，共同开拓国际市场**

环保企业掌握着经过市场检验的管理经验和适用技术，是中日韩环保产业合作的主力军，也是具体合作工程项目的操作者和承担方。积极发挥环保企业的市场主体作用，以及政府、研究机构、产业专家的引导、支撑作用，将有效推动环保产业国际化发展。建议进一步拓宽合作渠道，构建环保产业合作网络，适时推动建立中日韩环保企业联盟，支持环保企业强强联手，互相利用资源网络的优势，不断开发新的市场，扩大市场份额。

目前，东盟、非洲以及南美等发展中国家面临着环境日益恶化的压力，环保市场需求巨大，我国环保企业与日韩企业可以利用各自手中的资源、信息，一方面将互相借鉴管理、技术等先进经验，提升各自企业自身的发展水平；另一方面通过引进日韩先进技术提高中国环保产业的技术水平，推进产业升级换代，从而提高其国际竞争力。

**（四）继续发挥好中国－东盟（上海合作组织）环境保护合作中心的平台作用，推动环保产业示范基地与日韩企业的交流与合作**

目前，中国－东盟（上合组织）环保中心承担了中日韩环境部长会议机制的技术支持工作，在部长会机制下负责环保产业圆桌会、企业论坛、循环经济研讨会三个机制性会议，同时在联合项目研究、人员能力建设等方面合作取得丰厚成果。积极发挥中心在中日韩环保产业与绿色技术合作中的平台作用，推动三方就政策交流、科学研究、技术转让等方面开展广泛的交流与合作，将有效促进我国环保产业与绿色技术的提升。

此外，在我中心的推动下，已启动中国－东盟环保技术和产业合作示范基地（宜兴）的建设，未来还将在广西梧州、新疆乌鲁木齐、黑龙江哈尔滨开展面向东盟、中亚和俄罗斯的环保产业示范基地建设，我国环保产业示范基地与日韩环保企业将有着巨大的合作空间。同时，推动示范基地与日韩企业就产品研发、技术转让等项目的合作，以项目合作的形式推动企业结为合作伙伴关系，还将能够扩大我中心在东北亚地区的影响力，对我中心打造区域环境合作平台具有积极的推动作用。

# 加强中国－非洲绿色发展合作

彭 宁

2014 年 4 月 15 日，习近平总书记主持召开中央国家安全委员会第一次会议，明确将生态安全纳入国家安全体系，生态安全由此正式成为国家安全的重要组成部分。这对于提升生态安全重要性认识、破解生态安全威胁意义重大，影响深远。而中非环境合作，将不断丰富和拓展国际生态安全的内涵，有利于构建中非可持续发展合作伙伴关系，为我国政治、经济、能源等多维度生态安全战略提供有力支撑。

2013 年 3 月 24—30 日，中国国家主席习近平访问非洲，再次向非洲国家领导人表达了中国对待非洲老朋友讲求的"真""实""亲""诚"原则，重申了"中非从来都是命运共同体"，强调了中国与非洲"永远做可靠朋友和真诚伙伴"的决心，指出了中非关系发展"没有完成时，只有进行时"。这不仅标志着中非关系发展的崭新起点，也为推动中非合作向纵深发展、开启中非合作新阶段奠定了重要基础。

2014 年 6 月，联合国环境大会即将在肯尼亚首都内罗毕召开，届时将召开首届中国－非洲环境部长级会议，来自中国与非洲国家的环境部长及负责环境保护事务的部长将共聚一堂，探讨如何推动中非环境保护务实合作、发展中非新型战略伙伴关系、促进中非共同发展。

在这一大背景下，中国－东盟环境保护合作中心联合世界自然基金会于 2014 年 4 月 10 日在上海召开了"中非合作——构建可持续发展合作伙伴关系"研讨会。会议旨在针对自然资源负责任开发、可持续金融、可再生能源解决方案、生物多样性保护等环境与发展领域的重要议题，探讨如何开展中非合作、有效构建中非可持续发展合作伙伴关系。马达加斯加驻华大使维克托·希科尼纳、加蓬驻华大使让·罗贝尔·古隆加纳、乌干达驻华大使瓦吉多索、南非共和国驻上海总领事陶博闻出席了研讨会并发言。我们聆听了来自非洲的声音：期盼构建中非可持续发展合作伙伴关系，构建中国－非洲环境合作平台。中国应该抓住机遇，积极推动与非洲之间的绿色发展合作，加快实施我国环境保护"走出去"战略，通过中非环境合作不断拓展"南南"环境合作的深度和广度。

## 一、非洲经济快速发展：自然资本对于非洲的重要意义

非洲经济增长势头强劲，过去十年间，非洲很多国家的年增长率都超过了 5%。撒哈拉南部非洲的平均增长率超过了 5.6%，而北部非洲的平均增长率约为 4.5%（如图 1 所示）。根据国际货币基金组织的预测，未来五年中全球 10 大增速最快的经济体将有 7 个属于非洲。随着全球经济趋向复苏，非洲有潜力在 2020 年前成为下一个新兴市场。中国和非洲之间贸易往来频繁，不仅为非洲发展注入了动力，也促进了中国经济发展。

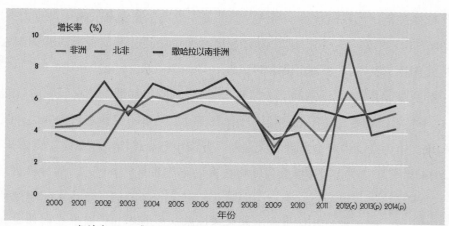

资料来源：《非洲发展报告 2012》非洲开发银行数据库。

图 1　非洲经济增长情况（2000—2014）

非洲经济的快速发展主要依赖于其丰富的自然资本。开发自然资源推动了经济发展，同时也造成了生态足迹的增加。从 1961—2008 年，由于人口大幅增长，非洲所有国家的生态足迹增加了 238%；在同一时期，农业生产也相应增加，推动非洲总体生态承载力增加了 30%。然而，产量增加并不能满足需求，2008 年非洲人均生态承载力反而比 1961 年水平下降了 37%。如果按照现有方式增长，按照 2008 年非洲生物生产力价值计算，到 2015 年非洲将出现生态赤字，到 2040 年非洲整体生

态足迹将翻番（如图2所示）。在生态足迹不断扩大的同时，非洲也面临着气候变化、生物多样性丧失、水资源匮乏和水污染、大气污染、土地退化、海洋污染等一系列严峻的生态环境问题，同样对非洲自然资本与生态系统服务造成了巨大威胁。

鉴于非洲大陆资源和年轻的人口结构对于世界发展具有重要意义，确保非洲未来的生态安全至关重要。

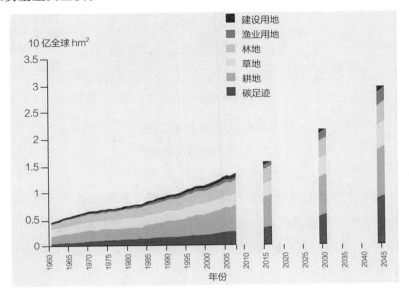

资料来源：世界自然基金会。

图2　非洲生态足迹历史数据（1961—2008）及预测值（2015，2030，2045）

非洲未来的生态保护与维护自然资本、平衡发展需求息息相关。目前，在非洲54个国家中，有35个国家还处在人类发展指数较低的区间。世界自然基金会研究发现，非洲可以有四种发展情境假设（如图3所示）：

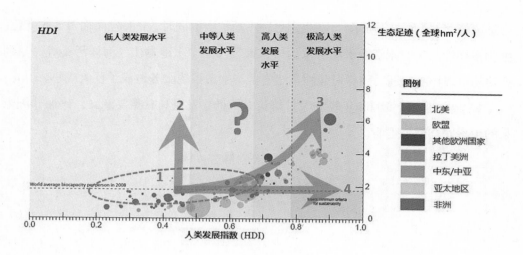

资料来源：世界自然基金会。

图3　非洲发展情景预测

第一种情境，非洲的经济依旧保持不发达状态，生态足迹不增加，非洲大陆的总体发展水平仍将处于落后状态，这是一种倒退状态，显然不可取。

第二种情境，非洲经济快速发展，生态足迹增加，但是人民福利水平没有太大变化。

第三种情境，非洲与世界大多数国家一样进行快速发展，人民福利水平大幅度改善，同时生态足迹也大幅增加，对生态系统将产生重大影响，而世界将无法负担这种发展模式带来的后果。

第四种情境，探索新的发展途径，在提高人类发展水平的同时，不对生态系统造成重大负面影响，这种途径应是非洲进行发展的最佳选择。这四种发展情景的提出，将有助于非洲审慎思考如何制定发展规划。

## 二、来自非洲的声音：非洲国家的绿色理念与实践

非洲国家已经意识到非洲自然资本的重要作用以及进行绿色发展与可持续发展的迫切需求。部分非洲国家已经开始大刀阔斧地开展绿色实践，积极推动经济绿色转型。

### （一）非洲理念－自然毁灭三部曲：魔鬼三角形

马达加斯加大使分享了对可持续发展的认识，提出了象征自然毁灭三部曲的"魔鬼三角形"概念（如图4所示）。三角形的三个角分别代表巨大的消费需求、巨型生产设备与巨额金融资本。他认为，由于当前的消费社会造成了巨大的消费需求，消费需求刺激了生产，人们于是使用巨型的生产工具不加节制地开发自然资源；自然资源开发产生了巨额利润与利益，进一步刺激巨额金融资本推动消费社会的发展。这三个角最终都加速了自然资源的耗竭与毁灭。

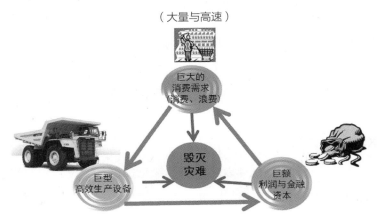

资料来源：根据马达加斯加大使发言材料整理。

图4 自然毁灭三部曲

### （二）非洲实践——绿色加蓬：推动可持续发展的政策实践

加蓬大使重点介绍了"绿色加蓬"政策实践。加蓬处于赤道地区，国土面积的85% 覆盖着森林，拥有丰富的生态系统与种类繁多的动植物，具有发展生态旅游的独特条件。加蓬矿产资源和油气资源丰富，生态旅游和油气资源开发是加蓬的支柱产业。阿里·邦戈·翁丁巴总统上台后，制定了以"绿色加蓬、服务业加蓬、工业加蓬"为发展方向、2025 年成为新兴国家为目标的整体发展战略，出台了增加基础设施投资，提高能源、资源产品就地加工比例，逐步禁止原木出口政策等措施。其中，"绿色加蓬"成为重要的国家发展战略与总体目标，环境保护成为加蓬国家发展计划中的重要组成部分。

翁丁巴总统在里约 +20 峰会上发言指出，加蓬将通过加强环境投资，创造就业机会，刺激低碳发展。

### 1. 可持续发展战略及行动计划

为了建设绿色加蓬，发展绿色经济，加蓬制订了新兴战略计划（2010—2025），该计划以兼顾民生、社会公平、可持续发展与环境保护为原则，包括自然资源支持与保护项目、战略规划与国土整治、气候计划、部门环保方案四个项目，分为 2010—2015 年和 2016—2025 年两个阶段执行，并制订了相应的行动计划。

自然资源支持与保护项目将建立自然资源数据库，调查林业资源、水生态系统与渔业资源，绘制地图并调查矿产资源，评估石油资源，制定农田土壤分布图。战略规划与国土整治项目将跟踪加蓬战略规划的执行情况、区域发展计划、全国土地规划。气候计划将面向群众宣传环保政策；制订适应与减缓气候变化计划，尤其是最敏感的生态系统；制定碳足迹计划，跟踪碳足迹，加强利用新能源。部门环保方案将建立评估污染程度的机制，防治污染；加强核安全保障，采取必要的预防和监管措施；改善人民生活。

### 2. 政策法规

加蓬政府制定了一系列的法律政策推动"绿色加蓬"建设。相关的法律包括：禁止或限制对受保护物种进行狩猎、采集、贸易和收藏；制定开放式或封闭式的狩猎期和捕鱼期；加强森林许可证制度的要求，要开展森林特许经营必须制定可持续管理计划；控制温室气体排放，减少或预防国家土地规划对生态系统脆弱性产生的影响；可持续发展的相关法律要求将可持续发展政策指引转化为实际行动。

### 3. 管理部门

加蓬建立了管理具体环境事务的部门，为绿色加蓬的提供了机构保障。国家公园总局（ANPN）负责国家公园及其资源的保护工作，发展高效率的国家公园网络，并有专门的工作人员从事生态旅游的工作；国家空间观测局（AGEOS）负责制定和实施国家战略，以及发展空间监测设施；木材产业咨询局（AEAFB）重点负责林业资源调查和管理、林业产品认证；部长级气候理事会旨在加强政策连贯性，改善环境治理结构。

### （三）南非推动绿色转型的努力

南非总领事则重点介绍了南非在推动可再生能源生产与使用方面的实践，并表达了希望借助中非合作论坛框架加强与中国的可再生能源生产合作的意愿。

**1. 发展绿色经济的政策**

南非经济过于依赖重工业和金融业，不利于南非的可持续发展。为了实现南非经济转型，创造更多的就业机会，南非政府大力推动绿色经济发展。南非总统祖玛曾表示："发展绿色经济是建设更加绿色、更加繁荣南非的重要手段。社会各界将开展经济转型，保护环境；充分利用科技进步带来的发展机遇，实现发展；共同应对气候变化，使地球更加绿色。"

2011 年 11 月 17 日，南非政府与南非各界伙伴签署了鼓励发展绿色经济的协议，并借此创造 30 万个就业机会。协议的签署推动了南非社会采取共同行动实现经济发展的转型、走向发展新路，在推动可持续发展的大背景下，建立更加发达、公平、民主的南非经济与社会。

南非政府的国家发展规划中纳入了发展绿色经济的内容。南非政府强调使用丰富的自然资源开展绿色、包容性发展，为实现经济、社会、环境层面的可持续发展作出贡献；希望积极实现南非能源产业转型、建设具有可持续性的能源部门，通过多元化的能源结构，包括石油、新能源等，使南非的发电能力翻番；加强核能源供应链的建设，实现核能源生产的本地化。

**2. 基础设施建设**

基础设施建设对促进非洲发展至关重要。非洲开发银行实施的 PIDA 项目将重点开展基础设施建设，为国际合作伙伴提供了与非洲国家合作的多种机会。PIDA 目前确定了 6 个水电项目、4 个能源运输走廊项目、1 个石油管道项目、1 个类似项目，需要近 400 亿美元的投资。而非洲国家已将中国作为主要投资伙伴。

南非在积极参与 PIDA 项目的同时，还开展了 18 个总统批准实施的国家战略性基础设施项目，项目总投资约 4 万亿兰特。南非政府在充分发挥经济发展潜力的同时，也在思考生态基础设施的状况。南非政府正在设计第 19 个国家战略基础设施项目，重点关注的就是生态基础设施，选择水资源作为目标，在战略性水源地开展相关工作。

# 三、引导中国企业"走出去"的可持续发展

近年来，随着中国实施"走出去"战略，开展对外投资的步伐明显加快，企业对外投资的领域、数量、规模在不断增强。据商务部统计，2013 年中国境内投资者

共对全球 156 个国家和地区的 5 090 家境外企业进行了直接投资，累计实现非金融投资 901.7 亿美元，同比增长 16.8%。截止到 2013 年年底，我国累计非金融类直接投资 5 257 亿美元，其中在非洲投资约占 5%。从行业构成来看，中国对外直接投资门类齐全，且重点比较突出，有大约 90% 的投资流向了商贸服务、采矿、批发零售、制造、建筑和交通运输六大行业。

可以说，可持续的"走出去"是中国政府、金融界和企业界面临的共同挑战。近年来，中国企业边"走出去"、边污染的指责不绝于耳。中国企业在不断交国际环境"学费"的过程中，中国政府和金融机构则开始不断开展和丰富"走出去"的政策试验。

### （一）政府引导企业可持续"走出去"

中国对外投资正在快速发展。根据联合国贸发会议的统计表明，2012 年中国是世界第三大对外投资国，仅次于美国和日本。2013 年，习近平主席在博鳌论坛上提出，今后 5 年中国的对外投资将达到总额 5 000 亿美元。贸发会议对世界各国投资促进机构的调查表明，中国是最有前途的外国直接投资来源地之一。

如何引导中国海外投资企业的环境责任问题已成为国际社会共同关注的问题。中国政府已逐步重视中国企业的社会责任问题、企业对东道国可持续发展的贡献。

首先，在商务部门发的文件中，明确提出了要求和倡议。要求企业在"走出去"过程中严格遵守当地的法律法规，履行必要的社会责任，与当地人民和睦相处，积极参与公益事业、慈善事业和环境事业。

其次，发布指导性文件。在借鉴国际经验理念的基础上，结合中国国情，商务部和环境保护部共同制定了《对外投资合作环境保护指南》，倡导企业树立环保的理念，依法履行环保的责任，要求企业遵守东道国的法律法规，履行环境影响评价、环保应急管理等义务。同时，鼓励企业与国际接轨，研究和借鉴国际组织、多边机构采取的环保原则、标准和惯例。

再次，加强企业社会责任培训。近几年开始通过举办各种培训班、研讨会、论坛等方式，帮助中国企业"走出去"，熟悉国际惯例和国际通行的规则，不断提高企业的社会责任意识。

### （二）银行对海外投资的审查

中国企业"走出去"面临着巨大的政治、环境风险。在中国加入了世界贸易组织（WTO）的今天，贸易的摩擦仍然很多。根据商务部的统计，2013 年共有 19 个国家或地区对中国发起了贸易和经济的调查，比 2012 年增长了 18%，不但来自成熟的工业化国家，也来自发展中国家和新兴的工业化国家。中国连续 18 年成为受到反倾销调查最多的国家，中国企业"走出去"阻力重重。

中国进出口银行根据中国企业"走出去"遇到的形形色色的障碍，制定了中国企业"走出去"风险指向标，环境保护是其中一环（见表 1）。2007 年，中国进出口银行颁布《中国进出口银行贷款项目环境与社会评价指导意见》，明确列出了口行发放贷款的环境和社会责任要求，规定"在贷款审查时，除考虑贷款姓名的经济效益外，还要考虑社会效益和环保要求"。中国进出口银行对海外投资项目的审查程序如下：项目必须经过环境社会影响评价，并通过我国和东道国的审批，所执行的评价标准按照东道国、中国、国际标准依次选取。

**表 1　中国进出口银行关于中国企业"走出去"的风险指向标**

| 序号 | 风险指向标 |
| --- | --- |
| 1 | 国家安全 |
| 2 | 环境保护 |
| 3 | 宗教与社会信仰 |
| 4 | 工会问题 |
| 5 | 恐怖袭击 |
| 6 | 土著居民问题 |
| 7 | 投资所在国的民主进程 |
| 8 | 战争问题 |

# 四、开启创新中非绿色发展合作：政策建议

非洲是中国重要的海外市场、投资目的地和能源供应地，非洲的发展也需要中国的经验、技术、资金和人才，中非是命运共同体，共同利益不断增多，中国和非洲发展离不开对方，离不开平等互利的务实合作。中非环境合作作为中非合作框架下的重要内容，已经到了开启和创新中非绿色发展合作的新阶段，有必要制定中非绿色合作的战略和行动计划，通过关注非洲国家的关切，开展政策对话、合作项目、人员交流、联合研究等，从政府、企业和民间多角度加强中非绿色合作，推动中非

环境治理改善和可持续发展进程，同时促进我国环境保护"走出去"战略的实施。

**（一）利用中非合作论坛，推动中非环境政策对话与智库交流**

中非合作论坛是增强中非合作的重要机制，中国与非洲应充分利用该平台推动中非环境合作，并借力联合国环境规划署与其他国际三方平台，促进建立环境保护与可持续发展的政策对话。

此外，鉴于目前在中非在环境领域的交流与对话资源有限，建议加强构建合作平台，优先推动中国－非洲环境研究智库的合作与交流，为中非环境高层对话与务实合作提供政策与技术保障。

**（二）启动中国－非洲绿色使者计划，树立"南南"环境合作典型示范**

中国已在2013年南南发展博览会上正式启动了"中国'南南'环境合作——绿色使者计划"。该计划旨在通过多种形式的交流与对话，分享发展中国家间环境治理经验，支持发展中国家环境保护能力建设，推动政府决策者对话与交流，加强环保产业及科技合作，鼓励公众参与，提升社会环境意识，构建中国"南南"环境合作伙伴关系与联盟。非洲各方已对该绿色使者计划表示出了浓厚兴趣，并指出中方宣传材料中已明确2015年启动"中国'南南'环境合作——中非绿色使者计划"，希望早日看到中方成果。为此，我国应尽快落实2015年启动计划与具体方案，从政府、企业、民间三个层次统筹推进中国－非洲环境合作，丰富中国"南南"环境合作内容。

**（三）推动建立中国－非洲环境技术合作交流中心，搭建中非环境保护技术合作平台**

以中国－非洲环境部长级会议为契机，筹备中国－非洲环境技术合作交流中心，专门致力于组织对非环保投资与援助项目实施，推动中非环保产业与技术交流，提升非洲国家的环境管理能力，搭建中非环保产业界的交流与合作平台。

**（四）推动对外投资环境管理，加强政府与市场引导力度**

加紧制定中国对外投资环境管理的法律法规、完善环境标准、建立对外投资环境影响评价与绿色考核管理体系，强化政府对企业可持续"走出去"的引导；提升企业环境社会责任，加强企业对外投资过程中的环境管理，为中国投资"走出去"保驾护航。

# 探索中国－东盟环保产业
# 务实合作模式

贾 宁 奚 旺

2012 年 6 月，国务院印发《"十二五"节能环保产业发展规划》，指出我国环境服务业市场化程度不断提高，节能环保产业发展迅速。"十一五"期间，我国城市水务服务设施快速增加，投资主体多元化、运营主体企业化、经营模式多元化的产业格局初步建立，形成了以设备制造业、工程建设业、投资运营业和综合服务业的四种并存水务业态。近年来水务行业虽然取得了快速的发展，同时也面临着国内市场空间饱和、产业龙头缺失、融资工具缺乏等一系列发展瓶颈，开拓国际水务市场、推动水务行业"走出去"成为中国水务行业发展的形势需要。

目前，中国水务行业已具备显著的国际市场优势。一方面，中国积累了快速发展以及经济转型的经验，在新兴市场中相对发达国家具有经验优势。另一方面，中国的建设规范、服务模式、设备标准经历大量的实践考验，已具备相对较强的市场竞争力。此外，开拓国际水务市场是我国环境保护"走出去"的具体实践，将积极推动中国水务服务体系、产品标准以及公共制度体系的国际化，服务国家"走出去"战略的实施。

## 一、中国水务市场发展现状及发展趋势

经过 20 多年的发展，我国水务行业取得了飞速的进展，已经从设备制造、工程建设、投资运营向以综合服务为核心的产业阶段过渡，在工程设计、技术服务、设备供应、资本运作以及运营服务等方面积累了丰富经验，为我国水务市场"走出去"提供了保障。

第一，政策利好加速水务产业快速转型。在国家经济转型、服务均等化的推动下，政府在政策上加大了对环保产业向环境服务业的转型与升级的支持力度，水务产业借助国家政策"东风"快速转型升级。"十一五"期间政府针对水质敏感区域限定了水污染物排放限值，制订"水专项"计划，大力推进水污染环境治理，水务市场在政策推动下市场规模迅速增大。2012 年，国务院印发《"十二五"全国城镇污水处理及再生利用设施建设规划》，重点提出加大配套管网建设力度，发展污泥处置设施和推动再生水利用，其利好政策为水务市场转型及发展提供了重要指引。2013 年，国家相继颁布了《实行最严格水资源管理制度考核办法》《"十二五"主要污染物总量减排考核办法》《"十二五"主要污染物总量减排统计办法》等文件，监管和行业标准的日趋严格，在释放了更多环保需求的同时，也增加了环境企业的运营成本和难度，催动着水务行业向精细化、专业化方向转型。

第二，激励市场竞争推动水务企业综合化发展。目前，以市政污水为代表的传统环境服务市场，正随着大中城市环境基础设施建设的基本到位而竞争加剧。市政污水大型项目数量、平均规模的日趋下降，使水务企业无法再仅仅局限于有限的传统污水处理市场，不断拓宽服务区域和服务范围成为众多水务企业的市场战略。为规避市场激励竞争的风险，水务企业纷纷将业务范围扩展到供水、污水处理以外，涉及污泥处理处置、再生水利用、土壤修复等领域，将综合化发展作为企业发展的战略之一，其成为中国环境产业领域发展的趋势。此外，随着大型水务项目区域饱和，未来中国水务市场将出现设备产能供过于求的现象，中国水务企业国际化发展形势迫在眉睫。

第三，持续市场并购催动水务产业整合速度。目前，水务行业具有企业数量众多、规模化不足、区域分散等特点，标杆性龙头企业尚未形成，最大水务集团其服务市场份额也不过 5%。同时，水务企业两极分化严重，城市污水等传统行业的市场交易、项目掌握在少数优势企业手中，行业渐渐迎来大洗牌时代。近年来，大型水务集团凭借资本优势通过持续并购促进业务扩展，其发展战略从单纯依赖"项目投资"向综合运用"企业并购"和"项目投资"的方向转变，一批无核心竞争力的水务企业将被收购、兼并。经过一系列产业的横、纵向并购整合，水务市场将向拥有资本、品牌、实力的少数企业集团集中，日处理能力达千万吨级别的"产业航母"即将诞生。

第四，"走出去"战略加速中国水务企业的海外投资。2011 年，商务部联合印发《关于促进战略性新兴产业国际化发展的指导意见》，明确提出要实施包括环保产业在内的战略性新兴产业"走出去"战略。水务行业作为环保产业中发展最早、最为成熟的行业，贯彻国家"走出去"战略，拓展海外业务成为水务行业发展的重大机遇。一方面，国内水务市场将近饱和，市场竞争尤为激烈，迫使国内水务企业调整发展战略参与国际竞争；另一方面，国际水务市场商机巨大，在亚太、拉美、欧洲及北美有着广阔的市场。此外，中国水务行业自身从设计研发到生产制造、工程建设、运营管理及投资并购等方面已经形成了一个完整的产业链，并已培养出了一批具备国际竞争力的龙头企业，具备了"走出去"的条件。

## 二、东盟国家水务产业发展现状

东盟作为中国水务企业最为关注的热点地区，充分了解东盟各国水务行业发展现状将有利于我国水务企业有效拓展国际市场，推动环境保护"走出去"。基于东盟各国水务产业在政策法规、技术、资金等差异性，可将其分为发达、发展中、欠发达三个层次。

第一个层次是水务产业发达国家，主要是新加坡。新加坡作为缺水国家，建立了完整的法律法规体系，水资源管理成效显著，技术研发投入巨大，资本实力雄厚，被誉为"全球水务中心"。新加坡早在 2002 年就提出"四大水喉"国家长期供水策略，即淡化海水、新生水、国内集水区和外来供水，以化解水资源危机。目前，新加坡政府正在大力发展水务产业，拨款 5 亿新元进行相关科技研究，并希望在 2015 年成为世界水务中枢。

第二个层次是水务产业发展中国家，包括文莱、印度尼西亚、马来西亚、菲律宾和泰国。这些国家经济发展较快，法律体系已趋于成熟，水务产业具有一定基础，但设备老化、技术不足等问题依然严峻。文莱污水处理基础设施比较陈旧，水资源管理和污水处理投入不足，原有污水处理管网亟须维护和改造。印度尼西亚为推进水资源管理，改善水资源开发和管理的制度框架，实施地区水质管理、灌溉管理的政策、制度及规定。此外，印度尼西亚为弥补供水设施建设资金不足，允许企业在供水领域以特许权合同的形式与国有供水企业合作。马来西亚将水资源利用和保护列为国家发展战略之一，国家财政每年提供大量资金更新农村供水设施、建设污水处理工程,水污染治理领域发展潜力巨大。菲律宾城市供水、污水处理系统严重不足,正在努力提高私人企业在水资源方面投资的积极性。此外,水资源净化、再利用设备制造及污水处理运营服务也是该国重点鼓励投资的领域。泰国目前存在供水系统老化、水质净化资金和技术能力不足等问题,随着城市和工业部门需求回升,污水处理市场正在成为工程咨询服务的青睐领域,预计污水处理市场会有大幅增长。

第三个层次是水务产业欠发达国家,包括越南、柬埔寨、老挝、缅甸。这四个国家水资源管理的法律法规仍未健全,环境监管能力薄弱,已有法律法规不能很好的落实。同时,水资源开发利用程度均不高,城市供水系统严重老化,污水治理设施建设严重滞后,已不能满足人口快速增长和经济发展的需要。目前,柬埔寨、老挝、缅甸正在以特许经营的方式吸引私有资金,帮助政府解决农村供水及城市污水处理设施建设,市场需求潜力巨大。

## 三、我国水务行业走向东盟面临的问题

近年来,国内一批水务先行者通过海外并购、工程建设等方式积极开展国际合作,为我国水务行业的国际化发展进行了有益的探索和尝试。这些水务企业在"走出去"的过程中取得不俗成绩的同时也面临几个突出问题。

第一,投资东盟存在政治、外汇等风险。我国与部分东盟国家在南海问题的争议进一步加大区域经济发展的不稳定性,给该区域跨国贸易、投资合作增加了不确定因素。东盟部分国家党派纷争不断,政局不稳也对双边合作带来风险。同时,由于东盟部分国家政治、经济的不稳定,水务企业跨国经营除了市场竞争外,货币与汇率的变化也带来较大的外汇风险。此外,文化差异背景下对合作对象缺乏了解,容易遭受因对方违约或缺乏信用带来损失的风险。

第二,跨国水务集团在东盟水务市场竞争激烈。近年来东盟各国经济增长迅速,环保产业处于起步阶段,供水和污水处理市场发展空间巨大。国际水务巨头威立雅、苏伊士等纷纷瞄准东盟水务市场,凭借其雄厚的资本、技术优势,通过并购、合资等方式进驻东盟各国,占据了大量市场份额。此外,新加坡凯发、日本丸红、美国通用、德国西门子等水务集团也将开拓东盟市场作为其国际化发展战略,开始投资市政供水、工业及生活污水处理、海水淡化、中水回用等领域,各水务集团在东盟

市场竞争日益激烈。

第三，水务企业传统"走出去"模式有待突破。目前，我国水务企业与东盟国家的合作多以工程配套为主，工程承包商和设备厂商跟随大型基础设施建设进驻目标国，主要输出工业污水处理设备、监测仪器等，合作模式主要为企业主导型及松散型合作模式。同时，国家缺乏水务企业"走出去"的配套政策，行业企业之间没有形成合力，基本靠单打独斗，各自为政，导致国际化进程中困难重重。此外，东盟国家水务市场需求主要在供水及城市污水处理上，亟须开展 BOT、EPC、合资公司等类似于政府主导型、联盟型的合作模式，以解决城市污水处理设施建设的资金、技术、人才等方面的难题。因此，如何在东盟国家开展大型污水处理的工程建设及运营服务为主导的合作模式，是实现我国水务企业"走出去"的重大挑战。

第四，公共服务平台缺失，信息渠道不畅。我国水务企业在"走出去"的过程中，缺乏顺畅的渠道快速了解目标国的政策资源，在项目投资前，需要对目标国的政策标准、产业状况、投资环境、法律法规等信息进行长时间收集分析，使得企业在参与国际竞争时往往错失商机。同时，由于企业不熟悉海外市场运作规律，不熟悉目标国行业技术标准，国内项目管理经验难以适应国外项目要求等原因，项目运作过程风险往往超出预期，造成整体项目亏损或很难盈利。此外，企业缺少掌握东盟国家工程招标信息的渠道，往往靠企业自身的关系来寻求商机，严重影响了水务企业进军东盟市场的机会。

# 四、中国水务市场"走向"东盟的政策建议

我国水务企业经过二十年快速发展，在技术咨询、工程建设、运营服务等领域积累了丰富的实践经验，形成了一套完整的产业链条，已具备开拓国际市场的实力。同时，东盟国家将环境保护列为国家发展的战略高度，相关水污染防治规划的实施将有力带动水务市场的需求。因此，为推动中国－东盟水务合作，服务环境保护"走出去"，提出以下政策建议。

## （一）识别东盟国家水务市场需求，推动开展企业间项目合作

目前，东盟各国水务产业发展阶段分为不同层次，各国对水务产业的产品、技术以及标准的需求也有所不同，开展中国与东盟国家水务产业的合作，首先要对目

标国的市场需求进行识别。因此，建议开展中国－东盟水务领域的产业研讨会，邀请东盟国家主管投资、水务的政府官员和专家、企业家等人来华，就加强双方水务技术和合作进行专项研讨，帮助我国企业识别目标国水务市场需求，推介我国环保产品、技术和解决方案等。同时，建议组织国内环保企业赴柬埔寨、印度尼西亚等东盟典型国家进行市场考察，帮助企业了解目标国投资政策、市场需求，推动开展企业间的项目合作。

### （二）政府护航，以援外资金为桥梁，促进"模式输出"

纵览发达国家环保产业的向外输出，政府无不在政策、资金、影响力等方面发挥着巨大的支持作用。建议借鉴发达国家在中国水务市场及其他国际市场的援助经验，改变我国对外援助模式，设计更加合理的援助结构。通过在援外项目中增加软性要求，在项目实施过程中开展环境政策性研究，为援助项目设计工程建设模式、商业模式、技术标准和服务标准等，以此将中国的管理模式及运营思路纳入援外项目中。此种方式不仅能够有效降低国内水务企业拓展国际市场面临的困难和风险，也将在更大程度上输出中国先进的环境理念、环境标准以及项目投资、建设、运营经验等，既能提升国家形象，又能拓展东盟市场。

### （三）搭建中国－东盟水务公共服务平台，建立信息交流渠道

鉴于在开拓东盟市场中存在的不熟悉目标国政策标准、投资环境、法律法规以及工程招标等信息缺乏等实际问题，建议由国家支持形成多种形式、多种渠道的环保产业国际合作立体网络平台。建立并对接国内—国际水务产业信息交流网络，广泛收集国际水务产业政策、法律法规、市场动态等信息，降低国内企业获取国际信息难度。同时，形成各国政府、企业了解中国水务政策、市场、企业、产品、技术的窗口，促进我国水务市场信息向外流通，让国际社会了解中国、信任中国。此外，打造水务示范项目展示平台，以国际培训、论坛、展览等不同形式推广优秀水务项目案例，使之成为中国水务产业的"国际名片"。

### （四）打造符合国际规范的标准体系，输出我国水务产业理念

目前，中国水务市场上产品和服务涉及领域广、种类多，但国内产品标准体系仍未完善，与国际标准有所差异。建议在现有水务产品和服务标准体系的基础上，健全重点领域的设备制造标准、工程建设标准及相关的服务标准等，并与国际标准体系接轨，从而增强国际社会对中国水务企业、技术标准的了解和信任。同时，建

议开展对东盟国家的专业技术培训，输出我国现有的水务产品标准、技术标准等，培训一批了解中国水务标准、符合我国环保理念的"亲华派"。此外，开展与东盟国家的环境产品互认协议的谈判，打破环境产品的国际贸易壁垒，为水务企业开展国际贸易打造有利条件。

**（五）推动建立水务产业联盟，加强国际竞争**

水务企业要走向国际，除了自身要具备"出得去"的实力，还要相互配合协作，形成"走出去"的"生态族群"，大家"抱团取暖"，才能"站得稳"并且"站得持久"。建议推动成立水务行业间的联盟，通过汇集整个水务产业链上的公司，包括设计研发、工程建设、运营服务等企业，组成紧密的联合体，进行优势互补，参与激烈的国际竞争。此外，水务企业还要汇集与"走出去"相配套的行业协会、金融机构、国际律所等机构，以及获得目标国政府及合作伙伴的支持，以保障顺利推进投资项目和商务谈判的高效。

# 参考文献

[1] 贾宁，周国梅，丁士能，等 . 中国－东盟环保产业合作——政策环境与市场实践 [M]. 北京：中国环境科学出版社 ,2013.

[2] 丁士能，周国梅 . 环保产业国际化发展的思考 [N]. 中国环境报，2014-02-11(2).

[3] 付涛 . 中国的水务市场 [J]. 世界环境，2011(02):28-29.

# 上合组织成员国环保机构设置
# 及其启示

王玉娟　张　立　谢　静　国冬梅

2013 年 11 月 12 日，第十八届中央委员会第三次全体会议通过的《中共中央关于全面深化改革若干重大问题的决定》提出，紧紧围绕建设美丽中国深化生态文明体制改革，加快建立生态文明制度，健全国土空间开发、资源节约利用、生态环境保护的体制机制，并对改革生态环境保护管理体制作出了具体部署。环境保护部原部长周生贤针对该决定，在论述改革生态环境保护管理体制重大意义基础上，对改革生态环境保护管理体制五项主要任务进行了重点阐述。

环保体制改革是解决我国生态环境领域深层次矛盾和问题的根本保障，为支持我国生态环境保护管理体制改革，加强上海合作组织成员国之间的合作交流，本文对上合组织成员国环保机构及职能设置进行了梳理，并针对我国环保机构改革和上合环保合作提出了相应的对策建议：一是资源与环境统一管理符合我国生态文明建设基本要求，是我国生态环境保护管理体制改革的重要方向；二是统筹各国环保机构职能，重点开展当前我国环保机构职能范围内环保合作；三是深入开展对各国环保机构的评估，加强各方共同感兴趣和共同领域的环保合作；四是重点关注哈萨克斯坦国内环保机构改革，服务区域和双边环保合作。

## 一、上合组织成员国环保机构设置及职能

### （一）俄罗斯

#### 1. 俄罗斯环保机构改革历程

俄罗斯最初环境保护机构是成立于 1985 年的环境保护委员会，职能集中在自

然资源开发利用管理、对企业实施许可证管理、实施环保执法检查及实施对国民经济重大项目建设的监督检查；1996 年俄罗斯在环境保护方面实施了大部制，俄罗斯联邦自然资源部成立，基本沿袭一部两委职能，依法管理地下资源、水资源的利用和保护，并对森林、海洋等资源的开发利用负有协调和监督职能；2000 年，俄罗斯将联邦国家环保局和国家林业局，以及所属的地方机构并入俄联邦自然资源部；2004 年成立新的自然资源部机关，设有 7 个委员会和 4 个国家局署；2008 年，自然资源部重组为自然资源与生态部，将俄联邦水资源和土地使用机构全部划入俄罗斯联邦自然资源与生态部，赋予新的职能，这使得几乎所有涉及生态保护监管有关的事物都归该部管辖，该机构一直沿用至今。

### 2. 现行环保机构设置

俄罗斯现行环保机构为俄罗斯联邦自然资源与生态部，部机关设 10 个司分别为：环境保护国家政策和调控司、地质矿产资源利用国家政策和调控司、水资源国家政策和调控司、水文气象和环境监测国家政策和调控司、狩猎与动物界国家政策和调控司、林业资源国家政策和调控司、行政和人力资源司、经济和财务司、法规司和国际合作司。部下属五个职能局，分别是联邦自然资源利用监督局、联邦矿产资源利用署、联邦水资源署、联邦水文气象和环境监测管理局、联邦林业署。组织结构如图 1 所示。

### 3. 现行环保机构职责

职能主要体现在：制定自然资源和生态环境方面的国家政策；协调各政府部门在国家经济中使用的各种类型的自然资源的研究、开发、利用和保护；直接管理矿产资源、水资源、森林资源和环境保护。此外它还是：国家地下资源和林业资源的联邦管理机关；水资源利用和保护的专门授权的管理机关；林业资源利用、保护、防护和森林再生产方面专门授权的国家机关；保护、监督和调节动物界利用及其生存环境的专门授权的国家机关；保护大气，及在其职权范围内包括废料循环（除放射性废料），对土地利用和保护实行国家监督的专门授权的国家机关；专门授权在贝加尔湖保护方面进行国家调节的国家执行权力机关。

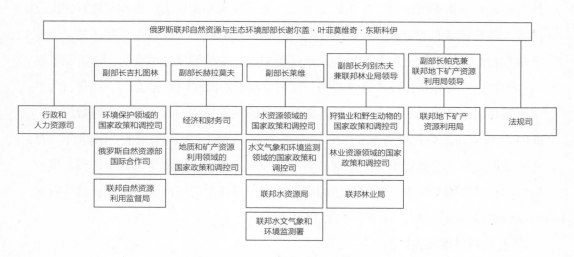

图 1　俄罗斯自然资源与生态部组织结构图

### （二）哈萨克斯坦

#### 1. 哈萨克斯坦环保机构改革历程

其最早是 1990 年的哈萨克苏维埃社会主义共和国的生态和自然管理国家委员会；独立后，于 1992 年成立哈萨克斯坦生态和生物资源部；1997 年被改组为哈萨克斯坦生态和自然资源部；1999 年更名为哈萨克斯坦自然资源和环境保护部，许多职能被分散，比如，林业、渔业和狩猎业委员会及水资源委员会成立后，环境保护部的相应职权就已经转归这两个委员会行使；2002 年哈萨克斯坦环境保护部成立，仅仅是对自然资源的利用情况行使调控职能和经济职能。2013 年将原哈萨克斯坦环境保护部更名为哈萨克斯坦环境与水资源部，在原环保部业务基础上增加水资源管理职责和权限，并被赋予国家政策制定和实施领域职能。2014 年 8 月 4 日，哈萨克斯坦共和国总统第 875 号总统令决定废除原哈萨克斯坦环境与水资源部，其职能将移交农业部和新成立的能源部，哈萨克斯坦共和国政府将在 2015 年 1 月 1 日前将机构职能变化写入立法，并采取相关措施实施本条总统令。

#### 2. 现行环保机构设置

目前，哈萨克斯坦共和国原有环境与水资源部被废除，并将相应职能移交农业部和新成立的能源部。

### 3. 现行环保机构职责

（1）"制定和实施渔业发展、水资源管理、林业资源、动物界方面的国家政策"相关职能移交农业部；

（2）"制定和实施保护、监管合理利用自然资源，生活固体废物管理，发展可再生能源，监督'绿色经济'发展政策等方面的国家政策"相关职能移交给新成立的能源部。

### （三）乌兹别克斯坦

#### 1. 乌兹别克斯坦环保机构改革历程

20 世纪 80 年代末，随着乌兹别克斯坦生态问题的加剧，乌兹别克斯坦国家环境保护委员会成立，负责监测环境状况和环境保护。很多部委从内部抽调研究环保问题的机构加入国家环境保护委员会，例如，水资源部将水资源保护和合理利用管理局抽调到委员会，国家森林委员会将动植物保护局加入其中，农业部将合理利用土地资源局加入，部长办公室所属水文气象中心将大气保护局加入。国家环境保护委员会成立初期由 6 个局和 1 个处组成，即水资源保护和合理利用局，大气保护局，土地资源保护和合理利用局，动植物保护局，自然利用组织和经济局，科技进步和宣传局，法律处。除此之外，国家环境保护委员会还有建立的国家专业化分析监督监查处及科研所。为了寻求解决再生产中运用生态问题科学的方法，以降低污染程度，并给予国企科技帮助，1993 年建立了隶属于国家环境保护委员会的"大气"科研项目研究机构，之后建立了"水资源环境"科研单一制企业。1992 年在解决自然资源利用的经济问题时，通过了"企业和组织必须为超标污染付费"的部长办公室决议。在国家环境保护委员会管理下，建立了国家和地方自然保护基金会。除此之外，国家环境保护委员会还统筹执行国内一系列国际项目，并在国家环境保护委员会下成立了国际项目办公室，项目包括臭氧层保护、天山西部生物多样性保护、环保机构完善草案、乌兹别克斯坦环保纲要等。

#### 2. 现行环保机构设置

乌兹别克斯坦现行环保机构为乌兹别克斯坦共和国国家环境保护委员会，由 6 个局和 1 个处组成，即水资源保护和合理利用局，大气保护局，土地资源保护和合理利用局，动植物保护局，自然利用组织和经济局，科技进步和宣传局及法律处。前 3 个局为检查局，即对本国境内生产单位是否遵守环保法进行检查。除此之外，

"环保委员会"还包括"国家分析查验专业检验局"、"水文地理科研院"、"水资源环境"科研单一制企业、国家和地方自然保护基金会、国家项目办公室等机构（如图 2 所示）。

### 3. 现行环保机构职责

委员会的主要任务是：实现国家对环境保护的监督和利用，以及土地、大气、水等自然资源的利用；实现环保工作跨部门综合管理；确保良好的生态状况，恢复生态环境。

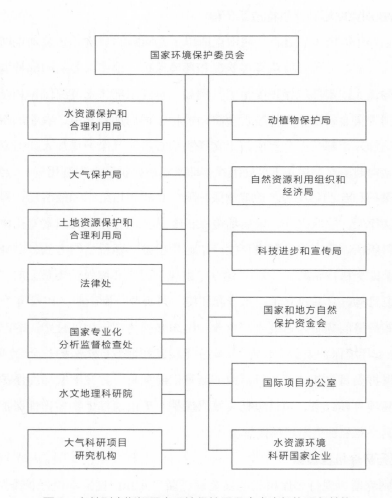

图 2　乌兹别克斯坦国家环境保护委员会中央机构现行结构

### （四）吉尔吉斯斯坦

**1. 现行环保机构设置**

吉尔吉斯斯坦现行环境保护机构为 2009 年重新组建的吉尔吉斯斯坦共和国政府国家环境保护与林业署，主要下属机构包括狩猎司，森林生态系统发展司，贾拉拉巴德坚果林跨区域管理局、林场、林管区、森林保护站，森林狩猎制度管理局。

**2. 现行环保机构职责**

职能主要包括以下几个方面：保障实施环保、保护生物多样性、合理利用资源、发展林业和确保国家环境安全领域政策的执行机构。主要职能是保护国家生态环境、合理利用自然资源、发展林业经济。

### （五）塔吉克斯坦

**1. 塔吉克斯坦环保机构改革历程**

考虑到自然保护的重要性，1960 年，塔吉克斯坦成立了塔吉克环境保护委员会，隶属于塔吉克斯坦科学院。这是环境保护科研工作发展的开端。但由于日益增加的压力，还需要进一步采取特殊的政府控制机制来规范自然资源的使用与环保行为。根据这一目标，1988 年，塔吉克斯坦共和国最高执政机构决定建立国家自然保护部。2004 年 1 月，成立之初的自然保护部被取消，取而代之的是国家环境保护委员会和林业部。2006 年 11 月，国家环境保护委员会和林业部又被取消，由农业和自然保护部代任其职并管理至今。

**2. 现行环保机构职责**

塔吉克斯坦国家农业和自然保护部是其主要的环境机构，是国家中央行政机关，农业和自然保护部的职责主要包括负责农业政策的制定、环境的保护、资源的可持续利用、林业资源和水文气象的勘测等任务。除此之外，还要履行制定战略措施、编写出版国家环境报告、制定相关法律草案和规范性文件、确定特殊自然保护区系统等职能。

由国土整治与水资源部、农业部、国会土地管理委员会等国家相关部委和五个监察员组成的国务委员会在环境问题上有一套严密的控制体系。每一级议会和政府中都有相应的监察员。监察员向各级议会负责，可以独立的执行相关法律赋予的职责，每个领域的监察员都有权对该领域的违法现象进行监管。

## 二、上合组织成员国环保机构设置分析

### （一）环境保护与资源利用管理一体化模式，使环保范围宽、职能广，"大部制"协调、统筹管理的能力强

从上合组织成员国环保机构设置及职能分析来看，各国环保部门成立初，考虑环境保护工作的综合性，根据国家重点关注，将环境与资源统筹管理。环境保护不是单一开展环境污染防治与自然环境保护，而是全部或部分考虑了对于资源管理的权限，将森林、海洋、水、土地、渔业、农业、矿产等加以统筹管理，形成"大部制"管理模式，加强和统一了环保工作中决策的制定与执行，减少部门间的权利争执。

#### 1. 环境与自然资源生态保护综合一体化模式

生态环境保护，特别是对自然资源客体的保护与利用是俄罗斯环境保护工作的基本出发点，最初成立的环境保护委员会，更多的职能是注重自然资源开发利用对于环境保护的管理。随后，俄罗斯加大环保部门对于资源要素的管理范围和专业性，森林、海洋、水（水资源、水文气象和监测）、地下资源、林业、矿产、土地等资源的利用必须注重减少对生态环境的损坏和破坏，将环境保护融入各类资源的开发与利用中，形成现行的"大部制"环境管理体制。原来"多龙治水"式的分工负责、分散管理的模式逐步过渡到相对集中的统一管理模式，尤其是自然资源与环境保护管理从分散趋向统一。这种现行体制使得环境保护方面专门授权的机关结构保持一致，减少了管理机关之间相互推诿、争夺管理权等状况，大大加强了环境保护方面专门授权的管理机关在国家管理机关中的地位，有利于环保工作的深入开展。

乌兹别克斯坦环保机构的设置类似于俄罗斯。乌兹别克斯坦抽调水资源部水资源保护和合理利用管理局、国家森林委员会动植物保护局、农业部合理利用土地资源局、部长办公室所属水文气象中心大气保护局，组建并发展成目前的国家自然保护委员会，开展国家对环境保护的监督、利用，土地、大气、水等自然资源的利用。不同的是，乌兹别克斯坦的环保机构"大部制"管理比较宽泛，对于自然资源的分类管理没有俄罗斯精细，但乌兹别克斯坦在国家卫生部、内务部、农业和水资源管理部、水利气象管理部、地质和矿产资源委员会、生产和开采工业安全委员会等制定相应的环保职责，并加强与环保部的统一管理和协调，实现环保工作跨部门的综合管理。

### 2. 环境与单一的农业或林业结合的模式

上合组织成员国环境保护机构设置的另一种模式是将环境保护与联系密切的职能进行了结合，组成一个部门，起名为"环境保护与××"或"××与环境保护"，例如现行吉尔吉斯斯坦的环保机构为"国家环境保护与林业署"，塔吉克斯坦的环保机构为"农业和自然保护部"，环保部门的职能除了开展国家环境保护方面的工作外，还重点就林业、农业进行专门管理，同时也兼顾对资源合理、可持续利用等管理工作。

### 3. 环保机构改革频繁，不断随国家发展政策变化

哈萨克斯坦的环境保护机构不断随国家发展政策变化，从成立至今，一共经历了6次变动，环保机构名称不断更改，机构设置不断更换。但总的来说，随着国家发展政策变化，哈萨克斯坦环保机构和职能变革是一个由统一到分散，再到相对集中和完全分散的过程。

哈萨克斯坦环保机构初期受前苏联的影响较大，环保注重生态与自然资源的保护，随着国内环境问题的不断恶化，环境问题的治理和保护需要更专业部门的管理，环保机构职能更加单一和专业化。水资源问题一直是哈萨克斯坦较为重视的议题，并不断和环保、农业交叉重叠，但始终没有得到较好的解决。比如为了能够全面、合理的利用水资源，方便对其进行统一的管理与开发，减少各部门之间的协调程序，提高跨界河流国际谈判的效率，2013年哈萨克斯坦将水资源管理机构合并重组，并入哈萨克斯坦环保部。近年哈萨克斯坦不断倡议向低碳发展和"绿色"经济的过渡，而国内现行经济主要依靠能源发展带动，为更好的促进能源发展向"绿色"的转变，哈萨克斯坦在今年新成立的能源部下行使"生活固体废物管理、监督'绿色经济'发展政策方面的国家政策"等职责。

### （二）国家层面环境管理的政策与法规职能分配大，单一环保政策与资源利用政策相统一

环境保护政策与法规的制定是环保部门行使职权的基础和保障，上合组织成员国在环保机构设置上，除了常规的一些运行机构（如行政与人事、财务等）外，针对国家环保与资源利用的政策和法规，都设有专门的机构，并赋予了较大配额的职能比重。特别是俄罗斯，对不同要素（环保、矿产、水、林业、狩猎等）设置不同的政策和调控司局，加强在经济发展与环保和资源开发利用政策的相互协同与统一，

保障经济增长不以牺牲环境为代价。

值得一提的是，各国环保机构在制定政策过程中，受前苏联的影响较大，都将环境保护、合理利用自然资源纳入大生态、大环境的概念里，所以除制定相对专业的环境保护法外，还重点在环保领域制定国家政策或议案、承担相关自然资源利用监督和管理的重大职责。通过制定与其环保机构职责相应的国家政策，实现对环境保护、自然资源利用的集中管理。

# 三、对我国环保机构改革和上合环保合作的启示

## （一）资源与环境统一管理符合我国生态文明建设基本要求，是我国生态环境保护管理体制改革的重要方向

党的十八大报告提出，重点优化国土空间开发格局、全面促进资源节约、加大自然生态系统和环境保护力度、加强生态文明制度建设是大力推进生态文明建设的重要内容，是改革我国现行的环境保护制度和机构设置的重要方向。上合组织成员国环保机构设置部分或完全的将农、林、牧、渔、土地、矿产资源的管理与环境保护有机联系在一起，"生态化"、"大环保"的职能是各国环境保护的主旨，是各国环保机构设置的指导方针，促进各国各类资源开发利用与环境保护相统一、相协调。

目前我国的环保机构设置及职能中，单一环境保护职能偏重，缺乏对资源开发利用的统一管理权，环境保护在资源开发与利用的末端，即资源开发利用后的环境治理和生态保护；另一方面，从上合组织框架下的区域环保合作和双边环保合作来看，这种资源利用与环境保护独立划分的职能分配，一定程度上阻碍了我国与各国环保合作的交流和进程，加大了各国间环保部门之间的磋商难度。

为贯彻执行与落实在"保护中发展，发展中保护"，我国的环保机构改革：

一是应逐步加强对水、气、土壤要素的环境保护与农、林、牧、渔、矿产等资源利用的统筹管理，实现资源利用、环境保护的"生态化"、"大环保"管理职能。

二是继续加强建立资源利用管理、生态系统保护与单一污染防治的联动机制与管理模式，将生态系统保护、环境防治和保护贯穿于资源开发利用的全过程，形成资源开发利用过程中的统一的环境监管、执法和统筹协调，加大环境保护在经济发展过程中的配额管理。

**（二）统筹各国环保机构职能，重点开展当前我国环保机构职能范围内环保合作**

上合组织成员国各国环保机构设置不同，涉及环保领域和环保需求不同，导致环保合作分歧较大，特别是资源利用与环境保护密切联系的内容（如水资源问题）是环保合作中不可调和的矛盾。通过对各成员国环保机构的梳理，可以看出，虽然各国对于资源环境要素（如矿产、水、林、农、牧、渔）的利用与保护各有侧重，但对于环境要素（水、气、土）保护的法律法规和政策都赋予了各国环保部门相同的职责。同时上合组织框架下的环保合作起点低、底子薄，缺乏统一的环境保护制度和法律基础。因此，推进和加强上合组织框架下的环保合作。

一是在区域层面上，要加强各国在环境保护法律、法规、政策、标准等方面的经验交流，积极寻求各方共同、共有，并开展可为各方接受的区域环保合作制度与法律建设。

二是在双边层面上，一方面继续加强目前在双方环保机构职责范围和共性领域的合作，如中俄继续加强开展在跨界水体污染防治、跨界水体水质监测和生物多样性保护等领域的合作；中哈继续坚持在水质协定和环保协定规定范围内合作；另一方面加强与各国环保机构的交流，深入了解各国环保机构在资源保护领域的工作，为我国生态文明体制改革提供借鉴，为畅通今后环保合作做好准备。

**（三）深入开展对各国环保机构的评估，加强各方共同感兴趣领域的环保合作**

目前，上合组织框架下环保合作刚刚起步，除涉及自然资源领域矛盾分歧外，但就环境要素的保护，各国环保机构职能和开展工作的政策、法规等也不统一，如中俄、中哈面临水质标准、评价方法不统一，环境应急事故等级划分不对应等问题。同时各国在制定环保政策、开展具体环保领域工作时，也因各国经济发展模式、发展方向和环保理念的差异有很大不同，如中国积极探索环保新道路，推进生态文明体制改革；俄罗斯一直注重环境、合理利用和保护自然资源的相统一；哈萨克斯坦近年来提出"绿色桥梁"等口号，开始发展绿色新政和绿色转型；乌兹别克斯坦通过了"2013—2017年保护环境行动计划"，加强对环境和自然资源的管理，环境可持续发展将成为支柱行业；吉尔吉斯斯坦注重生态安全的概念，用生态安全统筹国家环保领域和合理利用自然资源政策；塔吉克斯坦在国家全面转型期，注重环境保护的大方向，强调可持续健康的环境对于其经济增长的重要意义。

因此深入开展上合组织框架下的环保合作，在全面理解和把握各方国家发展政策、环保历程的基础上，加强对各国环保机构设置和职能的评估，具体工作如下：

一是通过评估，设置并开展各方共同感兴趣和共同领域的合作。如深入交流环保政策、法规、标准等政策交流，推进上合组织环境保护信息共享平台建设，加强区域环境保护工作的信息化建设和环保能力建设。

二是通过评估，主导推进上合组织环保合作政策或法律基础建设，制定合理的区域环保合作规则，发挥我国环保领域优势，推进我国环保技术和产业走"走出去"。

### （四）重点关注哈萨克斯坦国内环保机构改革，服务区域和双边环保合作

随着上合组织成员国国内重点环境问题的不断出现，以及各国环境关注与各国国家发展政策的调整，环保机构都经历了一系列的改革。其中，哈萨克斯坦比较特殊，其环保机构变革十分频繁，但总的来说，哈萨克斯坦环保机构和职能的变革是一个由统一到分散，再到相对集中和完全分散的过程，但环境保护始终贯穿于国家各发展方针的制定和执行中。

哈萨克斯坦环境保护机构改革旨在服务其国家绿色新政和绿色经济转变。同时其环保机构的再次变革，对于其今后参与环保国际合作，以及各方如何与其进一步开展环保领域（部门、领域）合作提出一定的挑战。特别是对当前我国与哈萨克斯坦开展的双边环保合作，要重点关注和深入开展哈萨克斯坦此次环保机构改革对于双方合作的影响研究，不但要维护原有合作基础，深化原有合作领域，还要在加强双方环保共识的前提下，继续寻求双方共同感兴趣的新领域。

## 参考文献

[1] 贾峰 . 国外环保机构设置状况 . 环境保护，1994(1):42-44.

[2] 谭广宇 . 新形势下我国环境保护行政体制初探 . 南昌：南昌大学 MPA，2010.

[3] 曹国栋 . 大部制视域下我国环境行政组织结构设计研究 . 北京：中国政法大学，2011.

# APEC 环保合作最新形势分析及对策建议

陈　超　国冬梅

2014 年，我国轮任亚太经合组织（APEC）东道国，提出"共建面向未来的亚太伙伴关系"的主题和"推动区域经济一体化，促进经济创新发展、改革与增长，加强全方位基础设施与互联互通建设"三项重点议题，并继续关注区域经济绿色增长。

为配合 2014 年 APEC 领导人会议，环境保护部在"促进经济创新发展、改革与增长"和"推动区域经济一体化"重点议题下设计了 APEC 绿色发展高层圆桌会和 APEC 绿色供应链合作网络两项环境成果，并在商务部、外交部的大力支持和协调下，均取得了预期效果：一是 2014 年 5 月 8 日，环境保护部在天津市成功召开 APEC 绿色发展高层圆桌会，在艰难谈判基础上，顺利通过《APEC 绿色发展高层圆桌会宣言》，并将圆桌会成果纳入 APEC 第二次高官会相关议题成果和贸易部长会声明；二是经过多轮磋商，在 2014 年 8 月召开的第三次贸易投资委员会上，经过我方多次交流和会见沟通，美国、加拿大、韩国等给予我方高度积极支持，各经济体顺利通过我方和加拿大、马来西亚、中国台北等共提的"关于建立 APEC 绿色供应链合作网络的倡议"，并在随后召开的第三次高官会上，顺利通过审议。同时，该倡议将作为第三次高官会会议成果提交至今年 11 月份召开的领导人会议。

从 2014 年 APEC 历次高官会及相关会议期间各经济体表现来看，虽然 APEC 经济体间经济社会发展水平不均衡，但推动自身经济绿色转型和可持续发展、促进区域内经济贸易合作发展与环境保护的"双赢"已成为 APEC 各经济体的普遍共识。而且，会议议题设置和初步成果表明，环境保护与绿色发展正在进一步同 APEC 贸易投资合作逐渐融合，各经济体关注将绿色增长合作作为区域经济新的增长点，这为我国继续参与 APEC 环境保护和绿色发展合作提供了平台，并有助于明确未来合作方向。

因此，本文认真梳理当前 APEC 环境保护和绿色发展相关议题的进展情况，探讨 APEC 环保合作总体形势，结合我国合作需求和战略考量，提出我国下一步参与 APEC 环境保护和绿色发展合作的对策建议，重点是推动现有成果纳入领导人宣言和讲话，积极推动领导人会议成果的落实，并结合国内环境管理工作推动环境保护纳入贸易、投资以及消费等领域，推动环境保护要进入主阵地、大舞台，推动环境保护从行政命令转向市场手段，切实落实新一届政府的改革要求。

# 一、2014 年 APEC 环境保护和绿色发展相关议题

2014 年 APEC 重点讨论的与环境保护和绿色发展相关的议题主要包括：实施环境产品清单、推动绿色发展合作、加强全球价值链和供应链连接合作、推动建立亚太自由贸易区（FTAAP）等。

## （一）推动实施环境产品清单

在美国 2011 年和俄罗斯 2012 年 APEC 领导人会议就环境产品清单和减税取得重要成果基础上，我国今年作为 APEC 领导人会议东道国，继续就有关内容进行了推动，如《2014 年 APEC 贸易部长会议青岛声明》强调，要推进如期履行领导人关于 2015 年前将 54 项 APEC 环境产品的关税削减至 5% 或 5% 以下的承诺，支持帮助各经济体实施该承诺的能力建设工作，鼓励政府官员利用环境产品与服务公私伙伴关系论坛这一平台促进环境产品与服务的贸易投资自由化和便利化。

此外，针对清洁和可更新能源的环境产品与服务公私伙伴关系论坛第一次会议于 2014 年 8 月召开，并发表《APEC 关于促进可再生能源和清洁能源贸易与投资的声明》。

## （二）推动绿色发展合作

自 2010 年第 18 次领导人会议将绿色增长作为促进亚太区域经济实现平衡、包容、可持续、创新、安全增长的重要内容后，APEC 持续关注绿色增长内容，并致力于促进环境产品贸易自由化和便利化。2014 年，APEC 在"促进经济创新发展、改革与增长"重点议题的新经济题目下专门设置绿色经济和环境内容进行讨论，焦点在我国 5 月召开的 APEC 绿色发展高层圆桌会和会议成果——《APEC 绿色发展

高层圆桌会宣言》，以及 APEC 绿色供应链合作网络倡议上。7 月的贸易部长会明确提出年底前就 APEC 绿色供应链合作网络倡议达成一致，以进一步推动经济体和利益相关者之间的绿色供应链合作。8 月的第三次高会关于绿色发展的内容，主要在集中在由我国提出，加拿大、马来西亚、中国台北共同发起的建立 APEC 绿色供应链合作网络的提案。通过会前与美方等的多次沟通协调，该倡议顺利通过第三次高官会审议。

### （三）加强全球价值链和供应链连接合作

全球价值链成为 2014 年 APEC 的重要议题，与其在国际贸易中的重要性有关。为推进该领域的务实合作，共同营建有利于全球价值链发展的核算体系与政策环境，2014 年贸易部长会议及第三次高官会批准了《APEC 促进全球价值链发展和合作战略蓝图》和《全球价值链中的 APEC 贸易增加值核算战略框架》两项倡议。一是倡导 APEC 经济体合作，促进提升亚太地区的全球价值链，进而带动全球范围的价值链发展；二是通过收集各经济体投入产出方面的数据和资料，建立基础数据库来测算贸易增加值以及各经济体的份额比重。

供应链连接合作方面，通过了《亚太示范电子口岸网络倡议》《建立 APEC 供应链联盟倡议》《提升供应链绩效的能力建设计划》和《APEC 海关监管互认、执法互助、信息互换战略框架》，同意推动建设 APEC 绿色供应链合作网络，致力于提升亚太地区贸易便利化水平。同时，会议提出要继续致力于打通阻碍区域供应链连接的阻塞点，如期实现 2015 年前将 APEC 区域内供应链绩效提高 10% 的目标。

### （四）推动建立亚太自由贸易区

2014 年，在推动区域经济一体化重点议题下，APEC 主张在其框架下促进跨太平洋伙伴关系协定（TPP）、区域全面经济伙伴关系协定（RCEP）等自贸区的互动，建立自贸区信息交流机制，加强自贸区谈判能力建设，帮助各经济体特别是发展中成员提升商谈全面、高质量自贸区的能力。同时，积极探讨制订实现亚太自贸区的路径和方式，及早开展亚太自贸区可行性研究，启动亚太自贸区建设进程。第三次高官会会议最终同意：将从 2014 年起为加强区域经济一体化和推进亚太自贸区采取切实行动，为推动最终实现亚太自贸区奠定坚实基础；在 APEC 贸易投资委员会建立加强区域经济一体化和推进亚太自贸区"主席之友"工作组，启动亚太自贸区进程，全面系统地推进合作；制订《APEC 推动实现亚太自贸区路线图》。

## 二、当前 APEC 环保合作总体形势

APEC 是以贸易、投资和经济技术合作为主的论坛，但在今年的 APEC 领导人会议上达成了具有历史印迹的成果——推动环保合作和绿色发展。各经济体本着促进区域经济可持续发展和绿色增长目标，逐步加大了对环境保护的重视程度。因此，现阶段 APEC 环境合作逐渐与经济贸易合作相融合，并着重强调与经济利益相协调。从未来走向看，APEC 环境合作仍只能在绿色发展合作框架下继续向纵深发展，其与"三大支柱"的关系会愈加紧密，合作更加务实，亟须建立常态化的合作机制。另一方面，APEC 经济合作将对环境保护合作领域产生一定程度的影响，如亚太自由贸易区的建立催促环境合作章节的制定等。

### （一）APEC 环境保护与绿色发展合作仍处于起步阶段

2014 年，环境保护与绿色发展合作相关倡议与 APEC 三个重点议题皆有关联，反映了 APEC 环境合作与经济贸易合作一体化发展的态势，且 APEC 各经济体在贸易部长会议上承诺加强环境保护和绿色发展合作。但从实际情况来看，当前的 APEC 环境合作仍以强调环境产品清单承诺的落实为主，针对未来合作没有共同的合作规划、合作目标和优先领域，这与缺乏专门的、定期的合作机制有很大关系。

### （二）APEC 环境合作的从属地位还会长期存在

从 2014 年 APEC 高官会和贸易部长会议的合作形势看，各经济体虽认识到促进区域绿色转型和增长的重要意义，但同时也在极力规避环境保护和绿色发展合作给其经济利益带来影响，这从美国对我国建立 APEC 绿色供应链合作网络倡议的反馈意见中可窥一二，反映了 APEC 以赢取经济利益为主、关注环境利益为辅的当前立场。因此，如果没有 APEC 领导人关于环境合作的大力支持和具体表态，单凭 APEC 各经济体的意愿开展合作，合作前景和合作成效难以预期，其地位提升短期内难以实现。

### （三）我国在 APEC 环境合作中的地位有望凸显

近年来，APEC 会议机制下的多数议题是中、美两国唱主角。2014 年，借由我国轮任 APEC 东道主契机，我国在环境合作中除了延续环境产品清单议题外，召开了 APEC 绿色发展高层圆桌会，并重点打出以绿色供应链合作网络建设推动区域绿色发展的倡议主张，这表明了我国促进区域经济绿色转型和增长的积极态度，

并得到部分发达经济体和发展中经济体的支持。另一方面，绿色供应链合作能够与
APEC 推动区域经济一体化、促进贸易投资自由化便利化、推动互联互通等重要经
济目标有效结合并切实发挥作用，在 APEC 框架下具有很好的合作前景。因此，可
将落实倡议作为切入点，助力我国今后在 APEC 绿色发展合作领域争取话语权和规
则制定权。但同时，APEC 仍是美国的重要舞台，绿色供应链合作网络等 APEC 环
境合作也必然受美国的影响。

### （四）APEC 环境合作逐渐从"软约束"转为"硬约束"

随着贸易投资合作与环境保护之间关系的日益密切，APEC 对建立亚太自由贸
易区的持续高度关注将必然对其机制下的环境合作产生影响。APEC 希望通过制定
《APEC 推动实现亚太自贸区路线图》，从 2014 年起全面推进亚太自贸区进程，一
旦 APEC 着手制定并尝试实施自由贸易区与环境保护相关的示范措施条款，那么就意
味着 APEC 环境合作将从"软约束"转为"硬约束"，并可能面临美国主导的跨太平
洋伙伴关系协议（TPP）高标准的环境要求。2012 年，俄罗斯就提出了有关 APEC 自
贸区环境章节示范条款的提案，其中公众意识、信息交换、争端解决程序等内容将可
能使我国未来面临困难，进而给领导人机制增加困难。尤其是争端解决机制的建立将
意味着 APEC 机制下的合作更加具有约束力。虽然最终俄罗斯该项提案无疾而终，但
这不失为一个信号，预示着亚太自由贸易区环境章节的研究迫在眉睫。

## 三、我国参与 APEC 环境保护和绿色发展合作的对策建议

2014 年是我国参与 APEC 环境合作至关重要的一年，是改变我国被动地位、争
取主导权和话语权的关键时机。根据当前 APEC 环保合作总体形势，近期我国参与
APEC 环境合作要以推动 APEC 绿色供应链合作网络倡议的内容纳入领导人会议成
果和我国领导人讲话，制订各项倡议内容的落实方案，并逐项按照计划推动落实。

### （一）要重点推动落实 APEC 绿色供应链合作网络倡议

APEC 绿色供应链合作网络建设不仅是 2014 年我国取得的重点成果，更会成为
我国参与并主导 APEC 环境保护和绿色发展合作的起点和重要举措。因此，当务之
急务必开展好以下工作：

一是利用倡议推动建立绿色供应链合作网络机制，推动环境保护部建立落实 APEC 绿色供应链合作网络的支撑机构，争取设立专项资金，切实落实 APEC 领导人机制下的环境合作。

二是启动建立天津绿色供应链示范试点中心，以研究积累地方经验，打造我国与各经济体交流绿色供应链管理理念、技术和实践的窗口和平台，为更好地推动区域内绿色供应链网络管理提供良好实践。

三是 2014 年 11 月的领导人会议之后，研究制定 APEC 绿色供应链合作网络建设战略计划和后续实施方案，谋划未来领导人会议成果，并启动 APEC 绿色供应链合作网络的网站建设工作。

四是要以外促内，在落实 APEC 领导人会议成果的同时，推动绿色供应链在国内环境监管工作中的应用，推动国内绿色消费、绿色投资和绿色贸易的发展，切实服务解决我国面临的资源和环境约束问题，促进经济发展的转型和升级。

**（二）延续 APEC 绿色发展高层圆桌会成果，推动开辟我国参与 APEC 环境合作新局面**

5 月，APEC 绿色发展高层圆桌会上各经济体交流了在绿色增长方面开展的工作，其中包括促进绿色金融投资与贸易、可持续生产与消费、能力建设与联合研究、绿色技术、可持续政府采购、环境标志产品的认证与互认、企业社会责任等。各经济体表示会议发表的《APEC 绿色发展高层圆桌会宣言》为今后 APEC 开展绿色发展合作提供了框架和方向。

下一步，除推动《APEC 绿色发展高层圆桌会宣言》纳入 2014 年领导人会议成果外，更重要的是引导各经济体就共同关注的绿色和可持续发展领域内容开展交流合作，逐步构建 APEC 绿色和可持续发展合作框架体系，推动绿色贸易投资转型，促进环保产业发展，强化环境和绿色发展合作在 APEC 机制下的地位和受重视程度，同时，提升我国在 APEC 环境合作中的形象，掌握话语权，借此有效贯彻落实我国际环境合作"走出去"战略。

**（三）发挥 APEC 环保合作非官方机制作用，适时推动 APEC 环境保护与可持续发展部长会机制常态化**

APEC 虽有环境保护与可持续发展部长会机制，但尚未定期常态化，为更好地支持和维护 APEC 环保合作：

一方面，积极促进发挥环保部直属事业单位和 APEC 绿色供应链示范试点中心等在环保政策、产业技术、能力建设方面的作用和优势，并积极考虑建立 APEC 绿色供应链联盟，与企业界、非政府组织和学术机构等非官方机制进行合作，定期或不定期举办合作与交流活动，促进环保产业合作，加强专家层面经常性的政策对话、经验交流和相关人员的培训。

另一方面，积极推动环境保护和绿色发展议题逐步成为 APEC 的主要议题，进而努力常态化 APEC 环境保护与可持续发展部长会机制。具体包括：一是研究 APEC 环保合作机制、优先领域、行动计划等；二是在中国 APEC 基金下开展绿色和可持续发展合作能力建设，发挥好环境合作在 APEC 机制下的调节、润滑和催化作用；三是不断加强 APEC 绿色发展政策措施、技术方法和经验的交流，包括举办环保产业发展、绿色贸易、绿色投资、可持续生产消费等方面的研讨会，举办 APEC 环境技术和产品展览等。

### （四）尽快研究亚太自贸区环境条款及对我国的影响，提早应对

我国针对亚太自贸区建设新形势，要准备好自贸区环境章节的谈判支持并为未来可能实施的环境义务提前做好准备。建议深入开展对 TPP、RCEP 等协定环境议题的研究，分析对我国的潜在利弊影响，制定我国应对策略并明确需加紧改善的具体任务和内容。这样一旦存在无法接受条款，可以提前准备，尽量剔除对我国不利内容。另一方面，也可根据我国环境利益提出相关环境议题加入自贸区谈判。

总之，当前我国参与 APEC 环境保护和绿色发展合作已开始由被动转向主动，可以说有了良好的开局，但要真正地取得 APEC 环境合作话语权和制定权尚需时日。为此，要在今后 APEC 环保合作中处于主动，需要充分利用绿色供应链合作机制，并顺应 APEC 合作形势，从机制维护、动态跟踪、分析研究、交流研讨、合作示范等多个方面积极开展工作，不断根据 APEC 关注焦点的变化进行适当的调整和应对，以此最大程度地实现我国的贸易与环境利益，提升我国在 APEC 的整体外交，并使环保国际合作在转方式、调结构、惠民生方面发挥重要作用。

# 我国参与东亚峰会框架下环境合作的几点思考

彭宾　田舫

东亚峰会（East Asian Summit，EAS）是东亚地区最大的区域合作机制，目前有 18 个参与国，其中既有美国、日本等发达国家，也有中国、印度等发展中国家，还有柬埔寨、老挝、缅甸等最不发达国家，这些国家间尚未形成稳定的合作关系。东亚峰会合作的参与国家众多、发展水平不一、利益格局错综复杂，导致形成了该合作机制比较松散，合作的动力不足，实质性合作内容较少的局面。

近几年来，中国的快速崛起触发了区域内力量对比的重大改变，导致区域内外一些国家的疑虑、担忧，甚至试图制衡我国进一步发展。东亚地区政治安全秩序在各种力量及地区政策相互碰撞作用下进入了重塑时期。美国重返亚洲战略的全面实施在很大程度上加剧了地区秩序转型的不确定性和紧张程度，其突出表现在无论是东盟内部，还是中国与东盟国家之间、中日之间以及日韩之间，国家间围绕领土主权的争端均有所激化，给区域合作投下了阴影。在这种背景下，推动环境合作显得尤为必要。它可以缓解政治矛盾、增加认同和互信、激发合作意愿，从而为我国和平崛起塑造良好的周边政治外交环境。

环境是东亚峰会框架下的优先领域之一。在东亚峰会框架下，有东亚环境部长会议、东亚环境高管会议等机制性安排。我国是东亚环境部长会议的参与国（Participating Country），自 2008 年首届东亚环境部长会议召开以来，我国一直参与东亚环境部长会议及相关合作活动。随着区域合作在国际合作中的重要性日益增强，大国利用各种区域合作平台开展博弈日益激烈，我国需要根据形势及时调整合作策略，以东盟国家为重点，积极争取东盟成员国特别是柬埔寨、缅甸、老挝等最不发达国家的支持，增强在东亚峰会环境合作中的话语权，利用东亚峰会环境合作平台，推动我国"一带一路"战略实施，为我国和平崛起营造良好的周边环境，促进区域共同发展和繁荣。

# 一、东亚峰会合作的主要特点

东亚峰会是东亚地区除了"10+3"之外的一个重要合作机制，目前有 18 个参与国，即东盟 10 国（印尼、菲律宾、马来西亚、新加坡、缅甸、老挝、越南、文莱、柬埔寨、泰国）和中国、日本、韩国、印度、澳大利亚、新西兰、美国和俄罗斯。

东亚峰会的运行机制主要是年度领导人会议，由东盟轮值主席国主办，每年一届，定期举行。2005 年 12 月，首届东亚峰会在马来西亚首都吉隆坡举行，迄今已经举办了八届。峰会确定能源、金融、教育、公共卫生、灾害管理、东盟互联互通为重点合作领域，并初步形成经贸、能源、环境、教育部长的定期会晤机制。

东亚峰会成员国之间发展水平各异，既有美国、日本这样的发达国家，也有柬埔寨、缅甸、老挝等欠发达国家；成员国内部或多或少的存在历史问题和主权争端；再加上成员国的跨区域特点，使得东亚峰会的合作形势十分复杂，集中表现为：

## （一）政治互信度低

由于历史认同及领土争端等问题造成的东亚峰会参与国之间政治及战略互信不足始终困扰着东亚地区合作。近几年来，中国的快速崛起触发了区域内力量对比的重大改变，导致区域内外一些国家的疑虑、担忧，甚至试图制衡我国进一步发展。东亚地区政治安全秩序在各种力量及地区政策相互碰撞作用下进入了重塑时期。美国重返亚洲战略的全面实施又在很大程度上加剧了地区秩序转型的不确定性和紧张程度。因而，无论是在东盟内部，还是中国与东盟国家之间、中日之间以及日韩之间，缺少足够的政治互信以及由此带来的战略猜疑成为东亚合作进程中的重大障碍。

## （二）利益格局不稳定

在东亚峰会成员国中，美国、日本、澳大利亚、新西兰、韩国都是发达国家（世界经合组织成员），新加坡是发达经济体，这些国家已经或即将完成工业化进程。相应地，东盟地区大多是尚处于经济起飞阶段的国家，虽然这些年东亚经济发展取得长足进步，但地区经济发展还很不平衡，许多国家处于经济转轨、社会转型期，要解决的社会问题和矛盾非常突出。发展阶段的差异导致各国的利益关切点不一样。

### （三）域外势力渗透

东亚峰会具有跨地区的特点。东亚峰会的参与国包括了南亚（印度）、太平洋（澳大利亚、新西兰），以及美国、俄罗斯等地理意义上的非东亚国家，域外势力的渗透十分严重。2011 年美国加入后，美国希望东亚峰会能成为一个"解决地区政治和安全问题的主要论坛"包括海事安全、核不扩散和救灾。在第六届东亚峰会上，奥巴马总统表示，美国支持东亚峰会的现有重点议程，但是希望东亚峰会致力于解决地区的战略和安全问题。美国等域外势力参加东亚峰会将使本地区的合作变得更加复杂。

### （四）合作约束力不足

东亚峰会尚未建立正式的各领域合作的各层级支撑机制。主要通过外长工作午餐会或非正式磋商以及高官特别磋商，就峰会后续行动及其未来发展方向交换意见。东亚峰会在集中程度上比较低；在灵活性上，东亚峰会采取的是共同审议、交换看法、形成共识的做法，其主席声明作为非正式文件不具有约束性，成员没有因此发生明显的政策趋同效应。从这两个角度而言，东亚峰会目前仅是一个松散的、由领导人引领的战略论坛，并不具备真正的约束力。

### （五）务虚色彩浓厚

以环境合作为例，与"10+1""10+3"等机制相比，东亚峰会环境合作的议题显得更为宽泛，就目前开展的合作项目而言，主要集中在气候变化和环境可持续城市两个领域，项目也多以研讨会和政策对话的形式为主。作为一个战略论坛，与"10+1"的务实合作相比，东亚峰会更偏重务虚。

## 二、我国参与东亚峰会框架下环境合作简况及主要问题

2007 年第三届东亚峰会上，各国领导人签署了《气候变化、能源和环境新加坡宣言》，并支持召开东亚环境部长会议推动实现东亚各国领导人关于环境保护的愿景。2008 年，首届东亚环境部长会议于 10 月 9 日在越南河内召开，东盟十国、中国、日本、韩国、印度、澳大利亚和新西兰等十六国环境部长级官员或代表与会。会议发表了《首届东亚环境部长会议部长声明》，呼吁建设"环境可持续发展型城市"。此后，各参与国分别于 2010 年、2012 年、2014 年在文莱、泰国、老挝召开了第二、

第三、第四届东亚环境部长会议。我国参与了上述所有会议，并在会上介绍了中国的环境政策和成就、中国与东盟成员国环境合作情况以及中国参与东亚峰会框架下环境合作的情况。

在日本、澳大利亚等国的资助下，东亚峰会各参与国在环境可持续城市、低碳增长、气候变化适应、可持续发展等领域开展了对话、交流与合作。现阶段，虽然东亚峰会环境合作的议题不多，形式上以对话、研讨会为主，论坛性质明显，务虚色彩浓重，合作前景不明朗，但合作对于增进相互理解、分享知识和经验、提高环境管理水平具有积极的作用。

随着经济的崛起以及综合国力的提升，中国已经成为在东亚地区拥有举足轻重发言权的国家，而且东亚的许多问题没有中国的参与也是无法解决的。因此在推进东亚合作的过程中，中国将如何发挥作用，自然会被区域内其他国家所期待。我国积极参与东亚峰会的合作，一方面可化解美日等国的抑制战略，在东亚峰会合作中拥有作为一个大国应有的话语权，争取各方对我国立场的支持；另一方面，通过向其他发展中国家特别是老、柬、缅提供资金、技术援助，开展合作项目，可以争取其他发展中国家的支持，有助于形成相对稳定的政治外交格局。

近几年，我国的快速崛起的确在很大程度上冲击和改变了现有的地区和国际格局，区域内外国家对我国担心、疑虑甚至制衡之心加剧。在这种情况下，我国在实施周边外交战略中应当树立承担地区责任并积极作为的理念，听取各方共同关心尤其是东盟优先关切议题，构建本区域治理制度。区域环境合作正是一个很好的切入点。我国应主动推进区域环境合作，通过环境合作加强与东亚区地区各国共同面对区域环境问题，并加大对环境合作机制建设力度和资金投入。

从区域合作的角度看，积极开展环境合作不仅可以为本地区和平、稳定和发展提供必不可少的物质基础，而且还可以激发各方特别是东盟的地区合作热情和政治意愿，为东亚地区进程注入新的活力和动力；从我国战略利益角度看，惠及东亚各国民众的地区环境合作将增强地区国家彼此之间的互信和友好，部分地化解"中国威胁论"和"中国不确定论"的负面影响，维护我国负责任大国形象，为我国和平崛起塑造良好的周边战略环境。同时，积极参与地区环境合作进程还可以增强我国区域合作议程设置能力和话语权，为中国发挥地区大国作用提供有效平台、积累宝贵经验。

当前，我国在有效利用东亚峰会框架下的环境合作平台，服务于我国整体发展战略方面，需要处里好两大问题。一是战略定位问题；二是资源投入和整合问题。

（一）战略定位问题

无论是相对成熟的"10+1""10+3""中日韩"环境合作，还是起步较晚的东亚峰会环境合作，我国都在扮演着越来越重要的角色。长期以来，我国在参与东亚峰会框架下的环境合作，采取"跟而不促"策略。该策略是当时从我国的实力和周边关系出发而定。随着国际合作形势的变化，我国国际地位的提升，以及我国对周边外交给予前所未有的重视，"跟而不促"策略的局限性逐渐显现。首先，该策略与我国负责任的大国形象不符。我国已成为世界第二大经济体，无论是地区的还是国际的影响力都今非昔比，在我国积极对外宣示负责任的大国形象的同时，应该同时加大环境保护国际合作的力度，为我国的和平崛起营造更好的氛围。第二，"跟而不促"的策略不符合国际社会对我国的期待。环境问题已经成为全球问题，环境问题的解决越来越多的需要国际合作，随着我国经济实力的增强，国际社会对我国在环境国际合作上的期待也逐渐提高，如果继续采取该策略，将与国际社会对我国的期待背道而驰。第三，随着新时期我国将环境保护（生态文明）提升到国家战略更高的位置，对环保国际合作也提出了更高的要求。总之，"跟而不促"已经不适合目前的形势。

有鉴于此，我国应根据当前的区域合作形势，调整我国参与策略，从长远着手，制定我国参与东亚环境合作的战略，使环境外交在新时期更好的服务于我国政治外交大局。总体考虑上，新的策略应当是以更积极的姿态参与环境国际合作，影响、主导、制定相关合作规则，争取更多的合作话语权，积极宣传我国生态文明建设理念，借鉴国外环境治理经验，积极支持发展中国家提高环境保护能力，开展多层次的科研合作，共同努力解决区域环境问题。

（二）资源投入和整合问题

目前，与东盟相关的区域机制包括"10+1""10+3"和东亚峰会，相比"10+1"，各方对"10+3"和东亚峰会的合作投入均很少，这反映了各大国均十分重视与东盟的合作，资源均集中在与东盟国家开展合作上面，而对话伙伴国家之间的合作较少，且尚未形成合力，这与政治互信度较低，合作协调性较差，区域一体化程度不高有关。

除与东盟的合作我国是资助方外，在东亚峰会环境合作中，我国没有任何的投入，只是参与方。当前，我国正在探讨南 - 北 - 南合作的模式，即利用国际组织和发达国家的资金和技术资源，结合我国的资源，共同推进南南合作。这一模式得到各方的好评，取得了良好的效果。未来，在东亚峰会合作中，我国应探讨与本地区发达国家如日、韩合作，共同携手推进与东盟的环境合作。南 - 北 - 南合作的另一好处是我国可在合作中借鉴发达国家与发展中国家合作的经验，提升我国参与国际合作的水平。此外，企业等其他实体的参与程度也有待提高，企业资源和社会各界还没有被充分调动起来。

# 三、关于参与东亚峰会框架下环境国际合作的建议

东亚峰会是本区域一个规模较大、涉及领域较多的合作机制，虽然务虚为主的合作现状对其影响有一定影响，但其地区影响力也不容低估。如果掌握适当的参与力度，投入适当的合作资源，对维护我国的发展和环境利益具有现实意义，反之，如果我国在东亚峰会合作中的声音微弱，参与不够，则会损害我国与周边国家的关系，不利于我国的国家利益。当前，我国政府十分重视参与和推进区域合作。今年中央召开的周边外交工作会议，揭开了我国参与区域合作的新篇章。根据我国的发展战略和需求，考虑到东亚环境合作的发展潜力，建议在今后一段时期，将推进实施"海上绿色丝绸之路"建设和推动区域"绿色发展"作为我国参与东亚峰会框架下环境合作的两大抓手。鉴于此，提出以下建议供考虑：

## （一）利用东亚峰会合作平台推进实施我国"一带一路"战略

习近平总书记在 2013 年 9 月和 10 月分别提出建设"丝绸之路经济带"和"21世纪海上丝绸之路"的战略构想，强调相关各国要打造互利共赢的"利益共同体"和共同发展繁荣的"命运共同体"。"一带一路"战略是我国在推动区域经济一体化过程中的重要举措，对推进我国新一轮对外开放和沿线国家共同发展意义重大，同时也为区域环境合作带来了机遇和挑战。在"一带一路"的国家战略背景下，大力推进区域环境合作既能为经济活动保驾护航，降低环境成本和环境风险；又能彰显我国负责任的大国形象，为促进区域经济发展营造良好的政治氛围；同时还有助于环保产业的出口。东盟国家是我国的近邻，打造海上丝绸之路离不开东盟国家的参与。

我国应以东盟国家为重点，在实施"一带一路"战略过程中，加大对现有环境合作机制的投入，充分发挥地区大国作用，主动倡导、规划和引导地区环境合作制度化务实合作。面对东亚环境合作多渠道、多层次、多机制并存的合作架构，我国在地区环境合作中应保持开放心态，积极运作统筹各机制建设及其关系，使之朝着有利于东亚整体环境安全有利及实现我国战略利益的方向发展。

### （二）以环保产业和技术为重点积极推动区域绿色发展合作

当今世界，可持续发展已经成为共识，绿色经济增长不仅是可持续发展的必要条件，也是破解资源环境约束，加快经济发展模式转变和提高国际竞争力的必然要求。东亚区域的绿色发展是东亚各国和人民的共同愿景。要实现区域绿色发展，不仅要求各国对经济发展转型和绿色创新加以重视，也需借力于国际合作。

在东亚峰会环境合作中，最重要也是最具合作潜力的，就是环保产业的发展和环保市场的建立。大力发展环保产业，作为企业参与的微观领域的合作，在市场经济条件下，具有相当的活力，也是最无争议的合作方式。通过政府间促进环保产业合作，一方面能够提升我国与东亚峰会各成员国环境合作的效率和质量，另一方面也能够实现我国环境保护与经济发展目标的统一，同时能够极大地调动我国市场力量和民间力量参与东亚环境保护合作的积极性。

在推动环保产业和技术合作中，需要注意借助中国 - 东盟自贸区（该自贸区已经建成，双方正在努力打造钻石十年）、中 - 韩自贸区（有关谈判已取得实质性进展）等带来的机遇，利用区域合作的渠道，推动我国环保企业"走出去"，与其他国家共享区域经济一体化带来的成果。

理论探讨与国际经验

# 美国《清洁水法》对我国
# 水污染防治的启示

石　峰

《清洁水法》颁布是美国环境保护史上一个具有里程碑意义的事件。依据《清洁水法》，美国环保局（EPA）及各州政府制定了众多的水质标准、规划和工作方案等，又经多次修订，逐渐形成了美国水污染防治工作的基本框架。此后，美国的水污染问题逐渐得到缓解和解决。

本文结合《清洁水法》的颁布实施和美国水污染防治体系的形成发展，总结出美国水环境管理主要特点及其对我国的借鉴意义，提出整合我国水资源与水环境管理职能，完善配套方案，建立排污许可制度，构建水污染源和地表水环境信息化平台，全面控制多种水污染物，充分利用经济手段，建立完善企业和个人信用体系，推进环保法治建设等政策建议。

## 一、美国《清洁水法》颁布实施背景、主要内容和特点

20世纪70年代之前，美国没有统一指导全国水污染防治工作的法律制度和行动计划，各州也缺乏行之有效的制度和手段，工业企业随意排放得不到控制，城市生活污水也缺乏最基本的收集处理设施，水环境和水生态系统不断遭到破坏，环境公害事件时有发生。

### （一）颁布及修订情况

美国的水环境污染在70年代之前没有得到有效控制，一个重要原因是缺乏能够指导全国水污染防治工作的统一的法律制度和行动计划，各州也缺乏行之有效的制度和手段，工业企业随意排放得不到控制，城市生活污水也缺乏最基本的收集处

理设施。当时美国的水环境主要面临着工业、市政污水排放、有毒污染物、湿地退化、径流污染等问题，不断凸显的水污染问题需政府采取措施有效应对。

伴随着 20 世纪六七十年代美国环保运动的蓬勃兴起，环保观念逐渐为人们所接受，环境保护受到社会各界越来越多的重视，同时也受益于美国开放的民主制度，政府及公众迅速认识到了环境问题的严重性和深远影响，并很快形成了保护环境的共识，环境管理制度领域随之发生了重大变革。之前制订于 1948 年的法案已经远远不能满足当时形势需要。

1972 年，美国国会对《联邦水污染控制法》从结构到内容都进行了一次全新的修订，基本奠定了现行法案的基本框架，其中大部分内容也一直沿用到现在。此后法案一般被称为《清洁水法》，它的这一修订颁布是美国环境保护史上的一个里程碑式的事件，也标志着美国的水环境保护进入了一个全新的时代。

《清洁水法》位于现行《美国法典》第 33 篇的第 26 章，名为《水污染预防与控制》，共 316 页。此法案自颁布起就成为管理美国水环境保护和水污染防治的基础文件，并且每隔几年就会不定期修订一次，根据不断变化的新形势和出现的新问题做出或多或少的调整和完善。

1977 年，修正案中重点提出针对有毒有害污染物实施有效控制，并且提出对农业面源污染采取防治措施；1981 年，修正案优化了市政基础建设拨款程序条款并且规范了资金管理规定，从而提升了污水处理厂建设能力；1987 年，修正案对排放标准制定相关条款进行了大量修订，并且建立了水污染控制循环基金来代替原来的由联邦政府直接拨款资助环保建设项目，并且成为之后美国水污染防治资金投入的最主要来源，随之建立的资金管理体系决定了以后 EPA 和各州合作开展水污染防治项目的主要投资方式。

《清洁水法》的很多内容原定实施到 1990 年，后经国会决定进行了延续。自 1987 年以后，国会又对法案进行了若干次修订，但是大多是针对重点项目、拨款的时限份额以及个别条款的小的调整，再未触及基本法律要求和法案总体构架。

法案的最新一次修订在 2014 年 6 月发布，这次修订的一个主要内容是将原来水污染控制循环基金的资助范围从原来的公共污水处理厂建设、面源污染控制、海湾保护 3 项扩展到包括分散式污水处理设施的建设维护、暴雨径流管理和处置、节水和提高用水效率、污水回用、流域污染防治项目、污水厂风险防范和中小型污水处理厂的达标排放等 11 类项目中，并且将开展流域水污染控制示范项目的范围由暴雨径流控制措施为主扩展到包括流域合作管理机制、综合水资源规划等方面。

### （二）主要内容

从涵盖内容来看，《清洁水法》并不等同于中国的《水污染防治法》，它是一部包含了很多附属规章、管理细则、工作目标和工作方案的一个略显冗长的综合性法案。法案中还规划了众多的科学研究和污染治理项目，比如说全美的清洁湖泊计划等，并制订了详细的项目实施安排和财政拨款计划。《清洁水法》自颁布起便成为整个美国水环境管理和水污染防治工作的指导纲领，在这一纲领下，美国出台了诸多的法规规章制度等，逐渐形成了一整套完善的水环境管理制度体系。直到今天，这一体系仍然作为美国的水环境保护和水污染防治工作的基础框架。

《清洁水法》主要包括污染源（点源）许可系统，水环境质量标准，排放限值，公共污水处理厂，湿地保护，有毒有害物质管理，暴雨径流和面源污染，资金支持和执行实施这几个部分内容，也可以说上述几个部分就构成了美国水污染防治工作的主要内容。1972 年度修订之后的《清洁水法》管辖范围包括美国所有江河、溪流、湖泊、水库、湿地、海湾和近岸海域，它将国家目标设定为保障和恢复美国所有水体的健康，消除一切污水直排，并设定短期目标为保证所有水体能满足"钓鱼和游泳"的基本需要。

《清洁水法》建立了监管污染源排放的基础制度，要求任何个人或单位的排污行为必须取得排放许可，赋予 EPA 在全美实施水污染控制措施的权力，例如设定工业废水排放限值等，并要求对排入地表水体的所有污染物设定水质标准，法案重点支持鼓励污水处理设施建设，为市政污水处理厂及配套设施提供建设资金，并且开始关注和应对面源污染引起的环境问题。

法案共分 6 章，分别为研究和相关项目、污水处理厂建设、标准及其执行、排污许可，以及水污染控制循环基金。

第一章确定了法案的基本政策和总体目标，就水环境保护的相关基础调查、技术研发和教育培训等方面做出了明确的规定，并且设置了众多科研项目和水污染防治项目，规定了充足的年度财政拨款计划来支持这些科研项目。关于阿拉斯加、长岛、五大湖、切斯皮克湾等地的众多重点研究项目都被直接包含在法案中，对每个项目的资金支持都做出了详细的规定。这些规定有力地促进了水环境领域的科技创新和治污项目实施，其中有些项目的实施一直延续到现在。

第二章专门针对市政污水处理厂建设资金，规划了未来几年内类污水处理厂建设资金的拨款额度，并对资金的使用范围和使用方法、分配方案、申请流程、申请条件和限制、优先项目进行了明确规定。还对污水收集系统、示范项目、超负荷控制、工业污水排入市政污水处理厂的要求等方面进行了详细的说明。

第三章是法案中篇幅最长的一章，主要是关于市政及工业污染源排放标准的制定和执行。本章详细说明了美国现行的基于可应用的最佳技术和基于受纳水体水质目标两种排放标准的制订原则和实施过程，并规定了超标准排污行为的违法处罚条款。法案提出对于不同工业门类、石油类和有毒物质、污水预处理排放标准的制定和管理要求，开展大湖、海湾、水产养殖保护和面源污染控制项目。更重要的是，本章还制定了受损水体的纳污总量控制制度（TMDL），后来它成为了一项非常有效的水环境恢复手段。

第四章建立了排污许可证制度。法案首先说明了排污许可证的适用情况，申请方法步骤、时限等，而后建立了国家污染排放削减系统（NPDES）来专门进行排污许可证的管理，详细规定了许可类型、数据信息、执行保障条款等。法案允许各州建立自己的排污许可证系统，此外还对相关的疏浚和填埋工程、海洋排污、污泥处置等方面做出了特别规定。

第五章是一般条款，主要涉及法案实施管理细则、公民权益和劳动关系保护、水污染防治咨询委员会和水质标准咨询委员会制度、协调卫生部门、原住民等问题和其他必要的法律条款。

第六章专门规定了州水污染控制循环基金，详细说明了联邦资金下拨方式、额度分配、使用范围、资助协议等，并且为确保资金的使用效率对各州的基金管理、审计、报告制度、财务控制等提出了严格具体的要求，规定细致到连资助项目只能使用美国产钢铁制品这类要求都写入了法案之中。

### （三）实施效果和主要特点

《清洁水法》实施40年取得了显著效果。法案颁布之前，美国90%以上水域已经受到一定程度的污染，大部分城镇污水和工业废水不经处理，直接排放到自然水体之中，2/3的河流和湖泊因水质受到污染而不适宜游泳，鱼类不适宜食用。而2000年以后，根据EPA的估计，全国60%以上的河流、湖泊和港湾都适合钓鱼与游泳，点源污染排放减少了大约 90%。

目前，超过 1.7 亿人享有污水处理设施，除暴雨期间造成的溢流外，已没有城市向河流湖泊直接排放未经处理的工业、农业和生活污水。很多地方的水质明显改善，鱼类、贝类、昆虫等水生动物又出现在水中，曾一度被关闭的河流、湖泊和海滩重新向公众开放，可以供游泳和其他休闲活动使用。美国拥有世界上最安全的饮用水供应，并且饮用水的质量非常高，纽约市的饮用水甚至是由水源地导入后不经过滤直接进入城市供水系统供人饮用的。

总之，和《清洁水法》颁布之前相比，今天美国拥有了全面、详细、多样、高效的水环境管理制度体系，政策法规得到良好贯彻，水环境恶化势头得到了有效遏制，饮用水安全得到有效保障，主要河流湖泊水质基本能达到水环境功能的需要，基本消除了严重污染水体，水生态系统得到显著的恢复和改善。

今天美国水污染防治的成就很大程度上受益于《清洁水法》的有效实施。具体而言，如果说美国过去四五十年间水环境质量得到了全面恢复与改善，应主要归结于完善的法律制度和依法管理，大量治理资金的投入，水污染防治特别是污水处理技术的进步，以及有效的公众参与和社会监督这四个方面的作用。简单直接的几项行政、经济、技术、社会手段即达到了今天水环境治理的良好局面。

### 1. 注重行政、经济、技术手段相结合

美国采取命令控制、经济激励、科技支撑等一系列措施，综合防治水环境污染。命令控制是环境管理中最常用的手段，主要表现为由联邦机构制订水污染控制的基本政策，由各州实施的强制性管理制度。这种管理制度以污染源排放标准管理为主，以水环境质量标准为补充，以总量控制、排污许可证、行政处罚、地方责任和报告制度为主要内容，在美国的水污染防治中发挥了首要的作用。

美国是一个市场经济发达的国家，擅于运用市场手段，充分调动各方参与水污染控制工作的积极性，使公共利益和个体利益能达到双赢，美国在其环境管理活动中较好地运用了市场原理，确立了水污染控制的经济刺激机制。经济刺激和约束措施包括环境补贴、减税、低息贷款、环境税费、排污权交易等，美国政府采取的各种经济刺激手段既激发了企业的积极性，又达到了控制水污染的目的。

美国向来重视科技创新在促进环保中发挥的巨大作用。仅在《清洁水法》文中规定的第一个周期（1973—1990 年）的科技研发投入就达到 7.4 亿美元，主要用于

污水处理技术、农业污染防控、水生态系统、热污染、石油类污染和杀虫剂污染的防治。

近年来，随着技术的进步和水环境热点问题的不断变化，美国对有毒有害污染物、环境质量与人类健康、鱼类和贝类及其他生态学领域的众多基础研究都给予了大量资金支持。目前，从污水处理工艺到水质监测技术，从新型污染物到计算机自动化控制以及环境信息和数据技术等方面，科技研发都为污染防治提供了有力的基础支撑。

### 2. 注重依法治理水环境违法行为

有效的法律执行机制是法律成功的关键因素。美国的 EPA 统领全国水污染防治法律的实施和水环境保护工作，监督各州和地方政府对法案的执行。20 世纪 70 年代之后美国在水污染控制方面的执法效果显著提升，究其原因，是《清洁水法》明确规定了行政、民事与刑事方面的制裁措施。行政制裁措施包括行政命令和行政罚款；民事制裁是针对违反许可证和行政命令的，由法院做出强制令和处以民事罚款，后来的修正案规定 EPA 也可以直接实施民事处罚；此外，该法还规定了更加严厉的刑事制裁。

EPA 对违法者首先发出行政命令，必要时寻求民事或刑事处罚。罚款采取按日计罚，根据情节轻重，是否初犯以及是否主观故意违法，对水环境违法行为可以处以每天 2 500 ~ 25 万美元的罚金，或 15 年以下的监禁，对于组织者罚款可高达 100 万美元。刑事制裁对象不仅包括违法排污者，还包括故意伪造、谎报法律规定上报或保存的文件资料或故意伪造、破坏、篡改监测设施、方法和数据等。严厉的制裁措施确保了《清洁水法》的实施效果。

### 3. 注重公众参与和信息公开

《清洁水法》专门规定了执行条款来在流域和水质保护中突出公民的作用，明确规定鼓励、资助公众参与 EPA 或任何州政府依照本法建立的项目、计划、排放限值、标准、规定的制定、修改和执行，明确了公众参与机制在水污染控制中的地位，为公众参与奠定了法律基础。美国水环境管理中，从水环境标准制定到建设项目资金使用，从法律法规修订到排污许可审批都保持着高度的透明度，通过公告、网络信息发布、听证会等各种方式在各个环节提供了公众参与的途径。

美国还制定了鼓励公众参与和政府信息公开的法律，强调公众参与公共决策的重要性，具有代表性和示范意义的是《信息自由法》以及 EPA 制定的《公众参与政策》等。美国还成立了很多非政府组织和公民环保团体，这些环保团体甚至可以把民众组织起来维护自己的环境权益、推动环保事业的发展。

在美国的水环境管理中，公民和非政府组织一直是扮演重要角色的。他们经常通过公民诉讼、抗议、示威游行等多种方式向污染者和政府施加压力，甚至影响国会或州议会的环保立法活动。公众参与环境保护形成了对行政法律机制的制衡和对市场机制的监督，从另一个侧面提供了解决环境问题的途径，这一机制在水污染保护中的作用是十分明显的。

# 二、美国的水环境管理的启示

《清洁水法》颁布实施时，美国正处于由传统产业转向以信息和生物技术为代表的新型产业的转型时期。美国经过几十年探索建立的水环境管理制度体系，很多管理经验被证明是行之有效的，可为我国转型升级和污染防控提供借鉴。

**（一）围绕清洁水法颁布，规范完善了法律法规体系，实现水环境"从源到汇，从湖泊到海洋，从工厂到农田"的全方位监管，并以相应的规划、计划和项目带动水环境治理**

通过《清洁水法》，美国国会赋予了 EPA 更多的权力与责任，其中包括环境标准，以及相关规制准则的制定等。EPA 以《清洁水法》为依据，制定工业污水排放标准以及针对"所有"污染物的地表水质标准，并且制定了水质指标实验分析方法等技术支持文件，其所建立的水质标准体系成为了美国水环境管理的基础。

在《清洁水法》颁布后，结合其所建立的目标和框架体系，美国国会和政府又颁布了大量相关法令来配合法案的实施。如化学品安全法、环境响应和赔偿法、应急法案、濒危物种保护法、海洋倾倒法、石油污染法、杀虫剂登记法、海岸保护法、清洁饮用水法、资源保护和改善法、污染防治法、有毒物质控制法等。这些法案与《清洁水法》相辅相成，分别在不同的方面成为了《清洁水法》的有效补充和有益拓展。

为直接推进《清洁水法》的实施，美国政府制定了排污许可管理、最大排放总量控制、污水处理厂预处理、污水厂污泥处置等诸多规章制度，并且发布了涉及海洋、海岸、五大湖保护，联邦环境、能源、经济、交通管理，海湾保护和恢复等一系列的政府令。种类繁多的规定涉及地表水，包括河流、湖泊、海洋、地下水、饮用水、点污染源、面源、废水处理、排放、海洋倾倒、水质监测等水污染治理的各个环节，任何对水资源开发、利用、保护和管理的行为都有章可循，可谓面面俱到。

为具体落实法律规定，美国联邦及州政府又进而制订了众多的项目、计划和规则等，每一个项目、计划或者规则里又包含很多的子项目，这一整套完备的水环境管理法规、制度、标准、计划体系最终促进了《清洁水法》的有效实施。

（二）在清洁水法的框架下，采用"集成－分散"相结合管理模式，明确联邦－州的分工合作，加强部门间的统筹协调，建立强有力的流域管理机构，形成清晰有效的行政管理体系

由于美国的联邦政体，各州对于土地和资源具有高度的管辖权，在《清洁水法》之前，除了跨州的大江大湖之外，联邦政府并没有权力管辖各州境内的水体，即使在污染控制方面也基本没有发言权。在法案的支撑下，美国建立起一种"集成－分散"相结合的水环境管理模式。管理体系中包含联邦政府、流域机构、州政府及县市（镇）等多个层级和部门。

《清洁水法》特别规定 EPA 对法案的实施负责。由于法案赋予了 EPA 制定规则（主要是排污许可证制度和总量控制制度）、制定标准、划拨资金和监督项目权力，借助这些措施，使得美国全国的水污染防治才可以做到政令统一，统筹规划，同步进行。

法案建立了一个新的联邦－州政府的分工合作机制，EPA 负责制定全国的水环境标准和工作指南，为各州的污染防治项目提供财政资助，州政府负责确定境内的水体功能，具体监管污染源头，管理和执行辖区内的水污染控制项目，遵守法案各项规定，定期向联邦政府报告。对于涉及其他政府部门，如美国工程兵团、水利、海洋、农业、渔业、电力等，法案对各部门职责进行了划分和解释，以加强部门协调，避免工作职能重叠和交叉。此模式既可以发挥部门与地区的自主性，又不失水环境统筹与综合管理。

此外，流域机构在美国的水环境保护中扮演了重要角色，美国的流域委员会是由联邦政府代表、流域内各州州长及其代理人组成，人数不多，但职能覆盖水资源、水环境保护，水质监测，流域规划，排污项目许可等各个方面。一方面作为联邦政府和州政府之间的沟通桥梁；另一方面便于统一实施流域内点源面源、地表地下、

海洋陆地、污染源和受纳水体、水资源与水环境的协同管理，成为解决流域、区域环境问题强有力的管理工具。

**（三）以水环境质量为导向，采用基于技术和水质目标的不同污染物排放标准，严格限制污染排放的同时又不失灵活性，年均减少 3 亿 t 污染物进入自然水体**

现在美国同时采用两种排放标准：一种是基于可应用的最佳技术，另一种是基于受纳水体水质目标或者说环境容量。

基于技术的排放限值是指 EPA 基于工业类别内可广泛利用的最佳工艺技术制定的排放限值，其目标是促使工业企业淘汰落后技术以达到排放水质要求。这一规定不考虑不同排放位置和受纳水体性质，只从企业门类和性质出发，在一定程度上保证了工业企业的公平竞争。此方法适用于水环境压力不大，不存在特殊水质要求和特别保护需要的大多数地区。

《清洁水法》规定，直接排放至地表水体的工业污染源必须执行行业排放标准；市政污水处理厂必须达到二级处理（生化处理）标准；排入城市污水处理厂的工业污染源要执行预处理标准。工业企业和市政污水处理厂的排放标准在排污许可证上写明，而预处理标准通常由接收污水的市政污水处理厂对上游工业用户提出要求。

第二种排放标准直接按照受纳水体的保护要求而制定。EPA 要求各州确定辖区内有河流、湖库、湿地的使用功能，如饮用水、工业、农业、渔业、休闲等，根据水体功能制定出相应的水环境质量标准，然后确定水体中污染物指标的浓度限值以满足使用功能的需要。如果在污染源均采用了前述基于最优技术的排放标准的情况下仍不足以使得受纳水体水质指标达到功能要求，或者对于水体有特殊保护及更高的水质目标要求，则基于受纳水体水质目标反推计算污染源排放限值。

这种排放标准通常会严于第一种基于技术的标准，会要求排污单位采取额外控制措施以进一步降低排放浓度。标准由发放排污许可证的机构研究确定，其实施和修改都要经过严格的听证等程序。这种情况下位于不同流域的同类污染源甚至同一流域的各个污染源之间的排放数值标准也会大相径庭，政府对每个污染源都提出了特殊的排放要求。

在实际工作中，一般根据水体性质和状况、结合监测数据、污染源实际情况，以及风险防范要求，通过水质模型计算得出各种污染物的允许排放限值，也有很多排放限值是由流域水污染物总量控制计划直接分配而来。这种基于环境质量目标的排放标准事实上作为一种最常用的削减污染排放、保护和改善水质的手段，在后面的总量控制制度中也会再次提到。

按照污染源和受纳水体的具体情况配合采用这两种排放标准，在为控制污染排放做出严格限制的同时又不失灵活性。目前，排放标准和分类预处理标准规范着分布在全美国 56 个行业的 4 万多个污染源，据测算这些排放标准每年可以减少 3 亿吨污染物进入自然水体之中。

**（四）采用"反退化"政策，划定水环境保护红线，遏制对优质水环境的污染，避免水污染由经济活动密集地区向未开发地区扩散**

"反退化"（Antidegradation）是美国针对水质良好的水体实施的一项特别保护政策，它划定了水污染防治的红线，其目的为维持和保护当前好于满足水质目标要求的水体水质不会再恶化。各州都制定了反退化政策来维持和保护当前的良好水质。它的意思是，在现状水质已经超过满足水生生物的繁殖以及休闲活动这一要求的前提下，即使因为极其重要的经济和社会发展需要水质发生降低，并且没有其他可行替代方案的时候，也需完全满足关于政府间协调和公众参与的规定，并且确保水质仍可完全满足当前用途，即当前的水质级别不降低。

简单来说，美国水环境"反退化"政策意味着在进行经济社会开发活动的时候，必须坚守满足当前用途和满足生态休闲水质级别（"钓鱼和游泳"）这两条红线。而且对于特殊的国家优质水资源，比如国家公园、自然保护区，以及具有独特的历史、娱乐或者生态意义的水体，水质必须得到绝对的维持和保护，禁止任何理由的退化。

联邦政府要求各州识别优良水体，制定和采纳适宜的政策及相应的实施方案防止遭受不必要的水质退化。EPA 并对各州所制定"反退化"方案进行严格审批，对各州的执行情况进行监督与核查，还通过提供技术、资金和其他方面的支持帮助来协助各州制定反退化政策和执行具体行动计划，协调各利益相关方共同展开切实可行的水质保护行动。事实上各地制定和执行反退化措施各不相同，比较有代表性的就是以基准年水质状况为底线的方法。例如在特拉华河流域费城以上的部分，流域委员会规定不管当前水质如何，流域内所有的开发行为都必须保证河流水质不劣于 1992 年的水平，新增污染排放行为必须以原有排污量的削减为前提。

"反退化"政策体现了一种与"充分利用水环境容量"根本对立的观点。在协调经济发展与环境保护的过程中，我们往往追求在水体水质满足水功能区要求的条件下最大限度地利用水环境容量；而"反退化"的观点则提出了更严格的要求，即对于当前水质好于水功能区要求和水环境标准的"良好水体"采取最大限度地保护措施，杜绝导致水质降低的开发活动和排放行为，从而在根本上遏制了对优质水环境的污染，避免水污染由经济活动密集地区向未开发地区扩散。

反退化政策阐明了良好水质保护准则和基本要求，明确了水质保护的基本底线，作为美国保护优良水环境方面的一项行之有效的政策，这一思路也可充分借鉴使用在我国的"饮用水水源保护区"和"良好湖泊"水环境管理中。

**（五）实施"最大每日负荷总量"控制措施，建立基于河流或流域的总量控制制度，控制和削减源头排放，逐步恢复受损水体水质**

除了上文中提到的对良好水体实行"反退化"政策之外，针对已经受到污染的水体，为了有计划的恢复和改善水质，美国在《清洁水法》中明确提出了实施"最大每日负荷总量"（TMDL）控制的措施，用于通过控制和削减源头排放的办法来实现水质达标。

EPA 要求各州根据水质监测结果识别辖区内受污染水体，明确列出在污染源采用了前面提到的基于最优处理技术的排放标准以后水质仍然不能满足水功能区要求的水体清单，根据污染问题的严重性对清单中的水体进行排名，并且针对这些水体计算对于超标污染物最大允许纳污量。在 EPA 对水体清单和最大允许纳污量批准以后，各州就可以将其纳入具体的总量控制计划中予以实施，将污染总负荷分配到各个污染源，包括点源和非点源，同时考虑季节差异等不确定性因素，从而采取适当的污染控制措施来保证目标水体达到指定的水质标准。

EPA 曾就实行 TMDL 计划提供了 19 种排污量分配方法，而分配方案制订以后，实施的直接手段就是通过核发排污许可证。2000 年 EPA 曾识别了大约 2 000 条河流（河段）为水质受损水体，并陆续开始对其中的大部分制订针对超标污染物的总量控制计划，到今天全美各州制订的 TMDL 计划超过两万个。

我们发现美国的总量控制制度和中国相比有着巨大的差别。美国基于河流或流域制定总量控制计划，中国是基于行政区划；美国的工作目标是直接以水环境质量为导向的水质达标，中国的工作目标是有计划的逐步削减排污总量；美国只针对受损水体，而在中国这是一项普适制度；美国是针对特定的超标污染物，中国则为化学需氧量和氨氮；美国从技术角度出发，涵盖点源和面源污染，且考虑不确定性等，中国从环保管理需要出发，更是一种行政手段。当然两国的长远目标是一致的都是改善水环境。

**（六）建立全面的排污许可证制度，严格监管，定期更新，作为水环境管理的核心**

美国针对良好水体的"反退化"政策和针对受损水体的总量控制政策，非常类似于我国水污染防治中"抓两头"的工作思路，而这两项政策都是以排污许可证为途径具体实施的。事实上美国《清洁水法》的一个最大亮点和成就就是建立了排污许可制度，如果我们说环评制度是中国环境管理制度体系的核心，那么排污许可制度事实上是美国环境管理制度的核心所在。

美国环保政府部门的主要行政工作就是审核、发放、监督这个许可，美国所有水环境管理工作都是围绕或者借助这一手段来实现的，这是美国环保部门监管污染源的主要途径。如果说在中国控制污染的直接手段是"不予审批环境影响评价文件"，在美国相应的就是"不予核发排污许可证"。

《清洁水法》规定，排放污染物进入美国的水体的任何单位必须取得排污许可证，主要涉及的污染源类别为制造业、采矿业、石油天然气炼化、服务行业、各类市政设施，及其他政府机构、畜禽养殖场等。实际操作中这一制度通过"国家污染物排放削减系统"(NPDES) 予以落实，这个系统是一个点源排放许可管理平台，在这一系统之外的任何排污行为都是违法的。

排污许可中具体包括允许污水排放量、污染物排放浓度限值、排放总量、排放监测方案、达标判别方法、监测记录报告、污染源监督核查以及环保设施监管等各方面的规定，排污单位严格遵守排污许可证上规定的所有要求，企业要负责监测并向环保部门定期（一般是按月）提交监测报告。

《清洁水法》规定排污许可证应由 EPA 依据各州的证明文件核准颁发，但后来简化成大多数州都拥有了 EPA 授予的直接向排污企业发放许可证的权力。而且由于各地具体情况的差异，很多州和流域机构，比如宾夕法尼亚州或者特拉华流域委员会都建立了自己的排污许可管理系统，并且制定了比国家规定更加严格的管理制度。

排污许可证的核发过程：排污单位（比如工业企业、污水处理厂或者养殖场）根据发展需要提交排污许可的申请，包括基本信息、污水量及主要污染物预计排放量等，州政府或者流域机构收到申请后，首先需要识别受纳水体是否允许新增污染负荷量，如果可以，则按照基于最优技术的排放标准颁发排污许可证，同时录入NPDES 系统；如果受纳水体为受保护的良好水体或待恢复的受污染水体，即在"反退化"或者总量控制计划的涵盖之下，则需通过技术手段确定在保证水质不退化或者污染负荷总量不增加的情况下是否存在排污份额可以分配给该申请单位，如果没有则否决申请；如果有，则综合考虑各方因素分配一定额度的排污量给该项目，同时计算得出污染物排放浓度限值，并核发许可证。

美国排污许可证的有效期一般为 5 年，失效后重新申领，而当重新申领的时候一般不会超过原来的数值，在很多情况下会有所削减。因为许可证具有相当的法律效力，一旦颁发后很难更改，在随着形势的变化环保部门需要实施新的规划和新的要求时，很多时候都是通过重新发放许可证的过程来对污染排放进行控制和调整的。在排污许可证发放过程中有很多的公众参与过程，如听证会、网络信息发布等，保证了管理决策过程的公开性。目前，全美共有超过 40 万家单位拥有排污许可证，而这其中的大部分都是城镇污水处理厂。

**（七）建立全美统一的污染源排放许可管理和地表水环境信息系统，将所有的污染源和排污许可信息收入信息系统，既为水环境管理提供技术支撑，也为科研机构和公众提供环境信息**

《清洁水法》建立了国家污染排放削减系统这一全美统一的污染源排放许可的管理平台，这一平台包括一个庞大的数据信息系统。这是一个由 EPA 管理的国家计算机信息系统，自 1974 年开发建立以来通过不断的动态完善，全国所有涉水污染源的名称和地址等基本信息、排放许可信息、违规处罚情况，以及部分的排放监测数据都被整合在里面。现在这个信息系统通过互联网对外公开。系统中既有数据，又有地图，既有企业信息，又有周边情况，甚至细致到周边有多少社区居民多少学校多少学龄前幼儿、人种分布、收入水平、教育水平等，都包括在里面。实践证明，这个系统无论对于日常监管还是应对突发事件都是有实际效果的。

《清洁水法》主要涉及地表水体（修订中曾有极少的条款涉及地下水部分），相应地，EPA 也建立了地表水环境信息系统，包含了所有河湖水质的历史和实时监测数据，整合成庞大的数据系统，经技术确认后同样向公众公开。上述两个系统极大地方便了美国政府日常的水环境管理工作，也为科研机构、媒体和公众提供了良好的环境信息来源。

事实上中国环保事业发展几十年来，在分析设备和在线监测系统等硬件方面已经比较先进，实时数据采集和图像传输甚至领先于美国。美国环保部门若干年来一直标榜的科学而专业的环境管理，其先进之处主要体现在信息系统和技术支撑方面。所有的污染源和排污许可信息都收入了信息系统，在世界上任何一个地方打开网页，都可以查到美国任何一个污染源的基本信息、排污许可情况，以及污染排放监测数据，这为实现科学高效的环境管理提供了良好的基础和便利条件。

**（八）落实财政资金投入，建立千亿美元规模的"水污染控制循环基金"，鼓励社会资本进入水污染治理等领域，环保部门负责水污染防治资金的全过程管理，确保资金使用效率和环境绩效**

水污染防治需要大量的资金投入。前文提到《清洁水法》获得成功的一个重要原因是联邦政府大规模的资金支持，在法案中几乎每一章都规定了大量的项目投资和详细的年度拨款计划。事实上由于美国实行联邦政体，中央政府对于各州地方政府缺乏强大的管辖权力，因此也一向擅长以经济激励手段配合行政命令的办法来推动政策实施。

美国水污染治理的基本原则是同样是污染者付费，为达到排放标准，工业企业等污染源负担处理污染所需的资金。而对于市政污水厂和污水管网建设、农业面源污染防治这些需要巨大投资并且难以落实污染者责任的情况，则由政府组织实施，这时政府财政资助就成为水污染治理资金的最重要来源。而工业企业为实现达标排放而实施的环保项目工程，同样可以通过申请政府财政补贴的形式建设和运行。

水污染防治主要由各州政府具体组织，美国联邦政府为各州提供必要的资金和技术支持。《清洁水法》授权 EPA 向地方提供足够的资助来达到水质改善的目标。法案颁布后，美国随之建立了市政建设拨款计划，为污水厂建设、点源污染控制、区域水环境保护和科技研发等方面设定了大量的项目，这些污染治理项目大多紧紧依靠联邦政府的资金支持。事实上在美国的环保史上，没有联邦政府的财政支持，任何法案或规划都难以发挥应有的效力。对于城镇污水处理厂建设项目，市政建设拨款计划提供 75% 的联邦资金进行资助，剩下的 25% 由州政府承担，而在需要通过贷款筹集剩余资金的时候，联邦政府还可为其提供贷款担保。1972 年的法案中当时规定了 730 亿美元污水处理厂建设费用以及 13.6 亿美元的州和跨州污染控制项目，这在当年看来是天文数字的投资。

十九年后，美国意识到直接补贴制度的弊端，在 1987 年修正案中推出了"水污染控制循环基金"，及我们通常说的"清洁水基金"用以取代原有的财政拨款，这是以一种半市场化的手段代替直接的财政资助，继续为水污染防治提供着资金支持。循环基金的最初始来源依然为联邦政府拨款，由 EPA 以一定的配额下拨各州后，州政府提供 20% 的配套资金，共同组成"州清洁水循环基金"，由各州负责具体管理，每年向联邦政府报告资金使用情况。各州拥有很大的灵活性来选择资助的形式和项目类别，主要以长期的低息贷款的方式，用于污水处理、面源污染防治、湖泊海湾保护和恢复等各类项目中，为各种城镇社区、企业主、农民和非营利性组织等提供资助。

循环基金像一个"绿色银行"一样运作，数额巨大的基金同时具备自补给功能，通过利息和本金回收，以及联邦财政的持续补贴而不断增长。最初，美国联邦政府投资 362 亿美元，2007 年循环基金超过 650 亿美元，为全美将近两千个项目提供 50 亿美元的资助，今天基金总规模已经超过 1 000 亿美元，它为水环境保护工作提供着持续不断的资金来源，被认为是美国历史上最成功的水环境资助项目。

2009 年，美国遭遇金融危机以后，在复兴基金中专门拨付 40 亿美元进入清洁水循环基金，用于各州供排水处理的基础设施建设项目，2014 年初国会联邦政府又拨款 14.49 亿美元进入循环基金之中。目前，所有州的基金都在成功地运行，基金已经为将近 3 万个项目提供了低息贷款，超过 1.3 亿人口（近半数美国总人口）从项目中受益，并且直接创造了 60 多万个建筑工作岗位和超过 10 万个其他岗位，政府成功建设了近 14 000 个市政污染处理设施。

除循环基金外，为满足地方政府在水污染治理方面的资金需求，美国又探索出许多其他方法，比如社会资本投入与公私合营等。不管是污水基础设施建设，还是污水处理系统的维护，社会资本（主要包括银行、投资机构和环保公司）已经在控制水污染中扮演了非常重要的角色。公共部门和私营部门在提高水资源利用率和污水处理方面展开大量合作，从提供咨询、技术服务和产品供应到污水处理厂的设计、建造和运营。

私营企业在建设和运营污水处理厂时在节约成本、提升效率和提高服务质量等方面具有明显的优势。尽管多数污水处理厂依然是政府建设管理，但也出现了很多私营市政污水处理厂的成功范例。据估算在 1972 年以来，美国联邦财政大约花费

1 800 多亿美元用于水污染防治，主要用于市政污水处理厂及配套设施建设，私人投资额又在国家资助的 10 倍以上。而在 2000—2019 年，EPA 估计在污水处理基础设施的建设与维护上的总花费将超过 5 360 亿美元。

今天，美国的污水处理设施已经覆盖了美国绝大多数地区的家庭，《清洁水法》实施以后水质改善的最主要原因，也正是污水都得到了有效处理。相比而言，中国的污水处理厂和配套管网建设资金投入严重不足，特别是在乡镇和农村，这一差距更加明显，生活污水大多未经处理直接排放，因此应大力加大政府财政投入，并拓展多样化的融资渠道，满足生活污水处理的需要。和美国相比，我国政府环保投资占总开支的比例非常低，在当前各地需求拉动不足、经济增速普遍放缓的情况下，增大中央财政环保投资规模，加大水污染防治基础设施建设，可以作为一个一举两得的手段，起到经济和环境双赢的效果。此外，美国的水污染防治资金完全由 EPA 主导，EPA 负责从拨款下达、项目组织、日常监管等全过程管理，有效地保障了资金使用效率和环境绩效，这一点也值得我们学习和借鉴。

**（九）推行适应性管理和动态管理，定期开展战略规划和回顾评价，建立水污染治理的定期报告制度，根据情况变化和管理需求，不断修订完善法案**

从美国《清洁水法》的实施过程中可以看出，根据不同时期的政治、经济、环境以及社会的发展状况制定发布合理的、适当的环境标准与计划是法案成功与否的又一关键因素。EPA 根据美国《政府绩效法》的要求，编制了环境保护战略规划，规划期限为 5 年，每 3 年更新一次。目前，美国已制定了 6 轮战略规划，以保护美国的水资源作为战略规划中的一个重要目标，将保护人类健康和保护修复流域与水生生态系统作为分目标，并对饮用水安全、鱼类和贝类食品安全、流域水质改善、海岸和海洋水域改善、增加湿地等方面提出 5 年战略目标。

为了达到《清洁水法》原先制定的目标，EPA 通过阶段性的战略规划，回顾评估前期实施效果，对水污染防治和水环境保护工作实施阶段性战略评估，及时调整优化工作方案，提出新的工作目标，政策措施和工作手段。战略评估充分体现了适应性管理和动态管理的先进理念，对确保政策实施效果，建立和完善长效机制，促进水环境持续改善具有显著效果。

此外《清洁水法》还规定了详细的报告制度，州政府每年报告水污染治理项目的实施和资金使用情况，而 EPA 对于全美的水环境状况需要每两年向政府作出综合性的报告。2014 年 6 月修正案明确规定，到 2015 年 10 月 1 日，即最新修正案正式生效一年后，法案明确规定 EPA 将向国会就全美范围内的法案实施情况做出全面报告。定期的评价和报告使得法案的实施过程得到有效监督，并且为进一步的完善和修订提供了必要的参考。

# 三、政策建议

《清洁水法》是对美国传统水污染防治思路和管理架构的全新设计。法案的实施，既有效解决了水环境污染问题，又在推进经济结构调整转型、缓解水资源紧张问题、促进环保产业发展等方面发挥了巨大作用。结合我国水污染防治工作，提出如下政策建议：

**（一）整合水资源与水环境管理职能，完善配套方案、考核制度和评价办法**

整合水资源与水环境管理各项职能，确保管理的专业化、精细化，实现水资源、水环境、水生态、水安全统一管理，避免"多龙治水"和功能重叠、重复设置、协调不足、部门利益冲突等问题。配合即将出台的《水污染防治行动计划》，制订出台配套方案、实施细则以及考核办法，分解目标，落实责任，在操作层面为方案实施提供详细的指导和计划。加强《水污染防治行动计划》与现有相关环境管理制度如项目环境影响评价、"三同时"、排污收费、环境保护目标责任制度等的有效衔接。定期开展对于实施效果的评价，根据新形势新问题及时完善行动方案，确保政策的时效性和实施效果。

**（二）完善法规制度体系，提高水环境管理信息化水平**

建立完善排污许可证制度和核定发放办法，根据环境质量目标要求和环境容量科学设定和分配排污许可，推动对污染源有效管控。加强排污许可证制度与污染物排放标准、总量控制、功能区划、清洁生产、排污权交易、有毒有害物质控制、监督性监测等相关制度的衔接。建立水污染源和地表水环境信息化平台，提高环境监管效率。加强信息公开，提高公众参与水平，利用公众和社会力量有效监督企业环境行为。

**（三）逐步完善水环境排放标准，综合控制多种水污染物**

将水质标准体系由目前单一的化学指标逐步扩展到水化学、底质、生物、栖息地环境和有毒物质等多方面，加强对有毒污染物排放、鱼类和贝类食用安全等指标研究，提高水环境监测站的多种污染物监测能力建设，有步骤地组织开展多种水污染物的综合控制。

### （四）探索建立奖惩并重的激励机制，推进环保法治建设

建立面向省市各级政府的环保目标责任制和水环境补偿金奖惩制度，水环境质量改善可以得到财政补贴或奖励，水质超标或恶化则进行处罚，并通过提高财政处罚力度促使地方政府落实环保主体责任，防止水环境退化。探索环境行政执法与刑事司法有效衔接模式，同时结合环境污染损害赔偿等措施，进一步推进环境公益诉讼。建立完善的企业和个人环境信用体系，提高环境违法成本，实现对企业主及管理人员的约束和威慑作用。

# 欧洲环境信息共享合作及
# 对我国的启示

王玉娟　国冬梅

欧洲环境局（EEA）利用欧洲共享环境信息系统（SEIS）在收集和提供环境信息等方面发挥了巨大作用，成为世界公认的、及时提供关于欧洲环境数据、信息、知识和评估的权威机构，成为区域环保合作平台建设和共享服务领域的一个成功典范。

2013 年 11 月 29 日，在上海合作组织成员国总理第 12 次会议上，我国领导人李克强总理倡议"各方应共同制定上海合作组织环境保护合作战略，依托中国－上海合作组织环境保护中心，建立环保信息共享平台"。

为此，本文对欧洲环境局（EEA）的信息共享服务模式进行了梳理和分析评价，并针对我国区域环保合作平台建设提出了相应的对策建议：① 启动我国区域国际环保合作共享平台建设，分阶段、分步骤地实现区域环保信息的互联互通；② 充分借鉴 EEA 的思路，明确我国区域国际环保合作平台定位；③ 充分整合国内外已有环境信息系统和环境机构相关信息，为信息共享平台提供全面可靠的环保信息；④ 在每个成员国确定合作机构，专门支持平台建设，尤其是信息收集与整理以及查询使用等；⑤ 依托信息共享平台建设，构建环保区域合作大格局，推动国内环境信息共享工作，服务国家外交战略和生态文明建设。

## 一、欧洲环境局（EEA）概况

欧洲环境局（EEA）又名欧洲环境署，是欧盟建立的一个监测和分析欧洲环境的机构，总部设在丹麦首都哥本哈根。1990 年欧共体条例批准建立 EEA，并自

1994 年开始运作。筹备工作由设在布鲁塞尔的 EEA 工作委员会进行，EEA 是欧共体环境信息系统（CORINE）规划的继承者。

截至 2013 年 11 月，EEA 共有 33 个成员国和 6 个合作国家。其中 33 个成员国中包括 28 个欧盟成员国和冰岛、挪威、列支敦士登、土耳其和瑞士，6 个合作国家包括阿尔巴尼亚、波斯尼亚和黑塞哥维那、前南斯拉夫马其顿共和国、黑山、塞尔维亚和科索沃。EEA 法规规定向那些能够承担其任务和责任的国家开放。

### （一）目标和任务

EEA 的目标和任务是建立一个完善的环境信息系统，通过为成员国决策者和公众提供及时、可靠、有针对性的环境信息，将环境因素纳入经济政策，一方面使欧洲的环境可以得到明显改善，实现环境可持续性发展；另一方面实现欧洲环境问题与经济政策一体化。

### （二）服务对象

EEA 主要服务对象是欧盟机构——欧盟委员会、欧洲议会、欧盟理事会和 EEA 成员国。除了这个核心组，也提供给其他欧盟机构，包括经济和社会委员会、欧洲投资银行、欧洲复兴开发银行等。

欧盟以外的框架下，商界、学术界、非政府组织和民间的其他群体也是重要的服务对象。EEA 试图实现与服务对象的双向沟通，一方面正确地确定客户的信息需求；另一方面确保客户能够理解和使用 EEA 提供的环保信息。

### （三）服务内容和形式

EEA 初期优先领域包括大气质量；水质和水资源；土壤、动物、植物及其生境现状；土地利用及自然资源；废物管理；噪声污染；有毒化学物质；海岸保护。

EEA 以报告、简报和文章、新闻、在线产品和服务等形式提供评估和信息。内容覆盖环境状况、当前趋势和压力、经济和社会驱动力、政策有效性，并使用场景和其他技术，对未来发展趋势、展望和问题进行识别。主要报告的摘要、各种文章和新闻稿通常译为 EEA 成员国的官方语言，目前网站语言包括了 25 种。

EEA 通过互联网（eea.europa.eu）进行信息发布和产品订购，并成为最全面的一个公众环境信息服务网站和 EEA 最繁忙的信息通道。登载于网站的所有报告全文、摘要和文章都提供免费下载。与报告配套的数据和信息也都可以直接获取。为了方便更好地沟通，越来越多的多媒体内容也逐渐增加。

EEA 销售的硬拷贝出版物可从书店、欧盟国家出版社的销售代理处或者从他们的网上书店（http://bookshop.europa.eu）订购。对于免费的硬拷贝材料，可向 EEA 信息中心发送请求。

**（四）组织机构**

EEA 组织架构图如图 1 所示。EEA 管理委员会是由每个成员国的一名代表，欧盟环境总署（司）和欧盟委员会研究总署（司）的两位代表，和由欧洲议会指定的两名专家组成。管理委员会采用 EEA 的工作程序，任命执行董事和指定科学委员会成员。科学委员会是一个针对科学问题向管理委员会和执行董事提供建议的机构。

执行董事负责管理委员会的 EEA 工作方案实施和日常运行。EEA 年度工作计划主要基于五年战略和多年工作计划，目前执行的是 2013—2020 年的第七个行动计划。

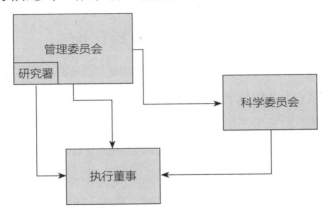

图 1　EEA 组织架构图

EEA 工作人员包括环境与可持续发展、信息管理和信息交流等方面的专家，他们一起收集、分析和解译来自各成员国的信息，并将这些信息传播给欧盟体制内或者体制外的利益相关者和普通公众。为了支持数据收集、管理和分析，EEA 建立了欧洲主题中心（ETCs），主要涉及 EEA 机制下主要的环境领域。主题中心分布在 EEA 成员国范围内。

**（五）合作伙伴**

EEA 的信息来源广泛。欧洲环境信息和观测网络（EIONET）的建设涉及欧洲 300 多个机构，EEA 负责开发该网络和协调其活动。要做到这一点，必须与一些国家级的协调点（NEPs）密切合作，例如国家级典型环境机构或成员国环保部门，他们负责协调 EIONET 在国家层面的活动。

NEPs 的任务主要是开发和维护国家网络、识别信息来源，帮助 EEA 分析收集到的信息并协助 EEA 将信息传播给各成员国最终用户。

其他重要的合作伙伴和信息来源还包括一些欧洲区域组织和国际组织，如欧盟统计局和欧洲委员会联合研究中心（JRC），经济合作与发展组织（OECD），联合国环境规划署（UNEP），粮食及农业组织（FAO）和世界卫生组织（WHO）等。

### （六）EEA 资金运转

从 2013 年 EEA 经费收支预算来看，运行经费主要来自欧盟补贴、欧洲自由贸易协会和新成员国的贡献。

## 二、欧洲环境信息共享模式分析评价

欧洲环境局通过与微软合作开发基于 Windows Azure "云"服务操作系统的 Eye On Earth 平台、高清 Bing 地图等服务模式，在协调 EIONET，利用 SEIS 收集和提供环境信息等方面发挥了巨大作用，成为世界公认的、及时提供关于欧洲环境数据、信息、知识和评估的权威机构，成为区域环保合作平台建设和共享服务领域的一个成功典范。

### （一）依托 EIONET，通过监管 NEPs，构建了五个 ETCs，将整个欧盟成员国环境信息有机地联系在一起，以支撑可持续信息共享

EIONET 是 EEA 下的 600 个合作机构的网络，它包括研究机构，大学，部委，非政府机构等。EEA 还与 WHO 及大量非政府机构合作来实现它的目标。通过这个网络，EEA 能够收集信息，包括温室气体排放，空气质量，水质，以及物种多样性。机构正在拓展至其他领域，例如农业、林业、能源和交通，这些都对环境有巨大影响。EEA 可以使用这些在别的地方难以获得的优质数据，向市民传递信息。为了帮助决策者制定具有价值以及高效的决策，EEA 不仅仅只关注于环境统计以及其趋势，也收集个人的反馈信息。通过使用最新科技，EEA 想要使得欧洲的水和空气质量信息容易被访问到，并且能够提供工具，对气候变化进行更高效的回应。

（二）建立 SEIS，实现各成员国环境信息子系统与 EEA 中央数据库之间的直接访问、共享和互通，形成真正意义上的环境信息共享，这为区域范围内环境质量综合分析提供了良好数据基础

EEA 早在 1985 年就建立了 SEIS，该系统经过了三个阶段的演化：1985—1995 年为"独立"的信息系统阶段；1995—2005 年属于"报告式"的环境信息阶段，即欧盟各成员国向欧洲环保署上报本国的环境信息；2005 年至今逐步形成真正意义的环境信息共享，各成员国所形成的环境信息子系统之间与 EEA 的中央数据库之间可以直接访问、可以共享和互通环境信息，该信息系统的创建目的是为了非政府组织、研究机构、大学以及对环境感兴趣的公众方便和自由地获取环境信息创造条件，这种信息共享制度也为区域范围内环境质量综合分析提供了良好的数据基础。

就 SEIS 的公共服务系统，奥地利政府已经在"数字奥地利"的基础上成立了一个专门针对环境信息的电子政府工作小组，建立环境信息的一站式服务体系；德国也在 20 世纪 70 年代开始环境信息资源的建立，其中环境规划信息系统及综合的公众环境信息系统为公众了解国家的环境监测计划、环境参考文献及环境质量的相关数据信息搭建了一个平台，便于公众及时了解环保信息动态，同时公众也可以将自己的建议通过该平台反馈给政府。

（三）通过基于 Windows Azure "云"服务操作系统的 Eye On Earth 这个双向通信平台，实现了在一个地方收集不同来源的重要信息，并允许市民积极通过其强有力的、用户友好的网站来交换信息

Eye On Earth 于 2009 年发布。该网络基于云计算，将提供协作网络服务以共享和发现环境数据，促进公共数据访问的机制。Eye on earth 网络使得各机构能拥有增强型安全的中心位置来管理其他地理空间环境内容。它利用了 Esri 的 ArcGIS 网络云服务、Windows Azure 以及 Microsoft SQL Azure。该网络的用户界面实现了对基于地图服务的简易创建和分享，能将复杂的科学数据转换为可访问的、交互的虚拟网络服务。利用 Eye on earth，用户能在机构内创建并共享地图，或公开部分内容作为网络服务。

Eye on earth 网络可提供 Water Watch、Air Watch 和 Noise Watch 三种服务。Water Watch 利用 EEA 的环境数据来监测和显示欧洲公共游泳池的水质；Air Watch 显示欧洲空气质量评级；Noise Watch 能测量欧洲 164 个城市的噪声。

通过 Eye On Earth，EEA 给欧洲的公民带来了最先进的环境模式，并鼓励人们参与其中。这些数据会提供给感兴趣的机构，例如城市交通管制，旅游业，或者卫生保健系统，能够帮助机构和公民一起合作发布气候变化的相关消息。

## 三、启示与借鉴

通过对 EEA 信息服务模式的分析，并结合我国区域国际环保合作的实际情况，提出以下对策和建议：

### （一）建立我国区域国际环保信息共享平台，分阶段、分步骤的实现环保信息的互联互通

随着区域环保合作的不断发展，尤其是周边外交工作的需要，建立区域国际环保信息共享平台，分阶段、分步骤实现环保信息的互联互通是推动我国与周边国家开展务实环保合作的基础和重要模式。

区域国际环保信息共享平台，具体包括东北亚、中亚、南亚等周边国家，可包括"东北亚环保信息共享平台""上合环保信息共享平台""东南亚环保信息共享平台""南亚环保信息共享平台"等分平台建设，并采取分阶段、分步骤的方式开展整个大平台所涵盖区域的环保信息共享。

平台下各分平台的建设，采取"成熟一个，建设一个，应用一个"的原则。分平台建设要从地域层次上开展示范平台的逐级推广。对内，首先实现在我国典型地区的示范应用，然后逐渐实现与成员国环境信息的互联互通；对外，视其他成员国意愿，由各成员国各自完成本国其他环境数据信息的补充，坚持"一个平台，分别建设"的原则，开展环境信息库的完善工作；随着平台的日益推广，平台涵盖区域可以逐渐扩展到观察员国、对话伙伴国或一些合作伙伴。

### （二）从平台整体定位来看，要充分借鉴 EEA 思路，明确我国区域国际环保合作平台定位

建设一个共享服务平台，首先要明确其建设目标、涵盖范围、服务对象、服务内容等概念性思路，充分借鉴 EEA 成熟的理念，明确我国区域国际环保合作平台定位。

建设目标，即实现成员国环保信息的互联互通，为各成员国掌握环境状况提供

数据支撑；各成员国间环境管理政策、技术和经验等方面的交流和合作；为特需用户提供数据专题产品加工定制服务。

涵盖区域范围，即先期涵盖范围以成员国为主体，并逐渐扩展到观察员国和对话伙伴国，或其他合作伙伴。

服务对象是成员国环保政府机构，其次是环保行业用户以及商界、学术界、非政府组织和民间组织等。

服务内容以报告、简报和文章、新闻、在线产品和服务等形式提供评估和信息。内容覆盖环保相关的各类信息及服务，并使用场景和其他技术，对未来发展趋势、展望和问题进行识别。主要报告的摘要、各种文章和新闻稿通常译为成员国的官方语言。

组织结构可借鉴 EEA 的机构合作模式，在区域合作机制下成立环保信息共享机构。作为对外的国际平台，要从大环保的概念出发，不仅要包括我国内环保部及相关机构，必要时也要包括水利、林业、国土等其他部门和机构的环境信息。

此外，在平台可视化方面，借鉴"Eye On Earth"的友好界面形式，增强平台可视化。在共享技术方面，充分利用目前高端共享技术，提高平台信息的共享效率和质量。

### （三）充分整合国内外已有环境信息系统和环境机构各类信息，为信息共享服务平台提供全面可靠的环保信息

我国区域环保信息共享平台建设要充分借鉴 EEA 的成功经验，在信息内容、形式和来源方面，充分整合国内外已有环境信息系统和环境机构各类信息，为信息共享服务平台提供全面可靠的环保信息

#### 1. 从平台涵盖信息内容来看

具体包括环保基础信息、环保空间信息两大类。环保基础信息具体包括国内外环保最新资讯，涉及上合组织成员国动态新闻、环境发展规划、研究报告、国内外环保法律法规、政策、标准、法律解释以及国际公约等原始文本；环保空间信息主要指涉及各类地理信息数据，其中包括基础地理数据、专题空间数据、遥感影像数据、元数据和各类环保主题数据等。

#### 2. 从平台信息形式来看

尽量涵盖各类多媒体形式，做到各类信息的直观形象，提高信息的可读性。信

息形式具体可以包括报告、简报、文章、新闻、在线产品和服务、视频等。

### 3. 从平台信息来源来看

一方面充分整合目前国内外已有的环境系统和环保机构信息，使其信息资源可以共享；另一方面充分发挥公众的积极性。在平台信息建设过程中，加强公众参与性，公众不仅可以通过平台查看浏览关注的环境信息，还可以上传相关的重要环境信息，并可以对查看的信息进行评价。

### （四）在平台运行方面，以"大平台"为核心，在每个成员国建立一个信息中心，专门负责各成员国对平台的信息支持

在平台建设过程中，以"大平台"为核心，在每个成员国建立一个信息中心，专门负责各成员国对平台的信息支持。各成员国所形成的环境信息子系统之间与大平台的中央数据库之间可以直接访问、可以共享和互通环境信息。

### （五）借鉴 EEA 经验，以外促内，推动环境保护信息共享

#### 1. 以外促内推动国家环保信息横向整合

数据是一切环境信息产品的基础，SEIS 中丰富的环境信息产品有大量基础数据作为支撑。但目前国内环境管理的条块分割之势尤为显著，环保、林业、海洋、水利、农业、国土等多部门均有所涉及，且部门间信息共享机制严重缺位，难以为信息共享平台建设提供强有力的底层数据支撑。

新一届政府高度重视周边外交工作，李克强总理在上合组织成员国第 11 次总理会议上提出建立"上海合作组织环境信息共享平台"，希望环境保护能够在周边外交中发挥积极作用。环保部门应以此为契机，积极推动国家层面建立国家环境信息共享，建立环境信息共享机制，实现环保、林业、海洋、水利、农业、国土等部门环境信息资源的横向整合。

#### 2. 规范整合现有环境管理信息化资源，做好顶层设计

为满足环境管理的需要，国内各省（区）甚至部分地市的环保部门均建立了服务于环境管理的信息平台，强化环境信息（以环境监测信息为主）集成与应用，为国家层面建设区域环境信息共享"大平台"打下了一定基础。但国家层面对地方信息平台建设并未发布明确规定与技术规范，而环保部相关业务司和直属单位国家层面的统一归口管理缺位，导致各地信息平台建设与管理差异性显著，如何整合利用好现有的信息化资源至关重要。

建议环保部抓紧加强环境信息平台建设的顶层设计工作，出台明确的技术规范，统一建设标准，设立专门机构，负责全国环境信息共享平台建设工作，强化对各级信息平台建设的业务指导，构建国家、省（自治区）、市、县四级环境信息同步共享的一体化格局，实现地方至中央环境信息的互联互通，为区域环境保护合作信息共享"大平台"的建设打下坚实基础。此外，要做好环保部本级各类业务平台的整合工作，避免重复建设。

# 完善环境信息发布工作
# 促进环境空气质量改善

魏　亮　国冬梅

　　空气质量信息公开作为保护公众健康和环境知情权的重要举措，成为社会公众对环境保护部门的一项重要诉求。据美国加州针对哮喘儿童家庭的长期跟踪案例显示，受益于空气质量预报预警，约 7% 参与计划的家庭表示，减少了在空气重度污染日带孩子赴医院就诊的次数。

　　美国的空气质量信息公开通过近 20 年的发展，建立了一套以 AIRNow 计划为核心的国家空气质量信息发布机制，本文在研究美国空气质量信息公开经验的基础上，在完善空气质量信息发布内容、强化空气质量预报预警、拓展空气质量信息发布渠道、信息发布与环境保护宣传教育相结合以及国际合作方面提出了具体建议，包括：制作并发布全国空气质量分布图、启动全国范围内的空气质量预报机制、加强空气质量预测预警模型研究与应用及建立集空气质量实时发布与环境宣传教育一体的综合信息平台等。

## 一、AIRNow 简介

### （一）AIRNow 发展历程

　　1994 年，美国马里兰州环保部门开始绘制臭氧（$O_3$）空气质量地图。随后，东北部各州及美国环保局（EPA）第一大区[①] 在东海岸开展了相关工作，加州环保部门在西海岸开展了相关工作。1997 年，在 EPA 的公众访问和社区追踪环境监测项

---

[①] EPA 将美国的 50 个州划分为 10 个大区，第一大区位于美国东北部，包括康涅狄格州、缅因州、马萨诸塞州、新罕布什尔、罗得岛、佛蒙特州和部落。

目（EMPACT）的支持下，基于对上述早期空气质量信息沟通与交流工作的革新，AIRNow 的概念得以明确，即在国家范围内建立统一的空气质量信息报送机制，综合 $O_3$、$PM_{2.5}$、$PM_{10}$、$SO_2$、CO 和 $NO_2$ 的监测结果，运用 EPA 空气质量指数（AQI）对空气质量进行评价，以互联网与数字通讯等手段为载体，使用颜色、健康指示和污染物对健康的影响等信息向公众传达实时的空气质量。

AIRNow 作为自愿参与计划，在项目启动初期美国仅有 14 个东北部州参与其中，并仅能提供 $O_3$ 数据的发布服务。但随着计划不断推进，截至目前，全美的 50 个州和加拿大的 6 个省都加入了该计划，已有超过 1 800 个监测站为 AIRNow 的信息发布提供 $O_3$ 和 $PM_{2.5}$ 等 6 项指标的数据支持，并能够为北美超过 320 个城市提供未来 24 小时的空气质量预报服务。通过 AIRNow 计划的实施，美国建成了第一个全国范围内全实时数据的中央数据资源库。

目前，AIRNow 作为国家资源，为公众及各类团体如媒体、广播业者、科研机构等提供各类空气质量信息发布服务，服务的内容包括：空气污染指标动态地图，城市环境空气质量预报，新闻动态，空气污染事故报告，关于空气重污染日健康防护与减排行动的教育材料等等。公众通过访问 AIRNow 的主页（如图 1 所示）可方便、快捷地掌握以上信息，同时 AIRNow 也会定期通过专门信息渠道将空气质量信息发送至合作媒体，由媒体向社会公布。

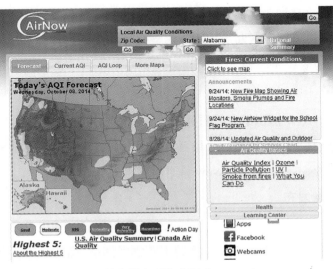

图 1　AIRNow 信息发布系统主页（www.airnow.gov）

### （二）AIRNow 的运行方式

AIRNow 计划的核心成员有 120 个，主要为联邦、州、地方、部落的环保部门及相关的省部级机构，主要负责当地环境空气质量信息的采集，为 AIRNow 计划提供数据保障；空气质量、气象学和健康学专家也是该计划的主要参与者，通过开展监测数据收集、预测预报、空气污染对健康影响等方面的研究，为 AIRNow 计划提供智力保障；AIRNow 数据管理中心是整个计划的大脑，它作为交换机发挥信息获取、处理和分配的作用；AIRNow 信息发布系统将各类信息服务进行集成，除访问 AIRNow 主页外，EPA 专门开发了适用于 Android 和 IOS 的移动客户端，便于公众通过智能移动终端随时查询空气质量信息。

通过 AIRNow 计划，空气质量信息实现了从管理部门到社会公众的高速自动化传递。120 个成员机构每小时从各自的监测站点获取数据，并向 AIRNow 数据管理中心发送最新的空气质量数据。数据管理中心每小时花费 20 分钟接收超过 1 800 个监测站点的 $O_3$、$PM_{2.5}$、$PM_{10}$ 和其他指标的实时监测数据，数据管理中心会自动进行数据处理工作，包括质量控制、产品生成等，并实时将环境信息产品发送至地方管理部门、媒体和公众。

在空气质量预报方面，州与地市的空气质量管理部门会开展当地未来一段时间内 AQI 级别最大值的预测，并将预报结果上传至 AIRNow 数据管理中心。数据管理中心每天会接收超过 320 个城市的预报结果，主要对 $O_3$ 和 $PM_{2.5}$ 两项指标进行预测，AIRNow 会将预报信息发送至商业气象服务提供商、社会组织及媒体。气象服务商再将 AQI 动态分布图和 AQI 预报发送至全美上百个电视台、报纸和网站，并在 AIRNow 主页上实时发布。

### （三）AIRNow 提供的主要服务

据不完全统计，北美每小时有数百万的民众和机构在使用 AIRNow 所提供的服务，根据数据用途不同，对 AIRNow 信息服务可划分为三类。

### 1. AQI 信息发布

AIRNow 可提供历史、现状及预测数据的查询服务，通过动态地图及影像采集直观反映空气质量状况。EPA 按照 AQI 指数的大小将其划分为 6 个等级，并用不同颜色进行表征。AIRNow 以此来绘制 AQI 分布地图反应各地的空气质量状况如图 1 所示），用户在图中不仅可以查看当前及未来一天的空气质量情况，还可查看过去 24 个小时内 AQI 的动态变化情况。通过 AIRNow 的信息发布系统，用户可以查询全美所有站点的历史数据（2010 年至今）与不同时期的 AQI 分布图（2011 年至今），AIRNow 会将当日及明日 AQI 最高的 5 个城市进行突出显示。此外，用户可在 AIRNow 查看全美主要城市的能见度影像（每 15 分钟更新，如图 2 所示），使公众对空气质量状况有更直观的感受。

图 2　AIRNow 发布的纽约市能见度的实时影像

AIRNow 信息发布渠道广泛，形式丰富。除了在 AIRNow 信息发布系统公布空气质量情况外，AIRNow 每小时会将信息通过各种途径发送至公众，如媒体、广播业者、电视台等。在电视台的天气预报中，预报员使用 AIRNow 生成的 AQI 分布图图文并茂地讲解空气质量现状及未来变化情况；面向全美发行的主流报纸都会登载来自 AIRNow 的空气质量预报；各大气象网站也可以查询到各地的空气质量预报，并将空气质量预报与天气预报进行紧密关联，以提升公众关注度；用户可以通过手机和邮件接收 AIRNow 的空气质量信息，设定关注的地区和 AQI 级别后，当所在地 AQI 指数达到并超过该级别时，信息会自动发送至用户的电子邮箱和手机。

### 2. 环境宣传与环保教育

通过 AIRNow 对公众普及空气质量相关的环境知识。借助 AIRNow，公众可初步掌握 $O_3$ 和 $PM_{2.5}$ 等指标的含义、主要来源及其对健康的影响，AQI 测算与空气质量等级的划分方法，能见度与主要大气污染指标、气象条件之间的关系，秸秆及其他有机物燃烧对健康的影响，空气污染日健康防护措施等方面知识，确保社会与公众正确认识空气污染问题，做好健康防护，并促进其自愿参与大气污染减排。

AIRNow 为公众提供各类环保"小贴士"，倡导污染减排，人人参与。交通运输"小贴士"倡导绿色出行，提醒驾驶者确保轮胎适当充气，始终盖紧油盖，避免汽油溢出等；家庭生活"小贴士"倡导使用环境安全型的油漆与洗涤用品，妥善密封具挥发性的油漆等化学品，购买节能家电，节约用电，使用天然气代替燃烧木材取暖等；空气污染日"小贴士"倡导避免树叶、垃圾焚烧，卡车、重型车夜间出行，利用公共交通通勤，避免发动机空转，适当调高空调温度等。以此倡导绿色消费理念，改正公众的不良生活习惯。

AIRNow 建立网上学习中心，通过该中心，公众可以进行各类教材的下载与学习。针对气象预报员制作了教育工具包，确保其正确、规范地向社会公众播报空气质量预报；针对老年人制作了如何避免因空气污染诱发心脏病、中风、哮喘等疾病的阅读材料；针对教师制作了 AQI 及空气污染解决方案的培训工具包，将环保引入了学校教育（6 ~ 12 年级教育）；针对儿童制作网页游戏，让孩子在娱乐的同时掌握如何查看空气质量等级及污染日应该采取哪些防护措施等方面的知识，并制造了关于 $O_3$ 和 $PM_{2.5}$ 的科普动画，便于其更好地理解相关环境问题。

此外，AIRNow 发起了"校园彩旗"活动，旨在提醒学校关注空气质量与学生健康，特别是哮喘病学生的健康。活动方式为：学校每天根据当地空气质量等级升起相应颜色的旗帜，在空气污染日调整教学计划，减少孩子在污染空气中暴露。

### 3. 服务科学研究和分析

AIRNow 为大气环境问题研究提供基础性的数据支持。AIRNow 数据中心集成了北美超过 1 800 个监测站点的长时间序列的监测数据，强有力地支撑了大气环境问题方面的研究。例如基于硫酸盐运输欧拉模型（STEM）的空气质量模拟系统就使用了 AIRNow 的 $O_3$ 实时观测数据，大大提升了模型的预测精度；美国宇航局（NASA）使用 AIRNow 的地表 $PM_{2.5}$ 数据与卫星观测的气溶胶光学厚度（AOD）数据进行综合分析，天气预报员可以利用这些分析结果对空气质量进行深入报告；美国国家海洋与大气管理局（NOAA）收集了 AIRNow 的 $O_3$、$PM_{2.5}$ 及 $PM_{10}$ 数据与 NASA 的 AOD 数据，并开发了相关大气预测数值模型。NOAA 通过网络为用户提供访问路径，用户可以通过模型进行气象图层和空气质量数据的叠加及相关模拟，使其掌握该地区气象条件对空气质量的影响。

## （四）AIRNow 未来的发展方向

AIRNow 计划的最初目标是在全国范围内向公众与合作伙伴提供空气质量信息，该目标实现后，管理者对 AIRNow 计划的未来发展进行了评估，未来将重点在以下三个领域开展工作，为决策者、公众提供更好的服务。

### 1. 纳入移动站点数据，服务应急决策

伴随无线通信技术带来的监测和数据传输能力的发展，AIRNow 正在纳入通过移动监测站点传输来的实时空气质量数据。该功能可以确保在火灾等紧急情况发生后，通过设置临时监测站，并借助卫星通讯，实现数据向 AIRNow 及时传输，管理部门可以快速利用这些数据开展决策，而公众也能够立刻跟踪相关事件的空气质量状况。

### 2. 开展国际合作，推动 AIRNow "走出去"

由于 AIRNow 在美国和加拿大的成功，管理者有非常强烈的愿望使 AIRNow 更加国际化。在 EPA 的资助下，中美合作开发了上海市环境空气质量发布系统（AIRNow-I），并在上海世博会期间为市民提供了空气质量信息查询服务，实现了国内首次实时发布空气质量（如图3所示）。目前，AIRNow 的工作人员正致力于开发空气质量数据管理中心的国际单机版，使它能够被其他国家用来实时收集、处理和传输空气质量信息。

图3　基于 AIRNow-I 制作的上海世博会空气质量专栏

### 3. 完善现有 AIRNow 服务产品，提供更好的用户体验

AIRNow 在空气质量信息高效交流方面所取得的经验使管理者对信息集成及如何使信息对公众和媒体更加有用有了更深入的理解。未来随着软硬件技术的发展，AIRNow 将利用更先进的绘图和数据分析工具为用户提供更加完善的产品。

## 二、对国内工作的启示与建议

"十二五"期间，在《大气污染防治行动计划》与《国家环境监测"十二五"规划》的要求下，环境保护部启动了一系列完善空气质量信息发布工作的措施，包括建设全国城市空气质量实时发布平台，规范环境监测信息发布内容和方式，建立标准化、实时化的环境信息发布机制，实施全国城市空气质量排名等，取得了显著成果，但国内的空气质量信息发布工作仍有待进一步完善。受美国经验的启示，对国内工作提出如下建议。

### （一）完善空气质量信息发布内容

目前，通过全国城市空气质量实时发布平台，公众可以查询各站点实时与过去 24 小时内的监测数据、实时与过去 2 周的 AQI 数据。监测数据及 AQI 的实时报送是平台提供的主要服务。为提供更好的用户体验，进一步完善信息发布内容可作为下一阶段的工作重点。

一是丰富监测数据及 AQI 展示形式。现阶段的数据还是以图表展示为主，京津冀、长三角及珠三角等重点区域站点布设已初具规模，且分布较均匀。未来可以空气质量分布图的形式更加直观地展示区域空气质量现状及变化趋势。

二是提供能见度实时影像服务。选择具有代表性站点安装摄像头，在发布平台实时更新能见度影像，让公众对实时的空气质量状况有更直观的感受。

三是提供空气质量相关科普服务。在发布平台增设科普栏目，使公众掌握大气污染物、AQI 及健康防护等基本知识，让公众正确认识空气污染问题。

### （二）强化空气质量预报预警

现阶段，国内部分重点区域开展了重污染日预警工作，如京津冀、长三角等。随着监测点位及预测模型的不断完善，未来空气质量预报预警工作需要进一步强化。

一是由重污染日预警转向空气质量预报。在现有重污染日预警工作基础上，建

立空气质量预报机制，实时发布未来一段时间内的空气质量信息，每日由专业预报员讲解未来一段时间内的空气质量变化趋势（与中央电视台天气预报合并播出）。

二是预报范围由重点区域扩展至全国。以重点区域为中心逐步向周边区域扩展，最终建成覆盖全国的空气质量预报系统。

三是建立空气污染突发事故预警应急体系。借助卫星传输和实时监测等技术，实现应急监测数据向决策中心的实时传输，服务应急决策。

四是强化相关模型研究，为空气质量预报提供强有力支撑。美国在空气质量预测模型方面进行了大量研究，大量运用实时地面观测数据进行验证，并利用卫星遥感等多源数据综合分析结果对模拟结果进行修正，大大提升了模型精度。目前AIRNow 提供的空气质量预报服务，已能将未来 24 小时内的 AQI 定量化，国内应以此为目标强化相关研究工作。

### （三）拓展空气质量信息发布渠道

现阶段，与 AIRNow 相比，国内的全国城市空气质量实时发布平台在发布渠道上略显单一，信息服务主要还是通过发布平台及手机客户端进行发布，使得公众获取空气质量实时信息的渠道较为单一，发布渠道有待进一步拓展。未来发布平台应学习 AIRNow 建立一套数据传输机制，定时自动化向公众及媒体传递实时空气质量状况及空气质量预报信息。与电视台、平面媒体、新兴数字媒体等开展广泛合作，丰富公众获取信息的渠道，也通过网络即时通讯软件（微信、QQ 等）、电子邮件向公众推送相关空气质量信息，并提供定制化的通知服务。

### （四）借助发布平台开展环保宣传与环境教育

在 AIRNow 计划中空气质量信息公开被赋予了更为广泛的内涵，除提供 AQI实时发布服务外，环保宣传与环境教育成为了 AIRNow 为社会公众提供的一项重要服务，这方面经验值得国内借鉴。建议将全国城市空气质量实时发布平台建设成为集环境质量信息实时发布与环境保护宣传教育一体化的综合平台。一方面在发布平台增设环保"小贴士"服务。为公众提供交通出行、家庭生活、消费习惯等方面的建议，倡导绿色消费与生活；另一方面面向中小学生发布大气环境相关的科普教材。将环境知识学习引入学校教育，从小培养孩子的环保意识。与学校开展合作项目，如 AIRNow 的"彩旗项目"，减轻患有哮喘等疾病的学生在重污染空气中暴露。

## （五）开展空气质量信息公开国际合作

美国在积极推动 AIRNow 的国际化，上海世博会期间启动的 AIRNow-I 系统就是一个典型案例，未来国内也有必要加强该领域的国际合作。一是通过与发达国家的交流与合作，取长补短。美国等发达国家在点位布设、数据传输及大气模型构建方面具有很多值得国内借鉴的经验，通过国际合作可弥补国内相关工作的不足。二是借助"南南"合作平台，推动中国环保"走出去"。全国城市环境空气质量实时发布平台建设已取得一定成绩，未来可借助我与东盟、中亚国家的合作平台推广我国在空气质量信息公开方面取得的成果，以此推动中国环保"走出去"，提升我在中亚、东盟等周边区域的影响力。三是服务于区域空气质量改善与国际合作，为区域空气质量预报及污染应急提供技术支持。

# 参考文献

[1] 大气污染防治行动计划，国发 [2013]37 号 .

[2] 国家环境监测"十二五"规划，环发 [2011]112 号 .

[3] 陆涛 . 美国 AIRNow 空气质量动态发布技术在上海的应用，环境监控与预警，2011, 3(1): 4-7.

[4] 美国 EPA 空气质量信息发布系统 AIRNow, http://www.airnow.gov/.

[5] 中国环境监测总站全国城市空气质量实时发布平台，http://113.108.142.147:20035/emcpublish/.

[6] Richard Wayland, Timothy Dye. America's Resource for Real-Time and Forecasted Air Quality Information, 2005.

# 加强空气质量监测网络建设
# 提升决策支撑能力

王玉娟　魏　亮　国冬梅

　　当前，中国大气污染形势十分严峻。自 2013 年初以来，中国出现大范围且持续较长时间雾霾天气的频次增多，全国 $PM_{2.5}$ 污染普遍严重，改善空气质量的任务艰巨。同时，中国政府对大气环境保护工作高度重视，2013 年上半年，中央政治局常委会、国务院常务会议专题讨论大气污染防治行动计划，部署了大气污染防治十条措施，要求提高认识、抓住重点、综合施策、率先改善大气环境质量。2013 年 9 月 10 日，国务院正式发布《大气污染防治行动计划》，为当前和今后一个时期全国大气污染防治工作提供行动指南，这也为我国空气质量监测提出更高要求。

　　作为空气质量管理体系的关键一环，准确的空气质量监测结果对于有效控制大气污染排放，制定和评估各项减排措施实施效果至关重要。就空气质量监测来说，如何设计效率高、代表性好、目的性强的监测网络是长期以来空气环境质量监测工作的难点与关键，是评估空气质量、制定大气污染防控举措的基础。在这方面，美国起步较早，并且积累了丰富经验，值得研究借鉴。

　　本文在美国能源基金会支持下，分析了美国空气质量监测网络建设现状，对比了中美两国监测网络建设情况，并提出如下建议：① 明确国家与地方监测网络职责划分，加强专项监测网络建设，优化空气质量监测网络；② 加快建设空气质量监测质量保证与质量控制体系，提升全国空气质量监测数据的准确性和可比性；③ 加强大气污染监控预警能力建设，为大气污染防治工作提供保障；④ 加强大气环境问题研究，为完善大气环境质量监测提供科技支撑。

# 一、美国空气质量监测网络建设情况

## （一）美国空气质量监测网络建设现状

美国从 20 世纪 70 年代初颁布《空气清洁法》开始，就将建立完整的空气质量监测网络作为保护环境和评估空气质量的重要手段。在过去的三四十年间，美国逐渐建立了覆盖整个国家的不同用途空气质量监测网络。主要包括：

### 1. 州和地方空气监测站（State and Local Air Monitoring Stations，SLAMS）

共有 4 000 多个子站，由州和地方政府运行并管理，主要目的是监测联邦政府规定的常规大气污染物，并确定这些污染物是否达标，以此对各州空气质量管理计划进行评估。

### 2. 国家空气监测网络（National Air Monitoring Network，NAMS）

共有 1 080 个子站，重点监测高污染和高人口密度的城市以及污染源密集的地区。

### 3. 特殊目的监测站（Special Purpose Monitoring Stations，SPMS）

由联邦政府运营和统一调配，该网络的主要特征是，监测站点并不固定，具有高度的机动性，可以随时调整和补充固定监测网络的不足，以满足发生突发性空气污染事件和应急管理的需要。

### 4. 清洁空气现状和趋势网络（Clear Air Status and Trends Network，CASTNET）

为专项监测网络，主要由位于乡村区域的 90 个子站组成，可监测硫酸盐、硝酸盐、氨、二氧化硫、臭氧和气象参数，用于监测酸沉降和地面臭氧的长期变化趋势和评价区域及州政府氮氧化物污染控制计划的有效性。

### 5. 光化学评估监测网络（Photochemical Assessment Monitoring Network，PAMS）

主要由位于光化学烟雾污染严重的城市区域的 78 个子站组成，可监测 60 多种挥发性有机化合物，服务于臭氧及其前体物浓度监测，从而对光化学烟雾成因分析评估。

**6. 国家空气有毒物质趋势站（National Air Toxics Trends Stations，NATTS）网络**

由 27 个监测子站构成，包括 20 个城市子站和 7 个乡村子站，每个站点监测 100 多种空气中的有毒污染，用于评估区域大尺度空气有毒物质迁移转化规律。

**7. 超级站（Supersites）**

全美共建有 8 个超级站，均位于空气质量非达标区，用于开展颗粒物在大气中的成分、前体物、形成、迁移转化和对人体健康影响的研究。

可见，美国已建立了一个从地方层面至联邦层面，从常规监测到专项监测与研究性监测的立体化多功能的空气质量监测网络，形成了一整套关于监测网络设计、站点选择和配置、数据集成和通信的技术、指南、标准和规范，确保了监测数据采集、传输、综合分析和使用的准确性和可靠性。

**（二）美国空气质量监测网络建设模式分析**

美国是最早开展空气质量监测网络设计研究的国家之一，并且已经将相关规定以联邦公报的形式发布，相关细则会根据技术的革新不断修订完善。现对美国空气质量监测网络的设计模式分析如下：

**1. 监测网络布设原则及目标**

美国监测网络设计遵循两个原则。一是以保护人体健康为先，根据人口分布划分空气污染监测单元；二是以目标污染物为重点，监测网络的设计要明确反映目标污染物的传输特征。据此，美国在划分常规大气监测区域时，首先将人口达到一定数量的区域设置成一个监测单元，监测网络基本就在此区域单元上进行设置，但同时综合考虑区域气候、地理条件的均一性、行政区域边界等。

美国开展环境空气质量监测需满足三个目标：一是向公众提供空气质量数据；二是能够服务于区域空气污染控制；三是支持相关研究工作开展。为达到以上目的，美国空气监测网络提供的信息包括：污染物峰值水平、人口密集区域污染物的一般浓度水平、区域内污染物的流入流出以及重点污染源附近的污染物浓度水平等。为了准确获得不同种类污染物数据，某监测站点一般只监测某种特定污染物，所以在最终形成的空气质量监测网络中，首先是颗粒物（PM）的峰值监测站与一般浓度监测站等构成的 PM 监测系统，然后与类似的 $SO_2$、$NO_X$、$O_3$ 监测系统构成整个区域的监测网络。

### 2. 监测网络布设特点

（1）不同行政级别的监测站点布设：

美国环境空气监测站按照行政级别分为两种：国家级的监测站和地方监测站（州以下）。国家级监测站要求能够测量包括 $SO_2$、$CO$、$O_3$ 及 PM 在内的多种污染物，地方监测站对各种污染物一般是分开监测的。

国家监测站的主要特点：一是监测范围大。按照规范要求，国家级监测站要能够监测某大城市及周边区域的空气质量情况，范围在数十公里左右；二是监测站数量少。由于美国人口密度比较小，各州一般只有 1～2 个大城市，所以规范要求各州至少设置 1 个国家站，并根据实际情况增加 1～2 个；三是与污染源及城区中心保持距离。国家站负责反映整个区域一般空气质量水平，所以与市中心或大的污染源要有一定距离，以保证污染物能充分稀释扩散，同时需要监测多种污染物；四是与地方站配合组网。国家站除组成国家级监测网外，各站均可根据需要参与地方监测网络构建。

地方监测站的主要特点：一是各污染物分类监测。在准确掌握污染分布的基础上，根据污染物种类的不同布设不同的监测站点，确保监测结果更准确地反映区域空气质量；二是侧重新型或健康危害大的污染物监测。传统污染物监测逐渐弱化，重点开展新的或危害较大污染物的监测工作；三是监测站按需组网。根据监测目的的不同，组成常规及专项监测网络。

（2）不同监测指标的站点布设：

目前，美国侧重于对人群健康造成危害大的 $O_3$、$PM_{2.5}$ 等指标的控制，对其监测网络的设置十分重视，对监测站数量、种类、空间尺度、监测时段及数据处理等都进行了详细规定。针对 $O_3$ 主要由其前体物质变化而来的特点，$O_3$ 监测网络不仅关注 $O_3$ 浓度分布，还要特别关注其前体污染物的排放。另外，鉴于气候条件的影响，$O_3$ 的监测时段会随气候差异而变化；针对 $PM_{2.5}$ 来源广泛、成分复杂的特性，$PM_{2.5}$ 监测网络会根据主要排放源的分布进行布设，其监测站点布设的空间尺度跨度大，从数十米到上百公里不等。

由于在美国传统污染物（如 $SO_2$、$NO_2$ 等）的指标含量较低，对人群健康危害小。其监测站点的布设没有最低数量的限制，在一定规模的区域单元内只要求在最高浓度区设置监测站点。

### 3. 监测站点类型的划分

根据监测网络功能的不同，美国空气质量监测站被划分为 6 类：区域内污染物最大浓度点位、高人口密度区典型浓度监测点位、污染源监控点、背景浓度点、污染物输送监控点、生态影响监控点位。每个地方监测网络应确保有以上 6 类监测点位，从而掌握区域内全面的空气质量信息，为正确、合理地评估区域空气质量管理计划服务。

## 二、中美空气质量监测网络建设情况对比

### （一）中国空气质量监测网络现状

2012 年，我国颁布实施了《环境空气质量标准》（GB 3095—2012），同年 4 月，环境保护部批准了新的环境空气质量监测网设置方案，将环境空气质量监测网点位调整为包括 338 个地级以上城市的 1 436 个监测点位。截至目前，第一批和第二批的 290 个城市的共计 945 个点位已经开展了 $SO_2$、$NO_2$、$CO$、$O_3$、$PM_{10}$、$PM_{2.5}$ 六项指标的监测。预计 2015 年年底，全国 338 个地级以上城市的 1 436 个监测点位均将对空气质量新标准要求监测指标进行监测。

国内空气质量网络建设存在的问题：

一是监测项目不够全面。在 2012 年我国颁布的最新的环境空气质量标准中增设了 $PM_{2.5}$、重金属等指标，共规定了 15 种污染物的浓度限值，但目前即使已经执行了新标准的城市所监测的污染物主要是 $NO_2$、$CO$、$O_3$、$PM_{10}$、$PM_{2.5}$ 六项污染物，不包括苯并芘、铅等有毒有害污染物；

二是缺少专项监测网络。目前国内缺少专门针对于某一种污染物的专项监测网络。随着污染物类型及强度的变化，我国应该设置专项监测网络，对一段时期内对人体健康有重大影响的污染物进行专门监测；

三是监测站布点覆盖率较低。目前国内针对重点城市的常规监测网络都已初具规模，但是国家和区域背景站、农村站还比较少，中西部中小城市空气质量例行监测不普及，空气监测覆盖区域类型和受影响人群的代表性不全面。

### （二）中美空气质量监测网络建设比较

（1）美国监测网络以专项监测为主，国内的监测网络以综合监测为主。美国

的监测网络布设需要考虑污染物物理化学特征及区域排放情况，故美国的监测站往往只具备个别指标的专项监测能力，而国内的监测站要满足监测能力达标考核要求，必须具备多污染物监测能力。相比之下，美国网络布设方式充分考虑污染物的空间分布特征，有利于准确反映空气质量；中国网络布设方式更加利于管理，但投入大且难以准确反映区域尺度的空气污染分布特征。

(2) 美国监测网络重视新型污染物监测，国内的监测网络主要关注传统污染物，关注新型污染物的种类较少。根据中美发展阶段的差异，美国环境监测的重点集中在 $O_3$、$PM_{2.5}$、重金属等对人体健康有严重影响的污染物，$SO_2$、$NO_2$ 等传统污染的监测工作；而我国新型污染物 $O_3$、$PM_{2.5}$ 和常规污染物监测 $SO_2$、$NO_2$ 均是监测重点，而对于铅等有毒有害污染物的关注程度仍然不足。

(3) 美国对不同级别的监测网络设置规范十分具体，而国内工作缺乏相关细则。美国的国家监测网络和地方监测网络在监测范围、监测站数量、监测站职能和监测污染物种类等方面都有着明显的区分，使其能相辅相成，从而达到全面有效掌握美国空气质量情况，我国也要求分别设置国家监测网络与地方监测网络，两类网络在监测目的上也有一定的区别，但是在规范中，两类监测网络的具体设置要求并没有太大的区别，体现不出两类网络的差异。

(4) 美国采用空间分析方法进行网络设计，中国采用统计学方法进行网络设计。美国将某种污染物在一般地形、气候条件下的浓度分布加以空间分析，然后确定具有代表性的范围，即空间尺度，然后将污染物监测站与空间尺度相对应，在设计网络时直接使用。我国的监测规范强调从统计学上掌握污染物浓度的分布，要求监测网络能够控制浓度分布的分位数和均值，并在此基础上才要求监测站点代表的范围。

## 三、启示与建议

在党中央、国务院的高度重视下，"十二五"期间国内的空气质量监测网络建设取得了跨越式的发展，2015 年年底将初步建成覆盖全国主要城市，适应空气质量管理新形势的监测网络。为贯彻落实国家《大气污染防治行动计划》，国内空气质量监测网络建设工作还有待进一步加强。受美国经验启发，对我国空气质量监测网络建设工作提出如下建议。

**（一）明确国家与地方监测网络职责划分，加强专项监测网络建设，优化空气质量监测网络**

一是明确界定国家与地方监测网络职责。明确国家监测网络要跨行政区域，大尺度范围内空气质量变化情况。地方监测网络要充分反映重点城市、主要污染源周边等空气质量状况职责和功能不明晰。

二是进一步完善监测站点布设规范。根据职能对不同监测网络在监测范围、监测站数量、监测站职能和监测污染物种类等方面进行具体规定，确保站点设置具有代表性。特别是地方监测网络要设置兼顾区域内污染物最大浓度点位、高人口密度区典型浓度点位、污染源监控点、背景浓度点、污染物输送监控点、生态影响监控点位。

三是加强大气污染专项监测网络建设。国内的专项监测网络要进行整体规划，充分利用好现有常规监测网络资源，避免重复建设。在整体规划下，根据中国区域性复合型大气污染特征，建立完善专项监测网络，包括光化学烟雾监测网络、氨沉降试点监测、酸沉降监测网、汞沉降监测络等。

四是加强大气污染突发事件应急监测能力建设。移动式监测站点与大气手工监测技术固定式的自动监测系统可以弥补固定式自动监测站点在环境应急监测不足，建立自动与手工有机结合，固定与移动相配合的科学监测体系，有利于对空气污染突发事件进行快速、科学决策。

**（二）加快建设空气质量监测质量保证与质量控制体系，提升全国空气质量监测数据的准确性和可比性**

一是加快推进各地监测能力达标建设工作。按计划完成全国336个地级以上城市站的达标验收，开展新标准要求的所有指标监测，并适时启动重点县级城市的监测站达标建设工作，推动空气质量监测数据，特别是颗粒物指标的可比性。

二是推动空气质量质管站建设。做好重点城市（直辖市、省会城市）直管点建设工作，逐步建立覆盖全国地级以上城市的空气质量监测直管网络。

三是建立空气质量自动监测网络的质控监控平台。实现监控及监测数据信息化，提高监测信息采集、传输、处理的准确性、时效性和自动化水平，为自动监测过程提供监控手段。

四是建立空气质量监测质量保证与质量控制中心。建立国家级质控中心，在省、市层面建立质控实验室，开展标准溯源及质量保证和控制工作，国家质控中心不定期随机对地方监测设备进行抽测。

**（三）加强大气污染监控预警能力建设，为大气污染防治工作提供保障**

一是强化重点大气污染源排放监控。全面开展大气污染典型区域排放源排查工作，增设包括工业点源、建筑工地、燃煤电厂等重点大气污染源的在线监测系统。

二是开展空气质量预测模型研发。重点开展 PM 污染预警模型研发工作，运用实时监控数据进行模型验证，确保模拟结果的科学性。

三是开展大气污染预警跨部门合作。准确的大气污染预警不仅需要污染指标的地表实时监测数据，气象参数及气溶胶厚度指标也是一个完善的空气质量预测模型必不可少的参数，这些数据需要通过与相关机构建立合作渠道进行获取。

四是建立预测预警信息实时传输系统。确保大气污染预警信息传递的时效性，为相关部门快速制定科学决策所服务，同时相关信息的及时发布也是保障了社会公众的环境知情权。

五是加强对有机物和有毒物质的监测能力。目前我国的大气污染严重，成分复杂，有必要扩大有机污染物和有毒物质的研究性监测，避免出现类似 $PM_{2.5}$ 污染导致政府部门措手不及的被动局面。

**（四）加强大气环境问题研究工作，为完善空气质量监测提供科技支撑**

一是建立大气环境问题研究网路。加强监测系统与科研机构的合作，大力整合监测与研究资源，通过扎实的监测数据为开展大气环境问题研究提供数据支撑，再利用先进的研究成果完善空气质量监测工作。

二是加强空间立体监测技术应用。应用光学遥感监测技术、激光雷达监测技术等空间监测技术为研究典型大气污染的区域输送机制及区域性环境管理决策的制定提供技术服务。

三是重点加强颗粒物相关问题研究。颗粒物污染作为目前国内最为突出的空气污染问题，在研究立项层面要给适当倾斜。通过开展区域大气颗粒物环境基准制定、大气颗粒物及其前体物质迁移转化等基础研究工作，为解决空气质量监测方面的核心难点提供强有力的科技支撑。

四是要加强对跨国界大气污染的监测和研究。我国的大气污染已经引起俄罗斯、日本、韩国，甚至美国及国际社会的高度关注，我们空气质量监测网络的设置和研究工作应该考虑对跨国界大气污染谈判的支撑作用。

## 参考文献

[1] 李礼，翟崇治，余家燕，等．国内外空气质量监测网络设计方法研究进展．中国环境监测，2012，28（4）：54-60.

[2] 钟流举，郑君瑜，雷国强，等．空气质量监测网络发展现状与趋势分析．中国环境监测，2007，23（2）：112-117.

[3] 王春迎，马越超，崔延青．广东化工，2012，39（226）：198-199.

[4] 刘方，王瑞斌，李钢．中国环境空气质量监测现状与发展 [J]．中国环境监测，2004，20(6): 8-10.

# 借鉴美国大气监测与管理经验，提高
# 国内大气监管水平

郑　军　国冬梅　魏　亮

20 世纪 40 年代，洛杉矶光化学烟雾事件和多诺拉烟雾事件相继爆发，震惊了世界。之后几十年，美国在大气污染防控方面做出了巨大努力，尤其是在大气环境监测领域投入了大量的人力与物力，制定了许多法律法规体系及管理制度，还颁布了一系列标准监测分析方法并建立了完备的数据资料库。环境监测是环境保护事业最具基础性的一个支撑，准确可靠的监测数据信息是政府对环境质量负责的具体体现。本文总结了美国大气环境质量管理体制和机制，分析了美国大气环境监测与管理的经验和做法，以期能为我国大气环境监管工作提供借鉴和参考。

## 一、美国大气环境质量政府管理体制

### （一）美国环保局（EPA）及区域办公室

EPA 的职责包括制定全国的环保法规，进行相关科学研究，以及向各级地方政府机构提供资金和技术支持等。根据《清洁空气法案》和《国家环境空气质量标准》规定的污染物排放标准，将全国分为 3 类：达标区、不达标区和无法判定区。其中，不达标区被划定为大气质量控制区，必须实行《州实施计划（简称 SIP）》，以达到并保持大气质量标准。EPA 将美国 50 个州划为 10 个大区，每个大区设立区域环境办公室，由它们作为 EPA 的代表，对所辖州的综合性环保工作进行监督，在这些州内代表 EPA 执行联邦的环境法律、实施 EPA 的各种项目，协调州与联邦政府的关系，以促进跨州区域性环境问题的解决。加州属第九大区管辖。以下以加州为例，进一步分析美国大气环境监测与管理的体制机制。

### （二）加州空气资源局（CARB）

2012 年加州人口近 3 800 万人，GDP 约为 20 500 亿美元，是美国人口最多、经济最发达的州。该州的洛杉矶地区曾是美国空气污染最严重的地区，史上多次发生严重雾霾事件。隶属加州环保局的加州空气资源局（CARB）成立于 1967 年，现有编制约 930 人，其组织机构设置如图 1 所示。

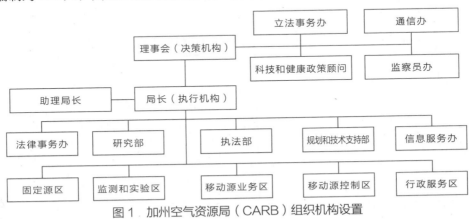

图 1　加州空气资源局（CARB）组织机构设置

该局的决策机构是由 12 位成员组成的理事会，所有理事均由州长提名任命后再经州议会批准，必须满足法律规定的资质条件。理事会主席为全职，其他理事会成员可兼职，其中 5 名来自圣地亚哥、旧金山、圣华金、萨克拉门托和南海岸空气质量管理局；4 名来自如下几类专业人士：汽车工程或相关领域的工程师，有科学、农业或法律知识的专业人士，医生或健康影响专家以及有空气污染控制经验的人士；其余 2 名成员来自公众。CARB 的理事会每月召开一次例会。CARB 的执行机构包括法律事务、信息服务等常规部门和固定源、移动源、监测和实验等专门化部门，受 CARB 的局长领导和管理。

### （三）加州南海岸空气质量管理局（SCAQMD）

SCAQMD 成立于 1977 年，负责奥兰治县和洛杉矶的大部分地区、圣贝纳迪诺和河滨县的空气污染控制，主要对固定源污染进行管理，包括制定区域空气质量管理规划、发布空气质量预报和监测报告、发放排放许可证、对违法者罚款等。SCAQMD 是加州政府下属的独立机构，受加州政府的领导、接受加州政府的财政拨款，SCAQMD 的规定必须由 CARB 以及 EPA 通过才能生效，EPA 负责制定全国性规定并监督其执行。

SCAQMD 内部机构设置见表 1。作为重大问题的决策机构，其管理委员会由 13 名成员组成，其中 6 名是各县城市委员会代表，一般由市长任命；各县 1 名代表，由 SCAQMD 的监督委员会任命；另外 3 名分别由加州州长、州议会议长和参议院规则委员会官员任命。管理委员会每月第一个周五上午召开例会，讨论通过预算、立法、人事等重大决策，在决策之前，必须考虑公众的想法和建议。

**表 1　加州南海岸空气质量管理局（SCAQMD）机构设置**

| 序号 | 组织机构 | 职责任务 |
|------|----------|----------|
| 1 | 管理委员会 | 制定政策、批准或拒绝新的或修改的规则；任命执行办公室主任、总法律顾问和听证委员会成员；发放排污许可证 |
| 2 | 执行办 | 负责空气质量区的管理工作，履行战略开发与实施，制定具体的行动目标、计划和规则，满足联邦和州政府的法定要求等 |
| 3 | 总法律顾问 | 包括律师和检察官，为管理委员会及职员提供法律咨询服务；负责所有规则、规章、协议等的执行和处罚问题 |
| 4 | 科技促进办 | 环境监测、技术研发与推广、移动污染源治理措施制定与执行等 |
| 5 | 工程合规办 | 由检验师、工程师和文职人员组成，负责区域内工程许可、空气标准审核、有毒物质规则核定、清洁空气激励市场规则等 |
| 6 | 规划规则与资源办 | 制定空气质量规划，更新空气质量标准、保护方案和相关规则；负责区域空气资源的普查及许可开发等 |
| 7 | 立法与公共事务办 | 宣传空气质量标准、法律和政策，促进公众理解和公众参与；提供空气质量管理局的规划、政策、行动方案等信息服务 |
| 8 | 财务办 | 提供财务服务，包括员工工资、经费预算、税收、金融报告等 |
| 9 | 信息管理办 | 信息服务，包括信息技术、公共记录、网络服务、网站建设等 |
| 10 | 行政和人力资源办 | 设施租赁管理、汽车服务、社会捐赠、工作团队建设等 |

大气环境监测主要由业务操作部门中的科技促进办负责，该办公室由 4 个处室单元组成。一是检测分析办公室，负责国家、州和地方政府空气检测站以及光化学评估检测项目的检测工作，满足地方政府对环境检测的要求，为整个特区提供气象应急服务和取样分析服务。二是技术促进办公室，主要负责与私人企业、技术研发者、州政府、地方政府、联邦政府机构等进行协作，资助低排放、零排放的清洁燃料技术研发与推广应用。三是移动污染源办公室，参与州、联邦政府的移动污染源规则的制定，监督整个区域移动污染源规则的修订与执行。四是移动源空气污染减少审查委员会联络室，移动源空气污染减少审查委员会是一个独立的机构，根据加州南

海岸空气质量管理区汽车登记费的多少，为特区管理委员会提出行动或项目建议。

## 二、美国大气环境监测的经验和做法

### （一）美国在大气环境监测获取公众信任方面的经验

做法："针对公众疑问，快速监测回应，多种方式、持续性地做好信息披露工作，定期召开公众听证会，积极赢取公众的信任"。

美国的大气环境监测数据一开始也同样面临公信力的问题。美国的经验是：

一是要针对老百姓提出的疑问，指派人员进行特殊监测，并将监测结果快速地回应给公众，快速给的监测资料可以没有 QA/QC 的认证，但需加附注说明，事后再补充 QA/QC 的认证并进行公告。

二是向公众提供大气环境监测信息的多种获取方式，包括网上的监测报告和空气质量地图，EPA AIRNow 网站 (http://www.airnow.gov/) 上的动画空气质量地图等，既提供实时的空气质量监测结果，也提供历史监测数据，前一年空气质量报告的纸质版文件在第二年发布，电子版同时上网公布。

三是对大气环境监测数据进行分析研究，从大气环境对健康的影响角度，实时发布大气环境质量监测数据及趋势预测结果，帮助公众安排好出行计划。

四是 EPA 规定各州的空气质量管理局向 EPA 上报空气质量报告时需一同上报公众的评论。

五是定期公众听证会制度。各州空气质量管理局会通过工作小组、专题讨论会、公众听证会、网站和其他通讯工具等方式鼓励公共部门、健康倡导者、社区组织、商业协会等利益方参与空气质量管理的相关推广计划，如月度组织召开公众听证会，鼓励不同利益群体表达自己关注的焦点问题，并给予积极引导和回应。以 SCAQMD 为例，该局的理事会和委员会会议召开时间都是确定且公开的，会议视频记录在网站可得，每个议程还列出了负责人和联系方式，既便于公众监督，又间接促进了理事会工作的有效性。网站上还设有专门的公众听证会通知，会议时间表保持更新，公众可以从网站上获知，也会邮寄通知给企业和个人。同时，推出了"在线空气质量投诉举报系统"，方便公众对空气质量管理提出意见和建议，便于 SCAQMD 进一步改善工作。此外，公众还可以通过打电话和手机来投诉，且有专人及时处理和反馈。

综上所述，通过快速地监测和回应，多种方式、持续性地提供数据信息公告，定期召开听证会持续倾听公众意见，让公众能深刻地感受到政府所做出的持续不懈的努力，以增信释疑并最终赢得公众信任。

### （二）美国在大气环境监测质量管理方面的经验

做法："中央和地方实行年报机制，区别负责污染源的监测与管理，结合人口暴露等具体情况设置监测站点，审计设备提供商，定期检查设备，成立第三方机构开展质量保证和控制等"。

一是 EPA 制定并持续完善详细的空气质量标准，各州根据实际情况执行可制定比国家标准更严格的空气质量标准，如加州 2002 年制订了严于国家标准的 $PM_{2.5}$ 标准，年均值标准为 $12\,\mu g/m^3$，严于国家标准的 $15\,\mu g/m^3$，SCAQMD 每 4 年制定一次空气质量达标规划，根据达标标准，制定详细的达标规划。

二是在对污染源的监测和管理上，美国联邦、州、地方各司其职：联邦环保部门负责飞机、火车、轮船等跨界尺度较大的污染源管理，州环保部门负责道路与非道路移动源的管理，地方空气质量管理局主要负责固定源的管理。

三是中央和地方政府签署年报，实施年报机制，联邦政府负责审批各州空气质量达标实施计划。

四是大气监测站分成多个子系统进行管理，如酸雨沉降监测站、石油化工评估监测站，结合人口暴露、近路暴露分析具体雾霾情况，各州每年会发布空气质量监测网络计划，公示监测点的位置，经过 30d 的评议期和公众参与，再提交 EPA。

五是成立第三方质量保证和控制机构，如首要质量保证组织（PQAOs），细的技术层面的质量保证工作交由该机构负责实施。

六是根据联邦法规的要求，各空气质量管理局每年都要对监测点和监测设备进行严格的审核和必要的更新。每年定期检查检测设备，对检测设备提供商开展审计检查，与历史数据做比对，如果超过正常变动区间的 20%，拿同样的设备到同样的地点开展备份测试并进行结果对比，如出现问题，就请第三方 PQAOs 监督校准。

### （三）美国大气环境监测经费的来源与安排

做法："每年约 2 亿美元由中央和地方共同出资，其中州政府约占 80% ~ 90%；各州由专业体系测算每一区域的费用；制订年度监测计划，提交理事会通过并召开公众听证会。"

一是全美国大概有 4 000 多个大气环境监测站，一年大气监测常规设备运营的经费约为 2 亿美元，由州政府和联邦政府共同出资，其中州政府约占 80 ~ 90%，视州政府的财政情况定。一些特殊项目需要特殊监测的由 EPA 出资。

二是按谁污染谁付费的原则，各地由专业的污染防控系统计算每一州每一区域具体承担的大气综合治理费用，来源渠道主要有许可费用和机动车的登记费用。以 SCAQMD 为例，2012—2013 年其财政预算为 1.334 亿美元，经费来源主要包括三个部分：① 商业污染企业的排污收费，排污大户也是缴费大户，这一部分收入大约占预算总额的 70%；② 机动车辆注册登记费，这一部分大概占 20%，在征收机动车辆注册登记费的同时，每辆机动车再加收 5 美元的附加费，主要用于改善城市空气质量、开发清洁燃料、鼓励合乘等方面的支出；③ 商业污染企业每年必须缴纳的排污许可年费。

三是大气监测经费支出方面，以 SCAQMD 为例，该局下设有 35 个长期固定的空气质量监测站，配备人员 45 位，一年财政预算 600 万美元，承担所有常规测试分析和仪器的维护和调整工作，并外包一些难度高的分析实验，但外包的实验室需要质管局认定。该局每年制定一个大气监测计划，提交该理事会通过，并经公众听证会，让公众有机会表达想法。

# 参考文献

[1] 马英杰，房艳，中国海洋大学. 美国环境保护管理体制及其对我国的启示 [J]. 全球科技经济瞭望，2007, (8):26-30.

[2] 周胜男，宋国君，张冰. 美国加州空气质量政府管理模式及对中国的启示 [J]. 环境污染与防治，2013, 35(8):105-110.

[3] 陶希东. 美国空气污染跨界治理的特区制度及经验 [J]. 环境保护，2012, (7).

[4] A.Mazmanian D. 美国洛杉矶空气管理经验分析 [J]. 环境科学研究，2006.

[5] 赵秋月，李冰. 美国南加州空气质量管理经验及启示 [J]. 环境保护，2013, 41(16).

# 美国实施《清洁空气法》的经验与启示：
# 重视空气有毒物质的风险与管理

陈　刚

　　2014 年 8 月 21 日，美国环保局（EPA）发布《国家空气有毒物质计划：第二份向国会提交的城市空气有毒物质综合报告》，对 1990 年以来开展的空气有毒物质控制情况进行全面梳理和总结。报告由 EPA 空气与辐射办公室下设的空气质量规划与标准办公室，联合北卡罗来纳州三角研究园起草。根据 1990 年《清洁空气法修正案》，EPA 应向国会提交两份报告，综述其针对空气有毒物质所采取的行动。2000 年 EPA 发布了第一份报告，总结了排放清单的制定方法和部分风险评估的结论，探讨了实现减排目标的工作要求。此次发布第二份报告，重点关注空气有毒物质重大源、场地源、移动源等排放和监测的变化情况；分析减排的实际成效；分享国家、区域和社区层面的行动倡议；提供环保部门宣传教育的详情；同时也识别影响项目的数据差异和局限。报告指出，自 1990 年通过《清洁空气法修正案》后，美国空气有毒物质的排放量整体呈下降趋势，其中固定源每年减排超过 150 万 t，协同减排近 300 万 t 污染物；移动源排放的空气有毒物质减少了近 50%、约 150 万 t，预计到 2030 年这一比例将达到 80%。与 2003 年相比，2010 年城市空气有毒物质的平均浓度呈现下降趋势，浓度降低最多的是砷、苯、1,3- 丁二烯、铅、镍和全氯乙烯。其中苯的环境浓度自 1994 年起下降了 66%，铅的浓度比 1990 年降低了 84%。美国空气有毒物质防治经验表明，环保部门在法律授权范围内制定技术型标准，实行专项管理，通过上下联动、宣传推广，能够将风险控制在较低水平，从而保护公众的环境与健康权益。我国的空气有毒物质管理尚处在探索起步阶段，更应充分吸收借鉴美国经验，完善《大气污染防治法》等法律规定，做好《大气污染防治行动计划》挥发性有机物的标准制定与管控，通过大气环境管理体制机制创新和环境标准制度改革，加强科学研究与信息平台建设，形成上下联动、多元共治的防治格局。

## 一、空气有毒物质的定义与分类

空气有毒物质（Air Toxics）是有毒空气污染物（Hazardous Air Pollutants，HAPs）的同义词，指导致或者可能导致癌症，以及呼吸系统、神经系统、生殖系统和其他严重健康后果的空气污染物。这些空气有毒物质用途广泛，如汽油中的苯，干洗用的四氯乙烯，作为溶剂和清洗剂的二氯甲烷、二噁英、石棉、甲苯等，以及重金属（如镉、汞、铬、铅等）化合物；涉及行业广，包括化工制造、电镀抛光、石油化工、金属加工、涂料生产等多个行业；危害或潜在危害严重，较小污染强度可导致人体慢性中毒，造成致癌、致畸、致突变等严重毒害效应。

根据《清洁空气法修正案》中的界定，空气有毒物质可分为人为源和自然源，人为源又分为固定源和移动源。固定源主要是来自生产、生活的排放源，包括重大源（Major Source）和场地源（Area Source）。其中，重大源是指分布在连续区域内并且在正常控制下的单一固定源或固定源组，年排放空气有毒物质的数量，单一源大于 10t 或混合源大于 25t 的排放源。场地源与重大源相对，是指空气有毒物质年排放量，单一种类低于 10t 并且混合种类小于 25t 的排放源。移动源则主要指道路或非道路交通工具和设备，包括机动车、火车机车、轮船、飞行器等。自然源也称为背景源，比如某些长程传输的空气有毒物质，或山火等造成的自然排放。

20 世纪 70 年代，美国在《清洁空气法》中列入"国家环境空气质量标准"（NAAQS）和"有毒空气污染物国家排放标准"（NESHAP）两项计划，削减有害空气污染物浓度。当时的空气污染物分为两大类，一是 CO、Pb、$NO_x$、$O_3$、$PM_{10}$ 和 $SO_2$ 六种标准污染物；二是砷、石棉、苯、铍、汞、焦炉气、放射性核物质、氯乙烯等 8 种有毒空气污染物。1989 年美国国会根据企业环境年报信息列出了 189 种污染物清单；1990 年《清洁空气法修订案》明确规定 EPA 负有对空气有毒物质进行环境管理的职责。《清洁空气法修订案》第 112 款（k）项要求美国环保局识别至少 30 种来自场地源、健康风险最高的有毒空气污染物，并针对这些污染物制定减排战略，确保每种污染物 90% 以上的排放实现达标。1999 年，EPA 颁布《城市空气有毒物质综合战略》，提出了 30 种城区空气有毒物质，具体名录见表 1。自 1999—2002 年 EPA 分五次发布了 68 种场地源排放的行业类别清单。

表 1　30 种城市空气有毒物质

| 乙醛 | 二噁英 | 汞化合物 |
|---|---|---|
| 丙烯醛 | 二氯丙烯 | 二氯甲烷 |
| 丙烯腈 | 1,3- 二氯丙烯 | 镍化合物 |
| 砷化合物 | 二氯乙烷（1,2- 二氯乙烷） | 多氯联苯 |
| 苯 | 环氧乙烷 | 多环有机物 |
| 铍化合物 | 甲醛 | 喹啉 |
| 1,3- 丁二烯 | 六氯苯 | 1,1,2,2- 四氯乙烷 |
| 镉化合物 | 肼 | 全氯乙烯 |
| 氯仿 | 铅化合物 | 三氯乙烯 |
| 铬化合物 | 锰化物 | 氯乙烯 |

此外，EPA 还界定了 3 种非场地源的空气有毒物质，即焦炉气、1,2- 二溴乙烷和四氯化碳。

## 二、空气有毒物质的防治对策

1990 年《清洁空气法修正案》新增第 112 条款，用 19 项法律条文确定了"空气有毒物质"环境管理的内容。其中（k）项授权 EPA 针对城市地区因空气有毒物质排放而引发的单一或累积的严重健康风险，制定专门的战略而降低风险。为此，EPA 于 1999 年发布《城市空气有毒物质综合战略》，调集所有可能的力量，减少城市地区的累积公众健康风险。这一综合战略包括四项战术：一是制定标准；二是上下联动；三是风险评价；四是宣传教育，其中制定标准是核心，上下联动是保障，风险评价是主要手段，宣传教育是辅助工具。这四项重点任务的内容及特点分述如下：

### （一）制定标准，技术优先

美国空气有毒物质减排的重点是固定源，固定源的重点是重大源。为了对污染源实行技术控制标准，而非排放限值标准，清洁空气法修正案引入了最大可达技术（MACT）标准的理念。

MACT 标准主要针对重大源，它的"底线"是将所有大气污染源的最低排放至少控制在 174 类重大源对应污染源已采取的较好控制水平和低排放水准，从而达到最低排放控制水平。由此，MACT 规定在全国范围的同类污染源达到或超过 30 家时，排放标准必须不低于现有排放源类别中减排效果最好的 12% 的排放源的平均水平；如果排放源少于 30 家，则以 5 家最好排放控制技术平均水平作为其标准。新排放源必须从严要求其排放，采用标准须高于底线。EPA 无须考虑采用该标准成本。对于场地源，则可采用一般可行控制技术（GACT）标准或 MACT 标准。EPA 制定的主要标准类型见表 2。

自 1990 年起，EPA 已经颁布了 97 套 MACT 标准，覆盖了 174 类重大源排放，包括加油站、化工厂、炼油厂和钢厂等，最新的标准是《2012 年汞和空气有毒物质标准》。针对 68 个场地源，EPA 颁布了 56 套技术标准，覆盖了 30 种城市空气有毒物质近 90% 的排放。这些标准包括针对干洗店、有毒垃圾燃烧室、医疗废物焚烧炉、钢铁铸造厂、脱漆作业等。

### 表 2　1990 年以来 EPA 制定的空气污染物质标准

| 排放源类型 | 标准系列 | 标准类型 |
| --- | --- | --- |
| 固定源—重大源 | 针对 174 类重大源制定了 97 套标准 | MACT 型技术标准 |
| 固定源—场地源 | 针对 68 类场地源制定了 56 套标准 | MACT 或 GACT 型技术标准 |
| 移动源 | （道路和非道路）汽车、卡车、其他移动源和燃油要求的标准 | 尾气标准，引擎和引擎排放标准，燃油标准 |
| 条款 112(c)(6) | 针对 7 类持久性和生物累积性污染物制定 46 套标准子类 | MACT 型技术标准 |
| 燃烧源 | 固废焚烧源的排放限值 | 技术标准 |
| 技术审议准则 | 要求 EPA 每 8 年审议相关技术标准 | 技术标准 |
| 残留风险准则 | 要求 EPA 确定 MACT 标准是否安全可靠 | 健康标准 |

针对移动源，EPA 于 2007 年颁布《控制移动源空气有毒物质》规定，减少汽油载客机动车、汽油和便携式油罐的空气有毒物质排放。同时，发布了一系列规定，减少挥发性有机污染物，包括路上或路下汽油、柴油机车[①] 和设备排放的汽油空气有毒物质和柴油颗粒物[②]。通过牵头"国家清洁柴油活动"，以及资助国家和州执

---

① 柴油引擎排放的废气含有多种城市空气有毒物质，包括乙醛、丙烯醛、苯、1，3-丁二烯、甲醛、多环芳香烃。
② 颗粒物不是空气有毒物质，但它是一些空气有毒物质的载体。

行柴油减排技术，EPA 估计至少实现了 1.25 万 t 柴油颗粒物的减排。

EPA 针对《清洁空气法修正案》列出的 7 种持久和生物累积型污染物发布排放标准。这 7 种物质包括烷基铅化合物、多环有机物（POM）、汞、六氯苯、多氯化联苯（PCB）、2,3,7,8- 四氯苯并呋喃（TCDF）、2,3,7,8- 四氯苯 -$p$- 二噁英（TCDD）。对于固废垃圾焚烧设备的空气排放，EPA 制定了专门的排放标准，限定镉、一氧化碳、二噁英、铅、汞等排放。

此外，为确保这些技术标准的有效性，EPA 需要定期对标准本身和使用标准后的遗留问题进行评估，即每 8 年审议相关技术标准，并在 8 年内评估残余的空气有毒物质健康风险是否可控等问题。

### （二）上下联动，形成多元共治机制

EPA 意识到，与州、部落和当地政府结成合作伙伴，将极大推动信息共享、经验借鉴，有利于宣传教育落到实处。这些伙伴关系中具有代表性的包括：

（1）全国清洁空气管理机构协会（NACAA），由 53 个州和地区 165 个主要大城市负责空气污染控制的机构组成。这一协会鼓励环保官员之间交流信息，提高联邦、州和当地的沟通，从而提升管理质量。

（2）全国部落空气协会（NTAA），2002 年由 EPA 资助，由国家部落环境委员会（NTEC）负责，所有联邦认可的部落均为协会成员，在尊重各部落需求、利益和法律地位的前提下，推进空气质量管理的政策与项目。

（3）全国环境正义咨询委员会（NEJAC），1993 年由 EPA 设立，包括社区、学术界、工业界、环保、部落、各级政府部门等代表，以期创建一个对话平台，解决环境正义[①]问题。

EPA 也进一步加强与州、部落、地方政府和社区的联系，建立伙伴关系，合作减排。2001 年以来，EPA 先后通过"社会空气风险降低行动"（CARRI）和"环境重生的社区行动"（CARE）项目，提供了接近 2 000 万美元，资助社区评估空气有毒物质影响，寻求本土化的解决之道。2008 年以来，EPA 通过国家清洁能源行动，提供了 5 亿美元资金来支持柴油发动机的污染减排。

针对社区减排的合规与厉行，2004 年 EPA 加大减排落实工作，带来近 5 000t

---

① 环境正义是指部分种族、肤色、国籍或收入，所有人在环境法律、法规和政策的制定、实施和执行方面，公平参与、同等待遇。

空气有毒物质减排。此外，联邦空气有毒物质落实行动带动工厂安装近 4 200 万美元的污染控制设备。

国家、州与地区各个层面也组织了一系列的行动倡议，包括木柴烟雾减排倡议、汽车修理行动、国家清洁柴油行动、清洁校车计划等，通过强制或自愿的方式减少空气有毒物质的排放。

### （三）加强风险评估，重在预防健康风险

EPA 开展"国家空气有毒物质评估"（NATA）项目，从致癌风险、非致癌的慢性毒性风险和非致癌的急性毒性风险三个方面评估污染物的暴露和健康风险。EPA 基于 1996 年、1999 年、2002 年和 2005 年四次排放数据，完成了四次全国空气有毒物质评估。

2005 年评估报告认为，美国有近 1 380 万人、占全美人口 5%，暴露在空气有毒物质影响区域内，罹患癌症的风险将近 100 人／百万人或更高。全美 2.85 亿人罹患癌症的风险，初步估算为 10 人／百万人，城市平均癌症风险是 54 人／百万人，而农村地区是 31 人／百万人，而居住在较大城市的居民，罹患癌症的风险高达 80—100 人／百万人。这也是 EPA 优先治理城市空气有毒物质问题的原因。

就贡献率而言，2005 年评估报告显示，大约 49% 的致癌风险源自固定源排放，其中重大源贡献 15%，场地源贡献 34%；45% 的致癌风险来自于移动源，其中道路移动源贡献 29%，非道路移动源贡献 16%；其余 6% 的致癌风险源自背景源。

风险评估本身也存在一定的不确定性，EPA 将加大力度研究空气有毒物质的机理和对健康的影响；改进数据的质量和数量，增加更为有效的分析工具和计算模型。同时，评估过程也存在一些研究需求和知识差距，包括对测量数据和人类活动方式的理解，EPA 也在不断完善，以期更好地模拟暴露的微环境。

### （四）加强宣传教育，建立信息共享平台

EPA 主要通过网站、视频、网络会议、研讨会和座谈会等多种形式开展空气有毒物质的宣传教育，并与国家清洁空气机构联盟培训委员会密切合作，为州和地方环保官员制定年度"国家培训战略"。2012 年 11 月启动学习管理系统（LMS），实现资源共享；教育者、学生和公众可通过在线的 AIRNOW 学习中心进行培训和了解；而专业人士则可以到空气污染培训机构（APTI）培训、进修。

为加强对部落的宣传教育，1992 年创建"部落环境职业者"（ITEP）项目，

通过部落政府与北亚利桑那大学科研资源合作，支持印第安人的环境保护。有关合作项目包括空气和废物项目技术支持，项目开发支持，网络培训等。举办"国家部落论坛"，加强能力建设、培训教育等。

2007 年，EPA 举办了首届"空气与环境正义会议"，帮助社区分享最佳经验。同时为小企业主提供执行标准的辅助工具包，包括情况简报、申报表、合规检查表、时间期限、导则和培训等。

EPA 为知识传播和信息共享提供了强大的信息平台，包括空气质量系统（AQS）、数据市场、排放清单系统、空气在线（AIRNow）、环境响应（EnviroFlash）、部落空气网站等大型管理信息系统和数据库，为各类人群了解和掌握空气有毒物质信息提供了重要支撑。

通过多年不懈努力，自 1990 年通过《清洁空气法修正案》后，美国空气有毒物质的排放量整体呈下降趋势，其中固定源每年减排超过 150 万 t，协同减排近 300 万 t 污染物；移动源排放的空气有毒物质减少了近 50%、约 150 万 t，考虑到车辆的更新换代，预计到 2030 年这一比例将达到 80%。与 2003 年相比，2010 年城市空气有毒物质的平均浓度呈现下降趋势，浓度降低最多的是砷、苯、1，3- 丁二烯、铅、镍和全氯乙烯。其中苯的环境浓度自 1994 年起下降了 66%，铅的浓度比 1990 年降低了 84%。防治工作获得积极成效。

# 三、存在问题与解决方案

总体来看，美国空气有毒物质的核心是风险管理，这一模式（如图 1 所示）首先需要开展大量病理学研究、人体暴露试验、动物试验、模型模拟等科学研究，根据研究结论对毒性、剂量 - 反应关系和暴露结果开展风险评估，再按照评估结果和风险特征，结合法律、经济、社会要素，最终形成风险管理的决策体系。对于风险的识别和评价，直接决定了这一管理体系是否能够运转良好。排放数据不全，监测数据有限，毒理数据不确定，模型模拟有局限等问题。

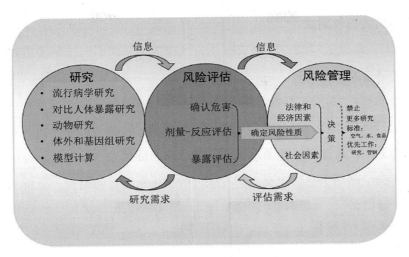

图1　风险管理范式

鉴于此，EPA 在第一份报告中，针对暴露结果评估、健康效应评估、风险特征与评价、风险管理 4 个方面提出了 13 点改进需求，具体如下：

**（一）暴露结果评估的需求**

·完善空气监测方法、特征描述和网络设计，为全国空气有毒物质监测网络提供支持。

（1）改进场地源排放的估算方法和空间分布方法。

（2）重要空气有毒物质及其燃烧体、变形体的识别和分类方法。

（3）更精确的非道路移动源排放特征分布。

（4）改进卡车空气有毒物质排放特征，提高所有机动车排放模型的模拟精度。

（5）开发基于排放源类型的城市空气有毒物质的空气质量模型。

（6）理解人类暴露分布规律和空气有毒物质影响人类的路径。

**（二）健康效应评估需求**

·使用适合城市空气有毒物质的人类健康效应数据（急性和慢性）的替代源，开发和更新剂量—反应关系评估。

·开发统计学与行动模式的方法，改进剂量—反应关系评估。

**（三）风险特征和风险评价需求**

（1）改进混合物的风险评价方法。

（2）开发更好的信息技术手段，分享健康风险的评价结果。

### （四）风险管理需求

（1）识别场地源空气有毒物质排放的过程机理，并提出控制措施和污染防治的备选方案。

（2）针对移动源空气有毒物质排放，提出污染防治的备选方案。

EPA 已经围绕这些方面从数据采集、模型工具、特征分析等方面开展了一系列富有成效的工作，改进了场地源排放和空间分布的计算方法，完善了移动源污染排放的计算模型，提高了空气浓度监测方法，增加了源解析的精度，更新了"社区多尺度空气质量模型"，利用风险信息集成系统（IRIS）项目更新了污染物的毒性和剂量反应评估等。未来将围绕可持续性和系统思维，立足 EPA 的重点工作，通过"推进下一代风险评估"（NexGen）项目，进一步提高风险管理的水平。

一是通过开展空气、气候与能源（ACE）研究项目，更好的理解空气质量、气候变化和能源格局的内在关系，重视与温室气体减排的协同效应，同时改善空气质量。

二是通过可持续与健康的社区（SHC）研究项目，改进决策分析和支持，增加社区的参与力度，支持环境正义。

三是通过人类健康风险评价（HHRA）研究项目，提高对风险识别的准确性和科学性，丰富认知手段，提高对单一或混合化学品的识别、评价和整合，创新风险评价方法。

综上所述，美国管控空气有毒物质的核心是对其可能产生的风险进行全过程管理。国会首先通过对企业应急预案的汇总分析，获得了排放类型与污染行业的第一手资料（污染源与排放源清单）。《清洁空气法修正案》迅速将这些信息上升到法律层面，授权 EPA 进行空气有毒物质的管理。而 EPA 大气与辐射办公室则以标准管理为抓手，建立合作伙伴关系调动各级政府的积极性，开展风险评估，鼓励公众参与，并广泛进行宣传教育，从而确保强制与自愿手段共同治污。未来 EPA 将重点开展空气有毒物质累积影响的研究，完善排放数据，提供范围更广的环境数据和成本更低的监测技术，进一步提升监管水平。

# 借鉴国际经验，加强土地
# 污染修复与管理

## ——《评估全球土地利用》报告述评

彭　宁　陈　刚

2014年1月，国际资源委员会（IRP）发布了最新报告《评估全球土地利用：实现消费与可持续供给的平衡》（简称"全球土地利用报告"），针对全球耕地面积扩张侵占自然生态区、土地相关产品生产与消费对全球土地资源压力持续增加的紧迫现状，讨论了实现土地产品（粮食，燃料和纤维）可持续生产与消费平衡的需求和选择。

国际资源委员会试图通过报告回答一个关键的问题：全球耕地面积能扩张到何种程度，才能既满足人类对粮食及非粮食生物质不断增长的需求，同时又将土地利用变化造成的后果（如生物多样性丧失）控制在耐受范围内，即实现供需平衡、土地资源可持续。为此，报告关注了全球土地利用的趋势，讨论了人口增长、城镇化、膳食结构和消费行为的改变等因素对全球土地利用造成的影响。报告特别参考了有关农业、地球极限、可持续生产与消费的重要研究成果，为决策者提供了判断国家消费水平是否超过可持续供给容量的方法，实现土地产品供给容量与消费平衡的相关战略与措施，以及有关增加生产、引导消费的政策选择。

结合我国土壤污染情况严峻、相关监测研究实践不足、粮食安全与消费问题集中的实际情况，研究认为：应以修订后的《环境保护法》实施为契机，通过开展土地污染与修复管理，优化土地质量；加强土壤监测，开展污染管理与修复研究，加强能力建设；通过环保构建"山水林田湖"生命共同体，统一保护、统一修复，积极推动我国"两型社会"建设。

# 一、全球土地利用现状

面对粮食安全、气候变化、能源安全等资源环境挑战，世界上很多国家着手通过增加土地供给量（如加强农业生产、开发生物能源与生物材料）来解决问题，这也造成土地相关产品生产和消费趋势的大幅变化，对全球土地资源产生很大压力。总体而言，当前全球土地利用呈现五大特征：

## （一）农业用地面积持续扩张，严重侵占森林、草原

据统计，全球 150 亿 $hm^2$ 的土地中，农业使用了 30% 以上的土地，其中耕地面积达到了 15 亿 $hm^2$，约占全球土地面积的 10%。在过去五十年中，人们通过砍伐森林获取土地进行农业生产，使得全球农业用地面积持续增加。1961—2007 年，全球用于种植作物的土地面积增加了约 11%，但各大洲的情况差异巨大：欧洲和北美洲农用地面积减少，而南美洲、非洲和亚洲的面积增加。同期，砍伐森林的平均速率为每年 1 300 万 $hm^2$。区域差异同样存在，欧洲地区的森林面积从 1990 年开始增加，而南美洲、非洲、东南亚地区的森林快速消失。据估计，全球农业用地面积（包括耕地和永久牧场）到 2030 年将增加约 10%，到 2050 年将增加 14%。未来农业用地扩张、森林草原减少的总体趋势还将继续。

## （二）土地退化严重，生态环境风险加剧

土地退化是农业生产面临的首要问题。这一退化包括环境质量的退化，以及土地资源潜力与生产能力的丧失。由于不可持续的土地利用，全球大约 1/4 的土地处于退化状态，约有 38% 的农用地出现退化。在所有退化土地中，仅有 40% 的土地为"轻微"退化，修复成本较低。而化肥的大量使用，造成了氮、磷等营养物质过量，导致水体富营养化与温室气体（$N_2O$）的大量排放，形成了不断加剧的营养物质污染。农业生产扩大化还造成了全球性的生物多样性丧失等后果。当自然栖息地（尤其是草地、热带草原和森林）转化为农业用地时，造成了生物多样性丧失与生态系统服务损失。森林砍伐、湿地排干、放牧等活动引起的土地利用与土地覆盖变化对土壤养分和植被形成干扰，造成二氧化碳释放增加，在砍伐的林地上开展耕作会进一步释放土壤碳，进一步加速了气候变化。

## （三）舌尖上的需求增长旺盛，农产品供应呈全球化、市场化

过去几十年内，政治经济转型、技术进步、市场扩展支持了农业部门的增长并

推动农业向全球性产业转型。尽管小农户仍旧在为当地社区提供大部分的粮食，由于经营合理化、大笔资本投入、私有化、世贸组织农产品规定等因素推动，具有工业结构导向的私有化农业体系正在替代传统农业模式，为全球市场提供服务。随着农业产业化，农产品市场不断扩大、利润倍增，自1960年起，国际农产品贸易量增长了10倍。截至2005年，全球最大的十家种子公司控制着全部种子商业销售的50%，最大的五家粮食贸易公司控制着75%的市场；最大的十家杀虫剂制造商提供的产品占全部杀虫剂产品的84%。连锁超市在食品零售业销量中所占的份额也在快速增长。2002年，南非55%的食品通过连锁超市销售，巴西达到了75%，而整个南美洲和东亚地区（中国除外）的比例刚刚超过50%，中国的比例略低于50%。

### （四）粮食价格稳步上涨，贫困人口粮食安全面临威胁

从历史上看，农业生产力与产量的大幅增长大力推动了粮食价格长期下降。战后的价格历史峰值主要是由于石油价格增长导致了燃料与化肥生产成本的增加。当前粮食价格回升，虽然仍低于2008年的峰值，但已高于很多发展中国家经济危机前的水平。根据经合组织（OECD）和粮农组织（FAO）的预测，未来粮食价格将稳步上升。粮食价格攀升不仅对那些粮食进口份额高、财政资源有限的国家形成威胁，同时加剧了贫困，将对贫困人口的生活与生计造成重大影响。价格波动也是稳定粮食生产中的核心问题。农产品价格波动增加了农民面临的不确定性，会影响他们的投资决策、生产力和收入。

### （五）生产性土地成为重要资产，土地征用面临高峰

由于粮食与非粮食生物质价格不断上涨，生产性土地成为了重要资产，人们对土地的投资大幅度上升。过去几年内，通过购买和租赁等方式，大规模收购土地的情况显著增加。2000—2011年，交易土地的面积约有2亿$hm^2$。大约2/3的收购交易发生在撒哈拉以南非洲地区。另外，粮食危机、经济衰退、生物质燃料生产目标这三项因素触发了近期的土地征用高峰，而对确保粮食供应或确保"安全"、盈利资产的深层担忧也起到了推动作用。一些政府认为土地交易是获取农业发展与基础设施建设资金的机会，因此也在积极吸引投资者。由于大规模土地征用倾向于工业化、高科技、外向型农业，这通常意味着小规模农业经营的萎缩。

## 二、全球耕地需求的未来趋势

### （一）全球土地需求增长的驱动要素

土地扩张的趋势，源于人类对粮食、饲料、燃料和材料的需求不断增长，而管理不善、土地退化等因素也造成可以使用的生产性土地面积不断减少。研究表明，未来全球对耕地的需求还将持续增加，原因如下：

### 1. 粮食增产受限，只能依靠扩大耕地面积

从全球范围来看，谷类和其他主要农作物的产量增长从 1960 年开始减缓，专家预测未来的农作物产量与之前的产量相比还将继续下降。由于发达国家的农作物产量增长已经十分显著，未来其产量大幅增长的潜力有限。一些发展中国家（尤其是撒哈拉以南非洲国家）则有可能通过改进农业生产获得粮食增产。考虑到气候变化、土地退化率等一系列因素的影响，目前还无法准确估计未来的粮食产量，但是粮食增产受限意味着未来对粮食的需求只能依靠扩大耕地面积来得到满足。

### 2. 人口大幅增长，需要耕地供给口粮

据联合国预测，到 2050 年世界人口将从 2012 年的 70 亿增长到 96 亿，增幅达到 35%。不发达地区人口增长最多，将从 58 亿增加到 82 亿，增幅达到 41%。数据表明，从 2005—2010 年，世界人口年平均增幅为 1.2%；其中发达地区人口增幅 0.4%，欠发达地区为 1.4%，最不发达地区为 2.3%。预计这种地区间人口增长不平衡的趋势将持续到 2050 年。届时，要为这些人口提供粮食就必须要增加耕地面积；欠发达地区人口激增会使其耕地需求增加更快、增幅更大。

### 3. 城镇化加速，建筑用地侵占耕地

2010 年，大约一半的世界人口居住在城市中，城市与各类基础设施等建设用地的面积约占全球土地面积的 2%。预计到 2050 年，城镇人口数量将达到世界人口总数的 70%，建设用地在全球土地面积中的占比将达到 4% ~ 5%。现有证据表明，城镇化通常会造成城市无序蔓延，侵占肥沃土地和农业用地。2007 年，欧盟 27 国内约 3/4 的新建居住区曾经是耕地。全球范围内，如果城镇人口数量按照预测值增长，到 2030 年，发展中国家的建筑用地面积将增长 3 倍。届时，耕地将被大量占用；为了弥补建筑用地占用的耕地，人们会把天然植被区转化为耕地。

### 4. 饮食结构改变，推高土地需求

收入增加、城镇化进程加快导致了人们饮食的改变。快餐连锁店、超级市场、对西方（过度）消费模式的全球性宣传都加速了饮食改变的趋势。饮食改变有可能超越人口增长，成为推高土地需求的主要驱动力。由于发达国家饮食中加工食品和牲畜产品的比例已经很高，目前的饮食结构改变主要出现在发展中国家。城镇人口消费的基本主食少，加工食品多，在热量一定的前提下，生产加工食品所需的土地比家庭自制食品所需的土地量多。以肉食为基础的饮食将导致对农用土地（包括牧场和耕地）的需求大幅度增长。

### 5. 生物质能源需求增加，土地利用竞争加速

随着对能源供给安全的担忧加剧，廉价传统石油资源达到峰值，气候变化影响、未来油气储备不确定性、农村发展需求都在增加，人们对生物质能源的需求也在持续增长。国际能源署预测，到2050年全球约23%的一次能源将由生物质提供。这其中约有一半来自农林废弃物，那么要提供其余的生物质能源就需要约3.75亿～7.5亿 $hm^2$ 的土地，其中有1亿 $hm^2$ 的土地将直接用于生物质能源生产。未来，能源作物将与粮食作物竞争土地、水和营养物质。

### 6. 生物材料成为市场新宠，竞逐土地利用

美国和欧盟都认为以生物质为基础的产品市场前景光明、创新潜力巨大。生物基产品（纸张、纸浆、清洁剂、润滑剂），现代生物材料（药物、工业用油、生物聚合物与纤维），高附加值的创新型产品（木塑复合材料、生物基塑料等）的市场各有千秋。报告对欧盟和美国的市场进行评估后发现，生物质材料约占化学工业原材料的8%。对生物材料的使用不断增加也需要土地。2008年，全球生物材料生产使用了1亿 $hm^2$ 左右的耕地，约占耕地总量的6.6%。到2050年，生物材料生产需要的耕地还将大幅增长，必将与粮食生产竞争耕地。

### （二）全球土地需求增长预测

现有资料表明，未来的土地竞争极有可能进一步加剧。如果不能大幅度提高生物基产品的使用效率，未来将难以避免把大量自然生态系统转化为农业生产用地的情况发生。

据保守估计，为满足人类对粮食和非粮食生物质的未来需求，从2005—2050年，全球耕地的净增长量为1.23亿～4.95亿 $hm^2$；如果补偿建设用地扩张和土地严重退

化造成的耕地面积丧失，那么到 2050 年将额外需要耕地 3.2 亿～8.49 亿 $hm^2$，这些耕地都将通过转化森林和草原获得（见表 1）。结果表明，人类现有的"基准情景"生产与消费不可持续，需要将人们对全球土地资源不断增长的需求与土地资源可持续性联系起来，综合考虑解决问题的思路与方法。

表 1　"基准情景"下各类需求和补偿因素导致的农田扩张（2005—2050）

| "基准情景"下的扩张 | 低估值／（百万 $hm^2$） | 高估值（百万 $hm^2$） |
|---|---|---|
| 粮食供应 | 71 | 300 |
| 生物燃料供应 | 48 | 80 |
| 生物材料供应 | 4 | 115 |
| 净增长 | 123 | 495 |
| 对建成环境的补偿 | 107 | 129 |
| 对土地退化的补偿 | 90 | 225 |
| 总增长 | 320 | 849 |

## 三、实现供需平衡，推动全球土地资源可持续发展之道

### （一）打造全球土地利用的安全运作空间

2009 年，瑞典环境科学家乔恩·罗克斯特罗姆提出"安全运作空间"的概念[1]，为可持续发展提供参考（如图 1 所示）。按照乔恩的估计，人类已经突破了气候变化、生物多样性丧失速率、全球氮循环变化三个领域的限值。而对于土地利用的安全界限值为：全球用于农业生产的土地占全球无冻土地面积的比例不超过 15%。

---

[1] 乔恩带领研究团队针对地球环境退化、资源过度使用的危机研究提出了"地球界限"框架，共设定了包括海洋酸化、臭氧层消耗、全球淡水使用、生物多样性丧失速率、氮循环改变、土地利用变化、气候变化、气溶胶载荷、化学污染在内的九条安全界限，希望以此来界定一个人类安全运作空间。

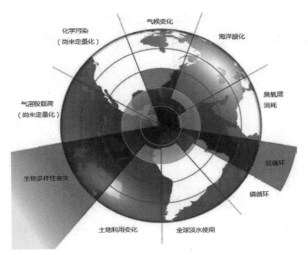

图 1  地球界限控制变量的定量演变估测（工业革命前至今）

根据这一思路，要解决土地资源利用问题，就要根据全球土地利用的"安全运作空间"，确定在发生不可逆转损害的风险到达临界程度之前，土地利用变化的强度和程度。这要求既要考虑确保长期粮食安全的需求，又需要将生物多样性丧失、二氧化碳释放、水与营养循环破坏、肥沃土壤丧失等风险控制在可以接受的低水平。当前这一水平为 12%，到 21 世纪中期，将接近限值，形势严峻。

农业扩张和自然栖息地转化是导致全球生物多样性与生态系统服务等人类生存发展基础丧失的主要原因。要实现到 2020 年遏制全球生物多样性丧失的目标，就需要到 2020 年在全球范围内遏制耕地扩张侵占草地和森林。这意味着，基准情景的发展只能推进到 2020 年。彼时，全球耕地面积将增加 1.9 亿 hm²（总增长），其中约 1 亿 hm² 为净增长，其余 0.9 亿 hm² 用于补偿建成区和退化土地。依据"安全运作空间"限值计算，用于满足需求的全球耕地面积最多只能增加到 16.4 亿 hm²，这就是开展可持续消费的参考水平。如果人类按照基准情景发展到 2050 年，预计农业用地增长将突破所有"安全运作空间"。因此，要将生产与消费维持在"安全运作空间"范围内，需要到 2030 年将人均耕地面积维持在 0.20hm²（1 970m²）。

但现状并不乐观，以欧盟为例，2007 年欧盟的耕地需求为人均 0.31hm²①，比欧盟国家内人均可用耕地面积多出了 1/4，比 2007 年全球可用人均耕地面积多出了

---

① 计算方法是：经济体消费的国内产品加上其进口的农产品，减去其出口的农产品，之后计算生产这些产品所需要的全球土地面积，除以该经济体的人数，最终结果以人均值表示。

1/3，比安全运作空间下 2030 年人均 $0.20hm^2$ 的指导值还高。这一结果显示，一些国家和经济地区由于高消费，已经使用了超过其全球安全操作空间合理份额的陆基资源，对净出口这些产品的国家带来了土地利用变化的压力。

### （二）具体行动建议

为了满足人们对粮食和非粮食生物质的需求，同时控制耕地面积增长，将其维持在安全运作空间限制内，应制定政策促进粮食供给，并引导消费向可持续消费的水平发展。为此，应重点开展以下三方面的行动：

#### 1. 可持续管理土地，改善粮食生产

土地可持续管理体系是改善粮食生产的重要工具体系，而最佳管理实践（BMP）按照循环利用生物质、改善土壤质量、减少土壤生长要素损失等原则，将影响与土地相关的性质与过程，成为土地可持续管理体系的基础组成部分。

各国应根据自身的社会、经济、自然环境情况，选择适宜的最佳管理实践用于提升本国粮食产量；同时综合运用传统科学与乡土知识，加强可持续农业生产，改善生态系统服务水平。将改善土地管理相关研究成果推广给农民，实现最佳实践的快速应用。

#### 2. 向可持续供给方向引导消费，控制耕地面积扩张

为了向可持续供给的方向引导消费，应首先监测国内最终消费的实际土地使用量；在此基础上明确长期资源消费的目标（可根据安全运作空间的原则确定参考值，确定粮食与非粮食生物质消费的目标和优先级别）；而后调整现有政策（或制定实施新战略新政策），推动消费向可持续消费目标靠近；最后评估措施的有效性（如分析政策影响），总结经验教训。

在推动消费转型的过程中，应重点减少对粮食和非粮食生物质的浪费与过度消费行为，同时提高生物质与土地资源利用效率，控制土地竞争与土地占用，以减少耕地面积扩张。其中，应特别加强监测全部农产品消费的土地需求量，以便对全球平均使用量与可持续供给量进行比较，为部门政策调整需求提供信息。还应在高消费国家实施推广健康、均衡膳食，降低肉类产品消费；控制对（耕地、林地生产）生物材料的消费；切断燃料市场和粮食市场的联系。

综合采取以上措施，预计可以节省 1.6 亿～ 3.2 亿 $hm^2$ 的耕地，在最好的情况下，可使耕地面积净增长到 2050 年控制在安全运作空间范围内。

### 3. 实现消费与可持续供给平衡的政策选择

在推动消费转型的同时，重点加强供给。为确保粮食、纤维以及部分燃料的可持续供给，充分利用、保护并且强化自然资源基础，应同步实行两种互补的策略：提高管理水平，管理好每一平方米土地；将生产和消费水平限定在安全运作空间内。

加强可持续供给，一方面要加强农场层面的能力建设，加强农业生产，以生态和社会可接受的方式提高生产集中度，提高可持续供给能力。另一方面，应积极构建资源管理框架，开展可持续资源管理。重点措施包括：加强土地管理与土地利用规划，保护生产性土地，确定开展自然保护的优先区域，避免由于农业扩张和畜牧业生产导致的高价值自然区域的损失，避免建筑用地占用农田的情况，同时提供资金，修复退化土地；加强土地利用监测与数据统计；运用经济工具调节可持续供给和需求，提升公共投资针对性，推动对土地负责任投资；减少生产和收获阶段的粮食损失；推广有效利用农业残留物的项目，鼓励使用热电联供或多联供技术将残余物加工成回收材料和电、热等能源；支持城市和区域的资源管理实践，可实施城市种植项目，支持当地居民生计。

## 四、经验与启示

全球土地利用报告为各国政府、机构的决策者和各利益相关方勾勒出与全球土地可持续利用相关的趋势、重大挑战以及备选解决方案，为各国加强土地资源管理、实现土地产品消费与可持续供给的平衡提供了重要信息与政策启示。中国当前面临着严峻的农业环境污染与土地退化问题。2013 年 12 月第二次全国土地调查的结果表明，中国约有 5 000 万亩[①]（约 333 万 hm²）耕地受到中、重度污染，大多不宜耕种。2014 年《全国土壤污染状况调查公报》进一步显示，我国耕地土壤点位超标率[②]高达 19.4%，轻微、轻度、中度和重度污染点位比例分别为 13.7%、2.8%、1.8% 和 1.1%，主要污染物为镉、镍、铜、砷、汞、铅、滴滴涕和多环芳烃。土壤污染与土地退化对中国粮食安全形成的潜在威胁不言而喻。

结合报告最新研究成果与政策建议以及我国实际情况，可得到如下启示：

---

① 一亩 = 1/15 公顷。
② 点位超标率是指土壤超标点位的数量占调查点位总数量的比例。

**（一）以修订后的《环境保护法》实施为契机，加强土地污染与修复管理，优化土地质量**

2014 年，中国史上最严格的《环境保护法》修订出台，特别在土壤污染的调查、监测、评估、修复方面都做出了规定，要求对土壤和土地进行风险评估，根据结果确定修复目标，并在修复后进行验收；同时要求加强农业环境保护，促进相关新技术的使用。这为中国加强农业环境污染治理、修复退化土地提供了法律依据与制度保障。因此，相关部门应以此为契机，尽快为新《环境保护法》的实施做好准备，同时加快《土壤污染防治法》等配套法的制定与实施，严格惩治土地污染，加强土地污染与修复管理实践，优化土地质量，保护中国的土地资源与土地生态系统。

**（二）加强土壤监测，开展污染管理与修复研究与能力建设**

中国在大气、水等领域建立了完善的监测体系，但是土壤领域的监测与评估体系建设仍然很薄弱。土壤污染管理与修复产业刚刚起步，相关法规体系、监管体系、标准体系尚不完善。因此，相关政府部门与科研机构应在现有土地资源调查与研究的基础上，进一步加强土地利用和土壤环境监测及相关信息系统建设，重点关注退化土地范围与土质等方面的数据，以便评估土地修复的各种方案，支持《环境保护法》的严格实施。同时，加强土壤环境监管、风险评估与管理、修复技术与能力需求、土壤环境标准等领域的科学研究。

政府也应针对农民加强能力建设活动，在推广土地利用与耕作最佳实践的同时，传播土壤污染防治与土壤修复、农业生物多样性保护的知识与方法，提升农民有关资源可持续利用与环境保护的意识。

**（三）通过环保构建"山水林田湖"生命共同体，统一保护、统一修复，积极推动我国"两型社会"建设**

截至 2009 年年底，全球耕地面积 20.31 亿亩，其中约有 1.49 亿亩耕地位于具有重要生态安全作用的区域，需要退耕还林、还草、还湿。土地安全运作空间的理念，要求确保土地利用的质量与数量、供应与需求的系统平衡。正如习近平总书记所言："山水林田湖是一个生命共同体，人的命脉在田，田的命脉在水，水的命脉在山，山的命脉在土，土的命脉在树。用途管制和生态修复必须遵循自然规律。如果种树的只管种树、治水的只管治水、护田的单纯护田，很容易顾此失彼，最终造成生态的系统性破坏。"未来需要用生态系统的思路，以生命共同体视角来统一管理土地利用的资源与环境问题，高度警惕因新型城镇化、膳食结构变化所引发的资源浪费、环境恶化现象，统一保护、统一修复。为此，建议加强土地利用的环境保护与修复规划，探索土地资源可持续管理的综合模式，探讨实现粮食可持续增产与生态系统健康、生物多样性保护共赢的有效途径；收集传统知识与本土最佳实践，采用生态友好型方式提高农业生产集约化程度，在增加粮食产量的同时确保农业生态安全。

同时，政府应大力倡导健康文明饮食文化，加强粮食储备、运输设施建设，减少加工环节的粮食损失，确保消费与可持续供给达到平衡，最终实现我国土地资源的供需平衡，推动资源节约型、环境友好型社会建设。

# 发展知识经济，助力亚洲可持续发展

## ——亚洲开发银行发布《创新亚洲：推动知识经济》报告

刘 平　王语懿　彭 宾

2014 年，亚洲开发银行发布了《创新亚洲：推动知识经济》报告（以下简称"知识经济报告"）。该报告评估了亚洲发展中国家的知识经济发展现状，在四大支柱（创新、信息与通信技术、教育与技能、经济与体制）框架下与发达经济体进行比较分析，并描述了实现知识经济的政策行动。亚洲地区正面临着经济转型的挑战，大部分亚洲国家已失去劳动密集型产品的相对优势，却要面对前期粗放型经济遗留的资源耗竭和环境污染等方面的压力。亚洲地区正谋求从"以价格取胜"到"以创新力取胜"的发展模式的转变，通过可持续生产方式的创新来抵消劳动力价值上涨等方面的负面影响。知识经济的发展模式为亚洲地区解决当下主要问题、实现经济转型提供了思路。

本报告对我国学习和借鉴发达经济体实践知识经济的先进经验，提高亚洲新兴经济体知识经济的合作水平，推动我国深化科技体制改革加快国家创新体系建设有一定启发意义。

## 一、发展知识经济对亚洲具有重要意义

对快速发展的亚洲而言，发展知识经济不仅势在必行，而且也是难得的机遇。保持未来经济的高速增长十分必要，新兴经济体保持良好的发展趋势又为知识经济的发展带来契机，这种趋势将加快提高新兴经济体在全球价值链分工中的地位并使其在全球市场中占有一席之地。

过去的 25 年，亚洲发展中国家凭借廉价劳动力的优势，取得了空前的经济发展速度并为全球经济作出了贡献。然而，为了延续亚洲的发展轨迹，特别是实现从中等收入国家到高收入国家的跃迁，发展中国家还需要寻求不同的经济发展模式。

而知识经济为促进经济发展提供了重要平台。

亚洲地区典型的发展模式是依靠其长期以来具有的劳动密集型产品的相对优势建立起来的。而近年来，技术进步已经改变了生产和贸易的形式，这类发展模式很难继续获得成功。随着劳动力工资的增长，亚洲大部分国家失去了劳动密集型产品的相对优势，同时面临资源消耗和成本增长的压力。劳动力的相对优势逐渐消失后，随着工资增加、生产力降低、经济发展速度减缓，亚洲经济体或将面临"中等收入陷阱"的威胁。为了避免亚洲新兴国家像巴西、俄罗斯和土耳其那样遭受中等收入陷阱的危害，亚洲需要将发展模式从"以量取胜"转变为"以生产力取胜"，通过创新的可持续生产抵消劳动力增速减缓所带来的负面影响。作为结构转型的一部分，发达经济体逐渐从农业转向工业和服务业，如今其服务业已占产出和就业的大部分。这种转型在发展中国家较为缓慢，而知识作为提高生产力的动力之源，就显得尤为重要。尽管很多亚洲国家加强了工业基础，提高了服务业的比例，他们要避免进入"中等收入陷阱"，仍需要借助知识经济的力量。

当前，亚洲应稳固并加速经济发展的步伐。亚洲正处于特殊历史时期，犹如处在不断拓展的全球金字塔的中间部位，占据诸多推动经济发展的有利条件。2020 年，亚洲将可能拥有全球 50% 的中产阶级和 40% 的消费者市场。同时，亚洲区域内贸易将不断增长，比重从 2001 年的 54% 提高到 2011 年的 58%。很多发展中国家已经蓄势待发，准备将先进技术引入自身生产环境中。

## 二、发达经济体经验

发达经济体始终坚持知识型经济发展模式以维持高收入状态。亚洲的一些国家正接近或已经处于中等收入水平。而中等收入国家正夹在低工资、低收入的国家和高收入的创新型国家之间，前者主导了劳动力密集型的成熟产业，与中等收入国家形成竞争；后者则主导了正经历着快速科技变革的产业。因此，中等收入国家的发展还需依赖于高科技集约型产业以及人力、物力的大量储备。也就是说，中等收入国家必须不断发展，赶上发达经济体，并向高收入国家转型。

亚洲发展银行的一篇工作报告强调，在中等收入国家向高收入国家转型的过程中有两个因素起着关键性作用。一是要决策和公共部门的时刻关注并及时地对基础设施和人力资源进行投资，推动发展高新科技和知识密集型产业。二是要有给予并保持私营部门活力的高素质机构，使其对国际市场的变化保持创新性和敏感性。

美国是全球利用创新力杠杆实现更广阔的经济发展目标的引领者。美国一直在科研、高等教育以及通信技术方面进行大量的投入。日本赶超先进国家，走上知识经济发展模式就是凭借引进先进的资本商品、向国外技术授权专利以及鼓励国际性高等教育来实现的，并且通过对商业性的科技研发的投资和工业产品的出口，使经济发展向高附加值型产业（如电子硬件或配件）倾斜。韩国和新加坡通过实行系统的知识经济发展模式并成功转型为高收入国家的典范。

## （一）韩国知识经济发展模式

韩国用了 15 年时间成功转型为知识型经济体。韩国快速的工业化进程建立在出口劳动密集型产品、从发达国家进口生产资料以及科技授权的基础之上。在此基础上，国家的决策者不断支持私营部门的发展。如图 1 所示，在 20 世纪 60 到 70 年代间，韩国建立了很多先进的公共研究机构，以进行基础型和实用型研究，诸如韩国高级科学技术研究院以及国家科学技术研究院。研发支出在国内生产总值中的比例一直平稳上升，从 1965 年的 0.5% 上升到 1997 年的 2.5%，在 2010 年达到 3.7% 之多，韩国还计划将此比例增长到 5%。在通信技术方面的大量投入让该国在电信基础设施及运营方面一直处于全球领先地位。而国家的 17 个部委在科研以及通信技术方面的协调合作巩固了其在信息技术领域的地位。强化教育改革以及教育与雇员培训之间的衔接为该国知识经济的发展奠定了人力资源基础。在起始阶段，政府起到了十分关键的作用，20 世纪 80 年代之后，私营部门发挥着越来越重要的作用，而政府通过财政以及贸易政策来为私营部门的发展提供动力，如免税、加速折旧以及降低进口关税等。甚至是一些小企业也会在研发领域进行投资，有些中小企业的研发资金投入占总销售额的 10% 之多。从 20 世纪 90 年代中期开始，该国高科技产品的国际竞争力就在不断增强，如三星，现代，乐金等企业，通过与负责推动科技创新的各部委合作，已经进入了薄膜晶体管液晶显示器行业，并对一直在该市场占据领先地位的日本形成了极大的挑战。到 1999 年，韩国在工程、生产及建造等领域的大专毕业生占总数量达到 35% 之多。如今，该国高等教育在校人数居世界前列。此外，韩国还建立了一个涵盖科学、技术和信息领域的部委—科学通信科技规划部，继续推动其知识经济的发展。

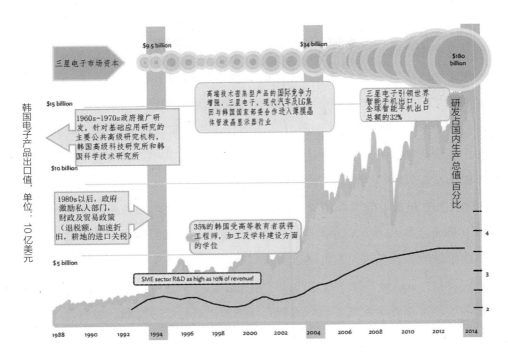

资料来源：三星电子年度报告，彭博咨询，韩国国家统计局，哈佛分析，经济学人智库。

图1　韩国实现知识型经济体转型时间表

### （二）新加坡知识经济发展模式

　　新加坡从一个港口转型成知识型经济体，经历了 1960—1969 年的劳动密集型经济增长时期、1970—1979 年的技术密集型经济增长时期、1980—1989 年的资本密集型经济增长时期、1990—1999 年的科技密集型经济增长时期，以及 2000 年之后的知识和创新型经济增长时期（如图 2 所示）。早期，新加坡依靠对外直接投资推动经济发展。在 20 世纪 90 年代，新加坡精心策划了旨在通过发展科技来实现向知识型经济体转型的行动。初期，新加坡通过对外直接投资来获得高新科技，参与世界贸易，而后，开始增强自身研发水平。正如韩国的研发支出在国内生产总值的比例从早期的 0.5% 平稳增长到 2.3%，新加坡计划将研发支出在国内生产总值中的比例提升到 3.5%。新加坡经济发展局协调在研发和科技教育领域的投资，推动高科技产业的投入，以促进新加坡未来的发展。

　　新加坡积极推动通信技术在硬件上的运用以及其在政府、社会以及产业上的运用。该国在增强技术教育以及补贴跨国企业员工技术培训方面投资巨大，并且与世界领先的教育机构合作，为发展知识经济提供了智力支持。新加坡有意加大投资，进行贸易经济体建设。不断增强的贸易服务竞争力以及在贸易和物流领域的通信技术投资使新加坡在 2012 年世界银行发布的物流绩效指数排名榜上位居第一。

新加坡半导体和航空工程产业的兴起，将新加坡的制造业推向全球生产价值链的上游。在 1991—1995 年，促进研发活动和投资的国家科技方案得以落实。在 21 世纪初，制造业集群进一步多样化，将生物医药也纳入其中。新加坡制造业的产量和增值额在过去 20 年里增加了两倍。

20 世纪 90 年代，随着经济发展局服务促进处的建立，服务业随之发展起来。1997 年，服务业和制造业成为推动新加坡经济发展的两大驱动力。新加坡很快就成为服务业聚集地，并且进一步发展了新的高速增长的服务能力。今天，新加坡是亚洲领先的商业、金融聚集地，并成为全球领先的金融中心。

此外，新加坡逐渐营造了良好的教育环境来促进科研的发展，培养当地优秀人才。1991 年，新加坡建立了国家科技局来提升该国在科技方面的研究能力，从事研究的科学家和工程师在工作人员中所占比例从 1997 年的 0.28% 提升到 2000 年的 0.88%。2000 年，成立了生物医药研究委员会和科学与工程研究委员会。2002 年，国家科技局更名为科技研究院以提高对培养科研人员的重视，促进向知识型经济体转型。2003 年，建立了耗资 5 亿美元的生物科技园，内设世界领先的生物医药研发设备，为公共部门和私营部门的研究活动提供便利。随后，在 2008 年，建立了启汇城和科学工程研究中心。公共部门研究院和企业实验室共同助力该国经济的发展。

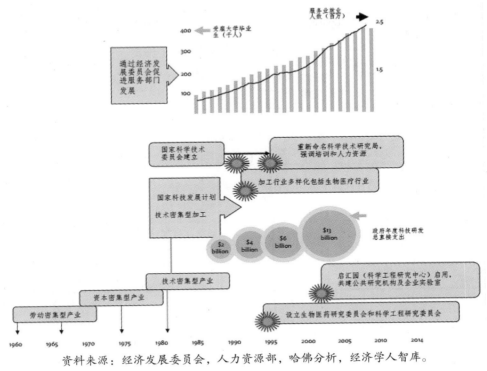

资料来源：经济发展委员会，人力资源部，哈佛分析，经济学人智库。

图2　新加坡实现知识型经济体转型的时间轴

从发达经济体的经验看，新兴国家要重视的领域包括：对科研能力建设的系统性和持续性的投资以及政策；对人才资源的进一步投资；完善教育制度以提升知识密集型产业的竞争力；建立恰当的经济、制度以及激励机制的架构，从私营部门挖掘潜在投资；尤其在国家向知识型经济转型的早期过程中，政府要起催化、刺激的作用，营造促进私营部门的发展的氛围；提升高等教育、应用型研究与产学合作的质量和关联度；加强对电信和通信基础设施的投资，因为其关乎整个经济体，并带有很大的衍生价值，如提高政府的服务水平和管理能力，促进服务业贸易和与全球生产供应链的连接。

## 三、亚太地区知识经济发展概况

为了评估和监测知识经济的发展进程，世界银行推出了知识经济指数（KEI），使用四个支柱框架（如表1所示）：

### 表1　知识经济指数四支柱

| 支柱 | 描述 | 指标 |
| --- | --- | --- |
| 经济与体制 | 为有效利用新知识和现有知识以及蓬勃发展的企业家精神提供激励的经济和管理制度 | 关税和非关税壁垒<br>监管质量<br>法治 |
| 教育与技能 | 公司、研究中心、大学、咨询公司及其他机构的有效创新系统，从而吸收全球知识以适应当地需求并创造新技术 | 成人识字率<br>中学入学率总值<br>高等教育入学率总值 |
| 信息基础设施 | 受过教育并技术娴熟的人群，能够创造、分享并能良好运用知识 | 每千人手机使用量<br>每千人电脑使用量<br>每千人网络使用量 |
| 创新体系 | 促进有效创新、传播及处理信息的信息及通信技术 | 特许使用金和收据（美元/每人）<br>科技期刊文章（每100万人）<br>由美国专利及商标公司授予的国民专利（每100万人） |

资料来源：世界银行，《知识评估方法和知识经济指数》。

　　根据各国知识经济指数的对比，亚太地区新兴经济体与经合组织（OECD）国家相比，在整体知识经济指数上的表现相去甚远。图3展示了对亚太地区新兴经济体的经济地位的评估结果。

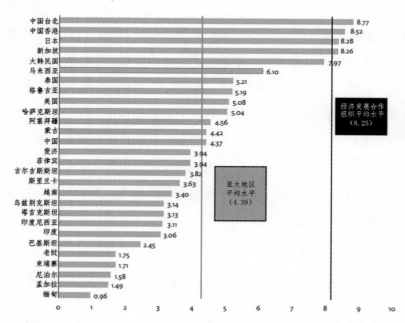

资料来源：世界银行，知识经济指数，http://go.worldbank.org/JGAO05XE940。

图3　亚太新兴经济体知识经济指数评分

## （一）创新支柱

与研发活动相关的所有指标（研发总支出与商业支出在国内生产总值所占比例、企业中研发人员总数和比重），亚洲新兴经济体均落后于发达经济体。如图4所示，中国作为新兴经济体的领军国家，在创新方面仍远落后于发达国家。由图5可以看出，除中国以外，新兴经济体中没有哪个国家像日本、韩国以及新加坡等中等收入水平国家一样，研发投资占国内生产总值的比例达到1.5%。目前需加大研发投资，有效利用并加速研发成果的商业化。

新兴经济体需要平衡吸引和开发全球知识（如日本、韩国、新加坡及中国台北已实现的科技跟进）并鼓励本国自主创新产品。当中等收入经济体需要发展科技创新能力以克服"中等收入陷阱"时，亚洲的欠发达经济体需更加重视全球知识的有效吸收。

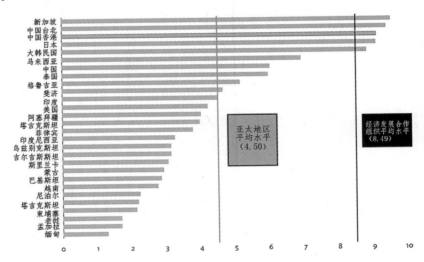

资料来源：世界银行，知识经济指数，http://go.worldbank.org/JGAO05XE940。

图4　知识经济指数中创新支柱评分

日本及韩国就是依靠快速的"本土化"创新，即拓展本国企业尤其是多元化企业集团的研发能力。就某种程度而言，新加坡及中国台北均利用其海外跨国公司通过研发外移来转移技术并发展创新能力。中国台北工业技术研究所与中小企业财团合作实现研发活动中的规模经济便是一个主要的案例，参与公司可以以非常低的许可费优先获取研发中的知识产权，从而主导了笔记本电脑制造市场。新兴经济需要考虑将研发投资及行业创新竞争力相结合，包括主要工业部门、供应链行业以及服务行业，可能包括物流和运输。

基层创新和节俭创新在亚洲获得进展：印度国家创新基金和天津大学记录了自主创新的可行性。公共政策可以在这些成功案例的基础上引导更多的公共资金投入到低收入团体相关的技术的研发。推广和支持社会企业家的公共政策也将有助于促进创新，如社会影响投资的推广。

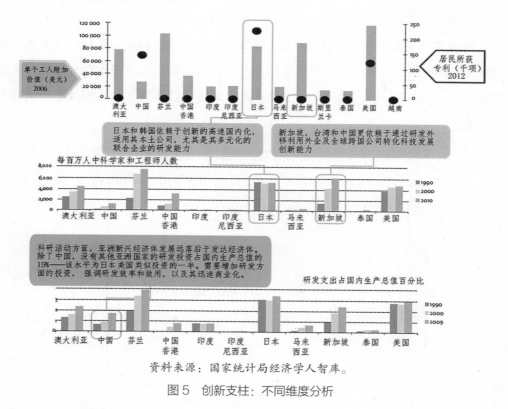

资料来源：国家统计局经济学人智库。

图5 创新支柱：不同维度分析

服务业的创新已给亚洲带来希望：许多发达国家的传统意义上不可交易的知识型服务部门，如医疗诊断、建筑设计以及商业核算与分析，正迅速向更低成本的发展中国家转移，而亚洲成形的信息技术服务及商业进程外包集群正逐渐成为该趋势的主要受益者。但为了更好地利用此次产业转移的机会，发展中的亚洲仍需继续加大创新力投资以保持足够竞争力。

对于新兴经济体而言，需要公共部门资金帮助当地企业在新兴科技商业化进程中缓解瓶颈阻力，包括概念验证和专利申请资助、创新补助计划以及鼓励企业和大学合作。美国的小型企业创新研究项目和芬兰的 Tekes 项目可以适应发展中经济体的现状。此外，还可以鼓励私人金融服务公司为创新型企业提供资金，例如商业天使投资双向匹配计划，以及吸引和利用海外科学家及投资家的孵化器发展项目（如：以色列孵化支持项目、新加坡商业天使计划及孵化器发展项目）。为促进新型技术商业化，需提前根据市场需求对该种中介工具进行公共投资。

### （二）教育与技能支柱

教育系统正在全球范围经历剧变和转型，并影响亚洲经济体。为该领域树立新范例的呼吁比其他任何一个支柱都多。图 6 与图 7 显示了教育与技能支柱的相关数据分析。来自经济合作与发展组织的证据显示越来越多受过高等教育的人群被知识密集型产业雇用。

教育与技能是必要的，但仅仅有教育与技能并不够。知识型经济体更需要"能力"，即"软""硬"技能相结合，而非只是资格认证。新型正式职业教育培训和学术教育培训需培养出一批职业技能和专业人才。教育系统应具备的关键属性是开发出更灵活和响应率高的项目，以提供市场需要的从业资格和职业能力。新加坡和韩国等提供高等职业教育较为成功的国家，为发展中国家提供了经验。韩国的特定教育帮助企业雇佣到合适的人才并建立了所需的人力资源。人才方面，除学术学位外，还需要各种高职、理工和应用学位的人才。

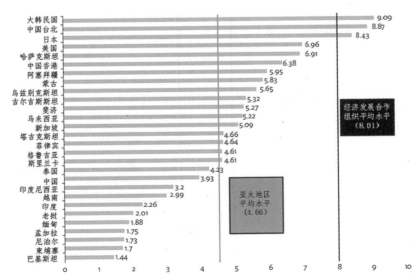

资料来源：世界银行，知识经济指数，http://go.worldbank.org/JGAO05XE940。

图 6　知识经济指数中教育与技能支柱评分

　　技术园区将不再独立运行，而是需要提供支持性的高质量技术大学，并与潜在技术客户、研发合作者、风险投资者、技术转移中介，以及从事品牌推广和广告等知识型服务供应商进行合作。与全球各知名大学联系紧密的亚洲"世界一流"大学的发展对亚洲而言尤为重要。通过吸引全球人才，与全球领先的研究型大学合作，新加坡国立大学已成为在石墨烯和膜技术方面的全球研究中心。和新加坡一样，中国最近之所以在纳米技术领域引领全球发展，亦与研究人员的层次提高有关。这些研究人员中很多是海归，他们通过与国内外同事共同发表科学论文架起联通科学世界的桥梁。然而，不能以牺牲多样化教育体系的质量为代价，而迎合发展中国家的人口需求。

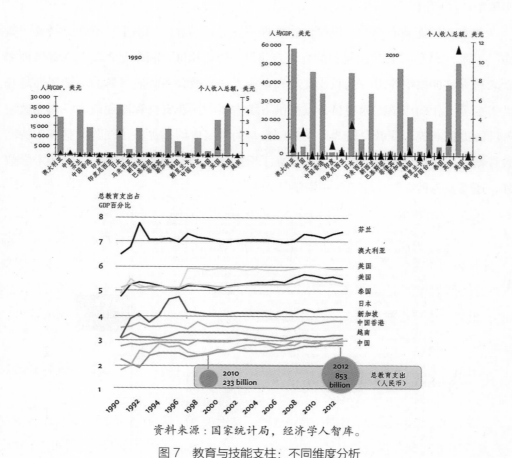

资料来源：国家统计局，经济学人智库。

图7　教育与技能支柱：不同维度分析

在向知识型经济体转型的过程中，将信息与通信技术和教育相结合很可能成为实现提高质量、相关度、公平以及转型教育学最有力的工具之一。当今世界的"数字原生代"采用新的学习方式，将不同形式和机构设置进行融合。基于游戏和仿真的学习市场在美国高速增长。大规模开放在线课程(MOOCs)对传统实体教育机构造成了挑战。随时随地学习和混合式学习将成为最重要的学习方式。新兴经济体在教育领域越早地探索和实现有前途的教育和信息通信技术解决方案，教育系统机制和教育服务质量改善的机会就会越多。

高等院校作为技术和创新的商业孵化器正在迅速发展。虽然亚洲一些发达经济体，如韩国，已有许多好的实例可鉴，但仍有必要对最新趋势进行跟进。例如，南加州大学维特比工程学院与风险投资公司 Kleiner Perkins Caufield & Byers、人才和文学机构 United Talent Agency 联合发布了 Viterbi Startup Garage，一个专为学生和校友企业家提供经济和战略支持的早期技术加速器。美国国家科学基金会支持大学创新伙伴计划，该计划作以合资公司形式运行，由美国大学发明者、创新者联盟以及斯坦福大学共同实施，为本科生和研究生提供研究所需的培训，并利用自身资源，为学校引进创新和创业活动。这类伙伴关系有必要在亚洲的高等教育机构中推广。

企业需要能够有效及高效运用研发技能的高素质人才。发展中国家公司内研发人员整体数量和能力都较低，需要发展研发能力，但同时也需要为早期创业的风险投资提供经验和指导。高科技企业初创的成功与否将取决于这些人力资本以及财力支持。这需要培训系统与雇主合作，着眼于职业技能的更新和升级。创新与企业家精神的教育，对新兴经济体发展知识经济所需的人力资源潜力来说非常重要。将解决问题和批判性思维能力纳入课程中，是亚洲高等教育院校至关重要的任务。亚洲企业家的出现是由变革产生的"无奈之举"（因无法就业而转向创业），而不是引领变革。

教育、培训和终身学习对向知识经济体转型至关重要。新型和再造教育和培训系统将加速新兴经济体向知识经济体转型。

发达经济体同样也在想办法为国家培养知识型工人和创新支持性力量的毕业生。发展中的亚洲经济体仍在极力扩展其高等教育体系，尽管一些国家，尤其是中国，已经为此进行了大量投资。然而随着高校招生人数的剧增，毕业生失业率也在剧增。2008 年，中国 25% 的毕业生找不到工作。教育质量及教育相关度对知识经济而言是重中之重。在中高等教育中，急需进一步加强科学、技术、工程以及数学专业。

**（三）信息与通信技术支柱**

发达国家，如韩国，在市场实际需求增长之前就已经开始大力投资建设全国信息与通信技术设施，并将其广泛应用于电子政务和商务。此举对于国家高效利用该类设施大有裨益。新兴经济体筹备创建信息与通信技术设施时可以学习发达国家经验。对于发展中国家而言，信息通信技术设施的广泛分布以及跨越城市和农村地区的网络连接将促进包容性发展。图 8 展示了信息与通信技术指数的评分。

亚洲新兴经济体正处在利用信息与通信技术及其社会影响促进经济增长的特殊阶段。亚洲经济体走在信息通信技术产品和服务的生产和使用的前列。2011 年，信息与通信技术几乎占亚洲发展中国家出口量的四分之一，是全球平均值的两倍。在过去十年间，发展中的亚洲经济体已经成为全球信息与通信技术行业的重要参与者，一些亚洲经济体的信息与通信技术能力（据云就绪指数所示）远超过其人均收入所对应的水平（如图 10 所示）。

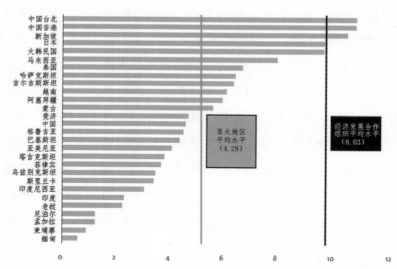

资料来源：世界银行，知识经济指数，http://go.worldbank.org/JGAO05XE940。

图 8　知识经济指数中信息与通信技术支柱评分

仅在亚洲，每 10 人就拥有近 9 部移动电话，其中大部分设备都连至互联网。在 35 亿移动电话使用者中，亚太地区的消费者如今已占据全球移动服务市场一半以上。

　　确保市场竞争是在可支付范围内促进全球信息与通信技术覆盖率的重要手段。值得一提的是，亚洲经经济体正在引领移动通信技术的成长。解决信息与通信技术问题，需要考虑无处不在的移动电话。特别是对于贫穷地区人口，不断普及的移动电话仍具有潜在市场，因此，需要普及价格适当的智能手机供未受教育或教育程度较低人群使用。

　　新兴经济体需要考虑实施全面的国家宽带政策及计划。研究显示宽带覆盖率与经济增长呈正相关。农村地区高速宽带的使用是一项重要的包容性发展策略。在亚洲地区还存有大量的公共服务基金，将其应用于经济疲软地区，可减小数字鸿沟。拓展公共服务基金，使其涵盖高速宽带的普及，提高农村人口的经济收益。虽然发展中国家的移动宽带使用量为固定宽带使用量的三倍，但就宽带连接而言，发展中国家仍面临着巨大的数字鸿沟。

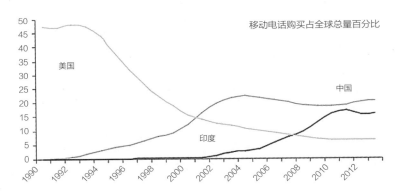

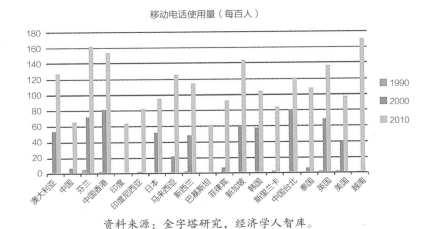

资料来源：金字塔研究，经济学人智库。

图9　信息与通信技术支柱：移动电话潜力

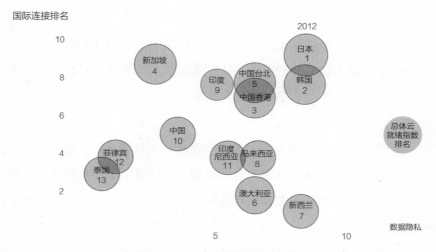

资料来源：亚洲云计算协会，2012。

图 10　云就绪指数（2012 年）①

　　如图 9 所示，仅中国和印度两个市场就各自拥有近 20 亿移动电话用户。此外，亚洲在所有新兴经济地区中已攀至移动服务价值链的顶端，并且抓住了下一代移动宽带网络设施的机会。移动通信在发展亚洲中经济体的覆盖率反映了其他新兴市场的移动通信覆盖情况，移动宽带服务（3G 和 4G）的接受速度要快很多。

　　当代经济发展中的工作场地已越来越数字化。2011 年，全球信息技术交付、商业流程外包及语音服务的 10 大地区中有 7 个在亚洲。信息通信技术服务为提高相对优势提供了重要资源。电子商务，数字产业以及创新娱乐产业已经成为亚洲具有相对优势的产业，随着实惠又高速的宽带连接，这些产业都将得到繁荣发展。

　　在广泛普及信息与通信技术时，发展中经济体可以评估一下转向云计算的成本与收益。2016 年之前的趋势显示，信息与通信技术的大部分支出将落于云计算。亚洲新兴经济体一直能够很好地预期未来趋势并投资未来技术，就算成本高昂，它们也不会留恋旧的技术。亚洲云计算协会最近发布的一项研究表明，在未来 3 年内，云计算将在全球创造 1 400 万职位，其中仅亚洲就有 1 000 万。随着亚洲与计算服务市场的快速发展，其价格会像移动通信服务一样降得更低，同时生产率会更高。这将促成新型商业发展、生产力的提高、平摊更低的成本、按需服务以及更高的市

————————————

①　云就绪指数可用来衡量云计算发展的成熟度。

场效率。

为数字经济发展人力资源能力很重要。印度最近宣布了国家数字扫盲计划。一方面，一大批人需要学习一般的信息与通信技术；另一方面，的确需要对信息与通信技术行业高等的和特定的技能进行投资，这将有助于经济体获得有利的人力资源，最大限度地应用信息与通信技术。

### （四）经济与体制支柱

稳健的经济与体制（EIR）对于有效的知识经济体而言十分关键。大部分发达经济体在经济便利度上的排名比发展中经济体高。拥有巨大的国内市场的经济体排名却相当之低。因此，还需完善机构管理，以减少妨碍商业发展的官僚主义，增加管理透明度。比如，哈萨克斯坦的商业环境改革极大地提高了其在 2011 年和 2012 年间的排名。

发达的高收入经济体拥有良好的知识产权（IPR）环境。中国、马来西亚和斯里兰卡在过去十年间均加强其知识产权管理，三者的排名在全球平均水平之上。然而，这并不仅仅是立法的事。即使中国的知识产权保护法顺应了世界贸易组织的标准，但中国依旧被许多国外企业视为知识产权的威胁。随着各行各业中数字企业以及信息与通信技术的发展，知识产权管理需要灵活应对并适应新的变化。

政府作为监管者的角色非常重要，因为它要对整体经济进行监督管理。从发达国家，如韩国和新加坡的经验来看，持续、有重点并专注地达成知识经济目标的政府，会使国家经济更迅速地发展。必要时，政府要采取行动来调节明确的市场失灵影响，如制定严格的知识产权保护法、促进绿色发展或改善社会和收入的不平等。此外，政府必须在制定规章制度框架中保持领导地位，以保证金融部门、初创企业和知识型导向行业部门的生命力。但是，政府过度的控制和管理也会带来问题——将会阻碍知识和技术流入市场，同时造成官僚主义，限制创新和企业家精神。新加坡是一个很好的实例，其通过不同机构的功能协作达成了跨职能部门的高速有效合作。其中一个机构就是新加坡经济发展局，其设立目的是为了吸引海外直接投资，并改善新加坡经济结构。韩国科学技术评价院致力于培养创新性科技知识，促进韩国经济竞争力的项目。由此可见，政府的领导在知识经济转型过程中至关重要。

除了改善国内监管环境，发展中国家同时还需要使其能通过贸易和海外投资参与到全球经济活动中的有力的政策。跨国公司在发展中国家引进技术和知识起到重要作用，这种作用需要通过适当的政府政策来加强。

## 四、亚太发展中国家可借鉴的知识经济转型之路

目前亚太地区发展中国家转型为知识型经济体有三种途径（如表2所示）：第一，学习发达国家知识经济转型历程的经验，并且做出适宜的投资及政策改进；第二，通过政策放大本地区特有优势及资源禀赋；第三，利用科技及商业进程中规则改变的趋势，使得新兴经济体在技术发展上跨越式前进，跟上最新发展进程。以下表格将通过经济的四项支柱来说明这3种途径。

表2　亚太发展中国家可借鉴的知识经济转型之路

| 向发达国家学习 | 利用特有优势及资源禀赋 | 借助新趋势实现跨越式前进 |
|---|---|---|
| 创新 | | |
| 加大研发投资，因为所有发达经济都在研发方面投入大量投资<br><br>研发总值占国内生产总值的1.5% 是中等收入国家向高等收入国家转型时应该考虑的分配标准 | 创新以增强知识密集型服务部门的竞争力（全球服务指数的十大经济体中，七个在亚洲）<br><br>向高阶增值服务转移将利用经济转型 | 新兴经济体中创新中心的作用日益突出，这将引发新一波为中低端市场设计、加工及定价的产品<br><br>新兴市场需要跟进与此类产品相关的技术投资，并聚焦于为此类创新和产品争得知识产权 |
| 中等收入国家应开发国内研发能力以及技术发展，以进入下一阶段<br><br>低收入国家最初可用购买引进并调试研发技术，为本国研发能力打好基础 | 在建立知识资本方面——如品牌价值、商标以及营销——激励竞争性利基市场的投资，尤其是创新性产品部门，将会增加其附加值 | 绿色创新以增强能源及食品安全，开展分散性可回收能源解决方案的推广，尤其是太阳能以及农业方面的创新 |
| 增加创新设施的数量和质量——如科技园区，创新中心，研发实验室，科技商业孵化器等 | 支持数字企业中的初创企业、电子商务以及信息及通信服务 | 在新兴经济产业，如生物技术、纳米技术、先进基因组学，先进材料，建立创新超级集群 |
| 为创新拓展融资——开发资本市场，包括风险投资市场，天使投资网络以及创新中介机构 | 支持不同国内细分市场的产品发展，积极支持社会影响投资 | 为研发与低收入消费者相关的科技及其本地商业使用网络公开融资；支持社会企业的发展 |

| 向发达国家学习 | 利用特有优势及资源禀赋 | 借助新趋势实现跨越式前进 |
|---|---|---|

### 教育与技能

| 向发达国家学习 | 利用特有优势及资源禀赋 | 借助新趋势实现跨越式前进 |
|---|---|---|
| 高等教育扩招，启动职业技术教育培训以及技术发展；使人力资源发展与经济的经济及行业竞争目标相匹配 | 通过扩大大学财务及行政自主权振兴已有大学，为知识经济提供所需；加强批判性思维及软技能培训 | 引进教学的混合方式，尤其是向对传统教学方式造成挑战的大规模线上课程学习方式 |
| 促进多样化教育体系；通过培训机构和雇主的合作，提高职业技术教育、训练及其市场价值；开发一系列跨技术、专业及学术背景及应用学位 | 刺激行业巨头在大学设立研究实验室并开发联合研究项目；在指定行业和经济领域建立产学协作，研发成果以便可以更快走向商业化，人才发展也与经济优先发展领域相关 | 拓展信息与通信技术的使用，全面改进教条式教育模式，使之更以学生为中心，更具创新性和支持性；开发当下所需的训练以及随时随地学习，以响应变化多端的市场需求 |
| 加强对建立科技孵化中心及加速器的支持，在高等教育机构及培训机构加强企业家精神教育 | 吸引侨民参与支持高科技创新企业，开发高阶教育集群以满足特定行业的人才需求 | 创建并/或增强分散管理的教育培训机构的网络，为具有专利奖励的创新者提供生长环境。 |
| 与世界其他知名高校合作发展"世界一流"大学；在科技主要纪律以及经济的主要利益领域开发人才中心 | 鼓励针对主要发展挑战开展研发工作；加强研发运用以及与当地企业的合作 | 通过吸收最新的信息与通信技术以及其他对技术传统教条教育的同化重新为"数字土著"制定教育模式以实现教育学与交付，如游戏及模拟教育，以及移动学习和技能升级 |

### 信息与通信技术

| 向发达国家学习 | 利用特有优势及资源禀赋 | 借助新趋势实现跨越式前进 |
|---|---|---|
| 改善网络并投资贯通全球的信息与通信技术设施 | 实施国家数字扫盲计划；提升人力资源的数字技能；为确保高端信息技术技能，拓展公共－私人合作关系 | 利用全球接入及服务资金为下一代移动宽带设施投资，以确保高速宽带的连接 |
| 促进电信部门市场竞争和自由化，确保电信改革效益的广泛传播，尤其是移动通信方面 | 通过支持创造适合公民社会及经济权利的手机应用，促进移动电话的使用 | 为低端智能手机配以移动医疗、移动教育和移动支付功能；运用移动设备支持企业家精神及包容性商业机会 |
| 通过普遍介入和服务基金减少数字鸿沟；实行全国宽带政策；先于市场需求公开投资信息与通信技术设施 | 开发并拓展电子商务、数码、创新性及娱乐性企业培训；在地方、国内及国际市场支持此类企业的企业家精神以及商务发展 | 投资云计算和按需服务的预期期望大部分的 IT 支出在 2016 年转移至云计算 |

| 向发达国家学习 | 利用特有优势及资源禀赋 | 借助新趋势实现跨越式前进 |
|---|---|---|
| 扩大加强电子政务和服务提供方面的信息与通信技术的使用 | 利用亚洲在信息与通信技术产品及服务的生产与使用方面的领先地位，拓展信息与通信技术行业，为亚洲创造更多知识密集型就业岗位；扩大亚洲的信息与通信技术及信息技术服务出口 | 发展高科技信息与通信技术创新及商业中心，围绕一套不同的市场应用，让亚洲成为世界高端信息与通信技术产品和服务的领先地区 |

经济与体制

| 向发达国家学习 | 利用特有优势及资源禀赋 | 借助新趋势实现跨越式前进 |
|---|---|---|
| 为促进知识经济的发展，政府需要担任协调各个不同部门的领导角色；由政府资金支持的知识经济基础设施及激励对于鼓励私营部门投资很关键 | 政府支持在具有社会影响力的关键领域加速创新商业化，如加强离网的太阳能及风能发电技术 | 促进投资，为创新性产业储备知识资本，如商标、品牌价值和中小型企业的小众商品的市场调查服务 |
| 通过系列激励及支持体系促进高科技初创公司；发展吸引对知识型企业的私人投资的政策框架 | 为中小型企业的研发提供融资；支持企业家通过创新型价格为低收入市场的盈利服务开发产品及服务 | 促进公共产品研发的迅速扩散，例如，通过适宜的政策，如非排他性许可、广泛运用专利以及规范价格垄断，鼓励竞争，从而使保健类药品价格保持在合理水平之上 |
| 加强知识产权管理 | 在其他条件一样的情况下，促进增加具有更高就业密集度的技术选择 | 通过服务分享平台或社区中心向农村地区的消费者推广实惠可靠的宽带连接 |
| 开发资本市场(包括风险投资)以及天使投资网络 | 资助"捆绑"的基础设施，即那些结合了实体的通信技术基础设施和通过公私合作伙伴关系形成的财政和金融的基础设施 | 实现社会影响投资；为创新能力的传播和分散建立小型的硅谷型环境 |

# 五、发展知识经济对我国的政策启示

知识经济被誉为世纪之交的人类社会一场新的产业革命,继工业革命之后的"第三次浪潮",它正在全球范围内的发达信息网络上迅速传播,也在深刻影响着中国的经济社会结构。面对知识经济带来的机遇和挑战,中国应该正确处理好发展知识经济与推动经济增长的关系,把握好这一实际性的机遇,这将有助于中国缩小与发达国家之间的差距,提高在国际市场中的竞争力。

## (一)完善经济结构与体制

在促进知识经济发展的进程中,经济及管理制度是保障,政府要担任十分重要的角色。报告指出,我国应该降低国内经商成本,鼓励资本市场的多元化,吸引更多的私营部门参与。

发挥政府职能,鼓励知识经济基础设施建设,增加创新型产业知识资本投资;鼓励研发,为中小型企业研发融资,促进公共研发产品的扩散推广;加强知识产权管理,加大知识产权保护力度。

## (二)鼓励创新

中国作为最大的发展中国家,自出创新的热潮已经逐步形成。2014年,财政部投入中小企业发展科技创新、科技服务和引导基金项目34亿元。可见国家对科技创新的重视和推动态度。根据报告,我国的科研支出不断上升,在新兴经济体中居于首位。但是,作为人口大国,我国人口压力是一严峻课题,加之现代化起步晚,工业化的担子依然很重。面临诸多挑战,我国应该进一步采取措施,通过科技创新发展知识经济,实现跨越式发展。

加快专利商业化,强化知识产权保护法的执行力度,并制定长期规划来提高自身竞争力;鼓励个人或者企业的研发行为,增加创新设施的数量和质量,建立高质量的科技园、研发实验室、科技企业孵化器等。

## (三)提高教育水平并使其与经济发展相匹配

过去,人们通过接受教育,学习基本的知识、技能和社会规范,从而容易在社会上立足和谋生,这体现了教育的保证功能。随着时代的发展,教育的功能和作用在不断扩展。教育同经济、科技、社会实践越来越密切的结合,正在成为推动科技进步和经济、社会发展的重要力量。因此,高校应该注重转变教育模式,培养创新型人才。针对知识型经济发展需要,使人才资源与我国经济发展的需求相匹配。

发展多样化的教育体系，完善传统教育模式，推广信息技术的使用和线上课程学习；开展产学研相结合，鼓励企业与学校合作，促进研发成果的商业化，使人才培养适应市场需求；加强企业家精神教育，奖励创新型人才。

### （四）推广信息通信技术

信息通信技术是发展自主创新能力的重要力量之一，其社会效应将有助于促进知识经济增长。报告指出中国在信息网络领域仍处于落后地位，应该在该项服务上提供更具竞争力的价格。

通过改善网络和投资信息技术基础设施建设，增加宽带覆盖面，提升国民信息技术素质，减小数字鸿沟；利用国内移动设备和电子商务的普及，发展移动网络及其扩展功能；发展高科技信息与通信技术创新及商业中心与信息技术服务行业，创造更多知识密集型就业岗位。

# 国外海洋环境保护战略对
# 我国完善陆海统筹政策的启示

闫 枫

党的十八大报告明确提出，提高海洋资源开发能力，发展海洋经济，保护海洋生态环境，坚决维护国家海洋权益，建设海洋强国。报告还将发展海洋经济放在生态文明建设的部分进行讨论，进一步明确了中央对于保护海洋生态环境、合理利用海洋的态度和要求。

将建设海洋强国上升到国家战略的高度，这就要求相关海洋开发与保护工作，都要围绕建设海洋强国这一战略进行系统性的顶层设计与部署，统筹陆海资源配置、经济布局、环境整治和灾害防治、开发强度与利用时序，从生态文明的视角，重视陆源污染协同控制、近岸开发与远海空间拓展的关系，同时加强全面海洋意识的提高，树立海洋强国的观念。

从海洋环境保护的范围看，不仅包括海洋污染的防治，还包括海洋资源的保护，海洋生态资源的合理开发利用，以及陆源对海洋有影响的工业布局、能源结构、产品结构等许多问题，涉及政治、经济、社会、法律和科学技术等各个方面。

从国际经验角度看，发达国家已相继制定了综合这些要素的海洋战略与政策。如美国提出《21世纪美国海洋政策》及《美国海洋政策实施计划》，澳大利亚提出《澳大利亚海洋产业发展战略》和《澳大利亚海洋政策》，日本提出《21世纪海洋开发战略》及《21世纪海洋政策建议》，韩国公布《韩国海洋政策》，加拿大颁布《加拿大海洋战略》，其中涵盖了政治、经济、社会、文化、生态等要素的海洋战略及实施计划。本文在对上述海洋环境政策分析和研究的基础上，梳理了发达国家在开展自身海洋环境战略的制定中，在战略涉及的相关政策、指导原则、思路、目标以及实施方式等方面的一些趋同性特点，为我国借鉴海洋发达国家的相关战略及政策制定和实施路径选择等经验，制定符合我国现阶段发展需求和国情，具有一定前瞻性的海洋环境战略与政策提供参考，从而实现全面、协调的陆海可持续发展的新常态。

# 一、海洋环境环境保护已成为发达国家海洋战略的重要内容

## （一）将海洋环保纳入海洋战略，设立明确的目标与行动计划

美国国家海洋委员会于 2013 年发布《国家海洋政策实施计划》，[①] 该计划是在《21 世纪美国海洋政策》的基础上，重点强化政府涉海部门间的协调，完善决策程序，改进涉海审批流程，更好的管理海洋环境与资源，以促进制定海洋经济的可持续发展的一份更加细化的战略实施方案，为决策部门、地方社会、产业界和公众提供丰富的海洋环境信息，并促进联邦政府与各州、部落、地区、地方政府的协调与合作。美国国家海洋委员会评估后，认为该计划明确了联邦政府为发展海洋经济、改善海洋环境健康情况、支持地方发展以及为科学决策提供更完善的科学与信息而采取的具体行动。《实施计划》指出，保护沿海生境的健康与完整性，对于维持美国的海洋生态系统安全具有重要意义。具体行动包括：

（1）减少沿海湿地的消失，保护、养护和恢复沿海和海洋栖息地，发现、控制、预防和消除外来入侵物种种群，保护和改善沿海和河口水质。

（2）强化和整合监测工作，将各类观测系统整合为协调一致的监测前哨网络，提高国家对各种不利影响的早期预警、风险评估和预测能力；确定各种外来因素给生态系统、经济和社会造成的影响；评估沿海地区和海洋在气候变化和海洋酸化方面的脆弱性。

（3）恢复和保持海洋健康，建立旨在促进基于生态系统管理的框架，通过更好地开展监测和加强协调与规划，加大沿海和河口的恢复力度；提高预报水平，加强综合监测，做好防备工作，提高国家预防和应对海洋环境灾害的能力。

《实施计划》确定的行动，为各州、各部落、各地区和各地方的行动提供支撑与服务，强化各级政府间的合作关系，并促进与各地区和各地方的利益相关者和社

---

① National Ocean Council Implementation Plan,http://www.whitehouse.gov/administration/eop/oceans/.

会其他群体的合作。具体包括：

（1）为各地区的行动提供技术支撑。实施基于生态系统的海洋资源管理示范项目；评估社会和海洋在气候变化和海洋酸化方面的脆弱性，制定和实施适应战略，促进科学决策；进一步开放非保密性联邦资料与决策工具，支持地方、部落和各州的决策。

（2）加强区域合作。支持各地区的优先任务，加强区域合作，以解决具有地区意义的重要问题；支持有关部落政府的参与，有效地利用部落掌握的知识与信息。联邦机构将与有关部落一道，确定优先任务和制定地区规划，鼓励和支持部落参与其中，整合和利用土著群体掌握的传统生态知识和科学数据。

（3）支持各区域的优先任务。依靠科学技术，加强美国的海洋科学与信息能力，重点包括：加深对海洋和沿海生态系统的了解，加强探索与研究，发展基础科学知识；发展用于从全球尺度更好地探索和认识陆地、海洋、大气、冰川、生物及其与社会的相互作用的技术；加强海洋教育，提高海洋文化素质；增强获取并提供资料与信息的能力；完善海洋、海岸带和五大湖观测系统基础设施，为各类用户服务；建设综合的海洋资料与信息管理系统，为实时观测服务；在北极建设分布式生物观测站系统，监测各种变化，以增进对各种变化给社会与经济和生态系统造成的影响的认识；提升建立在科学基础上的产品制作与服务水平，为决策服务，完善为决策服务的科学框架；为科学决策和开展基于生态系管理提供高质量的数据和必要的工具；开发和共享决策支持工具。

加拿大于21世纪制定了三大原则、四大目标的海洋战略，力争使其在海洋管理和海洋环境保护方面处于领先地位。三大原则是以可持续开发、综合管理、预防为原则，四大战略是将各类海洋管理方法改为相互配合的综合的管理方法；促进海洋管理和研究机构相互协作，加强各机构的责任性和运营能力；保护好海洋的环境，最大限度地利用海洋经济的潜能，确保海洋的可持续开发为目标。

为实现这些目标，加政府制定了包括加深对海洋研究、保护海洋生物多样性，加强海洋环境保护，加强对海洋的综合规划等方面的具体措施，尤其是在海洋的环境保护方面，制定了海洋水质标准和海洋环境污染界限标准，并采取了对石油等有害物质流入海洋的预防措施，设立了沿海护卫队。在实施海洋开发和管理的过程中也非常注重生态和环境的保护，并将工作的重点放在对生态环境和动物植物的保护，通过借助于各执法机构对公众的宣传教育，提高公众的法律和参与意识。

韩国于2004年发布国家海洋战略，旨在实现三个基础目标，提高韩国领海水域的活力；开发以知识为基础的海洋产业；坚持海洋资源的可持续开发。为有效地达到这个目标，还设有分别由上百个具体计划组成的7个特定目标。包括：一是创造一个充满活力和生产力的管辖海洋体系，将整合管理制度和追求海岸维护计划来实现国家的海岸管理系统。二是创造更干净和更安全的海洋环境。通过扩大建立污水处理设施和设立专门区域来改善海水水质。通过河口勘测和通过立法措施，建立湿地保护区，以达到保存海岸生态系统健康的目的。继续开发赤潮防治技术。通过制定海上溢油应急计划，加强对外国船舶的控制，建立综合交通管理网络，从而使海洋环境更加安全。三是促进高附加值和以知识型为基础的海洋产业。实施韩国海洋资助计划，以便于资助产业界、学术界和研究机构间的联合研究开发活动。将帮助开发20～30个有前景的风险资本公司，在主要大学和研究机构中建立多个风险公司孵化器实验室，开发以互联网为基础的数字海洋市场和建立综合海运与港口信息服务网络。四是创造世界一流的海洋服务产业。提升海洋服务产业的可持续性，加强国际海运交流，大力加强港口的生态保护，注重相关行业的可持续性和环境保护。五是建立可持续发展的水产生产基础。建立以市场为导向的资源管理系统。六是海洋矿产、能源和空间资源的绿色商业化。计划实际利用可再生能源资源，开发波浪能以及甲烷。七是扩展韩国和朝鲜的海洋和渔业外交和加强合作，扩大与欧美等国家的海洋环境合作，积极参与与海洋有关的国际组织。[①]

**（二）着力保障海洋环境研究与政策的体制机制，制订海洋科学计划，建立资源环境数据库**

英国政府在海洋资源的开发利用过程中也十分注重对海洋环境的保护，为了保护海岸带水域环境和生物资源以及海岸带土地资源，实施了区划管理政策，英国于2002年提出了全面保护英国海洋生物计划，为生活在英国海域的4.4万个海洋物种提供更好的栖息地。在大西洋东北海域环境保护公约组织的建议下，英国政府于2003年还建立起了一个包括海洋科学、发展状况和发展前景等内容在内的数据网络，全面系统地开展海洋环境管理，以此保护英国的海洋生态系统及海洋资源。

---

① 刘洋，杨荫凯. 国外海洋发展战略及其启示. 宏观经济管理，2013(3).

# 理论探讨与国际经验

英国于 2009 年通过《英国海洋与海岸带准入法案》，明确提出将在未来建立若干海洋保护区，以加强对海洋生物及其栖息地的保护。英国将允许划出若干海洋保护区并以法律的形式予以保护，诸如滥挖扇贝、拖网捕鱼等行为将被禁止。

英国政府还针对海洋研究机构进行改革，建立政府、科研机构和产业部门三位一体的联合开发体，加大对海洋环境科技研究经费的投入。英国自然环境研究委员会批准了 7 家海洋研究机构的联合申请，启动了"2025 年海洋"的战略性海洋科学计划。委员会向该计划提供巨额科研经费，重点支持的十大研究领域包括：气候、海水流动和海平面、海洋生物化学循环、大陆架及海岸演化、生物多样性和生态系统、大陆边缘及深海研究、可持续的海洋资源利用、健康与人类活动的影响、技术开发、海洋预测以及海洋环境综合持久观察系统等。

澳大利亚拥有全世界最大的海事管辖范围，是潜在的海洋超级大国。澳政府通过评估认为，制定合理的海洋战略方针对澳大利亚未来的繁荣和稳定具有重要意义。澳大利亚战略政策研究所向澳政府部门提交综合性的海洋政策报告，提出了相应的海洋政策建议，涉及对海洋的认知、海洋科学技术、海洋环境数据监测、海洋跨学科研究、海洋基础设施、人力资源等方面。

报告建议应任命一位海洋事务大使来主管澳大利亚参与国际和地区海事合作的事务，建议积极推动本地区的所有国家执行重要的国际公约的力度，同时应该加大对这些组织的资金投入，在现有的综合海洋观测系统的基础上建立澳大利亚国家海洋观测站，能够为研究人员、企业和民众提供实时的数据，以帮助澳政府更加了解海洋环境及资源状况。鼓励在进行海洋研究时进行跨学科合作。在处理气候变化、海平面上升、海洋污染和海水酸化等间接性海洋威胁时，澳大利亚应担当地区领袖的责任，处理相关援助，并将其纳入国家援助计划的重点项目。

澳中央政府和各州出台国家海洋试点保护系统，包括一系列保护海洋生态系统的计划，目前澳全境有超过 200 处海域已进行试点保护，澳评估后认为未来对海洋环境的研究和政策应更多集中在以下方面：

（1）气候变化对海洋的影响：观测并了解海洋和气候变化的关系，以及气候变化带来的海平面上升、海水温度上升、海水酸化和极端天气对海上和海岸生态系统所造成的影响。

（2）可持续利用海洋资源：勘探沿岸地区的矿物储量，探索恢复沿海碳氢化合物的新技术，从海洋中探寻可持续资源，评估澳大利亚周边的非法、未报告和不受规范捕鱼量。

（3）保护海洋生物多样性：澳大利亚的很多海域还未经开发，这些区域的生态状况还需进一步调查与分析。

（4）发展海岸带地区：评估并掌握城市扩张、工业发展和来自陆上的污染源给海洋和海岸带地区带来的压力。

（5）海岸和海面环境观测：依靠遥感探测等新技术，实时监测洋流、旋涡和决定气候变化的温水区域；从浮游生物到鲸鱼的植物和动物群，得到数据通过统计学分析和建模处理后供研究人员参考，通过综合观测站为科研人员、海洋工业的员工和公众提供实时的可用虚拟数据，提高对海洋资源和环境的认知。

### （三）注重海洋环境国际合作，完善海洋环境相关法律和技术规范体系

德国政府高度重视对海洋环境的保护，认为迫切需要制定有关海洋保护的国家战略，并与欧盟海洋保护战略在内容上密切关联，同时注重在相关领域开展区域和国际间合作。德国曾举办有 21 个缔约国参加的部长级会议，就减少有害物排放、提高航运安全以及将海面划定为特别保护区等问题进行了探讨，并提出在北海和波罗的海划定 10 个保护区，在专属经济区按照欧盟有关的鸟类和海洋保护标准，设立 2 个鸟类保护区和 8 个海域保护区，保护珍稀候鸟、沙洲、海礁，为鱼类和海洋哺乳动物如鼠海豚、灰海豹和海狗等提供生存空间。

德国还加入了所有相关的海洋保护国际公约，尤其致力于在东北大西洋海洋环境保护公约框架内加强合作。德国政府的海洋环境保护策略遵循两个基本原则：一是预防原则，即尽最大可能避免海洋环境遭到损害；另一个是发生地原则，即必须在事故发生地消除和纠正损害。相关策略包括将海洋环境保护融入农业、渔业和船运业等其他领域，将危险物质对海洋的危害降到最低，以及可持续地利用海洋并保护海洋物种及其生存空间。

日本也是高度重视海洋的国家，其经济活动和行为极大地依赖于海洋资源。日本同样重视海洋环境的研究与国际合作，拥有众多的海洋研究机构和协会，如海洋研究开发机构、海洋环境保全技术协会等，通过相关国际合作，掌握国际和区域最新海洋技术和信息，为日本提供海洋战略规划与海洋环境方面的政策建议，为采取系统性、有效的应对措施提供技术支持。

日本于 2006 年完成的《海洋政策大纲》和《海洋基本法案概要》，成为日本政府海洋战略的蓝本，于 2007 年制定并通过《海洋基本法》，于 2008 年出台根据该法律制定的《海洋基本计划》。① 日本政府实施其海洋战略的法律和政策的工作臻于完成。日本的一系列法规对海洋资源的开发和利用的合理化构建了基本法律监管体系，包括沿岸海域海洋水产资源的开发、海洋水产资源的自主管理，处罚措施等，通过对捕捞量采取必要管理措施，实现对专属经济区海洋生物资源的管理。该计划把海洋环境保护置于重要位置，具体规定六项防止海洋污染的措施：

（1）对于陆地污染采取切实措施。

（2）实施对船舶向海洋排废的有关规定。

（3）防止油船溢油等预防措施。

（4）研讨船舶排出二氧化碳的削减办法。

（5）研讨海底活动引起污染的防止办法。

（6）对浮游性废弃物和大规模油污染的调查研究及技术开发。

日本还专门提出《海洋环保指南》，意在加强以广大海域为对象（包括海洋生态系统）的环境保护目标，强化海洋环境监测系统，加强与东北亚地区临国的协作与合作。该指南还提出具体措施，包括坚决执行防止有关废弃物污染海洋的伦敦条约。在各环境省厅进一步开展削减投向海洋废弃物的政策研究，按照新的规定发放许可证制度，加强对海洋油污染以及有害物质污染的监管。对于油污染等大型污染除有关各省厅加强管理外，增强对于环境影响的调查方法和利用生物补救方法的研究。严禁陆上对海洋的污染，并提出严禁陆源污染，保护海洋环境的行动计划，寻求在国际和区域层面加强对海洋环境的保护及合作。防止船舶对海洋污染，除依法进行严格管理外，还与有关国家进行商议合作，以保护海洋免遭进一步污染。

上述发达国家的海洋环境在近 10～20 年中出现了全面的好转，通过技术进步，公众意识提高，在反对污染与公害的社会舆论中，各国政府采取的海洋环境保护与管理战略与措施取得了进展。发达国家通过法律的手段强化国家层面对海洋环境的制度规范，同时通过制定综合性的海洋环境发展战略，明确各涉海部门的职责，充分发挥海洋研究机构的作用，实行综合管理和协调管理，实现海洋环境管理资源的

---

① 卢效东 . 日本 21 世纪的海洋政策 . 海洋信息，2002（4）：26-27.

统一调配，提高效率。各发达国家在海洋环境保护战略和具体实践中都注重涉及海洋环境的高新技术的开发与创新，尤其注重海岸与海洋工程技术、海域资源和环境评估技术、海洋监测及海洋污染防治和生态保护技术等关键领域的系统集成，推进相应成果的应用和实践，为海洋的可持续发展提供技术支持，实现管理手段的立体化、自动化和信息化。

从整合环境管理对象和要素角度，发达国家在海洋环境管理战略方面，体现了决策者和管理部门在管理能力和目标体系上的协同，形成了优化和完善涉海资源的系统方案，研究国外海洋环境战略与发展趋势，将有助于借鉴相关经验，从宏观层面为我国陆海统筹的深化，从域外国家战略角度，系统地看待海洋与陆地环境要素之间的阶段性和关联性，通过分析各国战略的内在特点，寻找可以完善我国相关战略的统筹规划、总体布局、科学决策等内容，解决好管理体制和决策机制问题，逐步形成由中央统一领导、多部门协同、社会各界参与、地方政府属地管理为主的陆海协同的综合环境管理体系，从而实现全面、协调的陆地与海洋环境可持续发展的新常态。

## 二、对我国海洋环境保护工作的启示

### （一）明确海洋环境保护战略，有效维护我国海洋环境安全与权益

发达国家在制定海洋环境保护的政策时，基本都会广泛征求各界意见，照顾到中央政府、各州（省）、各地区和不同利益群体的诉求与利益，强调协调与合作，提高决策的适用性。发达国家的海洋环境管理都配套有具体行动、时限要求和部门分工，具有较强的可操作性，针对性强，提出的各项行动，在保护海洋环境与资源的同时，也更关注促进海洋经济的可持续发展，促进就业，同时还重视发展涉海基础能力建设。通过人才队伍培养与提高公民对海洋环境的认知和素质，提升国家对海洋环境管理的综合水平。研究发达国家的海洋环境战略，剖析其与基础研究、政策协同、能力建设的关联，了解发达国家和海洋环境保护战略的效力，可为我国更好地协调海洋环境保护方面的综合科学、技术和法律，结合国内相关最新成果和进展，兼顾周边国家的发展水平和实施能力的差异化，分步骤分阶段地稳步推动我国海洋环境治理和参与相关国际合作，起到借鉴和启示作用。

为此，我国应根据海洋环境管理的内外因素、技术水平等实际情况，形成目标导向明确的海洋环境保护战略，并逐步通过制订符合各利益攸关方需求的行动计划，采取更加灵活的管理模式和机制，完善我国海洋环境相关法律和技术规范体系，缩小与发达国家在相关领域的综合能力差距，更好地系统性维护我国海洋生态安全和海洋发展权益。

第一，从技术领域着力，明确环保部与其他部门在海洋环境领域的业务工作界线和导则，适时建立中央业务主管部门统筹协调、地方政府积极参与的综合性海洋决策与管理机制。以美国为例，其逐渐形成的由一个中央政府部门领导或多部门联合进行的海洋环境管理协同体系，并由地方政府联合参与具体实施有助于提高涉及海洋环境的各方管理要素的协调，提高了决策的准确性和效率，并且能够充分考虑海洋的环境条件、地方和责任主体等利益攸关方的利益诉求等，为进行海洋环境管理的研究、监测和评价提供了机制保障。

第二，明确海洋环境战略。应依据国家现有重大战略和规划，充分考量我国海洋环境的生态系统容量和发展需求，结合海洋发展的规划与需求，合理制定我国海洋环境战略，明确目标、时间表、路线图及基本原则。在战略中明确海洋生态补偿和可持续发展的财政机制，海洋生态红线制度，引入可持续海洋空间规划理念，深入研究在国家、区域、地方层面的配套资源投入等问题，引导地方政府合理确定海洋生态系统的功能定位和规划布局等内容，鼓励社会组织和私人机构参与具体实施。①

第三，完善海洋境法律体系和制度建设，加大海洋环境执法力度。目前，海洋环境污染日益严重，如何解决这一问题成为各国政府都面临的重要课题。发达国家通过实践，逐步建立了较为完善的海洋环境法律制度，形成了一套较为完整的海洋环境保护的法律体系，为海洋环境保护执法提供了法律基础。目前，我国在海洋环境的污染治理中存在很多难题，相关法律配套与执法监管是主要短板。以执法监管为例，美国、加拿大、在海洋环境保护的执法上有一些趋同特点：都有相对统一的海上执法机构，能够统一行使海上执法权，通过中央政府和地方政府之间、海上执法机构和其他政府机构或民间团体的分工合作对海洋环境进行全面的保护；为预防

---

① 陈尚，等．我国海洋生态系统服务功能及其价值评估研究计划．地球科学进展，2006，11.

海洋环境污染专门制定了国家应急计划,为应对海上石油泄漏等突发性灾害事件做出详细方案;注重加强海洋环境保护执法的国际合作,通过与相邻国家签订双边或多边协议或者参加全球性的多边国际公约,促进国内海洋环境法律体系的协同。

**(二)完善国际合作机制,优化合作领域和内容,促进国内海洋环境保护事业的跨越式发展**

海洋的可持续发展已经成为当今全球可持续发展领域的重要组成部分。从国内来看,海洋环境保护工作在党和国家工作全局中已上升到较高高度,海洋环境合作议题也更频繁地被列入领导人访问与对话机制。加强区域内海洋环境保护等低敏感领域,将更好地服务于周边外交大局,同时也将更好地有利于借鉴国际先进理念和技术,服务我国建设海洋强国的战略。

第一,加强与区域内国家的国际合作,明确合作目标,制定区域海洋环境合作策略。区域海洋环境合作应包括两方面的目标,一类是环境保护目标,即改善环境目标;另一类是促进环境合作、改善环境合作的目标。在以海洋环境管理合作中,应以互惠互利、在考虑各国不同海洋管理需求的基础上寻求共同点、利益相关方在决策和实施中的参与、优先解决重要的海洋环境问题,以确立的目标为指导,以渐进的合作策略,开展海洋环境管理示范项目为主的合作。①

第二,确定面向海洋环境国际合作的资金渠道和运行机制。应围绕加大资金投入进行论证,适时研究成立相关海洋环境合作基金,使基金能够有效支持机制下开展的合作研究、合作治理项目,适当增加海洋环保的宣传资金支出,提高公众的环境保护意识。

还应考虑拓展开展海洋环境保护国际合作的资金来源。探讨与国际组织合作建立专项基金、公私合营模式等资金渠道。例如探讨向全球环境基金的执行机构,联合国环境规划署、联合国开发计划署和地区性开发银行寻求资金支持;向国际环保组织和非政府组织寻求捐款,以及通过实施税收优惠政策鼓励和号召各种商业组织向信托基金捐赠。同时,考虑在相关机制下设置独立的基金筹集和监管机构,使其有效地承担起监督区域环境信托基金的筹集、缴纳以及实施的职责,实现项目的可持续性。

---

① 李百齐. 对我国海洋综合管理问题的几点思考. 公共管理, 2006(12).

第三，优化海洋环境合作领域和内容。结合我国目前海洋环境保护的阶段性特点，引导区域海洋环境合作向维护我国海洋发展权益和海洋环境能力建设储备为主的方向上开展。重点合作内容可以包括但不限于区域海洋管理政策与法规、海洋污染防治的科学与技术应用、海洋环境监测方法、人才培训与能力建设、公众参与机制与方式等。

合作还应侧重对区域海洋环境的比较研究，重点分析区域各国的海洋保护在环境介质影响、所辖区域海洋资源空间分布、生态系统特征、经济、社会等方面的差异性，进而结合各自国家特点，开展以海洋环境融资机制、海洋环境管理、海洋可持续发展等为主的海洋环境综合管理合作项目。

第四，统筹国内与区域海洋环境保护的阶段性和需求差异性。中国在保护海洋环境免受陆源污染方面取得了一定的成效，但沿海地区的快速经济发展和人口增长，给海岸带和海洋造成巨大环境压力，沿海地区快速的经济发展已经给海岸带和海洋造成巨大环境压力，部分海域环境污染相当严重，海洋环境恶化的趋势没有得到根本改善。陆源污染物排海仍然是导致近岸海域环境污染和生态损害的主要原因。应统筹国内海洋环境保护阶段性与区域海洋环境合作阶段和需求的差异性。各国出于各自利益的考虑，以及中央政府和地方政府的现实关注，在海洋环境保护方面往往会有较大的决策和行为差异，应通过细化海洋环境政策的检验标准和具体方法，以适当方式评价海洋环境战略，使国内海洋环境保护制度充分考虑国际、国内利益和行为差异，采用分级实施的合作模式，在涉及经济、社会等决策层面设置与海洋环境国际合作相适应的总体目标、政策、管理体系，以协调立法、咨询、投资、管理等方面的工作；在地方层面建立相应的配套支撑体系。

发达国家在海洋环境领域包括各种污染的协调治理、信息共享、科学技术应用与合作、海洋环境监控与评估、海岸带规划、国家行动计划以及相关机构设置及资金安排、与其他国际法、国际协议之间的关系等方面拥有较多理论和实践优势，这些将对区域海洋环境合作走向和国际海洋环境制度产生影响。中国海洋环境保护合作程度取决于对区域内国家海洋生态系统的整体认识和自身综合管理水平。应进一步分析国内、国际在海洋环境合作的差异性，充分借鉴发达国家对海洋环境战略管理的经验，结合区域海洋环境中社会和经济等领域因素，以反映生态系统下的海洋环境全要素价值的视角，开展海洋环境保护及国际合作，促进国内海洋环境保护实现管理可量化、跨越式发展模式的形成。

### （三）加大投入力度，夯实科研基础，提高海洋环境保护综合能力

#### 1. 跟踪国际海洋环境热点问题，加大相关科研投入力度

加强以生态系统为基础的海洋环境管理和空间规划研究。生态系统视角的海洋管理机制作用和功能反映了各国在海洋环境保护的更高需求，具有全面性、可持续性、系统性、协调性、内在性和客观性等特征。从国外实施的海洋计划中包含的环境保护内容可以看出，海洋环境管理因划分标准和各海洋区域内的特点差异而侧重不同，海洋环境管理主要划分为以下几类：

（1）以开发利用保护为主的综合海洋环境管理模式，如美国的墨西哥湾计划。

（2）以海洋资源的规划为主的海洋环境管理模式，如北美五大湖委员会的水资源管理计划、北大西洋渔业组织海洋渔业资源规划管理模式。

（3）以环境保护规划为主的区域海洋管理，如联合国环境规划署负责的南太平洋地区自然资源行动计划。

（4）以防灾减灾及预防海上突发环境事件为主的区域海洋管理。

联合国相关研究机构对于海洋空间规划的基本思想是应用生态系统的方式管理和规范海洋开发行为，保护生态环境，以保障生态系统支持社会经济发展的能力，同时应考虑社会、经济和生态目标，为海域利用制订战略框架。

近年来，欧美等海洋发达国家逐步形成了以生态系统为基础的海洋空间规划理念，通过政策和技术的不断融合，推动了以生态系统为基础的海洋环境综合管理。当前，欧美等海洋发达国家的海洋环境保护的实践活动加深了对以海洋生态系统为理念和实施方法的认识和理解，这些将对国际及区域海洋环境政策和技术路线产生重大影响，因此应加大国际合作力度，尤其是科研和政策运用工具领域的合作，跟踪有关动态，为参与国际海洋环境治理提供基础保障。

#### 2. 运用相关技术手段，实现精细化运营与管理

发达国家已经逐步建立起适用于海洋环境管理部门的海洋环境数据与信息产品与服务模式，依托物联网、云计算、大数据等新技术和理念，利用多源数据的抽取、关联、挖掘和可视化等手段，将空间信息进行叠加，与海洋环境管理、综合服务于公众需求紧密融合，整合卫星遥感、航空遥感、视频监控、雷达探测、导航定位、移动终端等信息采集技术，逐步实现海洋环境监管"一张图"式的管理控制能力。

我们应进一步加强在基础海洋地理数据、空间数据、业务关联库、元数据进行整合，通过相关运营平台，逐步实现海洋环境数据自动监测监控、遥感监测等多种环境指标的时空、因果联动分析，实现各海洋环境影响因素的精细化协同管理，为政府决策与管理提供全面的技术支持。

### 3. 建立适应国际合作趋势及变化的科学决策支持体系

应借鉴国外海洋环境战略管理的经验，完善适合于我国国情的生态文明视角下的区域海洋管理机制，建立适合国际合作需求的海洋环境决策支撑体系。生态文明视域下的海洋环境管理，应更加注重对红树林、滨海湿地、珊瑚礁、海草床、河口等典型海洋生态系统的科学研究和技术开发，建立各专家与决策者之间有效的决策支持体系，适时组建区域海洋环境管理专家委员会，统筹各利益相关者参与的辅助决策机制，综合各相关者的利益诉求，推动相关海洋环境保护项目具体落实到位。

### （四）控制陆源污染物输入，构建一体化的陆海生态环境管理模式

《改革生态环境保护管理体制》一文中提出：生态系统的整体性决定了生态保护修复和污染防治必须打破区域界限，统筹陆地与海洋保护，把海洋环境保护与陆源污染防治结合起来，控制陆源污染，提高海洋污染防治综合能力，抓好森林、湿地、海洋等重要生态系统的保护修复，促进流域、沿海陆域和海洋生态环境保护良性互动。建立陆海统筹的生态系统保护修复区域联动机制和陆海统筹的污染防治区域联动机制。

在推进陆海统筹方面，以美国为代表的国际经验表明，逐步建立以生态系统管理为核心，区域协调为抓手的海洋环境全过程协调管理体系具有较强参考价值。融入生态系统的视角和管理要素，运用科学的管理方法，优化陆源污染控制，推进相关技术应用，建立对海洋和陆地的协同监测网络，完善相应数据和信息管理，建立决策支持平台，着力加强陆海环境要素的关联管理和协同控制，促进集约用海和海岸带保护，注重陆域与海洋环境保护规划衔接，优化相关产业布局，加强海洋环境执法与应急管理，将有助于实现面向陆地与海洋全要素的协同陆海统筹管理模式。

# 美国海岸带环境管理经验及启示

闫 枫

本文介绍了美国海洋带环境管理的相关经验，从海岸带管理的目标与体制机制，各发展阶段管理目标的主要特征，相关决策辅助支持，包括沿岸居民与环境变化关系相关研究，分析了美国海岸带综合管理经验，海洋保护区管理体制，再到海岸带管理科技支撑系统，通过对比我国现阶段海岸带管理遇到的问题，提出了对我国开展海岸带环境管理的相关政策建议。

## 一、美国海岸带环境管理的相关经验

### （一）美国海岸带管理的目标与体制机制

美国是当今世界海岸带管理、海洋科学研究、海洋科技最为先进的国家之一，约 60% 的州与海洋为邻，是最早实行海洋管理的国家。

美国于 20 世纪早期就曾提出对伸到大陆架外部边缘的海洋空间和海洋资源区域，采用综合管理方法，把某一特定空间内的资源、海况以及人类活动加以统筹考虑。这种管理方法可以看作是特殊区域管理的一种发展，即提出把整个海洋或其中的重要部分作为需求加以关注。

20 世纪 70 年代后，美国的海岸带地区呈现出人口压力大、开发利用程度高，生态环境破坏、资源冲突加剧等问题。美国随后颁布了海岸带管理法，使海岸带综合管理 (Integrated Coastal Zone Management, ICZM) 作为政府公共管理行为得到实施，也标志着美国海岸带管理进入一个新的阶段，推动了世界各国海岸带管理的发展（见表 1）。①

---

① 石莉，林绍花．吴克勤，美国海洋问题研究 [M]．北京：海洋出版社，2011:216.

**表 1　美国海岸带管理发展阶段的特点**

| 阶段 | 时期 | 主要特征 |
|---|---|---|
| 1 | 1950—1970 年 | 各涉海部门管理工作相互独立，人与自然的和谐程度存在低共享率，关注管理效果的后评价 |
| 2 | 1970—1990 年 | 逐步开始重视海洋环境评估，部门间合作与协调性逐渐改善，公众参与度提高，重视综合考虑管理效果的前期评价与后评价 |
| 3 | 1990—2000 年 | 强调海洋可持续发展，海岸带综合环境管理，重视环境修复，强调公众参与 |
| 4 | 2000—2010 年 | 聚焦海洋可持续发展原则的贯彻与实施，法律开始体现以生态为基础的管理，强调共同环境管治，强调开发管理方法，如网络手段和适应性管理系统 |
| 5 | 未来一段时间 | 理论与管理手段系统化，管理规模、时空与目标一体化，构建以生态为核心的综合管理模式，形成海岸带管理社会团体及其联合体，评价行政管理模式 |

　　美国的联邦制决定各州在管理自然资源方面有很大的独立性。在一些州，尤其是大西洋沿岸的州，地方政府对涉海的土利用决策拥有优先管辖权。

　　在国家层面上，美国海洋委员负责协调和管理全国的海洋工作，具体海洋管理职能分散在多个行政部门中。海岸带管理，包括规划和实施，则主要由各州进行指导，在一些情况下是由当地政府进行。

　　美国主要的海洋管理机构有商务部国家海洋大气局(NOAA)、运输部美国海岸警备队、内政部、运输部、能源部、国务院、国防部等。此外，国家科学基金、环境保护局的水质局、国家航空与航天局、卫生教育与福利部、能源研究与发展局，都以不同方式参与海洋与海岸带管理工作与活动。

**（二）关注沿岸居民与环境的关系，提供相应决策辅助支持**

　　美国海洋带管理中一大特点是注重当地居民与环境的关系问题，美国国家海洋与大气管理局一直将海洋带沿岸居民与环境的互动关系作为其决策考虑的重要因素之一，其下设的国家海岸带海洋科学中心（NOAA NCCOS）于近期对外发布了以美国墨西哥湾沿岸各州为对象的居民与环境变化关系监测评估方法的研究报告。

　　报告指出社会和环境领域的利益交汇点在沿海社区是很复杂的互动过程。沿海社区的幸福感受到环境健康程度、经济稳定性和对当地居民服务均等化程度等一系列因素影响。为此，该项目研究人员寻求开发相应方法使研究能够测量这些社会和环境的相互作用的指标因子。以墨西哥湾沿岸区域为例，研究小组开发的一套综合指标可用于衡量县一级的幸福感监测。

研究选择的指标涉及：社会组织、经济安全、健康的基本构成、获得社会服务的方式、教育、安全、治理、环境要素等。对于研究涵盖的 37 个县级样本，研究人员通过收集、合并整理代表多方面客观幸福感因素的一手和二手数据。数据收集包括了从 2000—2010 年的幸福感变化与人及环境条件关系的纵向评估。该项目更广义的目的是开发和形成概念化的方法，可以适合于监测沿海社区有关的各种生态系统破坏，在所有沿海地区在美国和其领土联系相关的干预措施。该方法和模型建立了大量社会和环境条件转换结构和关系的样本。该项目为未来的定量研究奠定了基础，提供了较为明确的环境与社会关系变化研究的视角，提出了美国沿海综合监管的路径选择方式。报告的相关成果将大大有助于县、地方机构，以及州政府和联邦政府机构从政策制定的角度，形成面向对象的海岸带社会福祉管理模式。

报告主要分析的内容包括：介绍社区和环境系统，人类健康和生态系统的关系问题，说明案例研究的方法和抽样方式，阐述整个研究项目的方法学和研究框架设计，从地方可操作性的角度，分析了衡量指标的选取问题，通过时间和空间序列的分析和比较，解释了公众幸福感与环境的内在关联，总结了整个项目的社会监测数据，改进的方法，近期和中远期的优先工作领域和未来潜在的应用方法（如图 1 所示）。

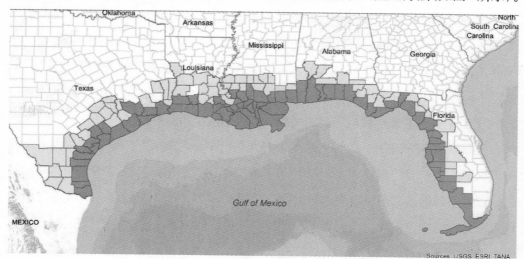

图 1　涵盖美国墨西哥湾沿岸 37 个濒海和流域县示意图

沿海社区利益相关者的价值取向影响着他们的态度、意图、管理优先级、满意度水平及行为准则。价值取向有个体差异，但是可以按群组进行研究。例如，在相似地点从事相似活动以及使用相似设备的人群被认为拥有相似的价值取向。利益相关者的价值取向是人类因素研究的重要主题，可以增进对以下问题的理解：①

（1）如何使各种不同的群体接受海岸资源条件和管理决策。

（2）各种不同的价值体系如何交互作用，从而对海岸资源管理计划极其有效性产生影响。

（3）转变的价值体系、决策管理过程和效果以及资源条件之间的交互作用。

表2　美国沿海社区对海洋生态系统的关注点

| 关注的海洋生态系统 | 生态系统压力 |
| --- | --- |
| 美国国家海洋保护区 | 气候变化 |
| 珊瑚礁 | 极端自然事件 |
| 近岸海洋 | 污染 |
| 河口 | 入侵物种 |
| | 陆地及资源利用 |

这种综合评估通过综合现有的环境和人类因素信息，以预测在不同的管理情景下的社会目标中的情形、可持续性及平衡度。这些信息的耦合实现了跨部门、机构和利益相关者的合作基础（如图2所示）。

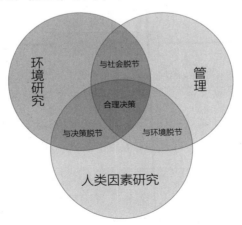

图2　人类因素、海洋环境和管理的关系图

---

① Maria K.Dillard et al, Monitoring Well-being and Changing Environmental Conditions in Coastal Communities[R]. NOAA NCCOS, http://www.coastalscience.noaa.gov/publications/.

### （三）美国海岸带综合管理经验

美国学者通过对综合性海岸带管理的理论研究，逐步形成了相关概念的框架体系（如图 3 所示），即通过跨学科、跨部门间相互协调的手段对沿海区域内的问题进行定义和解决，包括在由各种法律和制度框架构成的管理程序指导下，确保沿海区域发展和管理的相关规划与环境和社会目标的一致性，并在其过程中充分体现这些因素，追求沿海区域利益的最大化，同时将各种人类活动对于社会、文化以及环境资源的消极影响最小化，较为明确地界定了综合性海岸带管理的定义，即在保持连续和系统性的程序下，对于可持续利用、发展和保护沿海与海洋区域内资源的决策过程。

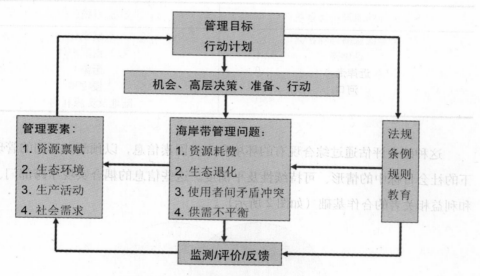

图3 海岸带综合管理的过程与模式

面对海岸带资源的多样性和复杂性，综合的理念主要体现在不同经济部门、不同级别部门、不同管理内容、不同管理手段的综合运用和整合。结合到具体的海岸带空间管理上，主要表现为岸线资源开发管理在横向上的协调，以及其与陆域、海域空间要素在纵向上的关联与统一。因此，加强保护和可持续利用成为美国在综合性海岸带管理中关注的主要方向，其中既包括同一级不同经济部门间（如渔业、旅游等）的水平整合，也包括不同级别部门间（国家主管部门和地方主管部门）的垂直整合。滨海地区综合管理体系分为州滨海地区管理和市县的地方管理两级，其中以州政府的管理计划为核心。

沿海各州政府在调查和分析滨海资源分布、开发和利用现状的基础上，明确发展目标并制定了本州的滨海地区综合管理体系，重点是在保护敏感资源的同时，平衡相互竞争的水域和土地之间用途的矛盾。[①]

州一级管理体系涵盖广泛，不仅仅局限于管理目标和政策，还包括以下要素：

（1）划定管理计划适用的滨海地区的地理范围。

（2）划分在滨海地区允许的、并可能对滨海环境产生直接影响的土地和水域的用途。

（3）设定州政府对土地和水域的管理方式。

（4）对特殊地段制定用途优先顺序的指导原则，并明确不适合的用途。

（5）确定实施管理计划的组织架构，包括各级政府机构的管理职责及相互关系。

（6）明确海滩和一些重要滨海的地理范围，并提出相应的保护措施。

此外，各州还制订相应的滨海地区非点状污染控制方案，旨在采取管理措施控制5种非点状污染对滨海水域、湿地及植被系统的破坏及污染。

地方滨海方案一般涉及该地区涉海区域的土地利用规划、区划条例、区划分区图和其他一些实施土地利用规划所必备的法定条件，由州滨海委员会审批。各州在制定海岸带规划的同时，出台了一系列有针对性的、具有可操作性的开发与保护政策：

（1）在合适的滨海地段支持并帮助进行商业区或居住区的再开发，一方面为公众提供了住房，并刺激了地区经济的增长，另一方面重建公众与滨水地区的联系，以复兴滨水地区。

（2）支持在滨海地区发展需水工业项目，如水路及航空运输业、市政公共服务设施等。

（3）鼓励拓展商业性、娱乐性水上运动，促进经济发展并提高公众的生活质量。

（4）保护和恢复重要的自然资源（如湿地、野生动物栖息地等），以维护生态系统的质量和功能。

（5）保护和改善水域的面积和水质，重点是对点状和非点状污染源的控制和管理。

---

① 张灵杰. 美国海岸带综合管理及对我国的借鉴意义 [J]. 世界地理研究，2010，6，(10):6.

（6）减少洪水和侵蚀对自然资源和建筑物、构筑物的破坏。

（7）减少固体废弃物和灾害性物质引起的环境退化。

（8）提供通向滨海地区的便利的公共交通。

（9）保护滨海景观资源，致力于提高景观质量，并保留通向滨海公共空间的良好视觉通廊。

（10）保护和改善古迹等人文景观。

各州滨海委员会履行其法定职能时，比较重视配套资源和管理手段的能力建设，其中比较突出的有：

（1）重视海岸带管理的信息化建设。俄勒冈州滨海委员会开发了滨海管理网络的信息系统，以便于滨海委员会、地方政府及各相关机构的信息交换，并在互联网上开发并建立俄勒冈滨海计划的网站，成为公众获取信息的渠道。

（2）鼓励相关公众参与。州滨海委员会在审批、一致性审查和其他决策阶段都提供了公众参与的环节。例如加州滨海委员推出多项活动，设计了"认领海滩"计划和"海滨周"活动，旨在增强本地居民对滨海地区的归属感，并鼓励公众积极参与滨海地区的环境保护工作。

### （四）美国海洋保护区管理体制特点

美国是世界上最早建立自然保护区的国家，对海洋资源和海洋环境保护的重视使其海洋保护区的建设较为完善。根据法律依据、保护目的等不同，保护区的形状、大小、管理特点也不尽相同，逐渐形成了以国家海洋庇护区、国家河口研究保护区、国家公园、国家海岸、国家纪念物、国家野生生物庇护区、渔业管理区、州立保存区、州立自然保护区等为主要形态的海洋保护区管理方式。

对于海洋保护区的管理，美国实行多部门分工负责的模式。按照国际流行的关于自然保护区的定义，美国的自然保护区大致包括以下几个部分：国家公园体系、野生生物庇护区体系、荒野保持体系以及国家海洋保护区体系。自然保护区主要由联邦内政部和商务部负责。内政部具体负责国家野生生物庇护区、国家公园和荒野保持体系的管理。海洋保护区体系，则主要由商务部下属的国家海洋与大气局负责管理。在联邦内政部又分别涉及鱼类与野生生物管理局、国家公园管理局、土地管理局以及林务局等多个机构，各机构也赋予管理各系统中海洋保护区域的责任。根据美国的相关法律，0～3 海里范围内的海洋保护区由各州自行管理，3～200 海里范围内的保护区则由联邦政府相关部门管理，如果保护区同时涉及州属海域和联邦管辖海域，则由双方相互协商进行管理。这种管理模式的构建，在某种程度上来说，是由美国立法部门分工细致、职权划分明确的制度保障所决定。

### （五）美国海岸带管理科技支撑系统

#### 1. 构建环境科技与经济的良性循环发展机制

随着经济和社会发展对资源和能源需求的不断加大，开发海洋资源和能源、发展海洋产业及壮大海洋经济实力逐步成为美国的战略重点方向。为促进海洋经济的发展，美国将海洋环境科技作为国家海洋经济建设的根本支撑，根据海洋经济发展的需要进行科学研究，并推进相关的海洋环境与资源可持续利用技术的开发。同时通过立法大力促进研究和技术成果的产业化，保证产学研用的转换效率，推动海洋经济的可持续发展。而海洋经济的可持续发展又为高水平海洋环境科技的发展创造了良好的资金条件，从而实现了海洋环境科技与经济的良性循环发展的互动。

#### 2. 海洋环境调查体系

目前美国联邦海洋调查机构涉及由约 60 余艘船舶组成的海洋环境调查力量，其中包括由联邦机构拥有或使用的调查船，由美国海洋与大气局、美国海岸警备队、美国国家科学基金会以及大学实验室系统组成。

美国海洋环境调查机制属于集中管理模式，船舶实行集中管理有利于提高海洋调查船的使用率，发挥多方科研力量的综合优势，减少海洋环境调查的交叉与重叠，增加部门间的协调配合和资源共享。

美国的近岸调查管理规范中涉及海洋环境调查将海洋分为不同区域，并根据区域特点，调配不同级别的海洋调查船舶，美国重视对沿岸海域海洋环境的调查，但从其船舶管理方面来说，沿岸级调查船管理规范，多数船舶配备差分全球定位系统、声学多普勒海流剖面测量系统等专业调查装备，确保调查数据精确可用。

#### 3. 美国海洋近岸水下自动监测系统

美国在海洋环境数据采集方式向实时、多要素、系统综合化发展的进程中，通过海洋环境监测技术的创新，逐步推动了海洋环境监测系统的。美国国家海洋大气管理局海岸海洋科学中心的自动水下探测系统，通过自动探测器和水下控制系统，使海洋环境监测技术在快速监测区域的海洋水环境参数方面实现新的理念和技术层级的融合。该系统能够被编入程序以一定的方式运作，通过数据链的双向交流，能够测定海藻繁盛的浓度和大小，还可以用来帮助管理人员准确快速的鉴别潜在的水质问题，帮助渔业人员全面监控渔场状况，而且有助于沿海管理人员以一种安全的、有经济效益的方式评估海洋生态环境。该系统集成了水下机器人技术与环境监测仪器的融合以及无线传输技术，其小型化的设计，可以满足在浅水的河口海岸地区使用。其技术创新能够满足监测部门对快速监测区域海岸环境动态过程的管理需求，例如有害的海藻繁殖事件与过程，可帮助相关科研和管理人员获得海洋环境信息。

## 二、对我国开展海岸带环境管理的启示

### （一）应提升现阶段海岸带的综合管理理念与手段

美国海岸带环境管理较为突出的特点之一就是体现了综合管理与协调的功能。而目前我国的海岸带管理还存在缺少规划衔接、缺乏海洋环境保护与改善沿岸民生政策的关联性、相关管理资源与对象碎片化等问题，管理方式缺乏综合管理的理念与手段等问题。例如，一些地方注重开发海域资源，却缺乏与生态保护进行管理关联，重视一些专题工作和专项规划，但较少兼顾与相邻海岸线、其他陆源环境之间的横向协调，缺乏从管理上对生态系统功能与要素的联系，各区域之间在功能方面缺乏相互支持，相关规划往往是纯粹的海滨地区规划，主要针对海岸线的景观与旅游资源开发，缺乏与所在沿海地区整体生态系统之间的纵向协调，造成整个海岸带的环境要素之间缺乏应有的关联性和过渡性。

### （二）开展近海海域与海岸带生态承载力研究

加强对典型事例的调查与资料分析，专家系统与定量分析相结合、经济与社会学的研究方法，充分利用信息技术，采用数学模型与地理信息系统相结合的方法，对近海海域与海岸带生态承载力与可持续发展问题做出综合分析。构建适当的能够同时描述海岸带承载力的复杂性与模糊性的综合模型，进一步优化海岸带承载力评价指标体系，从而形成以多目标决策分析方法、系统动力学方法、遥感与地理信息系统方法等作为技术手段支撑，多部门协同参与的联合研究体。

### （三）明确现阶段海岸带管理的优先任务，借鉴国内、国外的实践经验，逐渐摸索有与国际管理方式接轨、同时具有中国特色的综合性海岸带规划与管理方式

（1）通过同一等级不同经济部门间的水平联动，与生态承载力和生态系统的

要素进行管理关联，细化对海岸带的功能分区，发挥交通、旅游、渔业、规划等涉及海岸带管理部门的职能与执行力，加强在环境领域的合作与协调，实现经济、社会、生态三者效益的优化。

（2）细化海洋功能区划管理措施，在划定海洋功能区的同时应制订适应不同海域特点或特定功能区的具体管理措施，加强海洋功能区划对海域管理的科学指导作用。建立系统的海岸带功能区划分方法体系，应尽快总结我国多年的海洋功能区划编制实施经验和相关科研成果，建立相对完整的功能区划方法体系，以规范和指导沿海省市的海洋功能区划编制实施工作，保障海洋功能区划的科学性。加强海岸带海洋功能区划实施情况的监测、评估，保证海洋功能区划的动态适应性。

（3）探索各地区海岸线的空间要素与相邻岸线间的横向协调，保持应有的关联性与过渡性，可以从宏观到微观进行规划研究，编制适应区域合作的海洋空间规划指南，坚持重点区域与一般区域相结合，关注各地区海岸线与所在城市经济社会发展的协调一致性，兼顾各空间要素之间的纵向关联性，构建以当地居民幸福感为视角的海岸带环境管理机制。

### （四）完善海洋环境监控体系

目前我国海洋污染监测工作主要涉及对海洋环境质量状况进行定性或定量评价，应进一步发挥国家各部门和各地区监测和科研力量的优势，组织海洋环保和科研单位，充分利用常规技术和高新技术（如卫星、航空遥感，在线实时自动观测系统等）研究建立海洋环境要素综合监控系统，实现观测记录自动遥感化、信息传输程控化、数据处理自动化，为海岸带环境管理提供科学依据。在国家层面建设统一管理的海岸带海洋环境监测队伍，适时建立海洋环境监测与调查管理制度，完善国家海洋近岸环境调查任务、协调各涉海环境部门的船务需求、制订海岸带与近岸海洋环境管理的计划和任务。

### （五）完善海岸带环境管理决策支持系统

集中式的海岸带综合管理在国家层面内能起到很好的指导和协调作用，但海岸带管理并不意味着必须要实现单一的集中式管理。在某些情况下只要相关涉海部门能够实现技术层面的协调合作，分散管理的方式会同样具有效率。在管理体制方面还应该把焦点放在上下级之间的协调，即海岸带综合管理在国家级和地方级同时进行优化，形成自上而下与自下而上互为补充的格局。

筹建统一的海洋带环境管理信息系统，实现县（包括相关基层环境管理机构）、市、省和国家四级海域与海岸环境管理信息网络，实现从环境信息的采集、处理、分析、存储、评价、预测、管理和决策支持的智能化，为实施相关污染控制等行动计划提供强有力的技术支持。

建立海洋环境信息管理及决策支持系统，实现各级政府及各部门之间的包括海洋管理、决策和污染源管理、海洋监测、海洋灾害及应急监测系统等内容的专网，使环境管理部门及时了解和掌握海域环境质量状况、变化趋势，现存及潜在的环境问题，为海洋环境管理实施提供科学依据。

同时，进一步加大海岸带可持续发展的政策研究，从数据筛选、战略规划等方面入手，研究适用于我国海岸带特点的决策支持系统，加大对可选方案的案例研究，以及对方案实施可能给海岸带造成的影响进行决策模拟分析。从驱动、压力、状态、影响、响应类别分别选取指标，细化包括环境质量数据、社会经济数据等指标，将相关数据与地理信息系统联结，加强海岸带环境数据的空间分析和信息可视化管理手段。

### （六）加强海洋环境意识的能力建设，重视海洋环境科技人才教育

强化海洋意识、加强海洋环境保护教育、注重海洋文化的积累，形成海洋强国战略的人文环境和基础条件。美国从初始阶段就重视海洋意识的培养，其完备的海洋生态调查工作体系、领先于世界的海洋生态恢复与建设技术的开发、具体到区域的规划与治理，正是其海洋意和战略的具体体现。美国的海洋学术力量和非政府机构对海洋环境保护的作用表明其海洋意识已较深植入其主流社会。有鉴于此，我国应加大投入，加强海岸带环境人才储备建设，在全社会营造全民参与海岸带环境保护，推进海洋可持续健康发展的人力资源能力建设。

### （七）深化海洋环境领域的国际合作

目前，区域化、国际化协作是海洋研究的重大发展趋势之一，以美国为代表的，地区参与为主的多个国际性海洋研究和调查计划也已经形成。我国参加了全球性或区域性国际合作海洋研究计划（如 GOOS 和 ARGO 等），也参与了以国家治理体系为主体的区域海洋环境政府间合作机制（如西北太平洋行动计划、东亚海协作体等），这些对于提升我国在国际海洋环境学科领域和海洋环境治理中的话语权都发挥了重要作用。今后，我国仍需积极参与国际大型、多学科交叉的海洋研究和海洋

环境管理计划和项目，从夯实海洋科技研究和国家重大海洋环境与资源安全的战略高度出发，积极谋划海洋环境国际合作研究项目，及时了解和掌握海洋环境的前沿趋势，为服务我国陆海统筹等战略提供国际经验参考。

**（八）建立具体、可操作的公众参与海洋环境协商机制**

应根据地方实际情况，制定具体的海岸带环境协同议事协商制度和实施方案，重点解决意识普及、能力建设、途径对象等方面的公众参与和议事程序的问题，明确规定公众参与海岸带环境管理的权利和义务，对公众参与的条件、内容、形式、方法、程序等做出详细指导，建立公众参与海洋环境的社会化管理机制，确保公众参与的制度化、长效化发展。

# 海洋环境信息管理系统建设的
# 国际经验借鉴

汉春伟

  随着海洋环境监测技术的进步，可获得的海洋环境数据在广度与深度上都达到了前所未有的程度。与此同时，随着信息技术与环境领域的逐步融合，海洋环境数据与决策管理的关联也不断在加强。加强海洋环境信息管理系统的建设，不但有利于提高我国利用环境数据的水平，更好地参与国际合作，而且能更有利地支持我国海洋环境方面的决策。

  本文拟对国际海洋环境信息管理相关的典型机构与系统进行分析，借鉴其中制度及内容方面的经验，并根据我国参与区域海洋环境合作的经验与需求，提出完善区域海洋环境信息管理系统建设的政策建议。

## 一、区域海洋环境信息管理系统现状

  目前，我国参与了西北太平洋行动计划与东亚海协作体两个区域海洋行动计划，其中东亚海协作体目前并无专门的海洋环境信息管理系统，西北太平洋行动计划下设专门的数据与信息网络区域活动中心（以下简称"数据中心"）。从设计上来说，数据中心的职能是主要负责西北太平洋行动计划的优先项目：建立综合的数据库和信息管理系统，负责协调、评估区域海洋环境管理过程、资源和治理能力等方面的信息；建立区域内海洋海岸环境保护与管理相关项目的信息支持系统，并建立区域内的 WebGIS 系统。目前，数据中心的职能主要体现在收集数据与维护数据中心网站，并没有实现设计中的目标。数据中心的发展受限，可归结于如下几个因素：

  （1）机制缺乏活力。目前数据中心主要是以项目的形式采集数据。确定好项目后，由各国联络员或指定的专家收集数据并进行汇总、分析。除此之外，并没有常态化的数据收集途径。一方面使得数据收集活动缺乏灵活性与持久性，也使得收集到的数据实效性比较差，无法动态地、及时地反映地区海洋环境的变化；另一方面也使数据收集的规模相对于西北太平洋地区庞大的原始数据来说显得非常小，无法有效地反映地区海洋环境的整体面貌。

（2）投入少。现在数据中心每年的投入仅仅能够维持现状。仅以职责中的"建立综合的数据库和信息系统"为例，每年就需要在人员结构，数据的收集、整合及分析上做不小的投入。

（3）没有有效参与国际合作。目前数据中心的国际合作仅仅限于西北太平洋行动计划机制内的固定项目，并没有与其他的国际组织或机构建立有效的合作机制，无法有效吸收、利用现有的、成熟的海洋环境方面的理念与经验。

## 二、国外海洋环境管理系统的架构与核心功能分析

发达国家的海洋环境管理系统普遍以信息资源和应用为核心，在收集、整理海洋环境信息资源的基础上，对信息产品进行分类，确定每类海洋环境信息服务的主要功能，并有针对性地设计表现形式，务求做到内容与表现形式合理，应用的可视化程度高、实用性强。

### （一）美国注重海洋环境信息的综合与用户体验

美国在《21世纪海洋蓝图》中提出要使海洋数据和信息系统现代化，包括把海洋数据转换成为有用的产品，彻底改造目前的数据和信息管理，以满足21世纪的挑战。美国根据自身研究和战略需求构建了海洋综合数据共享平台——美国国家海洋数据中心（NODC）。该中心成立于1961年，受美国国家海洋和大气管理局（NOAA）领导，下设5个部门，分别为办公室、信息系统与管理、NOAA图书馆与信息服务、海洋气候实验室和海岸数据发展中心，维护着从美国国内外活动获取的环境数据，并从这些数据产生出可以帮助监测全球环境变化的产品和研究。NODC汇集了全球最大的并可公开查询的海洋数据，其发展可归结于如下几点：

（1）重视程度高。NODC的地位非常高，负责统筹收集、管理美国能获得的海洋信息方面的数据，并可在美国内外不同的组织、活动中分别代表NOAA或美国。

（2）数据来源广，数据丰富。NODC 是世界上最综合的海洋环境数据与信息源。NODC 整合了美国海洋气候实验室和海岸数据发展中心和 NOAA 图书馆，其中 NOAA 图书馆成立于 1807 年，在美国 18 个州有 25 个分馆。除此之外，其来源还包括研究及一般性的活动 [涉及联邦机构（含国防部），州及地方政府，学术科研机构及私人企业] 及一些根据协议与其他国家及国际组织交换的数据。除此之外，普通的用户也可上传数据。对于某些满足条件的数据，还可收录到正式的数据库里。

（3）有统一的海洋环境数据与信息入口，数据产品丰富。NODC 所存储的数据都是公开的，且有统一的入口。在其网站上，所有的数据按照不同的类别有序展示。同时，NODC 还提供了丰富的数据服务，如元数据信息查询、数据查询和产品查询等，增加了获取其数据的途径与方便程度。所有 NODC 网站的数据都可以免费获取，用户也可以付费向 NODC 购买数据（如图 1 所示）。

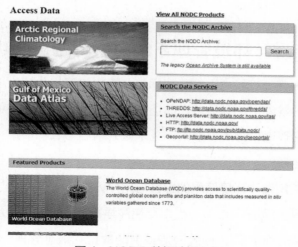

图 1　NODC 数据访问入口

（4）数据有完善的数据格式与代码标准。为了使数据长久可用，NODC 规定所有的数据都尽可能地以文本形式保存。对于经常用到的项目，如国家、机构、专家、项目、海洋等，都有代码列表可供查询，并提供与其他国际标准代码的转换。这极大地提高了 NODC 数据的可利用程度。

（5）充分参与国际合作。NODC 承担了世界海洋数据中心的一个中心（世界海洋数据中心中的数据是各国通过数据交换而获得，在使用上没有限制，另两个中心分别设在莫斯科和天津）。此外，NODC 还与全球地理观测系统（GEOSS），全球海洋观测系统（GOOS），土壤观测卫星委员会（CEOS）等国际组织按协议共享数据。这些合作极大地提高了 NODC 数据的来源广泛性与可用性，同时也在这个过程中增强了合作关系。

**（二）波罗的海地区海洋环境保护公约（赫尔辛基委员会）注重数据的可视化应用**

波罗的海地区海洋环境保护公约成立于 1974 年，是联合国环境署区域海计划的一部分，其管理机构为赫尔辛基委员会（HELCOM），其缔结方为波罗的海沿岸9 个国家和欧盟。在波罗的海地区，其定位为环境政策制定者、监督机构和协调机构。在联合国区域海计划中，HELCOM 是发展的比较好的几个机制之一。其发展可归结于以下几点：

（1）缔约方包括欧盟。这一点与西北太平洋行动计划不同，西北太平洋行动计划的缔约方是西北太平洋区域的中国、日本、韩国和俄罗斯。这一是提高了 HELCOM 调动资源的能力，可以在欧盟成熟的框架下进行合作，可以充分调动与环境相关的资源对海洋进行保护；二是提高了 HELCOM 的规格，可以在欧盟的框架下举行一些会议，并可不定期的举行部长会；三是也提高了 HELCOM 的影响力，可以与世界上很多相关的组织进行交流与合作，使 HELCOM 的海洋保护工作具有更大的影响力，并可及时吸收海洋保护工作最新的成果。

（2）丰富的国际合作渠道。HELCOM 吸纳了 19 个政府 / 政府间组织和 30 个非政府组织为观察员（如图 2 所示），涉及包括波罗的海、欧盟及联合国等诸多国家与组织，如波罗的海议会，欧洲原子能机构，黑海委员会，国际海事组织，联合国环境署等，涵盖医疗、环境、海洋、经济、渔业、动物保护、科研、化工、能源和建设等领域。这些组织机构基本涵盖了欧洲地区乃至全球在海洋、环境方面有实力的机构。通过这些合作，HELCOM 可以充分吸收国际上在海洋方面先进的理念与经验，可以以较高的起点对波罗的海地区的海洋环境进行治理。

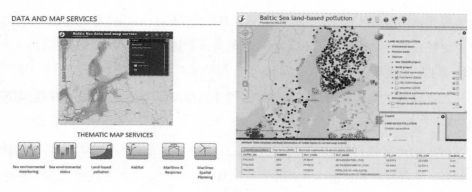

图 2　HELCOM 数据入口与展示界面

（3）有专职的数据管理机构。在数据与信息的管理上，HELCOM 并没有像西北太平洋行动计划那样设有一个独立的数据中心，而是在 HELCOM 的层次设有专职的数据管理机构，对 HELCOM 范围内收集的数据进行统一的管理。这样的设置，可以方便对数据制定统一的规范并进行管理，并可以 HELCOM 的名义对外进行数据信息交流，提高了数据的可用性。HELCOM 下常设了 3 个论坛和 6 个工作组，所有收集到的数据，都以统一的入口用"一张图"的形式展示出来，提高了数据的易访问性。

（4）注重公众教育。HELCOM 的网站不但具有专业性，而且还很注重用通俗的语言向大众传播波罗的海地区海洋环境面临的问题与挑战，已取得的成绩等，尤其是 HELCOM 在其中的作用。

# 三、对我国设计海洋环境信息管理系统的启示

由于我国传统上是一个陆权国家，对海洋的投入与重视程度并不是很大。随着"陆海统筹"战略及"一带一路"构想的逐步实施，我国对海洋的重视程度逐渐增加，我国应抓住这个机遇，实现海洋环境信息管理系统的跨越发展。建设并完善区域海洋环境信息管理系统，不但有利于我国全面掌握区域内海洋环境相关的信息，而且可以有利地支持决策，更好地参与区域内海洋环境方面的国际合作，更好地贯彻我国海洋方面相关战略的实施。

目前海洋环境信息化管理及相关决策支持系统的建设不能完全满足区域海洋国际合作的需求。国外的海洋环境管理系统为经济及环境部门所提供的服务让我们看

到了海洋环境信息服务的趋势。

### （一）加强国内海洋环境信息数据的整合，提高数据共享与使用效益

我国国家海洋局是综合性海洋信息的主要来源，另外环保部门、沿海地方部门、海洋科学研究部门等也收集海洋信息，存在监管部门多、标准不统一和数据共享渠道不畅等问题，导致了财力、人力、物力的浪费，降低了我国海洋环境信息服务与产品开发能力。

为此，应充分借助"陆海统筹"战略及"一带一路"战略的实施这一机遇期，从顶层设计的角度理顺海洋环境信息的流向，统一出口，方便对海洋环境信息数据的利用。

### （二）提高海洋环境信息管理协同体系建设

综合海洋环境管理系统所需要的技术范围很广，而我国海洋环境技术的研究机构总体规模、技术水平参差不齐，基础研究力量系统性不足，应用研究不够完整。借鉴国外海洋环境系统的技术队伍管理模式，可将海洋环境技术分为几个专题模块，如遥感信息应用、海岸带观测平台、船用自动化观测平台、水下潜器、基于空间系统的通信与网络技术等，对高水平的、有创新能力的专业队伍集中资金投入。增加大型计算机、云技术、可视化平台的投入应用，建立综合性海洋环境信息平台，提供各类数据产品，为提高我国的海洋环境预测、预警能力、提高海洋环境科学的认知能力、提高海岸带环境管理能力，积极鼓励研究人员开展各类海洋环境数据与空间模型的研究与开发。

### （三）加强相关海洋环境信息产品的开发

在掌握数据的基础上，加强海洋环境信息相关产品的研发，如开发查看任意时刻、任意时段的海洋环境信息产品，满足海岸、近海海洋环境人员提高效率的需要；开发海洋溢油处理信息产品，包括溢油区环境污损状况、趋势分析及经济损失评估等，进行决策支持等。通过相关产品的开发，可以培养相关的技术人才，提高对相关数据的利用能力，加深对海洋环境数据的理解，并可以更好地参与国际合作，增强话语权。

### （四）制定并推广相关的海洋环境数据规范

目前，区域内海洋环境信息管理系统众多，且在机制内部，也存在自建数据库。这些信息管理系统基本上是独立的，规范不统一，且没有成熟的互通机制。为了方便整合区域内的海洋环境数据，提高数据的利用率，并更方便地参与国际合作，有

必要制定并推广统一的数据库规范与数据标准。

建立好相关的规范后，还要提供建前指导、建后监督等服务，以使相关的规范能更好地得到遵守；同时，可探讨在区域内建立机制性的数据更新机制，提高区域内数据收集的及时性与全面性。

**（五）加强与区域内外相关组织机构合作，提高机构能力，加强数据的利用和共享**

目前，区域内的海洋环境信息管理系统基本没有有效地参与国际合作，以一己之力摸索信息管理系统的建设。与此同时，国际上有很多发展良好的、成熟的海洋环境信息管理机构与系统，我国可充分吸收其经验，促进相关人员的专业水平与区域海洋环境信息管理系统的建设，促进对海洋环境数据的理解与研究，支持区域内海洋环境的相关决策；我国还可利用国际上现有的海洋环境数据共享的机制，如全球海洋观测系统（GOOS）等，丰富海洋环境信息管理系统的数据。

**（六）加强数据的分析与利用，提高我国参与区域海洋环境合作的水平**

目前区域海洋环境信息管理系统的业务仅体现在数据的收集与整理，无法有效支撑一个信息管理系统。并且随着信息技术的发展与普及，建立海洋环境信息管理系统的技术门槛已经越来越低，区域内就存在其他大大小小不等的海洋环境信息管理系统。在这样的背景下，为了让我国所建立的海洋环境信息管理系统在区域内的地位加强，必须要有自己的特色。

随着技术的发展进入"大数据"时代，对数据的收集、分析与利用日益成为一个组织或行业的核心，在决策制定中有不可替代的地位。我国可利用抓住我国所建立的海洋环境信息管理系统是区域内正式批准的管理系统这一有利条件，抓住机遇，积极开展数据分析与利用方面的工作，确保在这一领域的优势。

另一方面，鉴于数据整合利用的重要性，并借鉴国际上相关的组织机构的经验，我国所建立的海洋环境信息管理系统应该定位为区域内的海洋环境数据中心，并在以后的区域海洋环境合作及相关国际活动中强化这一概念。同时我国应该对区域内所有与数据相关的活动制定规范并进行指导，并逐步涵盖其他各自建的海洋环境信息管理系统，对区域内的海洋环境信息进行统一管理，形成区域内海洋环境信息的综合平台。

国际环境与发展

# 联合国发布可持续消费和
# 生产（SCP）的目标与指标报告

田　舫　李　博　彭　宾

　　"里约 +20"峰会的成果报告《我们憧憬的未来》中提到"社会生产消费方式的根本改变对实现全球可持续发展来说是不可或缺的。"二十多年来，随着全球趋向经济、环境和社会全面可持续发展的模式，可持续消费和生产（SCP）成为了各国政府的重点工作领域。为了促进 SCP 在全球的实施，为各国制定具体的目标和指标就显得十分关键。这样的目标需要在全球的和多边的可持续发展对话中产生，而且要考虑市场的实际情况，并确保评估所需数据容易获取。

　　本报告旨在回顾 SCP 的发展过程，分析 SCP 在可持续发展中的重要性，并帮助各国了解 SCP 的潜在目标与指标。报告的主要内容包括 SCP 的概念及内涵、成果文献中涉及 SCP 的内容、SCP 对可持续发展的贡献、建议的 SCP 的目标与指标。报告中提出的目标与指标，涵盖了全球重点关注的领域，并且具备一定的灵活性，以适应不同发展阶段国家的不同需求、和体现发达国家与发展中国家在推进 SCP 过程中的区别责任。

## 一、可持续消费和生产（SCP）的概念及内涵

　　几十年来，SCP 的定义在不断被革新，当前最广为接受的定义是"服务和产品的使用，既要能满足基本需求和改善生活品质，同时在其生命周期中尽量减少自然资源及有害物质的使用，减少废弃物和污染物的排放，以保障后代人的需求。"[①] 然而，

---

① 该定义是在 1994 年奥斯陆的可持续消费研讨会上提出的。

这种综合的、通过生命周期的诠释方法已经落伍了，取而代之的是一种区分消费和生产环节的观点。

19 世纪 60 年代末和 70 年代初，全球最早的一批环境法出台了，这些环境法被大致分为针对个别事件的、被动的、面向特定领域的和末端治理几类。此时的环境法就已提及"可持续消费"——当时叫做"清洁生产"。19 世纪 80 年代，系统化观点得到更多的认同，因此环境保护政策也给予了清洁生产更多的重视。90 年代，清洁生产被视为提高经济效益和减少废弃物的有效途径，同时与 1992 年里约环境与发展宣言中提出的预防原则进行了综合。因此，清洁生产的定义逐渐转变为从长远的立场减少环境污染，而不仅仅是末端治理。与此同时，关于 SCP 的政策越来越多的使用系统化的方法：从单个企业的视角、对抗性的立场和规制，转变为倡导生命周期解决方案、合作伙伴、自愿行动、与私营行业和其他利益相关者协同工作等形式。在这种转变中，消费者的权利和公民社会权力也起到了重要作用。

随着 SCP 概念发展，虽然经济效益不断提高，生命周期方法也越来越普及，但是环境破坏却日益显著。这表明我们还没有达到环境、社会和经济政策的统筹协调。如今，我们在 SCP 中使用生命周期方法，其根本目标是：在经济增长和全民生活质量提高的前提下，尽量减少环境退化。

当前，各国就 SCP 在"可持续发展目标"（SDG）和"后 2015 年发展议程"中扮演何种角色尚未达成一致，因为 SCP 的目标、甚至是衡量指标都还没有明确。基于此，该报告回顾了以前提出的有关 SCP 目标和指标的各种建议，并评估了这些建议的目标和指标能够被接受的科学基础。

目前在各成员国中另一个悬而未决的问题是：在 SDG 中，应当把 SCP 定位成一个独立目标还是其他目标的一个组合？"里约 +20"峰会成果报告和"十年规划框架"（10YFP）把其定义为一个与其他行业密切相关的专题领域；而"后 2015 年发展议程高级别专家研讨会"（HLP）的报告只将其视为其他目标的一个组合，而非独立目标。支持独立目标论的主要原因有：① 很多国家，特别是一些亚洲和欧洲国家，已制定了可评估的目标和指标。② 采矿、旅游和废物处理等行业，与 SCP 特别相关，但不能完全适用现有的目标体系。③ SCP 是长期可持续发展的保障，如果只是以一个综合性的、跨行业的原则来看待，显然与其重要性不搭配。

为支持 SCP 在更多发展中国家的实施，技术转移、能力建设、利益相关者更广泛的参与以及传统知识保护都是非常重要的。HLP 报告特别强调了消费端的可持续发展，包括可持续的生活方式和习惯改变的必要性。未来 SDG 应全面关注可持续发展的消费端和生产端，以同时适应发达国家和发展中国家的情况。另一个重要的方面是，由于 SDG 和"后 2015 年发展议程"具有普适性，因此 SCP 的目标与指标应具备一定的灵活性，以适应各个国家的实际情况。同时我们也应当思考，如何来建立这些目标和指标，从而有效地"刺激"生产消费模式的转变。

## 二、"里约 +20 峰会"成果文件对 SCP 的表述

2012 年联合国可持续发展大会（"里约 +20 峰会"）成果文件，即《我们憧憬的未来》将"消除贫困、推广 SCP、自然资源管理与保护"视为可持续发展的首要目标和潜在要求。

在推广 SCP 的实践中，绿色经济及其配套政策发挥着重要的作用，绿色经济的目的就是自然资源的可持续管理，降低环境破坏、提高资源利用效率和减少废物排放。为实现这一目标，技术革新、技术转移以及环境保护科研创新扮演着重要的角色。而采取这些行动则需要政府、民众和企业的广泛支持。

SCP 是《我们憧憬的未来》行动框架中确定的 26 个专题领域之一。在"里约 +20"峰会上，各国首脑还通过了旨在推进可持续消费和生产的《十年规划框架》（10YFP）。这一行动框架旨在从根本上转变推动社会生产消费方式，确保经济发展不以破坏生态系统为代价。10YFP 的主要目标是：

(1)通过支持区域和国家政策，促进所有国家向 SCP 模式转型。

(2)提高资源利用效率，避免以环境为代价的经济增长，创造就业和经济发展机会，消除贫困，共同发展。

(3)支持能力建设，加大对发展中国家的金融和技术援助，从各个层面支持 SCP 行动。

(4)作为 SCP 的信息和知识共享平台，促进政策、工具、行动和实践交流，从而加强合作。

为了支持这些目标，最初的《十年规划框架》重点关注五个目标领域：消费者信息、可持续的生活方式和教育、可持续的公共采购、可持续建筑与和可持续旅游（包

括生态旅游）。2014 年 3 月，可持续食品系统作为第六个领域被加入其中。

在向 SCP 模式转型的过程中，发达国应发挥带头作用，其他国家也应积极参加。"里约 +20 峰会"尊重国家主权和民族差异，认为向 SCP 模式的转型不应是一套具体的行动，而是一系列的政策建议。每个国家都应该选择最符合国情的解决方案，在发展中国家，创新和传统知识将扮演重要角色。10FPM 也将考虑各国的不同国情，以适应各国不同的发展阶段和发展需要，并着重支持发展中国家的市场建设。

## 三、后 2015 年发展议程高级别专家研讨会的相关建议

2013 年 6 月，"后 2015 年发展议程高级别专家研讨会"（HLP）发布了其会议报告——《一种新的国际伙伴关系：通过可持续发展消除贫困和促进经济转型》。报告认为"千年发展目标"取得一定成功，同时，在促进可持续发展方面也存在缺陷，原因是其对 SCP 的推动不够重视。在后 2015 年发展议程中，HLP 提出了五个转型要求，其中跟 SCP 相关的有三个：

将可持续发展作为发展议程的核心内容；

转变经济模式，创新更多就业机会，实现包容式增长；

培育一种新的、实现发展的全球伙伴关系。

HLP 报告没有将 SCP 作为一个独立的目标，而是将其视为一个与和平、平等、应对气候变化、可持续城市、青少年成长、性别歧视等领域交叉关联的问题。报告认为 SCP 应该具备基本的生命支撑功能（食物、水、能源等）。为达到这一目标，技术应用、社会改革、科技创新、政策、教育和公众意识提高都是必要的手段；在这种转型过程中，政府、企业、消费者都扮演着十分重要的角色。

HLP 报告中提出的与 SCP 相关的目标：

提供优质教育和终身学习（目标 3）；

保证食品安全和营养（目标 5）；

增加就业，改善民生，实现可持续增长（目标 8）；

自然资源的可持续管理（目标 9）。

相比"里约 +20 峰会"成果报告，HLP 报告认为发达国家在推动可持续的生产消费的过程中应发挥更多的作用。发达国家应通过激励机制、新的思维模式来促进

国内绿色产业的投资，同时促进先进技术和经验向发展中国家转移。报告也呼吁各国政府，特别是发展中国家政府，引入绿色发展政策，将社会和环境价值并入国民生产和收入核算体系。

# 四、联合国大会开放工作组（OWG）的相关结论

2014 年 1 月 8 日，在纽约举行的"联合国大会开放工作组（OWG）"会议上，第一次讨论了将 SCP 纳入可持续发展目标。尽管发达国家和发展中国家之间还存在着一些分歧，但大部分的与会代表就一个观点取得了共识，那就是可持续发展与 SCP 是密不可分的。参会代表指出，"千年发展目标"中 SCP 的缺失是极大的遗憾和损失，发展更多的 SCP 的模式，是达成其他可持续发展目标的基本要求，是可持续发展的基本推动力。随着会议后期的进一步推进，成员国的 SCP 目标和指标体系更加明确和完善，SCP 也成为了 OWG 的主要关注领域。

在提上议程后，SCP 逐渐成为了一个复杂的、政治敏感的问题。成员国在哪个领域最值得关注、哪些目标应该申请实施、哪些指标应该被衡量等问题上意见不一。最大的分歧则是在发达国家和发展中国家分别承担角色的问题上：发展中国家提出发达国家应带头实施 SCP 模式，而发达国家却提出共同的责任。

虽然有些国家倡议将 SCP 的作为独立目标，OWG 的主要与会国家着重于如何把 SCP 的目标融入其他专题领域中去，这一主题成为了会议的核心议题。会议提出的可以推动 SCP 的领域有：自然资源、水、生物多样性、能源、食物和农业、森林、海洋、卫生、化学品、废弃物和交通。

会上建议的可融入 SCP 的目标如下：

增加全球的可再生能源市场份额；

减少过度捕捞；

恢复退化土地的农业生产力；

减少人均能源消费量；

降低木材在生产端和消费端的浪费；

加强可持续的公共采购；

加强关于 SCP 的教育；

淘汰对环境有害的补贴；

减少垃圾和使用生命周期管理方法；

加强化学品使用和处置的机构建设；

改善公共交通；

减少森林砍伐；

减少温室气体排放。

这种在 SCP 与其他目标之间建立联系的思维方式，也使得指标体系适应发达国家和发展中国家的不同情况成为可能。比如，与会者倡议对不同的国家使用不同的指标体系：对发达国家，指标体系应优先考虑能源和资源使用效率以及降低废物排放；而对发展中国家，指标体系应在更环保的原则下，增强实施国家的竞争力。

## 五、多边环境协定及其他国际（区域）框架中的相关承诺

多边环境协定可以追溯到 1972 年在斯德哥尔摩举办的第一次联合国人类环境会议，此次会议是参会国第一次就国际环境行动达成基础性的一致意见。如今，全球的多边环境协定数量超过了 500，涉及的问题包括生物多样性丧失、大气污染，海洋退化和滥伐森林等。随着时间的发展，国际环境领域的工作开始重视协定的实施，而非仅仅是协议的制定。因此，国际上开始思考如何有效实施现有的协定，以及如何解决各个多边环境协定之间的、与行业发展战略之间的分歧。

在数量众多的多边环境协定中，需要重点关注如下一些领域：自然资源利用、生产消费环节的污染、减少以环境退化和资源浪费为代价的经济增长、人类健康。国际多边环境协定与其主要关注的问题如下：

濒危野生动植物物种国际贸易协定——关注生物多样性；

联合国气候变化公约——关注气候变化；

斯德哥尔摩公约——关注危险化学品；

巴塞尔公约——关注危险化学品；

鹿特丹公约——关注危险化学品；

关于汞的水俣公约。

将多边环境协定结合到 SCP 的目标和指标中去有很大挑战，因为绝大多数的多边环境协定都没有包含具体的指标项。尽管如此，我们仍然可以从多边环境协定的相关报告、信息中收集到我们关注的指标数据：

**表1  多边环境协定中涉及 SCP 的目标**

| 多边环境协定名称 | 涉及 SCP 的目标 |
| --- | --- |
| 濒危野生动植物物种国际贸易协定 | 防止国际贸易造成的野生动植物过渡杀害<br>禁止出口、进口、再出口，禁止引入外来物种 |
| 联合国气候变化公约 | 稳定大气中温室气体的浓度在一定的水平，防止气候系统受到危险的人为干扰，使生态系统能够自然地适应气候变化，确保粮食生产不受威胁，并使经济发展能够可持续地进行，控制温室气体排放量在一定水平上，使全球平均温度较工业化前的增幅低于 2℃。 |
| 斯德哥尔摩公约 | 减少持久性有机污染物的排放，减少污染源排放和采取防护措施，减少生产、出口和进口持久性有机污染物，减少无组织排放 |
| 巴塞尔公约 | 减少危险废弃物对人身健康和周边环境造成不利的影响，推广无害化处理，限制危险废物越境转移除非被特别允许，特定的监管系统应用到危险废弃物的越境转移中 |
| 鹿特丹公约 | 建立有关危险化学品的信息交流机制，帮助国家进出口方面的决策，向成员国宣传国家有关某些危险化学品的进出口的决定，禁止出口某些进口国明令禁止的危险化学品 |
| 关于汞的水俣公约 | 保护人类健康和环境免受汞和汞化合物的损害，禁止新汞矿山的开发，淘汰现有的矿山，控制空气排放，并对小型金矿开采的非正规机械行业进行监管 |
| 国际化学品管理战略方针 | 化学品的有效管理，有助于消除贫困和疾病、提升人体健康和环境质量等，目标框架：①减少风险；②知识和信息；③公共治理；④能力建设和技术合作；⑤非法的国际贸易 |
| 生物多样性公约 | 政府、商业和各层面的利益相关者积极参与，努力实施可持续的生产消费，控制自然资源的使用在生态安全阈值之内 |

# 六、可持续消费和生产指标中的自然资源利用

在任何 SCP 的指标体系中，衡量自然资源使用、废物产生和污染排放都应该被视为一个完整的部分。国民经济核算体系应该将自然资源指标纳入其中，与经济增

长形成互补，同时还要把产业绩效考虑进去。因此，SCP 指标需要遵从环境经济核算体系，促进各个行业之间的协调补充。衡量资源效率涉及多个领域，包括：材料和废弃物、能源和排放、水资源、土地资源。

资源效率是通过资源使用和经济活动之间的关系来表达的——也就是用经济单位来衡量资源的使用。资源效率可以理解为资源生产力（单位资源获得的经济产出）或者资源强度（单位经济产出消耗的资源量），前者侧重比较各要素生产力，后者关注经济活动的环境资源使用量。

2008 年，联合国环境规划署提出了一个"SCP"的指标框架，该框架基于 5 种可持续发展的资源模型：自然资本（自然资源和生态服务）、人力资本（健康、知识和技能）、社会资本（制度）、生产资本（固定资产）和财政资本（确保其他资本的所有权和交易权）。这个框架具备生产者和消费者的两面视角，并且比其他指标体系更明确的考虑发展中国家的实际情况，这个框架使用的概念方法超出了其他任何指标建设方法——它在国家层面、行业层面充分考虑了社会、经济、环境及其之间错综复杂的关联。遗憾的是，因为缺少与数据的一致性，该框架中列举的指标只能是说明性指标。

另一个需要强调的方面是，经济活动（GDP）和人类福利之间并不是简单的线性关系，相似的 GDP 水平下人类福利可能存在差异。直接评估人类福利十分困难，被广泛认同的衡量指标也是少之又少，因此最近的一些评估结果都跟 GDP 关系不大。以加拿大为例，在过去的 20 年中，其 GDP 的增长速度一直高于其社会福利的增长速度。越来越多的研究人员开始使用一些主观的指标来评估人类福利——如幸福指数，尽管这些指标尚未被科学界接受，但未来却存在这种可能性。

# 七、现有数据情况和数据需求

## （一）材料消费数据

目前全球有许多的材料消费数据库，收录了全球和国家层面生物燃料、化石燃料、煤矿、工业矿物和建筑材料等方面的消费信息。主要的数据源有：

维也纳商业和经济大学的数据库（涵盖 1980 年至 2010 年间的数据）；

澳大利亚联邦科学与工业研究组（涵盖 1970 年到 2008 年亚太地区、拉丁美洲和加勒比海地区的数据）；

维也纳的社会生态研究所（全球材料使用情况100年间的系列数据）；

欧洲统计办公室（欧洲最新的材料流动数据）。

联合国环境规划署和澳大利亚联邦科学与工业研究组织还建设了亚太、拉丁美洲和加勒比海地区的线上数据库。

联合国环境规划署的国际资源研讨会启动了一项针对全球材料流动和资源生产力的评估研究，旨在从全球数据库中选出一个公认的权威数据库。从这项研究的数据来看，从1950年到2010年，全球的材料消费量从140亿吨增长到了700亿吨。

通过分析这些材料消费数据可以看出，20世纪后半叶，国家层面的材料利用效率普遍提高。随着经济的成熟，这也是一个越来越明显的趋势。但是在21世纪初，材料利用效率的增长速度却下降了，这是因为高效率的国家（如欧洲国家、日本等）把工厂迁移到了低效率的国家（如中国、印度）。

### （二）其他数据

国际能源署可提供全世界大部分国家的能源消费数据，包括能耗最高行业的国家数据，以及各个行业的最终能耗数据。

全球大气研究排放数据库和国际能源署可提供温室气体排放和空气污染物的数据。

国际粮农组织的水和农业信息系统可提供水资源使用的数据，包括农业、工业和城市用水的数据，以及用于主要经济活动的水资源量。

固体废弃物的数据信息比较稀缺，现有的统计数据可信度也很低。通过国家层面上材料的流动可以估算废弃物的数量，但前提是要有废弃物流动的统计数据。

城市和工业用地的数据也是不在所有国家都可获取，最新的遥感技术和土地利用分类系统可能会有助于构建土地利用效率方面的指标。

## 八、可持续消费和生产对可持续发展的贡献及其目标和指标

### （一）对可持续发展的主要贡献

#### 1. 促进低碳经济

近几十年来，由于科技进步、大范围的工业化和城市化，全世界的发展中国家

269

都达到了预期的经济增长目标。这种经济增长大大降低了全世界贫困人口的比例，发展中国家中出现了超过 10 亿人的中产阶级消费者。但是，这种增长是有代价的：自然资源需求量的急剧上升以及生态系统的急剧退化。越来越多的人开始意识到，为了确保后代人的福利，这种建立在自然资源基础上的经济增长应该妥善控制、提高效率。

21 世纪初期，全球越来越强调 SCP、资源效率和清洁生产的概念，因为能源供应明显已经跟不上能源需求的增长速度了，这种状况同时也导致能源供应不安全和价格不稳定。当前的能源价格波动对全球经济的长期稳定也是有影响的，它会增加能源供应基础设施投资的风险，阻碍供应能力的提升。

到 21 世纪中叶，全球人口将达到 96 亿，为了支撑这些人口的生存，极大的提高资源效率绝对是必要的。在"第二次城市化进程"中，全球的城市人口预计在 2030 年达到 50 亿，在 2050 年达到 62.5 亿，这种城市化的进展将大幅增加对自然资源的需求量，用于基础设施建设。工业生态学的研究表明，许多行业的资源利用效率都可以提高到 80%，如果精心谋划，未来几十年新建的城市基础设施会对提高资源效率提供长期有效的帮助。

## 2. 提高生产力和竞争力

提高资源利用效率可以提高竞争力、创造就业机会、改善环境状况，从而使效益翻倍。另一方面，通过实施生态工业原则、循环经济的 3R 原则，也可以使政府、企业、家庭在全球经济动荡的背景下节约开支、增强经济适应力。

20 世纪经济增长的重要前提，就是主要的资源产品（如化石燃料，矿产、食物）价格总体稳定甚至呈下降趋势。这是由于当时大部分资源储量充足，供应成本也不高，制造资金和劳动力成本才是很多国家主经济发展的主要障碍。在许多行业，劳动力成本高达投入成本的 70%，因此一直以来人们认为降低劳动力成本是降低生产成本的最佳途径。资金大约会占到投入成本的 1/4，而自然资源（能源和材料）在很多行业只占投入成本的 5%。因此在 20 世纪的大部分时间里，优先提高劳动生产力、忽视资源生产力是符合经济学原理的。

中国等新兴经济体的崛起，已经改变了世界经济格局。从 21 世纪初开始，全球原材料的价格急剧上升，目前已经高出 20 世纪最后 20 年平均价格水平的四倍。在这种情况下，自然资源已经成为生产和消费发展的限制性因素，国家政策和企业战略必须把提高资源效率作为主要目标。

较早推行 SCP 战略的国家和企业将会因为更高的生产力和竞争力而获益。全球对于自然资源的需求短期内是不可能下降的，这种状况会进一步增加供应链的压力，加重资源市场的供需不平衡。可能的后果就是，一些对现代经济发展至关重要的资源供给得不到保障，导致生产停滞和经济下降。

SDG 中还特别强调了发展的公平性，如果资源生产力不被重视的话，发展就会带来更多的不公平。全球已经有许多人口还不能满足基本的生活需求，而自然资源价格在全球市场上居高不下则进一步降低了人们的生存机会。这种情况在全球的食物和化石燃料价格上已经很明显，尤其是对那些家庭支出主要用于食物和出行的低收入人群而言。提高资源利用效率可以减少废物排放、节约开支，也就改善了资源利用的公平环境。

### 3. 消除贫困

"里约 +20"峰会的成果文件——《我们憧憬的未来》，将消除贫困、推动可持续消费和生产以及自然资源管理保护列为可持续发展的"首要目标"和"基本要求"。

在发展中国家，消除贫困的同时也就意味着消费的增加，在此过程中，SCP 可以控制环境退化。要消除贫困，需要新增许多商品和服务，SCP 在这里的定义就是用更经济的方式生产这些商品和提供这些服务，从而降低能耗和环境影响。同时，提高消费的效率也是必要的。对富人而言，应该在提高生活质量的同时减少消费；对穷人而言，不应效仿当前浪费式的消费，应该在提高生活质量的同时控制消费；总之，消费不能在现有基础上增加。

贫困是导致饥饿的主要原因，对低收入人群而言，食品是支出中最多的一部分，因此食品不仅需要可持续的生产，还要保证人们有能力购买。相对于大量使用农药的耕作方式，小范围的自给型农业不仅能生产相当的粮食，而且对技术水平要求不高；自给型农业对劳动力的要求更高，因此还能增加更多的就业。与此类似，控制农产品价格、发展有机农业也是 SCP 很好的例证，可以在增加农民的收入的同时改善环境。在其他行业，由于 3R 政策的施行，物品维修的需求量增加；这同时为劳动力市场和商品市场创造了新的机会，也满足了低收入人群的社会经济需求。

如何定义贫困一直是一个重要的课题，经过数十年的研究，贫困的定义已经不仅仅与收入的多少有关，而是一个与人们满足自身基本需求的能力有关的综合问题。监测贫困的关键目标和指标主要关注这些方面：消除极度贫困、减少营养不良、扩大就业、提高生产力、提升生活标准；这些目标也包括了一些间接目标：显著提高对清洁能源和能源效率改革的投资、保障供水的基础设施、保障清洁水的供应、可持续农业和粮食生产。

### 4. 生态系统和生物多样性保护，减少化学品污染

SCP 对生态系统和生物多样性保护的贡献体现在：生产过程中的自然资源管理、废物排放处理，消费过程中的选择性消费。"里约 +20"峰会成果文件指出，SCP 与生物多样性、海洋生态系统、森林生态系统和山地生态系统都是相关的。在所有这些领域，文件都鼓励自然资源保护和可持续利用，以及加强对生态系统恢复的投资。文件还指出了 SCP 对生态系统和生物多样性保护的间接贡献：保障食品安全、发展可持续农业和水资源管理、保障公共卫生、提高能源效率、保障有效的化学品和废弃物管理。

由于日趋严重的水污染和空气污染、土地和森林退化、废物排放、有害化学品的不当使用，全球超过 60% 的生态系统已经退化、被过度开发或者消失。而可持续消费和生产与生物多样性之间的联系是通过不可持续消费和生产建立起来的；栖息地丧失、农业生产的急剧扩大、水资源和渔业资源的不可持续利用、化学品和废弃物的不当管理，都是不可持续消费和生产的例子。农业生产扩大是环境退化的主要原因，它导致了土地生产力丧失、富营养化，并加剧了气候变化的影响。

SCP 与生物多样性和生态环境的另一个联系是有害化学品的使用和排放。有害化学品的随意排放持续危害大气、水、土壤、野生动植物、生态系统和全球食物链，所有这些都会影响人类的健康。前文中提到的多边环境协定，旨在消除有害化学品的使用，鼓励用对人类健康和环境伤害最小的方式来生产和使用化学品。

为保护栖息地、限制土地流转、减少森林的丧失，推荐的目标和指标如下：

（1）在农业、能源行业以及其他依赖水、土地、森林、渔业以及垃圾处理的行业，提升能源效率和生产力；

（2）健全自然资源管理，加强立法，加强跨部门、跨国境的法律执行；

（3）对企业的社会、经济负面效应施行一种综合的披露和追踪机制。

### （二）SCP 的目标和指标

可持续消费和生产的目标和指标应在自然资源和环境、社会福利二者之间找到平衡。在自然资源和环境领域，人类发展的目标与自然环境的三个功能相关联：发源、净化和生命支撑。"发源"指的是供应生产和消费所必需的自然资源，如水、土壤、能源以及农产品；"净化"指的是环境吸收和处理生产消费过程中所产生的废物的能力；"生命支撑"包括了全部的生态体统——或者说这个星球上使生命可以健康成长的全部环境过程。

#### 1. 指标选择的条件和方法

报告中的指标选择采取一种三步走的方法：第一步，从"后2015年发展议程"、SDG 以及 OWG 等前人的成果中选出关键的目标和指标；第二步，从 SCP 的概念框架出发设计一些目标和指标；第三步，评估这些指标的科学依据和以及指标数据是否容易获得。

从相关成果文件中，一共选择了 64 个目标和 86 个指标。这些目标和指标都是与自然资源储备、提高能源效率、减少环境足迹、管理化学品和废弃物直接相关的。但是，基于前文的论述，还有其他一些方面也是与 SCP 相关的如：

扶贫；

生物多样性和生态系统保护；

平等；

推动绿色经济。

#### 2. 按照 OWG 关注领域分类的目标和指标

| 关注领域 | 目标 | 指标 |
|---|---|---|
| 领域2：<br>可持续农业、食品安全和营养 | 消除饥饿；<br>确保每个成人和儿童获得足够营养；保证当地和一定区域内的食品安全 | 处于食物能源摄入最低水平以下的人口比例（%）；处于生长迟缓、消瘦和贫血状态的儿童比例（%）；收入最低的十分之一或者五分之一的人的平均卡路里摄入量；当地或本区域内生产的作物在粮食中的占比（%） |
| | 2030年前，恢复三分之一严重退化土地与荒地的农业生产能力 | 恢复的农业用地的在总农业用地中的占比（%）；恢复的农业用地在退化土地中的占比（%）；旱地（受退化和沙化影响的土地）数量 |
| | 提高农业养分的使用效率，减少养分流失（例如：消除养分投入和植物吸收上限之间的差额） | 作物内每千克氮、磷、钾需要的前期投放氮、磷、钾千克数；废水处理中使用营养恢复的占比（%）；动物排泄物的循环利用率（%） |
| | 2030年前，食物供应链中食物损失以及消费端的浪费减少50% | 消费前的食物损失比例（食物在生长、收割、贮存、加工、包装、运输等环节的损失（%）；消费端的食物浪费比例（%） |
| | 限制全球的人均农田面积为0.2hm$^2$ | 各国生物质能产出；消费端的生物质足迹；庄稼的生物质、牲畜饲料、生物燃料原料 |
| 领域6：<br>水和下水道设施 | 2030年前，发达国家的人均和单位GDP的水足迹降低25%；<br>到2030年，发展中国家的水资源利用率在2000年的基础上提高25% | 生产和消费直接用水（包括农业、矿业、制造业和城市用水）；水足迹——生产者或消费者在整个供应链中直接或间接的用水量；人均水足迹（m$^3$；m$^3$/人）；单位GDP的水足迹（美元/m$^3$） |
| | 2030年前，为发展中国家的低收入家庭提供统一的安全饮用水渠道 | 饮用处理过的饮用水的人口比例（%） |
| | 在淡水消耗最多的行业（重工业、电力、造纸业、灌溉型农业）中，每年同比减少每单位产出的水足迹 | 每单位产出的淡水消费量：<br>钢铁制造和其他重工业；<br>电力；<br>造纸业；<br>农业用水 |
| 领域7：<br>能源 | 2030年前，建立国家/区域层面的统一电网，增加地方能源供应，清洁、可持续能源的使用量翻倍 | 可再生能源在总能源供给中的比例（%）；各种发电类型的发电量；发电量中可再生能源的占比（%）；可再生能源产量（kw·h）及在总能源消耗中的占比（%）；使用能源的人口数量 |
| | 2030年前，发达国家人均能源消耗量降低XX%，发展中国家单位GDP能耗降低XX% | 人均能源消费量；人均发电量；基本能源供给总量（J；J/人）；单位GDP的总能耗；位产品的平均能耗 |

| 关注领域 | 目标 | 指标 |
|---|---|---|
| 领域 8：<br>经济增长、就业和基础设施 | 避免以自然资源为代价的经济增长和生活水平提高，2030 年实现人均材料消耗 10.5t，2050 年实现人均 8～10t | 各国的材料开采量；各国的材料足迹（例如：全球原材料开采量对各国最终材料消费的贡献率）；按国家平均的代谢率（人均材料足迹） |
| 领域 9：<br>工业化和促进民族平等 | 2030 年，材料利用效率比 2000 年提升 30%；2050 年前，生产和消费中的材料利用率翻倍 | 单位 GDP 的材料足迹；农业、林业和渔业中单位 GDP 的生物质能产出；单位 GDP 的矿石产出；单位 GDP 产出的煤、石油和天然气；单位行业附加值所需的材料投入（主要生产、建设和运输部门）；服务业的材料足迹 |
| 领域 10：<br>可持续城市和住宅 | 2030 年前，通过更好的设计和可回收材料的使用，使得：住房和建设部门与能源相关的 $CO_2$ 排放减少 25%；建设施工中的水资源利用效率提高 XX%，原材料开采减少 XX% | 建筑的 $CO_2$ 排放；建筑施工中的水足迹；建设导致的原材料开采率 |
| 领域 11：<br>可持续生产和消费 | 2050 年前，黑色金属、有色金属和贵金属的回收率接近 100%，特种金属的回收率超过 25% | 废旧金属总的回收利用率；黑色金属、有色金属、贵金属和特种金属的回收利用率；通过回收利用而减少的能耗与环境影响 |
| | 避免以产生垃圾为代价的经济增长和生活水平提高，2030 年，控制因消费导致的人均垃圾产量在 500kg，2050 年降低到 450kg | 直接生产成本（垃圾折合）；生活和工业垃圾，电子垃圾 |
| | 确保在 2020 年前，化学品的生产和使用应尽量减少对人类健康和环境的危害 | 加入化学品和废弃物有关国际多边协定的国家数量（如：巴塞尔公约、鹿特丹公约、斯德哥尔摩公约、水俣公约、国际劳工组织的化学品公约和国际卫生条例等）；有效执行化学品和废弃物公约的国家数量（有跨部门和跨行业的协调机制） |
| | 2030 年前，人为产生的排放到空气、水和土壤中的有害化学品和废弃物减少 | 污染物排放和转移登记的数据，其他环境监测数据；空气、水、土壤中特定污染物的年均值；工业、农业、交通和污水处理厂排放到水中的化学品和废弃物的量；工业生产中废水再利用占总用水量的比例 |

| 关注领域 | 目标 | 指标 |
|---|---|---|
| 领域 12：<br>气候变化 | 2050 年前，能源系统低碳化，使能源供给对气候变化的压力下降 50% | 能源和工业的温室气体排放量（按部门），表现为生产排放量和基于需求的排放量；温室气体排放量（t；t/人）；人均碳足迹；无碳能源占能源和电力的比例；能源生产和使用导致的温室气体排放量（人均和单位 GDP） |
| 领域 13：<br>海洋资源的保护和可持续利用 | 2030 年前，禁止过度捕捞，恢复过度捕捞的种群 | 过度捕捞的种群数量，完全和不完全捕捞的鱼类种群数，捕鱼量；处于生态安全阈值内的鱼群比例 |
| 领域 14：<br>生态系统和生物多样性 | 2020 年前，阻止全球草地、草原和森林的继续被开垦为耕地，控制全球净耕地面积在 164 万 $km^2$ | 全球净耕地面积；因农业或其他原因被开垦的土地面积；土地改变使用类型的频率；人均耕地面积 |
|  | 2030 年前，完全阻止森林滥伐，每年增加一定比例的林地恢复和人工造林 | 森林面积的年度变化值；年均森林退化土地面积（$km^2$） |
| 领域 15：<br>实施方法和可持续发展全球伙伴关系 | 2030 年前，公用采购都遵循可持续发展规范 | 可持续采购在全部政府采购中的比例；国家或次国家层面的可持续公共采购实施的水平 |

总之，实施 SCP 的重要方法是将 SCP 纳入更多国际和国家层面的可持续发展进程中，同时也应注重 SCP 在促进减少贫困、提高资源效率和提升生活水平中的作用。在目标和指标的选择中，应重点关注与自然资源的利用、生产、废弃物和污染物有关的指标，将这些指标纳入一个更大些的促进可持续发展的指标体系之内，并在特定的经济部门和资源行业中得以应用。无论是被纳入 SCP 的独立目标体系，还是被整合到其他专题目标领域中，报告中的目标和指标都反映出了最急需向可持续消费和生产模式转型的领域。

# 当前全球空气污染治理的
# 形势与对策

## ——首届 UNEA 通过优先应对空气污染决议草案的思考

郑　军

　　世界卫生组织和联合国环境组织发表的一份报告指出，空气污染已成为全世界城市居民生活中一个无法逃避的现实。工业文明和城市发展，在为人类创造巨大财富的同时，也把数十亿吨计的废气和废物排入大气之中，人类赖以生存的大气圈成了空中"垃圾场"和"毒气库"。基于大气污染的流动性，其污染早已超越国界，危害遍及全球。

　　2014 年 6 月 23—27 日首届联合国环境规划署联合国环境大会（UNEA of UNEP）在联合国环境规划署（以下简称"环境署"）总部内罗毕举行。此次大会共有来自各国政府、商界和民间的 1 000 多名代表参加，与会各界共达成 23 项决定和决议，其中推动国际社会采取行动优先应对空气污染成为大会讨论和关注的重点。首届 UNEA 开启了全球环境保护新的篇章。本文对首届 UNEA 的召开情况进行了梳理，系统总结联合国框架内现有旨在提高空气质量的行动和项目，并结合我国实际，提出未来参与全球大气环境问题国际合作，提高国内空气质量的几点思考。

## 一、首届 UNEA 及优先应对空气污染议题

### （一）首届 UNEA

　　2012 年 6 月，在巴西举行的联合国可持续发展大会即"里约 +20 峰会"上，世界领袖呼吁加强联合国环境规划署（以下简称"环境署"）作为全球环境权威的地

位和作用。2013 年 2 月，环境署第 27 届理事会上成员国决定将 1972 年环境署成立以来的 58 个成员国参加的理事会，升级为普遍会员制的环境大会。当年 6 月，联合国大会通过决议，将环境署理事会正式升级为"联合国环境署联合国环境大会"，使联合国 193 个成员国以及观察员国在部长级层面商讨和制定影响全球环境和可持续发展的议题并做出决策。作为环境署新的理事机构，环境大会被授权制定战略决策、为环境署工作项目提供政治指导，并促进科学与政策的强力结合。联合国环境大会从 2014 年起每两年在内罗毕环境署总部举办一次，将就会议讨论的议题采取具体行动以应对重大的环境挑战。此外，环境大会还可以起草在联合国系统内实施的决议草案，以供联合国大会决策。

2014 年 6 月 23—27 日，首届联合国环境大会在肯尼亚首都内罗毕顺利召开。本次联合国环境大会是环境署理事会更名后的首次会议，是为加强和提升环境署、使其成为环境事务的全球权威组织所迈出的重要一步，共有来自各国政府、商界和民间的 1 000 多名代表参加会议。本届大会由蒙古国环境和绿色发展部部长桑加苏伦·奥云主持。参加大会的高层代表包括，联合国秘书长潘基文、肯尼亚共和国总统肯雅塔、联合国大会主席约翰·阿什、联合国开发计划署署长海伦克拉克和联合国贸易暨发展会议秘书长穆希萨·基图伊。中国方面由原环境保护部部长周生贤率领中国政府代表团出席本次大会，并在会议间举办了一系列边会活动。

首届 UNEA 围绕"可持续发展目标和 2015 年后发展议程，包括可持续消费和生产"和"野生动植物非法贸易"两大主题展开，旨在商讨和制定一系列目标和指标以推动千年发展目标的成功实现。至大会闭幕时，与会各界共达成 23 项决定和决议，推动国际社会采取行动应对空气污染、非法野生动植物贸易、海洋塑料垃圾和化学品与危险废物等主要环境问题。其中，提高空气质量成为本届大会讨论和关注的焦点内容。

### （二）优先应对全球空气污染的决议

首届联合国环境大会援引世界卫生组织报告，指出空气污染是导致全球每年 700 万死亡的罪魁祸首，是国际社会必须立即采取行动应对的首要环境问题。联合国副秘书长、联合国环境署执行主任阿奇姆·施泰纳表示："糟糕的空气质量是一个日益增长的挑战，尤其是城市及城市中心地区，危及了全球数百万人的生命。减少空气污染将不仅仅拯救数百万人的生命，同时还会为气候、生态系统服务、生物多样性和粮食安全带来好处。"联合国秘书长潘基文在闭幕式上发言指出："我们呼吸的空气，我们喝的水以及生长我们食物的土壤都是全球微妙的生态系统的一部分，但是这些资源面临着越来越多的压力。我们需要采取果断行动改变人类和地球的关系。"这些发言目标明确，共同指向现状严峻的空气污染问题，推动了关于空气污染决议的出台。

大会最终通过编号为 UNEP/EA.1/L.5 的应对空气污染决议——"加强环境署在改善全球空气质量的作用（Strengthening the Role of the United Nations Environment Programme in Promoting Air Quality）"。与会代表一致同意推动政府制定跨行业的标准和政策，减少污染物排放并控制空气污染给健康、经济和可持续发展带来的负面影响。环境署也将通过能力建设、提供相关数据和定期工作进程评估报告，加大对各国政府的支持力度。应对空气污染的决议将加强环境署在交通行业排放、室内空气污染、化学品和可持续消费与生产等领域业已开展的项目，如气候和清洁空气联盟、清洁燃料和车辆合作伙伴关系等。

### （三）未来联合国环境规划署的改善空气行动

关于大气质量的决议草案，鼓励各国政府采取行动改善大气质量，建立大气质量标准并参照世界卫生组织的大气质量指南及其他相关信息建立重点排放源的排放标准，鼓励各国政府将大气质量数据与公众分享。就以上决议，大会探讨了未来可能的努力方向：

首先，要求环境署就大气质量问题开展能力建设活动并开展全球、区域及次区域的评估活动。尽可能在 2016 年前，完成包括空气质量监测和控制，合作并减轻空气污染的可行性评估工作。

其次，探讨加强在现有的全球、区域和次区域层面的相关合作。例如关于持久性有机污染物的斯德哥尔摩公约，关于汞的水俣公约，欧洲经济委员会的《远距离越境空气污染公约》，落实世界卫生组织对环境空气质量提出的一系列指导方针，开展东亚酸沉降监测网络有关监测数据和信息的共享和实践，联合世界卫生组织和世界气象组织信息系统以及其他相关的信息管理系统，完善全球性环境监测系统(CEMS)的空气监测计划，其他项目和相关区域的努力和手段。

## 二、联合国框架内提高全球空气质量的行动回顾

空气质量问题是关乎人类生存的重要问题，特别是随着经济的快速发展，各国对环境的破坏日益加剧，人类面临前所未有的严峻挑战。从 20 世纪 90 年代开始，联合国框架内就空气污染问题开展了一系列的合作与行动，全面梳理联合国层面各个组织和机构在改善空气质量方面的进程，总结其在提高全球空气质量的行动主要有以下五个方面：

### （一）联合国经济和社会理事会改善空气质量的努力

一是政府间空气质量问题小组。早在 1995 年，国际社会已在地球问题首脑会议上通过了一项关于空气质量原则的不具约束力的声明。与此同时，国际社会还考虑就如何进一步采取必要的措施以确保世界空气质量可持续发展的问题进行讨论。隶属联合国经济和社会理事会（简称"经社理事会"）的职司委员会——可持续发展委员会组织成立了"政府间空气质量问题小组"，到 1997 年该小组就空气质量的维护、管理和可持续发展通过了大约 100 项包含具体行动目的的提议。此外，可持续发展委员会在 2006—2007 年度专门围绕以下专题组设立工作方案：能源促进可持续发展、工业发展、空气污染／大气层和气候变化。

二是联合国空气质量问题论坛。2000 年 10 月，经社理事会又建立了一个拥有全球会员的、高级别的政府间组织"联合国空气质量问题论坛"。其任务在于促进空气质量的管理、保护和可持续发展，监督会员国政府长期政策关注。论坛每年召开会议，加强对空气质量问题的长期优先关注，并回顾过去政府间组织行动的执行情况。

三是空气质量合作伙伴关系。在经社理事会的邀请下，相关国际组织的首脑还成立了拥有 14 个会员的"空气质量合作伙伴关系"，它的成立是为了促进成员就有关空气质量问题进行合作与协调。在这方面，它支持联合国空气质量论坛的工作，特别是国家活动，以实现可持续空气质量管理。该伙伴关系定期开会，交流经验、讨论新出现的问题和制定联合倡议并处理共同关注领域的问题。

### （二）联合国环境规划署支持的改善空气质量项目

一是气候和清洁空气联盟（CCAC）。2012 年 2 月 17 日，美国国务卿希拉里·克林顿宣布，美国与加拿大、墨西哥、瑞典、加纳、孟加拉国以及联合国环境规划署

联合发起气候和清洁空气联盟，采取行动减少黑碳、甲烷以及氢氟碳化合物的排放。联盟的秘书处设在联合国环境规划署，美国和加拿大在两年内分别出资 1 200 万美元和 300 万美元，作为联盟减排项目的启动资金，并帮助其他有兴趣的国家和组织加入该项目。

这是一个提倡快速行动，将公共健康、食品及能源安全和气候一同革新的特别倡议。联盟将愿意并希望治理短生命周期气候变化污染物，及希望加入这次全球策略当中的非成员国一同做出努力。联盟最初的目标是治理甲烷、黑碳以及氢氟碳化物。但是近几年来空气污染治理和应对气候变化的进程中，各成员国更意识到，在联合国气候变化框架公约的制度下，短生命周期气候变化污染物的治理应与减少二氧化碳排放量同时进行，而不是简单地取而代之。

二是清洁燃料和清洁车辆伙伴关系。清洁燃料和清洁车辆伙伴关系于 2002 年在约翰内斯堡举行的世界可持续发展会议上提出。其目标旨在帮助发展中国家减少含铅汽油的使用，逐步减少柴油和汽油燃料中硫的使用，通过搭建发展中国家与发达国家的交流平台和技术支持，促进更清洁燃料标准和更清洁汽车的推广和使用。2002 年 11 月 14—15 日，清洁燃料和清洁车辆伙伴关系在纽约举行了首次会议。包括各国政府、民间组织爱、国际组织和高等院校在内的 90 多个成员参加了会议。联合国环境规划署与"清洁燃料和清洁车辆伙伴关系"项目相配合，致力于在发展中国家减少车辆尾气排放以提高城市空气质量。环境署和美国环保总署已经开展合作，联合支持在非洲两大城市开发空气质量监控能力。

### （三）世界卫生组织参与空气质量改善的行动

一是发布空气污染与健康影响的全球指南。世界卫生组织于 1987 年发布了空气质量指南，1997 年对其做出了修订。2005 年发布《世界卫生组织空气质量准则》全球更新版，旨在就减少空气污染对健康的影响提供全球性指导。2014 年 5 月，世界卫生组织更新发布了最新的全球"城市空气质量数据库"，更新版涵盖了 91 个国家的 1 619 个城市的空气中细颗粒物（$PM_{2.5}$）和 1 528 个城市可吸入颗粒物（$PM_{10}$）的年平均值，包括兰州、乌鲁木齐、西安、西宁、北京在内的 112 个中国城市向数据库提供了资料。中国的 $PM_{2.5}$、$PM_{10}$ 年平均值分别是 41 $\mu g/m^3$、90 $\mu g/m^3$，分别排在参与排名的 91 个国家的第 78、第 75 位。

二是参与全球清洁炉灶联盟。该联盟由联合国基金会领导，世界卫生组织是主要合作伙伴，并得到来自联合国众机构、捐赠者、非政府组织、民间社会以及合作伙伴国的参与。目前，全球清洁炉灶联盟不仅在推广改良型燃烧生物质能的炉灶，大幅降低室内空气污染，同时还在推广沼气炉灶。世卫组织为各国的自我评估提供技术支持，帮助它们推广这些有利于健康的炉灶技术。

### （四）世界银行设立气候投资基金（Climate Investment Funds，CIFs）

2008 年 7 月，世行宣布正式启动"气候投资基金"，该基金由"清洁技术基金"（Clean Technology Fund，CTF）和"战略气候变化基金"（Strategic Climate Change，SCF）构成。CTF 致力于促进能源领域低碳技术的展示、运用和转让，以及交通、建筑、工业和农业等行业的能效提升等活动，运作的方式是用该基金来填补由于提供低利率贷款和捐赠产生的资金差额。

### （五）联合国工业发展组织设立能源与气候变化工作组

联合国工业发展组织 (UNIDO，简称"工发组织") 是联合国大会的多边技术援助机构，成立于 1966 年。UNIDO 的工业化工作与能源息息相关，作为世界能源领域的领导机构之一，UNIDO 成立了"能源与气候变化工作组 (Energy and Climate Change Branch)"，工作目标是在提高生产率同时，支持提高能效和减少温室气体排放、实现可持续发展的能源使用方式。具体内容包括：促进能源使用效率、使用可再生能源，在气候变化国际机制中表达工业用能源行业立场。该工作组同时也是《联合国气候变化框架公约》在 UNIDO 的联络点。

## 三、我国参与全球空气质量改善行动的对策建议

目前联合国框架下改善空气质量的行动种类繁多，并且分散在多个组织和机构中。首届 UNEA 的召开强化了 UNEP 作为全球环境组织的地位和作用，通过决策和采取国际行动，UNEA 将成为推动全球环境优先事项的政治和战略层面的重要力量。此次大会首提空气污染问题并作为重点进行讨论，在全球范围内表明空气质量是环境保护的重要环节，要想实现真正全球范围的可持续发展必须将其纳入保护体系之内。未来以空气质量改善为典型议题，围绕国家环境安全的国际规则博弈将持续加剧，中国急需对此开展前瞻性的思考，积极谋划，以便占据主动地位。

（一）首届 UNEA 大会决议表明，空气质量正在引发全世界关注，未来我国的跨国界大气污染将面临更为严峻的国际舆论压力

近五年来全球空气质量不断下降，东南亚地区的烟霾污染、法国巴黎、俄罗斯、墨西哥等，世界多个地区纷纷出现雾霾天气。空气质量的急剧下降已经成为当今世界面临的共同环境问题。世界卫生组织已经明确要求全世界各国政府改进其城市的空气质量以便保护人民的健康。

此次肯尼亚首届联合国环境大会，首提优先应对空气污染。自此改善环境空气的质量行动被提上全球议程。可以预见，空气污染跨境传输造成的跨国界影响和可能引发的国际纠纷将成为部分国家周边环境外交的主要议题。出于当前我国国内大气污染防治的严峻形势，未来几年，我国的跨国界大气问题很可能引发更加巨大的国际舆论和外部压力，呼吁应当从国家层面引起并保持高度的重视。

（二）建议跟踪与关注环境署下一步开展提高空气质量的相关行动，借鉴先进经验，积极改善我国空气质量

一是，积极参与探讨加强联合国在空气污染方面合作的机会，全面参与有关应对和解决全球环境问题的国际制度与规则的制定。如全球环境问题及其国际制度安排可能引发各国产业政策、能源政策、技术政策、财税政策和贸易政策等。

二是，合理利用国际环境规则及其确立的资金、技术与项目合作机制，如《联合国气候变化框架公约》，《京都议定书》规定的清洁发展机制（CDM）等，为我国引进额外的资金援助、获取先进的技术与方法、吸引更多的资本投入，服务于我国的可持续发展。

三是，动员中国企业和社会各界广泛参与节能减排行动，加快低碳经济的发展与绿色转型，为中国在全球气候治理中发挥更大作用奠定坚实的国内基础。

（三）以加强周边跨国界大气污染防治国际合作为重点，深化我国现有空气污染国际合作机制，构建国内跨国界大气污染问题决策支持平台

目前，我国在双边和多边维度中存在不同的区域合作机制，但涉及空气污染防治相关的合作机制内容和形式还比较单一。基于空气污染的无国界性，我国应加强和周边国家在大气污染治理问题上的合作，尤其是在应对跨国界大气污染问题上，应进一步深化现有的合作机制。

再者，针对当前我国跨国界大气污染防治合作的严峻形势，应尽快着力构建跨

国界大气环境问题专家决策支持平台。从"监测技术"、"传输模式"、"政策研究"、"国际法律"等方面搭建国内专家网络，以更好地服务于环境保护部和国家的高层决策。与此同时，在强调政府间的合作与努力的同时，应加强民间和学术团体的跨国合作与交流，总结合作经验，推行成功的合作模式。

（四）借助联合国平台，加强大气环境管理的能力建设，从技术标准到管理机制，积极引进和吸收国际经验，尽快形成适合我国国情的区域联防联控机制

在历史和全球范围来看，亚欧等发达国家率先经历了空气污染的历程，在政策法规的制定、跨区域大气监测、污染治理技术和产业等领域积累了丰富的经验。我国应充分利用联合国框架内的各种大气环境合作平台，借鉴发达国家的成功经验和治理模式，在达标规划、政策标准、清单编制、治理技术、VOCs 控制等方面，进一步务实加强国际合作与交流，学习借鉴国外经验。在国内大气污染治理过程中尤其要注重各省份、各地市的合作与配合，紧密协作，互相借鉴，形成区域协作与属地管理相协调的格局，尽快形成适合我国国情的区域联防联控机制，共同促进我国大气质量的改善。

（五）不断总结好我国在空气污染防治方面开展的工作，多方宣传我国改善空气质量的努力和成效，注重营造良好的国际氛围

当前，我国非常重视解决空气质量的改善，国际国内层面已经采取多项积极措施提高空气质量。下一步应从国际和国内两个方面做好总结和宣传工作，利用联合国环境合作框架，多方宣传我国改善空气质量的努力和成效。在此次首届联合国环境大会上，以原国家环境保护部部长周生贤为团长的中国代表团，在大会期间积极宣传中国制定政策并采取大气环境保护的努力，得到了与会代表的理解与认可。联合国副秘书长、环境规划署执行主任阿希姆·施泰纳也积极评价中国的环保努力，肯定了中国在应对自身环境问题的过程中为世界起到的示范作用。

因此，要切实加强宣传我国在治理大气污染所做的努力和成就。充分利用各种国际性会议，大力宣传中国在应对大气污染、节能减排领域的政策决心和巨大进步。加强科学研究，及时发布研究结果，向国内外公众传输完整的科学事实。利用其他多种途径和方式，向各国民众展示我国环境保护的成果，逐步消除他国民众对我国大气环境保护方面的疑虑，力争最大限度地化解外部压力，创造良好的国际氛围。

# 联合国后 2015 发展议程综述

## ——开启国际环境与发展进程新篇章

陈　刚

里约 +20 峰会开启了国际社会对于 2015 年后发展议程的讨论。从第 67 届联合国大会开始，国际社会以评价和反思千年发展目标为基础，经过筹备酝酿、广泛咨询、全面论证、集成磋商和最终敲定五个阶段，将于 2015 年 9 月第 70 届联合国大会正式确定后 2015 议程。报告梳理了为制定后 2015 议程所设立的各机制的重要成果，分析了五个阶段的重点议题，围绕千年发展目标缺陷、制定后 2015 议程的必要性、联合国环境规划署发挥的作用、后 2015 议程的指导原则、目标设定和各方立场等重点问题与进展，提出了中国参加后 2015 议程磋商的五条对策建议。一是从国家发展战略层面，高度重视后 2015 议程的前期研究和谈判支持；二是落实国家"一带一路"与周边战略，在制定国家"十三五"环境保护规划中，融入国际社会的后 2015 发展议程，相关目标和重点领域与之紧密衔接，统筹国际与国内环发进程；三是充分利用中国环境与发展国际合作委员会的平台，为后 2015 议程执行创造条件；四是加强部际协调，积极传播生态文明理念，增添后 2015 议程的中国特色；五是组织科研机构加紧研判各国的出价和战略意图，增强我国在国际环发事业的话语权和影响力。

## 引言

2012 年 6 月 20 日召开的联合国可持续发展大会（里约 +20 峰会）是世界环发进程中"一次成功的会议"（联合国秘书长潘基文语）。这次会议取得了五项积极成果，即重申了"共同但有区别的责任"原则，维护了国际合作的基础原则；决定发起可持续发展目标进程，为制定 2015 年以后的发展议程提供指导；肯定了绿色经济是实现可持续发展的重要手段之一，明确各国可根据不同国情和发展阶段实施绿色经济政策；决定建立高级别的政治论坛，取代联合国可持续发展委员会，加强联合国环境规划署的职能，提升可持续发展机制的地位和重要性；敦促发达国家履行官方承诺，向发展中国家提供资金和转让环境技术。这些成果虽然没有立即破解全球环发进程的困难局面，距离某些国家的预期有较大差距，但却为加深对可持续发展的理解、加速全球环发进程提供了新的契机。

承接峰会精神，国际社会特别是联合国系统，以评估和反思千年发展目标[①]为基础，以 2015 年为时间节点，自第 67 届联合国大会起围绕消除贫困与推动可持续发展的主线，充分调动联合国系统的丰富资源，着重聚焦 2015 年后国际发展议程的制定，推动世界环发进程进入新的快车道。

# 一、里约 +20 峰会后国际环发进程阶段、重点议题与特征分析

2010 年《关于朝向千年发展目标进展的联合国大会高级别全体会议成果文件》要求联合国秘书长为推进 2015 年后联合国发展议程提出建议[②]，标志着有关 2015 年后国际发展议程（以下简称后 2015 议程）正式列入联合国的议事日程。里约 +20 峰会后，联合国针对这一建议所开展的各项工作进入实质性阶段，国际环发进程的重点由实现千年发展目标逐步过渡到实现千年发展目标与设定后 2015 议程并重，再到后 2015 议程与可持续发展目标包容互鉴，开启了环发进程的新篇章。按照时间节点和重要活动安排，这一进程可以初步划分为五个阶段（如图 1 所示）：

一是筹备酝酿、讨论进程阶段，时间自峰会结束至 2012 年 8 月，重点议题是落实联大决议、着手启动相关机制。联合国秘书长设立了可持续发展高级别名人小组（High Level Panel of Eminent Persons，以下简称名人小组）和面向私营企业部门的全球契约（Global Compact），成立了可持续发展方案网络（Sustainable

---

① 2000 年 9 月，189 个国家的代表在联合国千年峰会上通过了《千年宣言》，随后承诺在 2015 年之前实现在 1990 年的基础上将全球贫困人口比例减半、普及小学教育、促进男女平等、降低母婴死亡率、抗击艾滋病和疟疾、促进环境可持续发展和推动全球合作伙伴关系等 8 项目标、21 项具体目标和 8 项官方指标，即千年发展目标。
② 2010 年 9 月 22 日，联合国大会第 65/1 号决议。

Development Solutions Network，以下简称网络方案），以回顾和评价千年发展目标为基础，为启动后 2015 议程做好了准备。

二是广泛咨询、初定框架阶段，自 2012 年 9 月至 2013 年 8 月（第 67 届联大）。伴随 2012 年 9 月第 67 届联大正式批准里约 +20 峰会的成果文件，联合国制定后 2015 议程进入新的阶段。这一阶段在管理机制、融资、可持续发展目标、后千年发展目标等四条主线同时启动，成果丰富、框架初定。

其中，联大经过四轮磋商和一轮专家组会议，以决议的形式明确了高级别政治论坛的组织形式与工作规程，表明它将取代可持续发展委员会，在经社理事会的领导下审议后 2015 议程的工作进展。

可持续发展融资问题政府间专家委员会（以下简称融资委）完成了工作组负责人、专家提名，并在 8 月召开了第一次专家委员会会议，设置了"评估可持续发展的融资需求""提高公共、私人和混合融资的实效""资源调动""制度安排"四个专题组合。

可持续发展目标开放工作组①（以下简称开放工作组）于 2013 年 1 月成立，年内召开了四次会议，先后讨论消除贫困、食品安全与营养、可持续农业、荒漠化、土地退化与洪灾、体面工作、社会保护、青年、教育、文化、健康与人口等后 2015 议程重点关注专题。

针对后千年发展目标，联合国发展集团（United Nations Development Group）启动了面向国家针对 2015 年后议程进行专题磋商的项目②，但目前仅就其中的治理、卫生和水三个专题开展了磋商。名人小组 5 月发布报告《新型全球合作关系：通过可持续发展消除贫困并推动经济转型》，方案网络 6 月发布《可持续发展的行动议程》报告，全球契约 6 月发布《企业可持续性与联合国 2015 年后发展议程》报告③。欧

---

① 里约 +20 峰会的决议文件《我们希望的未来》第 248 段：我们决心建立一个有关可持续发展目标的包容各方的、透明的政府间进程。该进程对所有利益攸关者开放，以期制定有待大会商定的全球可持续发展目标。一个开放的工作组应不迟于大会第 67 届会议开幕时设立，由联合国五个区域集团的会员国提名的 30 名代表组成，目的是达到公平、公正、平衡的地理代表性。该开放的工作组一开始就应决定其工作方法，包括订立方式，以确保相关的利益攸关者充分参与，并确保在其工作中吸收民间社会、科学界和联合国系统的知识专长，以便拥有多样的观点和经验。工作组将向大会第 68 届会议提交一份报告，内载关于可持续发展目标的提议，供其审议和采取适当的行动。

② 包括 11 个专题，即：冲突与脆弱、教育、环境可持续发展、治理、增长与就业、卫生、饥饿及食物与营养安全、不平等、人口动态、能源、水。

③ http://www.unglobalcompact.org/docs/news_events/9.1_news_archives/2013_06_18/UNGC_Post2015_Report.pdf.

盟于 2013 年 2 月出台了其立场报告，而《欧盟发展报告 2013》也聚焦于后 2015 议程。

三是全面论证、成果产出阶段，自 2013 年 9 月至 2014 年 8 月（第 68 届联大），此时已有之前的研究成果，各领域主要工作是进一步梳理、提炼和拔高。其中，金融专家委向本届联大报告已有成果后，将围绕四个专题组召开 5 次委员会会议，以便在本届联大闭幕时提交全部研究成果。高级别政治论坛进入正常运行阶段，召开二次会议，确定可持续发展目标制定的总体原则和政治考量。

对于开放工作组则是最忙碌的一年，在与利益相关方研讨上年的研究成果后，工作组召开 9 次会议，逐项讨论可持续和包容的经济增长、宏观经济政策问题、基础设施建设、工业化与能源、执行手段、可持续城市与交通等 ①。2014 年 7 月 19 日，开放工作组在第 13 次也是最后一次工作组会议上，正式向联大提出了《2015 年后发展议程可持续发展目标与定位》零案文，列出应于 2030 年完成的 17 项可持续发展目标。

此外，联大主席围绕实现千年发展目标与制定后 2015 议程，举行 3 轮专题辩论和 3 次高级别会议（event），辩论主题包括水、卫生、可持续能源、稳定与和平的社会、伙伴关系等，高级别会议主要讨论妇女、青年与公民社会的作用、国际合作、人权与法制等议题。同时，联合国发展集团将继续就后 2015 议程的执行手段与国家、区域及全球展开磋商。此外，为倾听公众对于发展议程的建议，联合国启动了“我的世界”在线投票系统 ②。

在此期间，中国政府于 2013 年 9 月对外发布《2015 年后发展议程中方立场文件》。2014 年 3 月，非洲联盟对外发布《2015 年后发展议程非洲立场文件》。2014 年 6 月，首届联合国环境大会在肯尼亚首都内罗毕召开，会议对发展议程关注的可持续生产与消费、绿色金融等议题开展了富有成效的讨论。

四是综合集成、各国磋商阶段，自 2014 年 9 月至 2015 年 8 月（第 69 届联大），此时融资专家委基本完成使命，提交研究成果；高级别政治论坛将举行第三次例会。而联合国秘书长将在 2014 年 11 月前综合全部的研究报告，提出后 2015 议程的综合报告（synergy report）供各政府代表团讨论磋商。各国代表团将在本届联大期限内磋商、修改、直至就新的发展议程达成一致意见。与此同时，联合国发展集团的咨

---

① http://www.un.org/millenniumgoals/pdf/A%20Life%20of%20Dignity%20for%20All.pdf.

② http://vote.myworld2015.org.

询也在延续。

五是高层会谈、敲定议程阶段，第 70 届联大将于 2015 年 9 月举办后 2015 议程的高级别峰会，讨论通过该发展议程并签署联大决议等成果文件，从此将正式明确新的 2015 年后发展目标，启动实现这一目标的历史新进程。

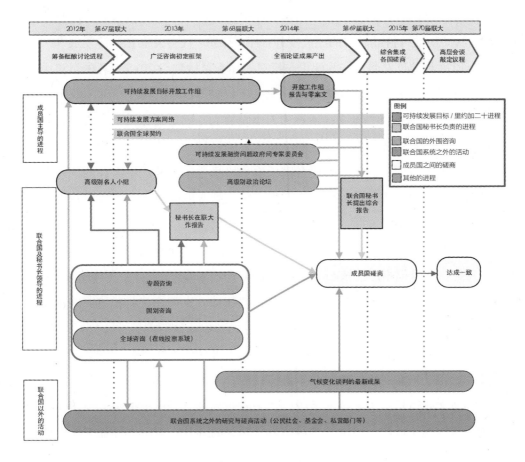

图 1　后 2015 议程的磋商进程 ①

为协调这一复杂的磋商进程，联合国专门制定四名助理秘书长居中协调，包括经济社会事务部负责经济发展的助理秘书长、联合国发展署负责发展政策的助理秘书长、联合国女性负责政策与项目的助理秘书长，以及负责后 2015 发展规划的特别顾问。

① 　参考联合国基金会报告并作修改。http://www.unfoundation.org/assets/pdf/post-2015-process-slide-1114.pdf。

## 二、国际社会关于后 2015 年可持续发展目标的讨论：重点问题与进展

里约 +20 峰会提出可持续发展目标的概念，正是为了制定一套目标体系，使之普遍适用于所有国家而又尊重各国国情、能力和发展水平，同时尊重国家政策和优先目标，从而平衡可持续发展的三大支柱：环境保护、社会发展和经济发展[1]。为此，国际社会通过对千年发展目标的评价与反思，逐步聚拢到后 2015 议程的讨论中来。

### （一）千年发展目标的缺陷问题

千年发展目标自设立以来，通过为人类发展的不同层面提供优先次序和操作办法影响了很多国家的政策制定，这些清晰定义的目标、具体指标为改善政策监管、加强问责提供了有力依据，并敦促各国采取积极措施解决发展中存在的问题，取得了积极的成效。但在实现过程中，也暴露出越来越多的问题，集中体现在以下三个方面：

一是在框架的核心概念与特征上，千年目标为建立所有权而缺乏协商概念，导致被认为是一项以捐赠国为核心的议程；排斥了一些《千年宣言》所载的重要问题；没有充分吸纳其他重要的问题，诸如环境可持续性、生产性就业和体面的工作、不平等现象；很少考虑发展的推动因素；没有考虑初始条件的差异性。

二是在框架的形式上，在某些方面制定了不准确的量化目标，例如减少贫民窟居住者人数和千年发展目标 8 的具体目标；没有考虑到人口动态；认为是一个由上至下的行为（从国际到国家统计系统），未能明确提出如何根据国家现实情况和区域动态来调整全球目标；没有关注在弱势群体之间的并行监测进程和千年发展目标之间的相互依赖关系。

三是在实施过程中，千年发展计划往往忽略发展进程的复杂性，根据国际基准而不是当地情况来影响国家政策的制定；各项政策和项目没有考虑到实现不同的目标和具体目标之间的合力；对进展的考核未考虑到在人类发展方面起点较低的国家已经取得显著的进步。在全球辩论上，千年发展目标导致过多强调了财政资源方面的缺口，从而削弱了对机制建设和结构变革方面的关注[2]。

---

[1] http://www.unep.org/chinese/unea/sdg.asp.

[2] http://www.un.org/millenniumgoals/beyond2015.shtml.

正如名人小组所指出的,千年发展目标存在着先天不足,一是对赤贫和弱势群体关注不足,对发展带来的暴力冲突保持缄默,未强调善治和机制建设对法治、广开言路和可信政府的保障作用;没有关注提供就业的包容性增长。更有问题的是,没有在目标中整合可持续发展的社会、经济和环境支柱,也没有推行可持续的生产和消费方式。由此,环境与发展始终没有协调发展。这些经验教训,对制定新的国际发展议程提出了更高的要求。

### (二)制定新全球发展议程的必要性

正是对千年发展目标的反思,让一些组织质疑制定全球发展议程的必要性。例如,国际治理创新中心在其一份工作报告中指出,联合国《千年宣言》以及里约+20成果文件中所提供的那些基本原则已经足够支持一个新的全球发展议程,再重新制定新的全球性发展原则是没有必要同时也不切实际的。而管理全球秩序课题组则在其工作报告指出,大部分国家的政府和国际组织都低估了达成一项全球性发展框架协议的难度,全面的可持续发展目标或许被证明是达成务实目标的最主要干扰因素[1]。

但国际主流和各国领导人并不完全认同这些猜疑或观点。高级别政治论坛首次会议以"缔造我们希望的未来:从里约+20到2015年后的发展议程"为主题,各方代表积极参加会议,并针对当今最紧迫的环发挑战(缺乏体面就业的机会,持续贫困和不平等,气候变化以及供水、能源和粮食保障),呼吁采取协调一致的办法,统筹兼顾可持续发展的三个层面,为提供指正领导力方面发挥重要作用。系统任务工作组明确指出,千年发展目标所确定的建立在有切实的最终目的和具体目标基础上的议程形式,是可取的。名人小组在报告中指出,全新的发展议程应将千年宣言的精神发扬光大,并从千年发展目标中汲取精华,将实践的重点落实在贫困、饥饿、水资源、卫生、教育以及医疗保健等方面,努力超越千年发展目标的要求。2012年底,联合国经济与社会事务部(UNDESA)针对可持续发展目标与后2015议程进行了问卷调查,包括欧盟在内的63个成员国提交了答卷,表达了支持制定新的全球发展议程的意愿[2]。

---

[1] 王召杰,联合国需要制定一个新的发展议程吗? http://www.21ccom.net/articles/gsbh/article_2013091291849.html。

[2] http://sustainabledevelopment.un.org/content/documents/1494sgreportsdgs.pdf.

### （三）联合国环境规划署如何发挥作用

在后 2015 议程和可持续发展目标制定过程中，联合国环境规划署的主要作用是为环境发声，并为相关讨论提供知识储备和技术支持。2013 年 9 月，环境署发布了采用一体化方法的《将环境融入可持续发展》报告。报告建议可持续发展目标应该满足 6 个条件：一是要强化社会经济议题以利于更大的福祉与消除贫困；二是通过提高资源效率和可持续生产与消费，实现社会经济发展与资源环境损耗的脱钩；三是关注全球性的、关键的、后果不可逆转的环境问题；四是优先考虑业已达成一致但能力不足以支撑的环境目标；五是目标应是科学可信和可证实的；六是目标是可追踪的[①]。

2014 年 6 月 23—27 日，首届联合国环境大会在环境署总部所在地肯尼亚首都内罗毕召开，来自 163 个国家的 1 065 名代表、113 位部长参加了本次会议。作为联合国系统内最高级别的环境会议，环境大会直接向联合国大会汇报，实行 193 个成员国和其他利益相关者团体都可参加会议的普遍会员制。会议将"可持续发展目标和 2015 年后发展议程，可持续消费与生产"列为部长级高层代表会议的重要议题[②]，部长们在会议总结中指出[③]：必须在制定 2015 年后发展议程的过程中整合环境与社会、经济发展；面向可持续发展的经济转型是可行的，解决方案是力所能及的，相应行动应有所提升；可持续生产和消费则是实现可持续发展的关键工具，亟须转变生产和消费方式，发达国家应在其中起领导作用；能力建设、金融、技术创新与转移、公私伙伴关系是实现转变的重要途径，而联合国环境大会将作为新的平台助力打造可持续的社会。

### （四）发展议程的指导原则

开放工作组起草的《2015 年后发展议程可持续发展目标与定位》零案文，是联大下一步讨论发展议程的重要文本。零案文序言部分共 18 段文字，明确了发展议程的指导原则、重点领域和优先方向，主要内容可归纳为以下 8 个方面：

（1）坚持以"可持续发展背景下消除贫困与饥饿"为核心的原则，推动可持续生产与消费方式，保护和管理好社会经济发展的自然资源基础。

---

[①] http://sustainabledevelopment.un.org/index.php?page=view&type=400&nr=972&menu=35.
[②] 亚太环境观察第 67 期（2014 年第 15 期），联合国发布可持续消费和生产（SCP）的目标与指标报告。
[③] http://www.unep.org/post2015/Portals/50240/Documents/Other%20documents/SummaryHLS.pdf.

（2）坚持"把人作为可持续发展的中心"原则，推动建立公正、平等、包容的世界，发展成果让所有人受益。

（3）坚持"共同但有区别的责任"原则，在联合国气候变化框架公约下，保护好气候系统，造福当代与未来。

（4）坚持共同保护地球母亲的原则，推动人与自然和谐相处，尊重各国通过文明与文化传承促进可持续发展。

（5）坚持发展模式多样化原则，尊重各自国家选择发展模式、优先领域的权利，重视欠发达国家、非洲地区的特殊需求，提升金融、善治与法制的作用。

（6）坚持加强国际合作的原则，促进发展中国家的国际合作，实现经济、社会、环境的永续发展，加快建设全球伙伴关系。

（7）坚持协商一致、有效监督的原则，加强对发展议程执行的监督力度，强化联大、经社理事会和高级别政治论坛的核心作用，确保统计与数据的可得性、准确性和广泛性。

（8）坚持承前启后的原则，充分肯定千年发展目标的积极作用，针对新的挑战设定普遍适用的发展目标。

此外，零案文基本罗列了包括《里约宣言》、《21世纪发展议程》等在内的环发进程重要文件，从而确保了案文的全面性和延续性。

## （五）发展议程的目标设定

2012年6月，系统任务工作组首先完成报告《实现我们共同憧憬的未来》，建议2015年后应建立一个以人权、平等和可持续为核心价值观的未来愿景。报告认为发展议程应有切实的最终目标和具体指标，应从包容性的社会发展、包容性的经济发展、环境可持续性、和平与安全四个方面对指标体系重新整合，使之与《千年宣言》的各项原则相一致。

名人小组提交的《新型全球合作关系：通过可持续发展消除贫困并推动经济转型》，设定了后2015议程的路线图，即到2030年消灭极端贫困，并实现可持续发展承诺。该报告为后2015议程设定了5个关键目标：从"减贫"到消除极端贫困，所有人携手共进；以可持续发展为核心；实现经济转型推动就业与包容性增长；建立和平、有效、开放且问责的制度；基于合作、平等和人权打造新型全球伙伴关系。

2013年6月，方案网络向联合国秘书长提交报告，列出十项优先政策，即消除包括饥饿在内的极端贫困；在地球极限范围内实现发展；为所有儿童和青年人提供有效学习，保障其生活与生计；实现所有人的性别平等、社会包容和人权；实现所有年龄阶段人群的健康和福利；改善农业体系、促进农村繁荣发展；创建具有包容性和可塑性的城市；遏制人为的气候变化，确保所有人获得清洁能源；保障生态系统服务、生物多样性和水资源及其他自然资源的良好管理；为可持续发展转变治理模式。

基于以上成果，开放工作组的零案文列出了应于 2030 年完成的 17 项可持续发展目标，包括终结各种形式的贫困；终结饥饿、实现食品安全、改善营养，推动可持续农业；确保健康生活，提升所有人的福祉；确保包容和公平的素质教育，提升所有人终生学习的机会；实现性别平等，向所有女性赋权；确保所有人用水和卫生的可得性与可持续管理；确保所有人能够获取可负担、可信赖、可持续和现代化的能源；推动持久、包容、永续的经济增长，为所有人提供全时、生产性的就业和体面的工作；建设可迅速恢复的基础设施，推动包容、可持续的工业化，培育创新；减少国家内部和国与国的不公平；让城市和人居环境包容、安全、可复、永续；确保可持续的消费和生产方式；采取行动，力克气候变化及其影响；保护和可持续利用大洋、内海和海洋资源；保护、恢复地域生态系统并推动它的可持续利用，可持续的管理森林，抵抗荒漠化，遏制土地退化与生物多样性丧失；推动和平与包容的社会，让所有人都可以诉诸正义，并为所有阶层建立有效、可信、包容的机制；加强实施手段，振兴可持续发展的全球伙伴关系 ①。

### （六）各方立场

#### 1. 欧盟

欧盟先后发布了两次立场文件，2014 年的立场文件题为《欧盟委员会与欧洲议会、理事会、欧洲经济和社会委员会、地区委员会交流：为了所有人的体面生活——从愿景到集体行动》。

欧盟表示，鉴于"共同但有区别的责任"原则的范围仅限于全球环境退化问题，这一原则对于后 2015 议程框架所包含的更加广泛的挑战而言没有用处（not useful）。为此，欧盟提出"基于各自国情的普遍但有区别"（Universality and

---

① http://sustainabledevelopment.un.org/focussdgs.html.

differentiation based on national circumstances）原则，其中普遍性强调发展议程应包括所有国家，不论贫富、强弱；区别性既指议程执行要尊重国家选择与国情差别，也指各国实现发展目标的方法和衡量进程的指标可以有所区别。

欧盟认为，发展目标应解决千年发展目标尚未关注的新挑战，包括包容和可持续增长，不平等，可持续消费与生产，移民与迁移率，体面工作，数字化包容，保健与社保，自然资源可持续管理，气候变化，灾害恢复力与风险管理，知识与创新等。发展议程应确保所有人权的方法，特别是公平、平等、善治、民主、法制、和平社会、杜绝暴力等，并要结合气候变化谈判的最新进展与趋势。

未来的发展议程应可信、透明，并可对其进展开展有效评议。国际社会应建立有效的制度和规则，以显著提高公众参与政策选择的能力；应在国家和国际层面逐步实现数据与信息的收集、出版、评价和轻松访问，增强透明度。

欧盟的潜在目标与优先领域包括 17 个方面，即贫困，不平等，食品安全与营养、可持续农业，健康，教育，性别平等与女性赋权，水与卫生，可持续能源，所有人全时、有效的就业和体面的工作，包容和可持续增长，可持续的城市与人居，可持续的消费与生产，大洋与海洋，生多与森林，土地退化（荒漠化与旱灾），人权、法制、善治与有效制度，安全社会等。

欧盟提出，发展目标应达到 SMART 要求，即专门的、可测量的、可实现的、相关的和有时间界限的。这些目标基于事实或者数据基础上，所有指标都可以用数值、时间点和百分比来量化。

为此，欧盟将重点做好三方面的工作。

一是营造一个启用政策的环境。继续确保"发展政策连贯性"（PCD），比如为自然资源和原材料的来源、贸易、利用制定更加透明、负责、永续的规则，以及在新型全球伙伴计划框架下鼓励对话和合作，来增加人力开发的合理流动。另外，应在现有机制和合作的基础上，进一步加强贸易与贸易开放，科技创新与能力建设的作用。

二是调配必要的金融资源。欧盟认识到官方发展援助（ODA）的关键作用，将在 2015 年兑现承诺，实现其占国民总收入 GNI 0.7% 的目标。金融资源以国内调配为主，国际为辅，重视私营部门的投入，并应广泛吸收融资委的磋商成果。

三要检查进展与责任。以统计结果为基础，创新信息手段和方法，实现年度检查。

## 2. 非洲

2014 年 3 月非洲联盟正式发布立场文件[①]，强调非盟 54 个国家将用一个声音参与磋商。非洲的共同利益在于，他们希望通过参与发展议程的制定，追求结构性的经济转型，从而实现包容和以人为本的发展。为此，非洲将发展生产能力，特别是基建、农业、工业和服务业；重视科学技术与创新；提高附加值；增加青年人的发展与就业；为女性赋予更多的权利；以及实现自然资源的可持续管理。

非洲发展议程的优先领域，由六大支柱构成，具体如下：

支柱一：结构性的经济转型与包容性增长，包括减少不平等的包容性增长，可持续农业、食品自给与营养均衡，多样化、工业化与价值递增，发展服务行业，发展基础设施。

支柱二：科学、技术与创新，包括为非洲转型之路强化技术能力，构建鼓励创新的环境，为研发增加支持，以及优化使用空间和地理空间技术。

支柱三：以人为本的发展，包括消除贫困，开发教育与人力资本，人人可享有优质的医疗保健，性别平等与女性赋权、人口均衡发展，培育青年一代，推动可持续人居。

支柱四：环境可持续性、自然资源管理和灾害风险管理，包括改善自然资源与生物多样性管理，让所有人能够获取安全的水，有效应对气候变化，关注荒漠化、土地退化、土壤流失、旱涝灾害，自然灾害的风险减低与管理。

支柱五：和平与安全，包括关注冲突的根本原因，预防武装冲突爆发。

支柱六：金融与伙伴关系，包括改善国内资源调配，不断创新金融机制，执行已做承诺、促进外部金融的质量和可预见性，推动互利的伙伴关系，加强贸易伙伴关系，建立管理全球五大共性问题[②]的伙伴关系。

## 3. 日本

发展援助、全球问题、经济外交是日本外交的重点领域，日本认为其拥有千年

---

[①] http://www.nepad.org/sites/default/files/Common%20African%20Position-%20ENG%20final.pdf.

[②] 非洲认为，全球发展正面临五大共性问题：一是制定并实施预防气候变化、气候变化适应与生多保护等全球环境问题的战略；二是预防和管理跨国、传染疾病（包括艾滋病、肺结核、疟疾、禽流感等）；三是推动公平、可预见、无歧视、守规则的多边贸易系统，完成多哈回合谈判；四是合理架构国际金融框架，确保能够获取优惠的发展资金，惩罚违法的金融流，加强预警系统，深化响应式的金融风险管理；五是推动全球发展知识系统，鼓励建立、记录和分享相关发展议题的良好实践。

发展目标的"首创权",在政府开发援助方面积累了丰富的经验,因此在后 2015 议程制定中,日本始终力图扮演某种"领导角色"①。

日本的立场:

一是将"人的安全保障"作为核心,对传统的"国家安全保障"进行补充。这一核心包括三个路径,一是对个人的保护与个人能力自我强化相结合的路径;二是多领域交叉、综合性的路径;三是多个行为主体全员参与性的路径。

二是在反思千年发展目标的基础上,着力构建健康和防灾两大新议题。日本的"国家健康外交战略"包括三个目标,即解决与医疗相关的国际课题(为发展中国家实现千年发展目标和改善医疗服务作出贡献)、扩大日本在国际医疗卫生领域的作用、有效利用日本的医疗产业及其技术能力。这也与日本首相安倍晋三倡导的"医疗全覆盖战略"相呼应。日本政府主张,鉴于防灾减灾的跨领域特性,应将其作为消除贫困中的首要倡议,并在开放工作组第七次会议上,呼吁建立第二期《兵库行动计划》②。2015 年 3 月,日本还将在仙台举办第三届联合国防灾世界会议。

三是呼吁构建国际发展援助的新型伙伴关系。日本主张在援助基础上构建援助国与受援国之间的伙伴关系,关注发展中国家国内治理的改善,强调发展援助的效果。未来日本的国际发展援助,将重点资助三个领域:一是催化有利于可持续发展的民间资源;二是支持伙伴国运用自身能力应对全球议程;三是通过相互学习和共同解决方案来分享知识。日本对于"新型伙伴关系"的建议也在开放工作中的讨论中得到了回应。

总体而言,日本政府在议程制定的目标是,"灵活运用日本的优势所在,主导制定高效的下步计划,提升日本的国际存在感"。

### 4. 中国

中方立场文件③表明,后 2015 议程应坚持将消除贫困和促进发展作为核心,并坚持发展模式多样化、连贯性和前瞻性、共同但有区别的责任、协商一致、普遍性、统筹平衡发展七项原则。

中国的重点领域和优先方向包括五个方面,即消除贫困和饥饿,全面推进社会

---

① 贺平. 日本与 2015 年后国际发展议程——政策讨论与核心主张。国际展望,2014(4).

② 2005 年在日本兵库县召开了第二届联合国防灾世界会议,会议通过了《兵库行动计划》,指导 2005—2015 年的全球减灾防灾。

③ http://www.fmprc.gov.cn/mfa_chn/zyxw_602251/t1078969.shtml.

进步并改善民生，促进经济包容性增长，加强生态文明建设、促进可持续发展，加强全球发展伙伴关系。

中国提出了五项确保目标实现的实施机制：一是充分发挥联合国的核心领导和组织协调作用；二是加强发展筹资力度；三是建立健全向发展中国家转让发展技术的机制；四是加强人力资源开发和机构能力建设；五是加强"南南"合作，鼓励和支持发展中国家在"南南"合作框架下，继续互帮互助，分享发展经验，补充南北合作，实现共同发展。

## 三、后 2015 议程讨论进程

综上所述，结合零案文与四方立场可以看出，国际上关于后 2015 议程的讨论呈现出三个趋势（对比表格见附件一）：一是后 2015 议程的核心内容与期限基本确定，各方普遍赞同自 2015—2030 年国际社会应围绕可持续发展背景下消除贫困与饥饿形成全球发展议程。这一核心既是对千年发展目标的沿承与改革，也能够聚拢各个集团的利益诉求，广泛而不失灵活与包容。二是后 2015 议程的框架基本形成，即以可持续发展的三大支柱为有力支撑。其中，社会支柱关注贫困、健康、教育、性别公平、人居环境等；经济支柱强调包容性发展、体面就业、可持续生产与消费，以及可持续的工业、农业、能源等；环境支柱主要聚焦气候变化、生态系统（生态保护、林业、荒漠化）、海洋、自然资源管理等。三者相互联系、互为支撑，架构更为均衡。三是各方都注意到全球治理与全球伙伴关系的重要性，强调普遍性与针对性相结合、常规发展与风险管控相统筹，重视发展指标和目标的合理、可行、可信，表达了从政治意愿、金融手段到信息技术等多个层面开展磋商、合作的积极态度。

与此同时，各方的立场文件也存在一些明显的分歧，预示着第四阶段的磋商过程耗时耗力、充满变数。具体体现在以下几个方面：

一是"共同但有区别的责任"原则面临严峻考验。欧盟在立场文件中已经认为该原则存在明显局限性，适用于全球环境问题而非全球发展议程，推崇普遍但有区别的原则，弱化发达国家的历史责任，这对于广大发展中国家或地区来说，特别是中国、非洲而言，将触及谈判的原则问题。中方立场文件表明，中方赞同普遍性原则，但不能因为普遍性原则就弱化或者放弃"共同但有区别的责任"原则。而近来美国政府在气候变化问题上的积极作为，也可能进一步加剧各方对此原则的分歧，直接影响到后 2015 议程的谈判磋商。

二是国家利益诉求不同，决定了制定议程中的角色和定位，这又赋予了后 2015 议程"不能承受之轻"。具体来说，日本对议程制定高度重视，上自首相（前任、现任）、下自研究机构，将后 2015 议程的制定过程视为未来争取常任理事国的重大机遇和筹码，深入研究、积极发声，意图展现其国际领导力；欧盟则摆出一副过来人的架势，反对后 2015 议程沦为落后地区要求发展援助的幌子，更加重视理念输出、手段创新与实施监管，强调人权、善治与法制，要打造人人享有的体面生活；非洲则希望后 2015 议程一扫千年发展目标"忽视"其发展进步的弊端，通过积极参与，塑造更好的国际形象，吸收更多的经验借鉴和知识分享，实现经济的结构性转型，为非洲可持续发展事业（甚至避免武装冲突）形成更广泛更强大的国际后援。对于中国而言，既要对后 2015 议程积极实践、贡献成果，又要避免成为后 2015 议程的规则制定者和最大受益者，立场选择很可能是重点搞好自身的可持续发展，在国际舞台上为发展中国家发声谋利而不分利。这些定位的差异也决定了未来谈判的艰巨性和长期性。

此外，如何在后 2015 议程中体现出各方的关注重点，结合最新的环发形势发展，最终形成可操作的目标指标体系，仍是对国际社会的重大考验。比如，日本的"人的安全保障"、欧盟的"人人体面生活"、非洲的"结构性经济转型"、中国的"建设生态文明"，都是立足各自国情、反映可持续发展实践探索的理论创见，统筹整合的难度很大。而近期埃博拉病毒的肆虐、ISIS 的猖獗，又会为后 2015 议程提出新的要求。

## 附件一

### 各方优先领域与关注重点比较表

| 序号 | 开放工作组零案文 | 欧盟 | 非洲 | 日本 | 中国 |
|---|---|---|---|---|---|
| 1 | 贫困 | 贫困 | 支柱三 | 消除极端贫困 | 消除贫困与饥饿 |
| 2 | 食品安全与营养，可持续农业 | 食品安全与营养，可持续农业 | 支柱一 | 食品安全与营养 | |
| 3 | 健康 | 健康 | 支柱三 | 健康 | 社会进步改善民生 |
| 4 | 教育 | 教育 | 支柱三 | | 社会进步改善民生 |
| 5 | 性别平等与女性赋权 | 性别平等与女性赋权 | 支柱三 | | 社会进步改善民生 |
| 6 | 用水与卫生 | 用水与卫生 | 支柱四 | 用水与卫生 | 饮水安全与水资源利用 |
| 7 | 可持续能源 | 可持续能源 | | 可持续能源 | |
| 8 | 包容增长体面就业 | 体面工作；包容增长 | 支柱三 | | 经济包容性增长，高质量就业 |
| 9 | 基础设施，可持续工业 | | 支柱一 | 废气物管理 | |
| 10 | 国家间与国内的公平 | | 支柱五 | | |
| 11 | 城市与人居 | 城市与人居 | 支柱三 | | |
| 12 | 可持续生产与消费 | 可持续生产与消费 | | 可持续生产与消费 | 合理消费的生活方式 |
| 13 | 气候变化 | 气候变化 | 支柱四 | | 气候变化 |
| 14 | 海洋 | 海洋 | | 海洋 | 海洋环境保护 |
| 15 | 生态系统（林业与生多、荒漠化） | 自然资源可持续管理；生多与林业；土地退化 | 支柱四 | | 森林 |
| 16 | 正义 | 人权、法制与善治 | | 国内治理成效 | |
| 17 | 全球伙伴关系 | 启用政策环境，包括PCD、全球伙伴关系等 | 支柱六 | 全球新型伙伴关系 | 全球发展伙伴关系 |
| 18 | | 安全社会 | 支柱五 | | |
| 19 | | 调配金融资源 | 支柱六 | 国际发展援助 | 全球发展伙伴关系 |
| 20 | | 灾害恢复力与风险管理 | 支柱四 | 减灾防灾 | 防洪抗旱减灾体系建设 |
| | | 移民与迁移率 | 支柱三 | | |
| 21 | | | | 人的安全保障 | |
| 22 | | | | | 加强生态文明建设 |

# 联合国环境规划署发布
# 区域海洋管理白皮书

闫 枫

联合国环境规划署于近期对区域海洋环境及其管理进行调查研究并发布白皮书（征求意见稿），其目的旨在回顾区域机制保护和海洋生物多样性的可持续利用整体状况，确定它们的法律、制度及科学基础，探索各自的需求、已取得的阶段性成果及所面临的挑战。报告还着重强调区域间建立的合作机制的必要性，通过加强现有机制建设和促进合作有助于做出科学选择，使区域间体系更加连贯、有效及高效。该白皮书将在第 15 届区域海洋公约和行动计划全球会议中提交讨论，并重点关注下列事项：区域海洋项目需要采取哪些措施来加强海洋管理框架和制度安排；一些区域海洋和区域渔业管理组织合作的案例能否适用于解决合作区域海洋和区域渔业组织中出现的新需要及问题；制定区域渔业组织和大海洋生态机制合作安排的可行性。

白皮书还认为环境保护区域治理的发展无疑是国际环境政策的基石。关于海洋及沿海问题，该报告主要涉及以下几个方面：区域海洋项目，其中许多项目得到了联合国环境署的支持和协调，现已涉及 140 多个国家；区域渔业机构，隶属粮食及农业组织框架之下；大海洋生态系统机制，包括全球环境基金支持项目等。这些区域机制将提高对协调及效率方面的关注，同时也可能关注目标实现。

报告第一章简要介绍了区域海洋项目、区域渔业机构和大海洋生态机制的组织机构和区域海洋管理所面临的挑战，并提出了生态系统管理的概念、目标及方法等。第二章主要介绍了与海洋法相关的全球法律及政策机制。第三章对区域海洋项目、区域渔业机构和大海洋生态机制做了详细概述，探究了以上三个区域管理机制之间的合作与协调，并对其进行了综合、全面的对比和分析。最后一章对区域海洋管理未来应对问题和前景做了简要总结。

# 一、概况

## （一）区域海洋管理的挑战及其组织机构

海洋破坏日趋严重，这主要来自海陆源污染、对生物和非生物资源的过度开采、人类活动对重要及濒临物种栖息地和生态系统的影响。目前海洋所面临的威胁有：过度捕捞和破坏性捕捞、海洋变暖及酸化、海洋废弃物、工农业及城市排泄物、石油泄漏、核事故、侵入性外来物种等。为了下一代我们应该保护好海洋环境和生物多样性，并维护为人类提供经济和社会效益的生态服务系统。

约翰内斯堡计划尤为重视可持续发展的三个组成部分（经济发展、社会发展和环境保护），并将其看作相互依赖、相辅相成的三大支柱。2012 年在"里约 +20"峰会上再次重申了"我们想要的未来" 文件中对海洋部分的承诺。在"加强海洋知识和海洋管理"目标指导下，生态系统管理得到强调，旨在加强"全球、区域和国家机制共同协调的管理框架，确保综合生态系统管理和保护沿海居民"。

## （二）组织机构

在各地区经常参与的三种不同类型的区域海洋治理机构中，区域海洋项目、区域渔业组织和大海洋生态系统机制，前两者是正式的，后者主要是非正式的。

### 1. 区域海洋项目

联合国环境规划署区域海洋项目于 1974 年成立，覆盖了全球 18 处海洋及近海领域。其中某些区域海洋项目，由参与国决定采用具有法律约束力文件、现有框架公约和协议来促进各方实现他们的共同目标。

### 2. 区域渔业组织

"区域渔业组织"被联合国粮食和农业组织定义为"若干国家及实体实现渔业合作、管理和发展的机制"。它的保护目标包括普通鱼类和一些特定物种及海洋哺乳动物。区域渔业组织有许多类型，它们之间的主要区别是区域渔业组织的管理规定，包括建立具有法律约束力保护和管理措施的能力等。

### 3. 大海洋生态系统机制

根据美国国家海洋和大气管理局的研究及建议方法，目前国际上已确认、界定和评估了 64 个大海洋生态系统。大海洋生态项目受到全球环境基金资助，旨在使参与国家地区与合作伙伴在生态方法指导下促进沿海地区管理和海洋环境的紧密联系。

### （三）生态系统管理

#### 1. 生态管理的进步性观点

用可持续方法对海洋和沿海生态系统进行管理十分必要。粮农组织对生态系统管理的陈述是它来源于野生动物管理，涉及对野生动物栖息地、数量以及对优化人类长期回报的人类活动的直接管理，内陆渔业管理已经发展为对野生动物管理的拓展。因此，区域海洋项目需要涉及与海洋及沿海地区可持续发展相关的一系列更广泛的问题。

#### 2. 生态系统管理

生态系统管理是一种将生态系统看作各组成部分相互作用，并对海洋及沿海地区可持续发展具有重要作用的方法。目标是将生态系统维持在一个健康、富有生产力和复原能力的良好状态，来满足人类所需服务。因此，生态系统管理被定义为"将科学方法原则应用于管理的适应能力强、自我完善的过程"。

将生态系统管理的不同特征纳入考虑尤为重要。首先，生态系统管理是一个循序渐进的工作，应该被看作一个过程而非结束状态。其次，生态系统管理要求能够识别体现其结构和功能的空间单位。此外，在生态系统方面日益增加的国际合作将通过现存的区域管理机构，以及通过针对单个生态系统的新型合作模式得到妥善处理。

#### 3. 生态系统方法

生态系统方法被缔约方大会及生物多样性公约描述为"在一种平等的方式下对土地、水以及生物资源进行保护和持续利用并对其进行综合管理的一种战略"。联合国环境规划署所使用的定义基本相同，只是摒弃了词语"保护"，并包括了"生态系统服务的可持续性传递"。

根据生物多样性公约，生态系统方法是一种规范性框架，可以解释为"为满足用户特定需求进一步应用的方法。"在现有努力和适用情况下，生物多样性公约参与方将受邀开发为特定生物地理区域及情况的生态系统应用提供指南。

#### 4. 渔业生态系统方法

渔业生态系统方法被联合国粮农组织描述为两种管理模式的融合——生态系统管理和渔业管理。粮农组织认为应把渔业生态系统方法看作一种衔接机制以促进可持续发展。2001 年于冰岛雷克雅未克会议上，通过并采纳了在渔业管理中将生态系统纳入考虑方法的重要措施。

渔业生态系统方法旨在通过将知识和生态系统中生物、非生物和人类组成部分的不确定性及相互作用，在具有生态意义的范围内将综合性方法应用于渔业来平衡多样化的社会目标。根据联合国粮农组织，渔业生态系统方法指的是将生态系统纳入到传统的渔业管理中，视为负责任渔业行为守则中应该付诸实践的精神。

**5. 地域范围**

报告论述了区域海洋治理，其地理范围主要限于海洋环境，它包括盐水环境（包括水柱、海床和底土，即超越国家范围的沿海国家和地区的海上区域）。地域上包括内陆水域和陆地领土的区域海洋管理机制也包括在内，但是关注焦点是海洋环境保护，保护海洋生物多样性和生态系统管理等。

# 二、海洋法全球框架

## （一）《联合国海洋法公约》及其实施协议

国际海洋法是由一系列的全球、区域及双边协议组成。《联合国海洋法公约》的总体目标是建立一个公开、公正、公平的法律秩序—海洋"宪法"，旨在减少国际冲突风险并提高国际社会的稳定与和平。新的实施协议是 2011 年联合国大会的决议结果，旨在解决关于公海和所谓深海区域海洋多样性保护与可持续利用问题，并减小国际法律框架之间的差距。该决议所涵盖问题中，有两个尤为突出：

（1）海洋资源，特别是一些对相关资源进行的生物勘探。

（2）保护与管理措施—区域为基础的管理和环境评估，保护公海和深海区域海洋多样性，促进可持续利用。

## （二）海上区域及其管理体制

《联合国海洋法公约》中关于海上区域最基本的区别是沿海国家和地区海上区域之间的区别，也包括国家管辖区域与公海和所谓深海区域临海区域。沿海地区海上区域包括：内海、群岛水域、领海、连续水域、专属经济水域和大陆架。

内海、群岛水域、领海是国家领土的一部分，隶属于国家主权。《联合国海洋法公约》规定了海上区域需要划定的内外界限。沿海地区拥有领土中所有管辖区域内生物资源与非生物资源的唯一使用权以及各种海域活动的所有管辖区。这些仅是约束通用海域的国际法律规则。

在其专属经济水域内，沿海国拥有主权权利和特定目的的管辖权。至于大陆架，沿海国家也被授予主权权利和勘探及开发自然资源的管辖权。其他国家在该海洋领域拥有以下几种权利：航行自由权、飞越领空及海底电缆和管道铺设权。还有捕捞自由和海洋科学研究权。公海受公海自由权所管辖，即上述所有国家的特定自由权利，包括捕捞权和海洋科学研究。

### （三）全球相关机构

#### 1. 概况

绝大多数的全球相关机构都要执行《联合国海洋法公约》和其实施协议。海洋方面主要的国际组织是国际海事组织，也包括国际海事组织所规定的"普遍接受的国际规则与标准"。渔业相关的规则说明主要指粮农组织和区域渔业机构。联合国环境规划署被视为在《联合国海洋法公约》中涉及相关规定的主要国际组织之一。

#### 2. 保护及维护海洋环境的全球法律和政策机制

《联合国海洋法公约》中第12部分是在海洋环境保护方面全球法律制度的基石。除此以外，"一般性条款"第一章包含了至今为止各国普遍接受的一般性义务（192条）。第1部分第1节中还包括了在"罕见或脆弱的生态系统以及贫化栖息地、威胁或濒危物种、其他形式的海洋生物"的义务和"有意或无意引进外来物种"的义务。

（1）陆源污染：特别针对海洋领域的实质性方针，该实质性方针主要是在联合国环境规划署的为使海洋环境免受陆地活动干扰的无法律约束力行动项目中规定的。

（2）国家管辖区域海底活动污染：在全球层面上，政府间机构对国家管辖区域海底活动污染不具有法律约束力。

（3）区域内活动污染：现存唯一的一个全球相关规定是国际海底管理局的采矿法规。

（4）垃圾倾泄污染：现存唯一的一个全球相关规定是经过1996年协议修改的伦敦公约。

（5）船舶污染：在全球层面上监管活动主要是在国际海事组织；相关法规包括《防止船舶污染国际公约》《防污公约》《预防油污染响应与合作国际公约》以及各种应对污染损害责任与赔偿规定、《防止船舶污染国际公约》不同附件中规定的不同领域。

（6）大气污染：针对海上活动，相关法规可参照伦敦公约中的海上焚烧全球政策和《防污公约》附件六中的相关规定。

《联合国海洋法公约》第 12 部分包含了地区性合作与协议实施的义务。而第 198 条包含了一般性义务"建立在区域基础上的适当的"合作，第 199 条和 200 条包含了与通告类相关的特定义务。《联合国海洋法公约》第 211 条 (3) 回应了区域港口国计划安排，也承认了《预防油污染响应与合作国际公约》导言和第 6 条中区域合作的重要性。

### 3. 渔业相关全球法律及政策制度

关于海洋渔业捕捞的全球性机构也得到进一步发展。涉及全球法规有独立的《国际捕鲸管理公约》。联合国大会对国际捕捞法的贡献包括《联合国海洋法公约》、《鱼类资源协议》及联合国大会有关决议。

《联合国海洋法公约》的主要目的是：通过争取最大可持续产量和设置总可捕量避免过度捕捞；最优化利用。《联合国海洋法公约》授予沿海国在其海域利用海洋生物资源的权利，而其他国家只有在公海才拥有这些权利。其鱼类种群分类见表1。

表 1　鱼类种群分类

| 种　类 | 定　义 |
| --- | --- |
| 离散近海类 | 只存在一个国家的海域（或内陆水域） |
| 联合或共享类 | 存在于两个或两个以上沿海国海域（或内陆水域），而不是公海海域 |
| 跨海域类 | 存在于两个或两个以上沿海国海域或公海海域 |
| 高度洄游类 | 该鱼类被列在《联合国海洋法公约》附件 1（如金枪鱼） |
| 溯河产卵类 | 在河内但也在海里产卵（如鲑鱼） |
| 下海产卵类 | 主要生活在内陆海域但在海里产卵（如鳗鱼） |
| 离散公海类 | 仅生活在公海 |

第 65 条包含了一系列条款，但最主要内容是既不要求也不禁止在区域范围内进行鲸类保护。北大西洋海洋哺乳动物委员会和《濒危野生动植物物种国际贸易公约》的缔约方会议都在第 65 条中有所规定。

《鱼类资源协议》只适用于跨海鱼类和高度洄游鱼类。它主要适用于公海，另一方面也适用于沿海国家海域。此外，联合国粮农组织采取了一系列具有法律约束力和无法律约束力的渔业捕捞规定，两个具有法律效力的法规是《合作协议》和《港口国措施协议》。

粮农组织中不具有法律约束力的文件中最典型的是负责任渔业行为守则，它对《联合国海洋法公约》《港口国措施协议》和《鱼类资源协议》做了很好的补充，对渔业管理问题提供了更实用性的指导。其他主要非法律约束力粮农组织法规主要有渔业和海洋捕捞海产品国际指导方针（2005），公海深海捕捞国际指导方针（2008）和渔业全球纪录建议（2010）等。

### 4. 保护海洋生物多样性的全球法律及政策制度

《联合国海洋法公约》及其实施协议中有关海洋环境和渔业保护的规定，得到了许多国际机构与政策法规的补充，目的是保护生物多样性、保护特定物种及其栖息地以及消除海洋生物多样性的特定威胁。《生物多样性公约》及《卡塔赫纳议定书》是海洋生物多样性保护方面主要的国际法规。

对特定物种及其栖息地的保护，主要全球法规有《濒临绝种野生动植物国际贸易公约》、《国际湿地公约》和《世界遗产公约》。《濒临绝种野生动植物国际贸易公约》缔约方会议经常强调区域合作的必要性。《国际湿地公约》和《世界遗产公约》规定了关于指定区域使用与保护的义务。

对于海洋生物多样性的特定威胁，需要提到关于外来物种有无意引进的不同全球法规。除了《联合国海洋法公约》第196条(1)，《生物多样性公约》第8（h）条要求缔约方应该"防止引入、控制或根除这些威胁生态系统、栖息地或当地物种的外来物种"。

### 5. 基于生态系统管理的全球法律及政策制度

《联合国海洋法公约》和全球其他法规都不包含追求生态系统管理的法律约束力义务。然而，不同全球机构和会议却通过了追求生态系统管理的非法律约束力的文件，包括联合国大会、缔约方会议和生物多样性公约、联合国环境规划署以及里约+20峰会等。

在全球层面上，基于生态系统方法的具有法律约束力的进程在国家管辖区域外工作小组带领下正在开展。但这个过程可能会导致一个新的实施协议也可能会是一个无法律约束力的结果。协议上的地理范围原则上应该仅限于《联合宣布签署协议》

规定的范围，除非将类似规定与《鱼类资源协议》第 7 条规定的兼容性义务合并。

在全球层面上与生态系统方法相关的制度组成部分是十分脆弱的。然而，联合国大会和缔约方会议的生物多样性公约的实质性要求十分宽泛，他们不能给国家规定具有法律约束力的义务。如果在国家管辖区域外工作小组带领下的具有法律约束力进程导致了具有法律约束力文件的产生，那么它的制度组成不只是一个程序要求。

# 三、区域海洋管理机制

## （一）区域性相关机构

截至目前，已经有来自 18 个地区的 150 个国家参与区域海洋项目（见表 2）。一些区域海洋项目由联合国境规划署直接管理并负责秘书处的日常运转。区域活动作为合作和协调的平台，已经成为全球区域海洋项目的一部分。区域海洋项目也包括一些独立项目，参加一些区域海洋方面的全球会议。

### 表 2　区域海洋项目

| 区域海洋类型 | 海洋特征 | 涉及地区 |
| --- | --- | --- |
| 联合国环境规划署管理下的区域海洋 | 联合国环境规划署下的信托基金和金融管理，秘书处 | 东亚海域 |
| | | 地中海 |
| | | 西北太平洋 |
| | | 非洲西部、中部和南部 |
| | | 西印度洋 |
| | | 广加勒比地区 |
| 相关区域海洋 | 非联合国环境规划署下秘书处<br>由项目本身管理的金融和预算服务 | 黑海 |
| | | 东北太平洋 |
| | | 太平洋 |
| | | 红海和亚丁湾 |
| | | 保护海洋环境区域组织范围内海域 |
| | | 亚洲南部海域 |
| | | 太平洋东南地区 |
| 独立区域海洋 | 非联合国环境规划署赞助下的区域框架，<br>区域海洋全球会议的参与 | 南极 |
| | | 北极 |
| | | 波罗的海 |
| | | 里海 |
| | | 大西洋东北部 |

联合国环境规划署的区域海洋项目一般会有一个以区域合作为基础的行动计划。其中 14 个项目有受特定协议辅助的框架公约。作为行动基准，该公约为各国提供了须遵守的一般条款、条件和总体方向。

从制度结构来看，所有区域海洋项目都设有一个秘书处。区域活动中心主要通过执行以下三个任务来发挥职能：

（1）通过出版物、白皮书和报告为各国提供相关数据，采取科学性建议。

（2）通过研讨会加强特定领域的合作。

（3）为公约及议定书提供法律及技术援助。

区域海洋项目的综合研究引起了对南极区域项目特征的重视。海洋生物资源养护委员会被联合国环境规划署看作一个独立的区域海洋项目。然而，它与南极条约体系有着密切联系，目标包含了对海洋生物资源更广泛的保护，除了海洋生物资源养护委员会与以前传统的区域渔业管理的共同点之外，它还更加强调商业目标种类的捕捞管理。

### （二）区域性渔业相关机构

### 1. 基本情况

在内陆海域的区域渔业机构和国际捕鲸委员会中，只有区域渔业机构发布在区域渔业机构相关的粮农组织网站上。

事实上，挪威俄罗斯渔业联合委员会（联合委员会）并未被列，其他双边机构则被列入。其次，粮农组织的区域渔业机构名单上包括北大西洋海洋哺乳动物委员会但不包括南极海豹保护公约。此外，粮农组织中区域渔业机构的更新可能会将北太平洋渔业委员会纳入进来。近年来，一些渔业机构已经更新了它们的组织法规或者用新法规代替了旧法规。这些过程将促进区域渔业机构从一个类型向另一个类型转变。

### 2. 区域性渔业相关机构的分类

对区域渔业机构的特征分析，揭示了各区域渔业机构的重要差异，取决于以下几点：

（1）建立管理授权机构，它授予成员国或组织具有采取法律约束力的保护与管理措施的权利。

（2）有能力在特定区域范围内管理特定物种和一些其他目标物种，或者二者结合。

（3）区域渔业机构在粮农组织框架内或框架外建立。

（4）建立国际组织或者另外机构。

（5）与海洋渔业或内陆水域渔业相关。

### 3. 实质性要求及目标

各区域渔业结构的实质性要求及目标根据其所属类型制定。大部分区域性渔业管理组织的要求仅限于人类活动，但是有一些区域性渔业管理组织和咨询性区域渔业机构也处理水产养殖等。

以前建立的区域渔业机构和刚建立的区域渔业机构之间有很大的差异。原有区域渔业机构的目的仅是目标物种的可持续利用和保护，而最新建立的区域渔业机构还针对渔业的生态系统管理方法。

### 4. 地域要求

区域渔业机构在地域要求上也有很大差异。分类如下：

（1）公海和沿海国家海洋区域。

（2）公海或公海大部分区域。

（3）沿海国家海洋区域。

### 5. 参与状况

参加区域渔业机构的两个国家或实体为沿海国家或公海捕捞国家。然而作为沿海国参加必须建立在沿海国家海洋区域拥有相关跨界渔业资源的基础上，要想作为公海捕捞国家参加必须建立在公海自由捕捞的基础上。

一般规则之外，也存在一些特殊情况。一是一些区域渔业机构创建了新的参与性类型，赋予一些国家或实体捕捞、船舶加油或转载的机会，但没有参与决策的权利。二是对那些不愿从事捕捞但对科研感兴趣的国家，海洋生物资源养护委员会成员对其开放。三是鱼类资源协议第八条 (3) 中没有对实际利益的概念给予明确定义，相关国家可能会更加关注渔业对非目标物种或更广义上海洋生态系统的影响。此外，应该再次引起对区域渔业组织的限制公开性的重视。

### 6. 渔业保护和管理措施

全球渔业机构通常会有一个框架结构，但不包括一些具体的渔业保护和管理措施。在这些具体措施中最典型的是：

（1）限制捕捞和设定总容许渔获量以及通过国家配额分配总容许渔获量。

（2）禁止指定种类捕捞。

（3）限制目标物种最小尺寸的捕捞。

（4）最大捕捞数量限制。

（5）设备规定。

（6）旨在避免捕获目标物种或非目标物种或避免影响敏感栖息地的措施。

### （三）大海洋生态系统机制

大海洋生态系统旨在实现对海洋及海岸环境从理论到实践的生态系统方法管理。根据相关学者的定义，大海洋生态系统包括"有不同深度测量法、水道测量、生产力、拥有相应人口的地理区域海洋。"限定的 64 个大海洋生态系统的地理界限是由大陆边缘程度和近岸流向海程度决定的。大海洋生态系统的运行方法的其他重要特征是"为衡量生态系统的变化状态和在大海洋生态系统内采取修补性措施来改善退化情况"。

**跨界诊断分析和战略行动计划的可持续性**

杜达和谢尔曼于 2002 年提出在支持促进跨界诊断分析（TDA）和战略行动计划（SPA）的定期更新，谢尔曼和亨佩尔于 2008 年在相关论著中确认从 2001—2010 年，全球环境基金支持性项目将向着自筹生态系统的评估和管理过程所需经费目标转变。

有必要建立新的区域机构并授予它新的权利，能够在解决跨界诊断分析产生的问题和完成战略行动计划提出的目标及行动计划的同时执行生态系统方法。根据马洪等人分析，因为社会经济学及其管理模块的发展相对不够，因此有些模块比其他模块受到更多关注。同时，作为一个后续的大海洋生态系统 - 全球环境基金项目，有四个相应的解决方案被采纳：

（1）成立大海洋生态系统的独立管理机制。

（2）建立大海洋生态系统现存框架委员会。

（3）合作治理方案。

（4）地中海式的解决方案。

### （四）区域海洋管理机制的合作及协调

### 1. 区域海洋项目的合作与协调

区域海洋项目由联合国环境规划署的特定部门管理，它为区域海洋项目协调和制度支持提供框架。区域海洋项目会定期组织会议，为各地区共享经验并采取"全球战略方向"提供机会。区域海洋项目之间的一些经验会通过工作人员的参与实现从一个会议到另一个会议之间的交流共享。

### 2. 区域性渔业相关机构的合作与协调

区域性渔业相关机构的合作与协调得到了粮农组织的促进和鼓励，例如通过区域渔业机构秘书处网络，它自 2007 年创建以来会定期举行会议，区域渔业相关机构会议在 1999 年和 2005 年之间也会定期举办。通过签署谅解备忘录来规范区域渔业机构之间的合作较为常见，也包括在特定问题方面的合作与协调。

### 3. 大海洋生态机制的合作与协调

大海洋生态之间的信息交流和最佳实践宣传是通过以下三个机制来进行的。一是每年定期举行的"大海洋生态系统协商会议"，为解决大海洋生态机制共同兴趣问题提供了机会。二是由全球环境基金秘书处组织的两年一次的国际水域会议，这是展现实施国家地区和与国际水域相关的全球环境基金项目的机会。三是全球环境基金国际水域：学习网站 (www.iwlearn.net)，它是全球环境基金国际水域项目之间的一个平台，允许项目之间交换、学习和提供资源。

### 4. 区域海洋项目和区域性渔业相关机构的合作与协调

区域海洋项目和区域性渔业相关机构的合作与协调受到了联合国环境规划署和粮农组织的促进和鼓励。2001 年，联合国环境规划署—粮农组织倡议推动了实质性报告的产生，这为提高区域海洋项目和区域性渔业相关机构的合作与协调提供了各种选择。

通过备忘录的形式，规范区域海洋项目和区域渔业机构之间的合作。也包括参考正在进行的南极条约各个组成部分之间的合作与协调进行，南极条约协商会议、环境保护委员会和海洋生物资源养护委员会之间的合作与协调。这种合作与协商在海洋生物资源养护委员会努力建立海洋保护区代表性网络的过程中变得尤为明显。

### 5. 区域海洋项目和大海洋生态机制的合作与协调

区域海洋项目和大海洋生态机制的合作与协调受到了联合国环境规划署的促进和鼓励，例如全球环境基金执行机构通过区域海洋项目全球战略机制实现。

关于战略行动计划的实施，全球环境基金水域战略按照目标明确规定了以下要求：全球环境基金将会支持已达成的战略行动计划区域政策与措施的发展和执行，通过合作行动来促进已存在的共同法律制度框架继续发挥作用或协助建立新的法律制度框架。

谢尔曼和亨佩尔等学者提到的"合作关系",是把由联合国环境规划署协助的全球区域海洋项目和大海洋生态方法联系起来;"联合倡议协助发展中国家在运用大海洋生态系统作为操作单位以将区域海洋计划转化为具体行动"。

### 6. 区域性渔业相关机构和大海洋生态机制的合作与协调

区域性渔业相关机构和大海洋生态机制的合作与协调要比区域海洋项目和大海洋生态机制的合作与协调限制条件多,主要有以下两个原因:

从法律层面,大多数区域性渔业管理组织(不含金枪鱼)地理范围仅包括公海区域,而按照海洋和大气管理局规定,大海洋生态主要拥有沿海国家主权或管辖权。

从行政层面,大海洋生态方法其实是全球环境基金政策的一个例外。而区域渔业组织最近才加入全球环境基金执行机构。全球环境基金程序上对大海洋生态系统要比对区域渔业组织更为熟悉。

现有区域性渔业相关机构和大海洋生态机制也有一些限制性却实在的合作,主要通过以下两种方法进行:

(1)区域渔业机构作为合作伙伴与大海洋生态项目在实施过程中共同协调。

(2)支持区域渔业机构相关项目。

### 7. 区域及全球海洋治理机制的合作与协调

根据联合国海洋法公约及相关全球机构的执行协议,在所属地理范围内追求生态系统管理的区域海洋管理机制被要求与这些全球机构进行合作与协调。区域和全球合作机构合作案例有马尾藻海联盟,促进了各地区、区域及全球国际组织在马尾藻海域建立一个或多个跨部门海洋保护区而进行合作。

### (五)全局及比较分析

### 1. 区域海洋管理机制关键特征的比较性分析

(1)地理范围:

虽然区域渔业机构在地理范围上经常会有重叠,但在物种规定上却很少重叠,而且这种情况经常会特别安排来保证互补,避免出现实际的不兼容或冲突。区域海洋项目和区域渔业机构的地理范围的决定会考虑科学、政治及机遇等因素而非包含世界所有海洋地区的系统性计划。相反,大海洋生态机制是运用纯粹的自然科学方法来设计的。

（2）相关要求：

区域海洋项目和区域渔业机构的实质性要求在很大程度上是互补的，这意味着如果生态系统管理要执行的话，那么二者之间的合作是非常关键的。如同地理范围一样，分析不能局限于理论观点：实用主义和特殊方法普遍存在以避免区域海洋管理机制之间要求的重叠和冲突。

如果是大海洋生态机制，那么这个问题会更严重，可能会出现它的要求与区域渔业机构和区域海洋方法重叠交叉的风险。某些情况下可能会导致能源和财政资源的浪费，各管理部门分工不明确也可能会导致效率较低。

（3）参与情况：

区域海洋管理机制参与情况的差异表现为一个机制的决议可能不会对其他相关机制的所有成员适用。

（4）制度安排：

制度安排的多样性是区域海洋管理机制及机构的一个关键模式，通常是设计来匹配特定的情况和目标。区域海洋项目、区域渔业机构和大海洋生态机制同样适用。

## 2. 现有区域海洋管理机制的优势及挑战

（1）区域方法的总体优势：

与全球海洋管理方法相比，区域海洋管理机制的附加值可以概括为："更紧密，更深远，更快速"。事实上，首次将海洋生态系统的独特性和鱼类资源纳入考虑，应用恰当的法律和管理手段，超越一般原则来应对附近的海洋区域的特定威胁。而且，区域管理可以超越全球保护要求。相比全球性方法，区域性方法往往可以使合作更容易、更快速、更多样化。

（2）区域海洋项目的优势和挑战：

自 1974 年创建以来，联合国环境规划署区域海洋项目已经成为海洋和沿海环境保护方面最全面的倡议之一。它实践并发扬了"共享理念"，并将海洋和沿海管理问题提上政治日程，支持采用环境法律法规。对一些地区成员国来说，区域海洋项目是环境问题的唯一切入点。它鼓励支持并为海洋和沿海管理能力建设提供援助。

目前有几个因素限制了区域海洋项目在应对海洋及沿海挑战方面发挥有效作用。首先，区域协议的执行远远不够系统和全面。其次，许多区域海洋项目面临资金短缺的问题，在制定时一些区域海洋项目就有相同的制度框架，缺乏财政资源和人力资源。无论区域框架提供什么水平的支持，执行权仍在相关国家和地区的手中。另外一个重要挑战就是区域海洋项目在国家管辖范围以外区域范围的扩展。

### 3. 区域渔业机构的优势和挑战

区域渔业机构已经成为跨界鱼类资源保护和管理的主要机构，承认区域渔业机构在鱼类资源保护和管理方面的关键作用已在国际组织的努力中体现出来。

然而区域渔业机构也面临一系列重要的挑战，具体如下：

（1）挑战：

目标物种的过度捕捞；由于产能过剩和补助金而实行的一系列预防性渔业管理措施；捕捞机会和所谓的"保护责任"分配；非法、未经报告和不受管制捕捞，包括应对新成员、监管、控制和监督及保障遵守；目标物种的科学研究、数据采集和数据共享以及什么才对追求生态渔业管理方法有必要；实行生态渔业管理方法，与非目标物种相关的捕捞；目标及非目标物种的丢弃；对海底栖息地的影响；其他一些非可持续性的捕捞行为；渔具和包装材料的丢失和丢弃；区域渔业机构之间的合作与协调；区域渔业机构秘书处预算的限制性；区域渔业机构职权本质上有限制性，不允许它们处理影响渔业和渔业相关问题的一些人类活动。

（2）根本问题：

鱼类资源是公有资源，自由移动不受海域边界阻碍；与其他跨界问题相似，跨界鱼类资源的保护和管理问题受到国际法性质的限制；相关国家不愿将职权移至国际组织；这使得一些"搭便车"国家从不太完善的国际法和机构中受益；特别是发展中国家没有足够的资源履行国际义务和承诺。

### 4. 大海洋生态机制的优势和挑战

大海洋生态机制一直在加强区域海洋管理方面发挥重要作用。首先，已经促进了海洋环境科学知识的进步并产生了丰富又有用的科学信息；其次，在能力建设方面投入了大量的资源；最后，促进了区域合作，并将参加不同会议的区域利益相关方和引发的讨论结合。在许多方面大海洋生态机制都发挥了催化剂的作用，特别是推动区域海洋项目走向更具战略化和行动指向性的过程，促进区域渔业机构更加明确和有效地将生物多样性纳入考虑并执行对渔业管理的生态方法。

大海洋生态机制也面临着一些严峻的挑战，"模块方法"生成一系列问题。"对模块包含的范围缺乏清晰性"现象存在，界限模糊。

（1）大海洋生态方法的区分意味着科学活动，特别是生产力模块与管理独立而不是支持它；它宣称在没有进行大量科学研究的前提下不能进行治理。

（2）大海洋生态系统宣称"项目由国家驱动"，它们仍因自上而下的方法被指责，因为国家及地区都没有真正的发言权。

（3）大海洋生态系统通过 3—5 年周期的全球环境基金项目实现具体化。

（4）挑战是一旦跨界诊断分析和战略行动计划产生的项目的接管问题。

大海洋生态机制为行动提供了科学基础，但面临着一个严峻的管理与执行挑战——区域海洋项目和区域渔业机构已经面临的挑战。大海洋生态概念由科学家提出但他们并没有预测到其管理和政策问题。

首先应该强调区域海洋管理是按照结构进行部门划分的；第二，一些区域海洋管理机制的有效性因支持不足而受限制，这是非缔约国不受约束原则的后果；第三，有一些区域间差异，一些地区的管理机制比其他地区更强大。

### 5. 区域海洋管理机制在合作与协调方面的优势及挑战

首先，应强调尽管没有一个通用框架和合作义务，区域海洋管理机制之间的合作与协调运作地很好。尽管在敏感性问题上没有明确战略，大海洋生态机制管理已经走上正规并正在努力。然而，如果协同效应被发现并充分开发在不久的将来全球环境基金将更明确地解决问题。

合作和协调面临挑战的主要原因在于管理的三个层级。协调机制既因为它们缺乏资源而不能有效实施其要求，还因为在区域水平一致前提下相关国家在具体措施的执行上发挥关键作用。因此，尽管合作与协调是关键问题，也不能忽视加强每个机构与机制建设的必要性。


# 四、区域海洋管理机制的建议及选择

## （一）建议

提供建议与选择以使现有系统更完善、更有效及高效，包括更好地利用稀缺资源（人力、财力及物力等）。这主要通过以下措施达到：

① 强化现有区域海洋管理机制；② 创建新的区域海洋管理机制；③ 加强现有机制之间以及新机制之间的合作与协调。

在这一过程中，也会考虑以下因素：

（1）区域海洋管理是由高度多样化安排组成，这使得它难以在全球范围内被理解和接受。它甚至挑战试图提供有用一般性建议的想法；

（2）多样化为管理系统所固有，随着时间推移它也会建立自己的管理方式，拥有环境特异性、关注问题与目标的多样性；

（3）要尽最大可能避免额外分裂、重复与交叉，生态方法应该是努力合理化该系统的驱动器。

## （二）未来需要应对的问题

（1）现有区域海洋管理机制的效率问题。

（2）没有在认真考虑未来执行问题、方式和角色的前提下便准备行动计划。

（3）区域海洋管理方法的提升与维持现有区域海洋管理机制的博弈。

## （三）前景

### 1. 修改关键机制职能

有必要逐步修改各种海洋区域机制职能以此提高国际海洋管理机制作为一个整体的协同性、互补性和一致性。根据具体情况，注重完善：

（1）机制职能缺口。

（2）拓宽区域渔业机构职能以此促进渔业生态方法执行。

（3）拓宽区域海洋项目职能以确保生态管理，同时也要考虑现有国际机构职能。

### 2. 强化个体机制运作

### 3. 促进非正式合作和协调安排

区域海洋管理体系的复杂性基于历史和区域环境，以多元化的方式反映观点、关注点和利益相关方的多样性。

### 4. 处理大海洋生态机制

如何处理大海洋生态机制需要给予特别重视。大多数情况下全球环境基金项目对其可持续性、加强区域海洋管理而非削弱的能力，以及未来可能占据的地位都应给予高度重视。

（1）大海洋生态机制应该限于科学评估和能力建设，应着重于调查而非干预。

（2）应将管理及相关知识需求予以优先考虑，推动科学性评估。

（3）公众及社会对相关机制的理解。

# 联合国发布区域海合作项目
# 生态系统评估报告

闫　枫

联合联合国环境规划署（UNEP）于 2013 年 9 月召开的第十五届区域海行动计划国际会议上，对该计划中所含区域海合作项目（RSP）涉及的生态系统指标进行了综合评估并形成了总结报告。该报告指出生态系统指标能够适用于海洋环境状态管理，且在一定地理范围内对环境目标的性能进行考量，进而可以为各国提供可持续管理。

该报告旨在通过对于现有生态系统指标应用的回顾，探讨如下三方面内容：一是区域组织监测的或者正在研发的指标如何同全球指标相联系；二是区域组织监测指标是否能够有效地实现同区域的或者全球的目标和目的关联性；三是用联合国环境规划署区域海项目的相关科学知识背景评估生态系统指标，为区域海项目选择未来发展方向提供参考。

该报告明确了"指标"的定义。尽管在不同的语境和情境下，对这一术语的使用可能存在偏差，但是在基准值、最佳值和极限值三方面，该术语仍具有较高的参考价值。

生态系统指标提供了可持续的管理模式，能够适用于海洋环境状态的评估。为了方便管理，指标应该设立在一定相关框架之内，且指标的分类能够提供辅助功能。相关的另一概念是生态系统方法，其在国际和国家内部政策制定上正被广泛认可。生态系统方法指导着海洋和海岸生态系统的可持续发展。除了把人类活动和社会选择进行分类，相较于之前的地方本位或目标物种的保护方法，它更加强调生态系统的整体性。

在具体实践中使用生态系统指标时，首先要明确其应用于哪些生态区。该报告中所涉及的区域信息均来自区域海项目下属的 18 个区域项目，以及全球环境基金（GEF）资助的区域海战略行动计划。生态系统的指标数据从次级来源（网站、环境报告的说明）搜集，通过随机主题进行分组，最初的指标大致分为 7 个主要主题和 67 个次主题。

在海洋区域实施生态系统方法有赖于建立可操作性、局限和目的相协调的生态指标系统，此类海洋环境保护措施的应用已在联合国环境规划署区域海项目、全球环境基金大海洋生态系统项目和其他许多区域性的全球行动中初见成效。更好地理解指标的使用和生态系统方法的区域应用，会帮助部门决策者更清楚的理解相关区域组织的价值，以支持他们的工作，同时可以避免重复工作。区域指数在理想状态下应当是存在并且辅助于改变环境状态的全球组织的工具，目的是促进可持续发展的进程或环境状态。

当今区域组织海洋生态系统指标的使用不仅在使用数量上十分庞大，且不同指标、系统和方法的种类繁多。报告的主体部分通过评估当下的区域指标系统，介绍正在推行指标系统的区域组织或行动计划，进而对未来发展做出展望。

报告认为区域海法规和行动计划能够为决定使用关键指标的时间顺序的趋势分析作出积极贡献，还能够为区域组织建立全球数据组提供合理化建议。在该建议中，区域海法规和行动计划保持其特殊的细节指标，但一个共同认可的全球通用子集可以在预先决定的框架之内适用。在环境状态指标和管理性能指标之间应当有联系，所提议的模型偏好质量状态报告类型，关于问题（压力指标）、状态（状态指标）和正在以及已经考虑到管理效率（响应指标）的行为。为了使分析更进一步，需要更多机构在技术开发关于合适的指标的选择、权衡和整合的内容，以及形成更多关于基准值细节的考虑。

目前区域海项目采纳的基于生态系统的指标实际上并不统一，且从全球整体系统层面来看并未形成标准化的体系。指标自身并不足以描述或者是推断某一基准的进程，指标体系应反映具有生态的、实际操作性的目标。区域海项目应当包括区域层面上反映类似海洋质量状态的报告，作为海洋评估的补充，同时还可以为与海洋相关的可持续发展目标相结合。该报告中涉及的"配套指标组"尝试着归纳区域海项目中不同方法间的共性，并设计了面向区域海法规和行动计划的具有参考价值的工作框架，目的是使用现有指标来满足多样化报告的需求。区域海项目应使用联合国环境规划署认可的有限的生态系统指标组，选择合适的度量标准，对目标要求进行深化，更多关注技术层面的讨论。

该报告主体部分对于现行的区域指标系统的评估和推行进程进行了详细阐述，对未来发展方向作出展望并提出将会面临的挑战。通过对该报告的摘译和总结，有助于加强对各区域项目组织选择合适的生态系统指标的认识，加深对未来评价系统认识及多样化需求的理解。

# 一、关键概念及相关项目的介绍

第一章概述了与指标相关的基本定义，并且对相关概念做出解释，并对全球应用生态系统方法的主要的区域项目和组织进行综述和简要分析，提供了对生态系统指标内容的辅助参考。

## （一）指标的定义和分类

指标是把理性的分析复杂信息作为评估条件，其特性包括但不局限于政治相关性、环境敏感度、可比较性、可说明性等。与指标特性关联越紧密、关联度越高，则对资源的利用程度越大。指标构成了政策、执行目标与管理行为之间的桥梁，就其本身而言，是监控和评估计划、项目和政策的基础工具，并且能够报告变动及更新情况。

跨国指标或是跨边境指标的确定，尤其具有挑战性，因为它能够强化跨国生态系统优先行动和监测的共识。这样的共识在资源（包括资金来源）短缺时是极为必要的；尤其在可能有跨国界影响的核心操控部分建立可持续的监测行为并进行管理的方面，更是十分重要。

可持续发展目标，是基于可持续发展框架下策划和管理环境建立起来的。它考虑到了三种主要指标的类型，即管理类、社会经济类和生态类，同时还涉及考虑这三者之间的关联性。经济合作与发展组织（OECD）于 1993 年提出了经过综合考虑后的一个基本框架，名为压力—状态—响应（PSR），指出需认识到这三种类型的密切联系性。该框架是"基于因果概念"，由于人类活动带来的环境压力（生态的、化学的或者物理指标），会引起生态指数所描述的自然资源的质量和数量的状态改变，触发通过环境、经济和社会性的、管理性的和行业性政策（技术和制度）的响应。

相应地，这些也会对初始压力产生影响。表 1 对这类指标进行了说明。

表 1　环境指标说明矩阵

| 问题 | 压力 | 状态 | 相应 |
|---|---|---|---|
| 气候变化 | 温室气体排放 | 关注 | 能源紧张、环境手段 |
| 臭氧破坏 | （烃）排放与产生 | 氯、臭氧 | 签订协议、氯氟化碳的恢复、资金支持 |
| 富营养化 | （氮、磷、水、土壤）排放 | 氮、磷、生化需氧量 | 相关处理、投资和花费 |
| 土地酸化 | （硫氧化物、氮氧化物、氨）排放 | 沉积物 | 投资、签订协议 |
| 有毒污染物 | （POC、重金属）排放 | POC、重金属 | 回收危险废物、投资与花费 |
| 生物多样性 | 人类使用，尤其是捕鱼 | 与原始区域相比，物种的多样性 | 保护区域 |
| 渔业资源 | 捕鱼量 | 可持续资源储量 | |
| 海洋、海岸地区 | 排放、石油泄漏、沉积物 | 水质量 | 分配 |
| 环境指数 | 压力指数 | 状态指数 | 响应指数 |

　　管理和社会经济指标较之于生态指标会更为人们所接受，因为管理和社会经济方面的管理计划结果在某些方面是可以量化的，与生态系统复杂又耗时的测量管理比较，它们的测量方法更快捷、直接。人类的生存最终还是依赖于海洋与海岸，生态系统健康与否直接影响到经济和社会的可持续发展。因此，对于人类海洋行为管理方面的治理与社会经济评估必须包含环境和生态状况和趋势的评估，其中最重要的部分是包含生态系统健康评估。

### （二）基于生态系统的指标

生态系统是整个生态体系的基础，它囊括了生物群落和作为其辅助的非居住环境，所有生物的交互过程就发生在生态系统这一层面。应用于大型生态系统的生态管理，大致与生物地理学的单元相一致。生态系统指标也因此从整体上与区域环境"健康"（恢复力、结构和活力）相关联，而这又受到人类相互作用范围的影响。生态系统指标的第一要务就是与某一特定区域或生态系统空间的参考数据、政策相关。

### （三）生态系统服务指标

定义和测量生态系统服务及其作用，是新近列入考虑范围的内容。生态系统服务是指人类直接或间接地从生态系统作用中获得的利益，这些利益是自然无偿提供给我们的，然而人类对这些服务的使用却加剧了生态系统健康的破坏。充分考虑生态系统服务的作用，代表在生态系统的管理的综合系统中提升了一个层次。共同的挑战是选择生态系统服务，以评估由政治目标和数据可用性决定的指标；不仅是建立生态系统（提供生态系统服务）整体性的需求，还是相关生态系统服务衍生利益的要求，这就使该选择变得更加复杂。该领域需要对方法、指标和数据源等进行深入研究，因此在这些指标该如何进一步使用和同其他框架整合在一起，还存在着一定不确定性。

### （四）生态系统方法的区域应用

2012 年 10 月召开的第十四届区域海行动计划国际会议中讨论了生态系统方法以及与其相关的区域海合约和行动计划。生态系统方法及一系列同义短语是一个概念性框架。将人类所采取的一些可持续性行为当作生态系统执行的元素。作为摆脱高度集中的短期分段资源评估的范式转换，它的源头可追溯到于 19 世纪 70 年代应用于大湖盆地的生态系统的方法，重点关注平衡各个环境元素和公正性，认识了生态系统健康主要依赖于互动行为，同时接受生态系统是弹性的却有着临界值或者临界点的这一观点。

在发展欧盟海洋战略框架（EU MSFD）的背景下，关于将生态系统方法应用于地区范围已经有了许多实践。见表 2，联合国环境署提出了"七步走"的路线图，作为标准周期环境管理系统的衍生形态，被转换成海洋战略框架，操作对象变体与指标的合并，以及参照点作为系统组成部分或其中的一个步骤。

表 2　区域性实施生态系统方法的步骤

| 步骤 | 描述 |
|---|---|
| 1 | 现状调查：评估现状，相关政策，列出人类活动及相关经济、社会政策清单 |
| 2 | 对比预期：发现预期与现状之间的差距 |
| 3 | 发现主要生态系统的特性和威胁：关于生态系统特性的交叉制表，包含影响生态系统的主要人类活动 |
| 4 | 设立生态目标：准确覆盖已确定价值的生态系统的组成部分和威胁 |
| 5 | 获取使用指标和相关点的可操作目标：收集合适的组件并使之与预期相关 |
| 6 | 进程管理：使用管理工具监测和评估 |
| 7 | 定期更新：重新评估以对于环境变化和社会需求变化进行说明 |

该战略于 1974 年开始实施，达成了 18 项国际区域海条约和行动案，提供了法律框架，反映了协同处理共同海洋环境问题行动的政治意愿，其中 13 项是基于联合国环境规划署赞助支持之下的，其余 5 项为"伙伴计划"。

区域海项目中联合协调通常源于行动计划，或是一致认同的策略，这在法律上都是对区域法规和相关协议或者附加条款的完善。每一个区域海法规和行动计划（RSCAP）也同时都被赋予了全球的共同职责，集体授权。区域行动计划的不同实施进程至今没能形成有统一中心的监管模式来指导不同地区行动计划执行进程。强化以结果为导向的监管机制，加强基于可测量指标的政策和项目评估是十分必要的。生态系统方法目的和目标的建立，以及相关监测都是互相联系的，任何管理上的响应，由行动计划的执行状态判断，都将成为基于各项指标的评估系统的一部分。

# 二、现行的区域指标系统的评估

第二章说明了环境状况报告与特定目的或目标的指标之间的区别，搜集指标数据的原因和频率，以及指标系统是否适合，最终会就应用于指标选择、使用和交流的约束条件进行讨论。

## （一）环境状况报告相关指标系统及选择

很多区域海洋合作组织现已经就一系列周期性的环境状况做出分析和评估，为决策者总结综合决策支持信息。这些总结性的报告探讨了同时发生的多重压力信息，对个体评估进行总结，并且对累积效应做出解释。

报告的频率首先是一个政治性决定。有些区域组织有固定发布周期，而其他的比较随意。区域国家间政治上的认同，会极大地影响环境状况报告的进程。无论采取何种形式，所有组织都应当了解联合国全球海洋评估及规范程序，并为之作出贡献。

状况指标是环境状况报告的有力支撑。相关专家认为这些状况指标非常适用于长期关于压力和回复指标管理行为带来的影响的政府中心制反馈，而不是知道短期的管理决定。状况指标通常描述一个基于生态系统的元件或者过程，其参数质量同基准值与先前的评估相关。一些组织有着完善的指标系统。但对于其他组织来说，指标系统的发展是一个动态过程。随着时间的推移，指标系统使用的增多，带来的是指标系统的复杂化，以及从描述性的定性研究方法到更加侧重于定量的研究的过渡。

目前，已展开了大量区域评估和监测工作组的技术性讨论，为指标系统的完善提供了有力支撑。区域海项目指标的筛选以区域为导向，每一个组织都需要认真考虑方式方法。欧洲组织普遍的监测参数标准是建立在海洋战略框架指示"慷慨政府"的基础上，选择还受到了监测数据的可用性影响，而这些数据受经济现实和科技因素影响。

许多大海洋生态系统项目（LME）都采用跨国界水域评估，因此，其选择进程就更加规范和普遍。加勒比大海洋生态系统项目（CLME）显示，在 2013 年下半年要加快工作进程，参照环境退化和发展的因果关系进行分析。对于个别区域行动计划或战略的效率问题评估，通常是根据增长率或者其固定的临界值来进行的。这源于区域间的协议或协议附件，以及项目工作的命令或通知的推行。因此，制定项目目的主要受到协约方国家和区域要求的影响。

## （二）持续开发（Iterative Development）

关于指标系统是否适用于其目的、是否在工作，都在这一节的考虑范围之内。某些指标系统还在前期研发阶段，没有推行的组织则需要考虑其他问题，对于那些目前没有进行定期的、有目标的报告的，眼下主要的努力应放在指标的合理化，并且提高环境状态报告方面的能力。

一些组织认为，任何关于指标系统效率的评价都是持续进行的过程。预期的或是实际的指标表现会成为发展过程中所需讨论重要议题，也会在其实践过程中接受检验。任何活动的监测和评估行为也会促进项目的进一步开展，同时作出必要的改变。指标的基础是不固定的，所以指标组或对其技术上的描述能在委员会或东北大西洋海洋环境保护公约（OSPAR）大会的层面进行修正。一些大海洋生态系统项目的实践，表现出其指标的效率将会通过跨国界水域评估项目第二层评估来检验。

对于波罗的海海洋环境保护委员会（HELCOM）而言，原则上每一个核心指标都会经过实际数据和时间序列的检验。该委员会声明，判定的主要困难在于确定动态是由于人为压力而导致的还是自然变化，以及优良环境状态（GES）的门槛问题。负责核心指标的专家组被要求评估核心指标的表现、优良环境状态的门槛，并且在必要的情况下对其进行改良，专家组应当定期对标准进行讨论。

### （三）指标系统选择的约束条件

指标系统的开发对所有区域组织都是技术和经济方面的负担。这些相关因素都影响到指标系统的选择和效率。执行定期监测和调研活动的技术能力通常被认为是限制因素之一，并不单单对于现在研发指标系统的区域组织而言，还有那些已经有完整系统的。在某些情况下，来自国家组织的压力会使获取数据的渠道更加局限，多样化管理安排的区域也会面临巨大挑战。海洋监测项目的花费也是很多区域十分关注的问题，是影响其做出决定的重要因素。另一个限制因素是所有这些应用条件的范围会影响到"经济范围"的应用进程和成本降低的升级操作。这是当今亟待需要关注的领域，不仅是以发展中国家为主的区域，欧洲的项目也有类似问题。为应对这些主要障碍，应在技术解决方案的使用，全球数据库在区域范围内的采集等方面做出努力。对于大多数区域组织基于指标信息的出版物和评估，都需要上传到各自的网站中。各项目下的数据库和信息门户都处在不同的发展阶段，且并不是所有都对外开放，或者不同人、组织享有不同的权限，存在一定的信息不对称。

## 三、现行监测指标推行进程

分析表明，提供信息的组织已经使用或是在考虑使用 1 250 余个指标。每一个话题均分配有一定数量的指标，一些指标还被分配给不止一个指标，特别是"水质和污染物""社会经济参数""管理和答复"指标等类别能被应用于更多类别，比如黑海免受污染委员会（BSC）的排放物列表，或者是海洋环境区域保护组织（ROPME）年度预算中分配给生物多样性问题的比例。这就是指标被应用于全部类别的例证。类别的分配较为复杂，其中生物和非生物资源的指标是最常用的类别。

## （一）特性

不同的指标之间有着很大的差别。有些包含个别参数，但是其他的指标包含参数的组合；某些情况下，当该组织专注于环境某一方面，比如生物多样性，就要采用十分特殊的指标种类。多个相关协约和协议对于组织机构使用的指标数量和测量方法进行了规定，甚至涉及使用指标的详细类别，例如红海和亚丁湾环境保护区域组织（PERSGA），在辖区内使用了一系列抽样方法，致力于红海、亚喀巴湾、苏伊士湾、苏伊士运河和亚丁湾，特拉群岛周围水域的海岸和海洋环境保护。

## （二）指标的选择

指标选择有大量的潜在原理，包括了数据的可用性，科学需要，地区和区域政府优先级，科学评估专家组（SAP）的要求，环境监测和监测执行行为计划等，大量指标以及其组内细化层级使之很难描述出关于所强调的共同主题的清晰结构。在六个区域大话题之下进行分组，也难以清晰表明共同主题。尽管最初指标组的 67 个子话题逐渐明晰，进一步的修改工作仍需落实，尤其是关于渔业、污染和管理的整体问题。

有些组织的指标强调关注某一范围的问题，其他的则强调其指标划归到更广范围的、不同主题的分组中，但也有所区别：

（1）区域协约和行动计划强调环境状态。指标组合相关管理指标的监控范围主要是水质、生物和非生物资源。

（2）主体框架是进程报告的有力证明。跨国界水域评估项目框架（TWAP）考虑到了不同系统（河流流域、湖泊流域、蓄水层、大海洋生态系统以及公海），该框架为通用的术语的使用提供了基础，额外利益即大多数参数相对易于监测、搜集。欧洲环境署（EEA）所使用的指标组是相对较为成熟的，覆盖了 23 类主要环境问题、超过 242 个环境指标，提供了较为全面的科学支持。

表3　欧洲环境署指标所覆盖的环境议题

| 议题 | 指标编号 | 议题 | 指标编号 |
|---|---|---|---|
| 农业 | 11 | 工业 | 8 |
| 空气污染 | 18 | 土地利用 | 3 |
| 生物多样性 | 35 | 自然资源 | 2 |
| 化学品 | 5 | 噪声 | 1 |
| 气候变化 | 55 | 政策工具 | 1 |
| 海岸和海域 | 11 | 土壤 | 2 |
| 能源 | 45 | 旅游业 | 4 |
| 环境和健康 | 7 | 交通 | 45 |
| 环境前景 | 44 | 城市环境 | 2 |
| 渔业 | 5 | 废物和原料资源 | 7 |
| 绿色经济 | 3 | 水资源 | 22 |
| 居民消费 | 3 | 总计 | 242 |

欧洲环境署的指标依赖于驱动力—压力—状态—影响和响应（DPSIR）评估框架进行选择。在考虑到环境和社会经济行为之间的互动时，此类框架提供了一个很好的结构；其能够用于协助设计评估系统、确认指标、交流结果，并且能够帮助提高环境监测和信息搜集。2004年，欧洲环境署认定了覆盖6大环境主题的37个指标作为其核心组。核心组中的指标是选自一个基于9项标准的更大的组，广泛用于欧洲其他地区和经济合作与发展组织，对政策优先性、目标和目的，时间和空间上的高质量数据的可用性，以及指标计算的方法使用都给予特别关注。

此外，全球国际水域评估（GIWA）组织也在建立全面的、综合的全球性评估方面做出了不懈努力。全球国际水域评估专注于5项主要问题和23项个别的环境和社会经济问题，使用因果链分析（CCA）来强调这些问题。因果链分析从社会经济和环境影响找出因果关系，分析通过认定引发问题的人类行为，以及促使人类采取这种行为的因素，来探究导致环境问题的根本原因。

（三）限制条件

很多组织在选择和使用指标的时候都提到了限制条件。最重要的是经济条件的限制，以及数据的可用性、技术、政治、管理和文化限制。例如在加勒比海海洋环境项目（CEP）中，主要限制条件在于财政方面。此外，尽管秘书处通过选择区域的实验室，推行多种项目来进行能力建设，但实验室和组织能力依然相对薄弱，这成为限制条件。

在许多国家缺少使用生态系统的环境指标来制定政策和做出决策的文化背景，也是指标选择的另外一项限制条件。另外，缺少数据分析，缺乏国家和区域为中心的数据库、难以获取和使用数据等问题，以及缺少数据转换成信息产品以提高公众意识、制定政策或者做出决策依然存在诸多限制。

# 四、区域海项目发展计划展望

本章提出了支持区域海项目协约和行动计划的有力论据，认为其是基于生态系统的全球压力和管理响应组，负责搜集个别区域信息，为全球可持续发展作出贡献。相关内容旨在作出恰当的评估和表述，且在涉及海洋可持续发展策略时，尽可能地考虑到区域组织所应当承担的长远义务。本文的建议具有前瞻性，涉及指标的适用性认证，以及其是否具有参考价值，可以支持全球和区域目标。

## （一）未来工作开展的必要性

作为一个独立的实体，每一个区域海法规和行动计划（RSCAP）都要对它自己的成员国负责。因此，当所有区域都反映出相似的整体规划的时候，有关地区的区域特性以及统统目标会被反映到已经开发的生态系统指标系统。除了为特定区域挑战特别制定以外，不同区域在执行生态系统过程中在数据收集、监测和评估方面处于不同的发展阶段并且有着不同的能力。这就解释了在现有的指标和指数的范围以及详细信息中的变化波动。几个独立区域海法规和行动计划所发展的生态系统指标系统，已经对相关的利益攸关方（当事方、合作伙伴、技术专家）进行了大量的咨询。在欧洲，欧盟海洋战略框架指令已经开始为进一步协调努力而服务。例如，自2008年巴塞罗那会议以来，联合国环境规划署地中海行动计划提出了一个包含11个生态目标、28个运营目标以及61个指标的地中海环境系统方法（见表4）。

**表 4 联合国环境规划署—地中海行动计划生态目标**

| 序号 | 联合国环境规划署—地中海行动计划生态目标 |
|---|---|
| 1 | 保持或提高生物多元化。沿岸以及海洋物种栖息地以及沿岸以及海洋生物物种的质量以及生存要与所具备的地形、水域、地理条件以及气候环境相适应 |
| 2 | 人类所带来的非本土物种应在不对生态系统产生负面影响的标准以下 |
| 3 | 被选中的已经被商业开发所过度捕捞的鱼类以及贝壳类动物保持在生物安全标准内，使之展示出一个健康的种类、年龄以及大小的分布 |
| 4 | 改变因资源开发以及人类活动所造成的海洋食物链，使之不会对食物链的生态平衡以及相对稳定造成长期负面影响 |
| 5 | 避免人类活动造成的富营养化，尤其是它所带来的威胁，比如生物种类丢失、生态系统被破坏、有害海藻类以及深水区域的氧气不足 |
| 6 | 海床的完整性得到保护，尤其优先保护海底栖息地 |
| 7 | 对于水域环境的改变不应该对海岸以及海洋的生物系统产生负面影响 |
| 8 | 保持海岸区域的动态自然平衡以及保护海岸生态系统以及风景地貌 |
| 9 | 污染应该对海岸以及海洋生态系统以及人类健康不产生明显影响 |
| 10 | 海洋以及海岸垃圾不应对海岸以及海洋环境产生负面影响 |
| 11 | 人类噪声不应对海洋以及海岸环境产生明显影响 |

该研究的目的不在于否定正在进行中的区域性指标实践，而是在全球视野理解的基础上所提出的一系列配套参数作出有益补充。

**（二）与区域海项目使命合并，推进全球评估进程**

任何类似的配套指标应该与现有的区域海项目的使命所一致。从 1998 年开始，联合国环境规划署负责召区域海法规和行动计划的全球大会，并且区域海项目不仅参与了保护海洋环境陆源行为全球行动项目（GPA）的政府间回顾（IGR），还包括全球陆地 - 海洋关系大会（GLOC）。

配套指标还应该考虑到广泛认同的全球合作进程。生物多样性大会（CBD）的成员国在 2010 年举行的第十届会议上面承认之前并没有达成保护生物多样性的目标。在 2011—2020 生物多样性战略计划中，各成员国通过了 20 项还没有达成的爱知目标，包括了物种多样性丧失原因、减少生物多样性的压力、提倡可持续使用、维护生态系统和物种及遗传的多样性、物种多样性的必要性、生态系统服务的益处等。爱知目标在相当程度上是以生物多样性为目标的。世界海洋评估（WOA）规范过程预测需要更多地重视社会经济，并且特别强调了辨认人类福祉以及海洋环境改变的意图，包括来自人类的影响，例如由政府间气候变化委员会所预见的气候变化。可以预见到第一次世界海洋评估将会重点放在辅助资源上面，并且呈现一个主要叙事的分析。世界海洋评估将会将重点放在指标的信息上以便对变化的条件进行评估。几个区域实体正在研发人类维度指标以便扩大他们状态报告的范围，同时为世界海洋评估提供资源。任何配套的区域海项目指标因此可以被发展为世界海洋评估服务的机制，使之与该提议相符。

### （三）海洋可持续发展目标的预期

基于"里约+20"会议，各国就海洋及海洋资源管理、渔业及渔业资源管理、海洋健康等问题提出了相关建议和提案。一些国家与机构已经提出关于把海洋整合到可持续发展目标中的建议，使它作为一种海洋可持续发展目标的形式，或者把关于海洋的部分穿插到各个不同的可持续发展目标当中。专门针对可持续发展目标的联合国政府间公开工作小组将会持续地致力于可持续发展目标的议案。关于发展可持续发展目标的讨论促进了能够为可持续发展目标和目的作出进一步贡献的框架的建立。目前，普遍接受的对比方法有：

（1）把注意力集中放在关于可持续发展的目标及某些方面，并且用不同的针对同一方面的具体目标来进行评价。

（2）提出整合关于可持续发展三个方面的、分为更广阔的发展目标。该报告的目的不在于对于可持续发展目标作出预先判断，但是地中海可持续发展战略计划（MSSD）已经使用 34 个优先指标来评估地中海国家关于文中提到的 9 个优先问题的可持续发展进程。在这个已经建立的计划中，有 4 个指标与"促进可持续海洋以及沿海区域管理以及采取紧急措施终止沿海区域土地退化"的目标有关。在缺少一个可持续发展综合指标的情况下，地中海可持续发展战略计划使用了关于每个国家区分高收入与低收入人群的人类发展指数以及生态足迹的组合。

### （四）地区性海洋物种多样化评估及展望

2010 年，共同区域海项目指标被用于快速评估区域海行动计划区域的表现。被选中的指标是基于驱动力—压力—状态—影响和响应模型的三方面：污染、渔业以及气候变化，类似于生态系统评估报告（2005）中所提到的以及非本土或外来入侵物种以及栖息地流失有关联的指标，其应用是在目前管理框架的背景下，第一个在全球范围内关于海洋生物多样性知识的系统概述。在环境改变以及其他海洋生物多样性变得越来越复杂的情况下，相关的未来展望指标同样也会被考虑。

### （五）向"配套指标组"迈进

在起草一份区域海项目的"配套"指标过程中，联合国环境规划署区域海海洋生物多样性评估与展望所采纳的一组指标被视为一个新的起点。下一步应把现有的区域海计划的指标与指数运用到基本框架中，来确定它与现在所测量的参数中有多少的共性。一些区域海行动计划已经确立了基于生态系统的指标，尤其是那些科学评估专家组以及全球环境基金所属的国家。因此，把其他大海洋生态系统项目的回顾包括进来也是合适的，尤其是一些大海洋生态系统已经演变或者正在考虑演变成独立的委员会。

区域性指标的变化以及细节间的不同，意味着这个分析只是一个概述性的表述。但是，这也可以反映出现有的生物及非生物资源、水质和污染的区域性指标之间的平衡性。外来或非本地物种入侵是计划中最不受欢迎的，并且生物多样性前景评估指标与其他的实体之间的共性最少。一些可以和这个计划结合起来的区域性细节对于任何的通用指标都不适合，但是对于个别区域非常重要。

达成"配套指标组"能够实现在世界海洋评估框架下的交叉校验，以及不同种类之间的平衡，尤其是相当重要的种类（如生物和非生物资源、水质和污染物、社会经济因素、全球变化管理），进而能够更真实地反映出海洋未来的健康趋势、生产力、恢复力（见表 5）。

#### 表 5　区域海项目配套指标组说明及世界海洋评估框架和指标类别

| 区域海项目压力和潜在相关指标 | | 世界海洋评估 |
|---|---|---|
| 来自农业、污水和大气中氮和磷的总输入量 | 叶绿素浓度作为浮游植物生物量的指标 | 6，20 |
| 海洋化学污染的输入 | 优先化学物质的选择趋势 | 20 |
| 海洋污染物的总层级 | 沙滩垃圾的合格率 | 25 |
| 海洋变暖人为造成的海洋二氧化碳 | 年度海洋平均温度二氧化碳流量（二氧化碳的分压） | 4 |
| 极端行为导致的损失 | 与气候变化有关事件的报销 | |
| 鱼类上市量 | 在 EEZ 的范围内捕鱼—总捕鱼数量 | 11 |
| 水产业 | 污染和生物多样性的影响的风险评估 | 12 |
| 人口压力及城市化 | 海岸线建设比例 | |
| 区域海项目状态和潜在相关指标 | | |
| 富营养化状态 | 问题区域比例（包括受害浮游植物和有毒海藻的出现） | 20 |
| 污染热点 | 所选污染物在生物区的污染情况、沉积和趋势 | 20 |
| 海洋酸化 | 霰石饱和 | 5，7 |
| 商业化渔业开发层级 | 储量状态 | 11 |
| 捕捞鱼类所带来的物种替代 | 海洋营养指数 | 11 |
| 濒危物种 | 红色名录物种分布 | 36 ~ 42 |
| 关键栖息地的丧失 | 关键栖息地趋势 | 36 ~ 42 |
| 区域海项目响应和潜在相关指标 | | |
| 减少陆源输入的国家行动计划 | 获批的或者执行中的国家行动计划百分比 | 20 |
| 污水处理设施 | 海岸城市人口百分比 | 20 |
| 从根源上减少海洋污染动机 | 可用海港垃圾处理设施百分比 | 约 18 |
| 适应气候变化 | 国家适应计划百分比 | 5 |
| 在生态安全限制范围内的鱼类丰收 | 合适的捕鱼方法（副渔获限制、区域休渔、恢复计划、能力减少方法）和多边及双边渔业管理计划 | 11，15 |
| 受保护的关键海洋栖息地 | 计划的海洋保护区百分比 | 约 43 |
| 海岸带综合管理 | 海岸带综合管理指南，使用区域法规 | 8，26，27 |

### （六）推行中的挑战

优先选择某些指标应当把科学的严格性和实际情况，比如数据可用性、合适的技术专家（知识和资源），以及政治接受度等因素结合在一起，特别是数据可用性可能会成为构建区域指标组的障碍。在区域海法规和行动计划现行的指标中，研发任何协调一致的指标组的基本前提就是基准值对于这些变量可用。在数据不可用的情况下，就要在投资或者使用代理方法，或者依赖于全球数据库之间作出决定。指标之间的平衡是另一个重要的因素。任何"配套指标组"应当为全球行动作出贡献，而不能期待其覆盖到每一个方面。

为了支持区域海项目，制定一系列生态和动态的目标草案十分有必要，为下一期区域海项目的修正作参考，包括更广泛参与的联合行动。联合国环境规划署区域海项目和联合国粮食和农业组织、区域渔业管理机构之间的协作会增强相互的联系和能力建设。这些结合环境政策（资源利用、减少污染、生态系统风险）目标、经济政策（资源利用、生产力、贫困和平等、投资）和社会政策（教育、健康、女性地位）的目标，对于全球海洋空间计划起到基础作用。但这些目标的实现都需要相关利益攸关方的不断投入与关注。

# 五、报告对我国做好区域海洋环境合作的启示

海洋是一个整体，海洋问题既是综合的，也会影响到区域，甚至扩大到邻近大洋，并引起全球的连锁效应。而"重经济、轻生态"的传统海洋管理模式，更会带来各种海洋环境问题，影响海洋的可持续发展。该报告通过对区域海合作项目生态系统指标发展进程的评估，试图倡导建立以生态系统为基础的、环境可持续的管理与利用。报告基于生态系统的海洋管理模式，在正确认识海洋环境价值的基础上，从压力—状态—响应环境指标体系加以分析，以生态系统管理的视角来解决海洋经济发展中的环境与资源问题，针对海洋生态系统脆弱性和自然资源劣势的现实，通过对区域海洋合作计划中的生态系统指标的应用进程评估，力求不断探索新的途径和模式，实践以生态系统为基础的区域海洋管理。

尽管目前我国海洋资源环境管理体系已基本形成，并建立了国家、省、市、县四级海上执法力量，但以部门、行业管理为主的海洋管理政策体系仍存在着结构性

缺陷。基于生态系统的指标体系评估是海洋环境管理的一个重要组成部分。目前我国已经实施海洋功能区划管理，按照海洋自然属性和社会经济属性，制定了海洋功能区划，将近岸海域划分为可供不同开发利用的功能区和保护保留的区域，沿海地区也相应制定了不同比例尺的海洋功能区划，建立了海洋管理的基础依据，但是我国现行的有关法律法规都是针对单项海洋资源的开发利用、保护和管理而制定的，这些单项法规过分强调所管理的某种海洋资源及其开发利用的重要性和特殊性，而对区域海洋环境保护的目标和需要考虑不足，造成海洋管理的指标体系的效率较低，行业性突出、缺乏统筹，缺少统一生态指标体系下的国家海洋政策，缺乏针对不同区域的具体海洋环境问题解决方案，不能适应基于生态系统的海洋综合管理需要，特别是缺乏针对区域环境合作的管理和立法体系。

该报告可以为中国进一步丰富国际和区域海洋环境合作模式，拓展与全球环境基金、联合国开发计划署以及区域海洋环境机制的合作领域，加强长期的、以生态系统为基础的、陆海一体化的生态环境监测预测、管理和评估体系建设，倡导和推进以生态系统为基础的海洋环境管理模式提供重要参考。

# 经合组织认为东南亚应推动绿色增长

## ——OECD《东南亚迈向绿色增长》报告主要观点

解 然

经济合作与发展组织（OECD）于 11 月 11 日发布了一份题为《东南亚迈向绿色增长》的报告。报告称，东南亚地区过度依赖石油、天然气、矿产、林木等自然资源获得经济增长的模式已经导致了严重的环境问题，现有发展模式带来的经济增长虽然强劲却不可持续。这种增长模式如不加以转变，将危及本地区的未来繁荣。该报告分析了区域经济增长的代价、风险和结果，并为决策者提供了促进绿色增长转型的相关政策建议。报告认为，绿色增长不是脱离经济发展的独立战略，东南亚应从现在起采取行动推动绿色增长，而在这一过程中，对绿色增长战略的政治支持是保证决策正确和相关机构安排到位的关键。

## 一、与东南亚经济增长相伴生的环境问题

东南亚地区拥有丰富的自然资源，本地区自然资源占财富比例大于 20%，而在 OECD 国家这一数字平均仅为 2%。然而，当前东南亚国家的自然资源正在被加速耗竭，这一现象在文莱、印度尼西亚、泰国和越南尤为严重（如图 1 所示）。

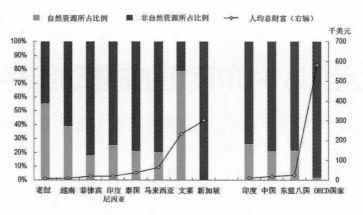

图1　部分东南亚国家自然资源占总财富比例

注：人均总财富（右轴）以2005年美元价格计算，非自然资源资本包括国外资产净额、无形资本（如社会资本）和生产资本；自然资本包括农作物、牧场、木材林、经济林、自然保护区、石油、天然气、煤矿等。缅甸和柬埔寨因缺乏相关数据未列入。

来源：世界银行，The Wealth of Nations dataset, http:// data.worldbank.org/ data-catalog/wealth-of-nations，accessed March 2014。

东南亚正在为经济增长付出巨大的环境代价，面临的主要环境挑战包括：

（一）空气污染

2010年，东南亚地区室外空气污染导致将近20万人死亡，造成经济损失超过2 800亿美元。导致空气污染严重的主要原因之一在于相对于可再生能源，本地区的能源政策和补贴更倾向于化石燃料。2000—2011年，本地区多数国家可再生能源在能源结构中占比有所下降。本地区在2012年在化石燃料补贴方面花费达510亿美元，约相当于政府总支出的11%。其中，印度尼西亚有区域最大的化石燃料补贴计划，2012年化石燃料补贴高达250亿美元，约占政府总支出15%，占教育及卫生领域公共支出的60%。泰国和马来西亚也是本地区化石燃料补贴大国，2012年化石燃料消费补贴分别高达约100亿美元和70亿美元。对化石燃料的依赖使得本地区污染加剧，同时提高了本地区的健康成本。许多东南亚城市的空气污染状况已经严重超过世界卫生组织的标准。

（二）洪水风险加剧

泰国虾养殖业已导致50%～60%的具有防洪功能的红树林遭到破坏，森林砍伐和表层土破坏也导致灾难性的洪水肆虐。据估计，2005年东南亚沿海城市受沿海洪水影响年均经济损失达3亿美元。即使在气候变化适应方面加大投入，到2050年，这一数字也将攀升至 60 亿美元。

### （三）气候变化的脆弱性较高

OECD 的分析模型表明，由于农业减产和海平面上升等因素，到 2060 年，气候变化将导致本地区 GDP 损失 5%。东南亚城市的沿海洪水已经导致每年平均数亿美元的经济损失。到 2050 年，年损失将攀升至 60 亿美元。

## 二、绿色增长模式对经济发展的积极作用

OECD 国家的发展经验表明，忽视环境绩效的增长战略最终将导致昂贵的环境治理代价及巨大的社会损失。东南亚当前的经济增长模式已经引发了严重的环境后果，从长期来看不可持续。走一条绿色增长道路，实现环境与经济的协调发展是东南亚实现长期繁荣的现实选择。具体而言，绿色增长模式能够为东南亚地区的长期发展带来如下益处：

一是有助于保障区域自然财富得以延续。自然资源支撑着东南亚的农业、林业、矿业等重要经济活动，而自然资源的生态系统服务功能（如空气和水的净化和授粉作用）等无法被人力资本简单取代，保护自然资源对保障地区经济增长具有重要意义。

二是有助于区域锁定清洁和气候变化适应性基础设施。预计到 2050 年，65% 的区域人口将居住在城市。城市布局、土地利用类型、基础设施正在形成，将对未来的能源消费、污染水平和气候适应力产生决定性影响。现在行动起来向更为清洁、可行、经济的增长模式转变对东南亚的未来发展至关重要。当前，包括东南亚几个主要城市在内的世界经济中心都在将增强气候变化适应性作为其发展战略中的基础性因素。一些城市加入了环境相关领域的全球性网络。例如，泰国曼谷，越南河内、胡志明市，印度尼西亚雅加达都参与了 C40 城市气候变化领导小组。在区域层面，印度尼西亚、菲律宾、泰国和越南的 18 个城市也已成为亚洲城市气候变化应对网络（ACCCRN）的成员。

三是有助于本地区发展为绿色投资中心。投向本地区的公共和私人部门的资金现已日益看重投资的环境收益。在向东南亚地区提供的官方发展援助中，致力于环境目标的援助数额的平均比例高于全球平均水平。同时，官方发展援助和其他形式的发展资金也已成为调动私人资本支持绿色增长的工具。许多大型公司已经开始测

算其产品和加工流程中的碳足迹、水足迹及其他环境影响。不少公共及私人领域的国际投资也开始应用类似的环境绩效指标。采取环境友好型的发展政策、关注绿色增长将能为本地区吸引更多的绿色投资。

绿色增长不是脱离经济发展的独立战略，这种兼顾环境效益的发展模式将为本地区经济和社会实现更强劲、更清洁、更公平的发展打下基础，促进地区长期增长。同时，绿色增长也是促进减贫的关键性措施。绿色增长模式能够让更多的贫困人口获得清洁的能源和水源，缓解因空气和水污染造成的健康问题，促进资源高效利用技术的应用，降低环境成本，提高生产率。

## 三、东南亚向绿色增长模式转型的历史机遇

当前，东南亚有机会避免发达国家曾经走过的高污染、自然资源使用低效的老路。东南亚正处于快速工业化和现代化的进程之中，本身具有丰富的自然资源财富，地区基础设施和工业模式仍面临着巨大的发展空间，政治环境相对稳定，经济发展较为迅速。若能利用这些优势，推行正确的增长政策，这一地区将可成为全球经济转型中的一支重要力量。

然而，目前本地区尚未建立系统的绿色增长政策体系。东南亚国家应发布鼓励清洁发展的政策，并提高政策的可预测性，为绿色基础设施工程吸引来自公共和私营部门的资金，在兼顾环境绩效的同时为经济的长期增长提供支持。报告强调，东南亚国家应从现在起采取行动切实推动绿色增长，决策者、商业界和公民社会领导者行动的迟缓可能导致东南亚地区错失良机。

## 四、推动绿色增长主流化的相关政策建议

在国家总体政策层面，本地区国家应为促进绿色增长提供稳定、透明的制度框架，发布具有延续性和可信性的政策信号，鼓励绿色投资和气候变化适应投资。报告建议东南亚国家将绿色增长纳入国家发展规划，并与能源安全、减贫等重要目标相结合发挥协同作用。目前，本地区许多国家已经出台了国家应对气候变化战略，但仅有柬埔寨和越南指定了绿色增长战略。报告认为，将绿色增长战略纳入国家发

展规划并增强国家优先目标之间的互补性和协同性是落实绿色增长的有效途径。例如，在绿色增长框架下明确发展可再生能源行业，既有利于加强能源安全，也有利于创造更多与推动绿色增长目标相一致的经济机会。

在区域层面，东南亚国家可通过东盟这一组织加强区域协调，向投资者发送正确信号，为区域吸引更多的绿色投资，并应切实抓住构建东盟经济共同体的历史机遇，共同推进区域绿色增长。

报告也针对一些具体领域提出了相关政策建议，主要包括：

一，在财税政策方面，应建立保证商品和服务价格反映社会和环境价值的税收体系。环境税改革可以促进经济增长，既有利于避免东南亚国家陷入中等收入陷阱，也能对自然资源起到保护作用。应通过环境税改革将税收的征收对象从劳动者、收入和资本转变为污染和资源利用，矫正税收扭曲，理顺商品和服务价格，通过价格机制提高自然资源使用效率。此外，应逐步淘汰化石燃料、取消农业补贴，为教育、卫生和其他减贫方案和清洁投资释放资金。

二，在自然资源管理方面，建议建立一套衡量生态系统服务价值的评估方法及允许当地社区从自然资源可持续利用中获益的产权制度，推动生态系统服务付费制度建设，为自然资源保护提供激励。此外，应发展旨在保护海岸的可持续渔业管理，加强自然树木的可持续管理，保护森林及其在水和空气过滤、防洪等方面的服务功能。

三，在应对气候变化方面，应将气候变化适应政策和低排放发展路径作为优先目标，提高资源利用效率，确保经济增长与污染和温室气体排放脱钩，发展适应气候变化的基础设施和土地使用类型，加强自然灾害风险管理。

四，在推动构建可持续城市方面，东南亚国家应在城市人口增长的背景下探索管理城市经济的新方法，将提高资源效率设为优先目标，扩大基本服务覆盖范围，减少对私人机动车的依赖，加大空气和水污染治理。中央及地方政府需确保城市发展与国家绿色增长目标一致。中央政府可通过一系列政策支持城市绿色增长，包括将城市发展纳入国家气候变化和绿色增长战略，为城市可持续发展提供政策和财政支持，同时提高地方政府执行绿色增长相关政策的能力，鼓励地方政府发展紧凑型的城市布局结构。

此外，其他可行政策包括：激励绿色科技创新；发展绿色职业技能教育培训体系，培育灵活的劳动力市场，促进劳动力向绿色产业转移；完善金融和银行服务，推动私人部门资金参与绿色投资；发展包含经济、社会和环境指标的绿色增长监测体系等。

**附表　东南亚部分国家发展战略中与绿色增长的相关目标**

| | 柬埔寨 | 印度尼西亚 | 老挝 | 马来西亚 | 缅甸 | 菲律宾 | 新加坡 | 泰国 | 越南 |
|---|---|---|---|---|---|---|---|---|---|
| 自然灾害和气候变化适应力 | 有 | 有 | 有 | 有 | 有 | 有 | 有 | 有 | 有 |
| 可持续森林和土地管理 | 有 | 有 | 有 | 有 | 有 | 有 | 无 | 有 | 有 |
| 可再生能源 | 有 | 有 | 有 | 无 | 有 | 有 | 无 | 有 | 有 |
| 空气污染、水污染和废弃物 | 仅有水污染相关目标 | 有 | 无 | 有 | 有 | 有 | 有 | 有 | 有 |
| 能源安全 | 有 | 有 | 无 | 有 | 有 | 有 | 有 | 有 | 有 |
| 食品安全 | 有 | 有 | 有 | 无 | 有 | 有 | 无 | 无 | 有 |
| 化石燃料和矿产的可持续开采 | 无 | 无 | 有 | 有 | 有 | 有 | 无 | 有 | 有 |
| 绿色科技 | 无 | 无 | 无 | 有 | 有 | 有 | 有 | 有 | 有 |
| 能源效率 | 无 | 边缘 | 边缘 | 有 | 无 | 有 | 有 | 有 | 有 |
| 气候变化减缓 | 无 | 有 | 无 | 有 | 无 | 无 | 无 | 无 | 有 |

注：“无”表示该目标未明确出现在国家计划中，或仅出现于独立的行业战略中。

“有”表示该目标出现在国家计划中，可被认为是已主流化的目标。

尽管新加坡的其他相关文件中将气候变化减缓列为主要优先领域，但新加坡可持续发展蓝皮书并未包含为推动气候变化减缓减少温室气体排放方面的特定目标或战略。

热点问题关注

# 国际社会高度关注
# 我国新《环境保护法》

毛立敏　贾　宁

2014 年 4 月 24 日，十二届全国人大常委会第八次会议表决通过了《中华人民共和国环境保护法》修订案（以下简称新《环保法》），新法将于 2015 年 1 月 1 日施行。至此，这部中国环境领域的"基本法"，完成了 25 年来的首次修订。[①] 中国政府期待新的环保法能够提供更加有力的环保法律后盾，以扭转经济快速发展带来的生态环境恶化趋势。有专家认为，修订后的环保法可能是中国现行法律里面最严格的一部专业领域行政法。近年来，随着环境事件频发，环境成为国内外关注的热点之一，新《环保法》的出台也引起了国际社会的高度关注，本文收集了国外部分主流媒体对中国新《环保法》的主要评论，分析其关注重点，为明年新环保法顺利实施提供借鉴与参考。

## 一、新《环境保护法》出台背景及概况

1973 年 8 月国务院召开第一次全国环境保护会议，拟定并公布了作为我国环境保护基本法雏形的《关于保护和改善环境的若干规定（试行草案）》，标志着中国环境保护工作和环境法律起步发展。1979 年，我国在总结环境保护工作经验的同时借鉴当时国外一些行之有效的环境管理制度和措施，颁布实施《环境保护法（试行）》（试行《环保法》），规定了环境保护的对象、任务、方针、政策、环境保护的基本原则和制度，保护自然资源、防治污染的一些基本制度和措施，以及环境管理机

---

① 新华网，2014 年 4 月 25 日《新〈环境保护法〉能否拯救我们的环境？》。

构的职责等，标志着中国环境法体系开始建立并迅速发展。

1989 年 12 月 26 日，中华人民共和国第七届全国人民代表大会常务委员会第十一次会议正式通过《中国环境保护法》（以下简称《环保法》）并自公布之日起施行。

随着我国经济快速发展，社会经济发展与环境资源保护之间关系的日益复杂化，《环保法》当年的立法理念遭遇巨大挑战；同时一些条款与环保单项法律的有关条款不衔接、不适应，对地方立法和行政执法造成负面影响。2011 年，为适应新时期环境保护工作的需要，十一届全国人大将《环保法》的修订列入立法计划。为从制度和立法层面减少公众的环境恐惧感和对政府的不信任感，平衡公众诉求与经济发展关系，环境保护部围绕政府环境责任、公众环境权益保护与强化法律责任等重点，深入了解社会各界对《环保法》修订的需求和期待，在 2012 年就《环保法修正案草案》给全国人大常委会法工委发送意见函，同年 8 月，全国人大官方网站公布《环保法修正案草案》二审稿全文并征集公众意见。

新《环保法》在历经四次审议、两次公开征求意见后，于 2014 年 4 月 24 日由十二届全国人大常委会第八次会议表决通过，从 2015 年 1 月 1 日起正式施行，完成了正式颁布 25 年后首次修订。

修订后的新《环保法》凝结了我国改革开放以来环境保护管理工作的智慧，吸取了之前的经验教训，是一部较为成熟的立法。与原《环保法》相比，新《环保法》进一步明确了政府对环境保护的监督管理职责，完善了生态保护红线、污染物总量控制、环境监测和环境影响评价、跨行政区域联合防治等环境保护基本制度，强化了企业污染防治责任，加大了对环境违法行为的法律制裁，还就政府、企业公开环境信息与公众参与、监督环境保护作出了系统规定，法律条文也从原来的六章四十七条增加到七章七十条，增强了法律的可执行性和可操作性。新《环保法》强化了政府责任，将政府责任拓展到"监督管理"层面，治污成绩也将作为地方官员评估指标之一。"总之，对政府责任的构建是全面的，多元的，深入的。"①

修订后的新《环保法》主要有六大亮点②：

第一，立法理念有创新。提出了生态文明等新理念，并围绕着这些开展制度建设，

---

① 高吉喜，男，博士，研究员，中国人民大学环境学院特聘教授。环境保护部南京环科所所长，区域生态保护创新基地首席专家。
② 援引国务院发展研究中心资源与环境政策研究所副所长常纪文 4 月 24 日接受中国网专访时发言内容。

采取诸如考核机制、环境信用制度及严格法律责任等硬性措施。

第二，加强了技术手段，增加了在经济投资、教育、科技等方面的规定，加强了环境风险评估与环境信息建设等技术措施。

第三，监管模式转型。以1989年《环保法》为典型，中国传统的环境监管以点源为基准，监管具体企业，修订后的《环保法》增加了对流域、区域的调整，对于大气污染、水流域污染也有专门的规定，增加了水和大气的联防联控机制等，同时引入了许可管理。

第四，监管手段更为强硬，出现了查封、扣押等强制性手段，大大加强了执法的力度。

第五，监督和参与体现了环境民主的原则。修订后的《环保法》在原有的准则、环境保护监督管理、保护和改善环境、防治污染、其他公害和法律责任与负责这六章的基础上增加了一章信息公开与公众参与的内容，鼓励公众参与、监督环境保护工作。

第六，法律责任更为严厉，增加了拘留等更为严厉的行政处罚措施。

## 二、 国际社会对新《环保法》的评述

中国作为世界上的能源生产大国和消费大国，在创造世界上最快经济增长率的同时也饱受随之而来的负面影响，其中环境退化、大气与水土污染等问题尤为严峻，近年来，国际舆论非常关注中国的环境问题。外交关系委员会亚洲研究主任伊丽莎白·伊科诺米曾经提到"北京当局通过的环境立法如果想确有其效，就必须从制度上加以改变。……信息公开水平、问责制以及法治水平等所有法律不足之处已成为美国环境保护工作掣肘之处，如今在中国也是如此"。[1]

在这种情况下，新《环保法》的出台可谓应运而生。新法更严厉的处罚措施成为环境保护单位和公众手中的利器，可以更有力地响应国家总理李克强之前提出的"向环境污染宣战"的号召。[2]此次修订《环保法》得到众多国外媒体和专家的高

---

[1] 外交关系委员会亚洲研究主任伊丽莎白·伊科诺米2014年1月提到。外交关系协会全称为"Council on Foreign Relation"，成立于1921年，是美国非政府性的研究机构，致力于对国际事务和美国外交政策的研究。
[2] 自然资源保护委员会亚洲区总监巴巴拉·A·菲娜摩尔（Barbara A. Finamore）2014年4月25日发表，《与污染作战的新武器：中国环境法修订案》。

度重视，舆论普遍对此表示积极的态度，认为新《环保法》的通过标志着中国政府在对环境污染的战斗中迈出了一大步，"中国在环保政策方面展现出振奋人心的推进"。① 舆论认为这是非常重要的一步，不仅仅是中国环境保护工作的新进展，也是中国不断壮大的民间环境保护活动游说政府的成果。在他们眼中，新《环保法》与 1989 年版《环保法》相比主要在三个方面有明显改进：

**（一）大幅度加大了处罚力度，提高了违法成本**

《华尔街日报》认为中国此次通过修订《环保法》，不仅赋予非政府环保组织更多的施展空间和行动权利，还将对污染严重的企业实行更为严厉的惩罚措施。中国政府已明确将环境污染防治工作定为国之要务，"环保法修订案或许是实现这一承诺而迈出的最为坚实的一步②。"

路透社对此发表了数篇报道，称中国环境法实施 25 年来首次进行修订，这代表着中国政府向环境污染宣战并彻底改变以往不顾一切追求经济发展的态度③，评述认为在修订后的新《环保法》中，中国政府不但提高了环境信息透明度，更首次将环境保护放在经济发展之前。同时中国环境保护部获得了更多的法律权限对违法行为实施处罚。④

美国专家分析称新《环保法》将保护放在首位，赋予环境保护部更多的权限以应对水污染、大气污染等环境热点问题，如果相关内容能够切实执行，那么中国的新环境法将成为世界上最严苛的环境法律之一。⑤

自然资源保护委员会亚洲区总监巴巴拉·A·菲娜摩尔在自己的博客中特别提到，"中国的新环保法将以往对环境违法行为的一次性处罚改为在原处罚基础上按日连续累计处罚并拓宽了违法行为的界定种类，大幅提高了惩处力度。⑥

---

① 引自绿色和平组织气候运动负责人盖布·维希涅夫斯基相关评论。
② 美国《华尔街日报》网站 4 月 24 日报道。
③ 路透社 4 月 22 日报道。
④ 路透社 4 月 14 日报道。
⑤ 《中国的新环境政策给美国企业带来的商机》，http://leveragechina.com/archives/741。
⑥ 自然资源保护委员会亚洲区总监巴巴拉·A·菲娜摩尔（Barbara A. Finamore）2014 年 4 月 25 日发表，《与污染作战的新武器：中国环境法修订案》，http://www.huffingtonpost.com/barbara-a-finamore/new-weapons-in-the-war-on_b_5212724.html。

（二）将地方环境保护工作进展与政府工作业绩直接挂钩，改变以往经济挂帅，只关注地方经济发展指标的做法

国外舆论认为这种做法一改以往以经济指标论英雄的政府工作业绩评价模式，凸显本届政府对环境的重视。[①] 在严重的雾霾和水污染、土壤污染等重重压力下，中国作为世界上最大的能源生产者与消费者，已经意识到牺牲环境资源换取经济增长的不可持续性，因此新《环保法》通过绩效考核方式强制性要求地方官员重视本地环境保护工作，限制了部分地区片面追求经济发展指标，盲目发展污染型企业的做法。[②]

（三）允许非官方机构或民间组织代表公众权益对环境污染行为采取法律行动

2012 年 8 月底修改后的民事诉讼法在中国法律中首次确立了公益诉讼制度，并将环境公益诉讼明确为其中一大类型。而此次新环保法中诉讼主体扩大至"依法在设区的市级以上人民政府民政部门登记"的社会组织，这一做法大大提高了污染防治的公众参与程度。

《金融时报》认为修订后的中国环境保护法在公益诉讼和执法力度方面有进步，但是对于相关官员是否能够有效执行持观望态度。[③]

国外舆论同时还注意到新环境法将环境公益诉讼的诉权进一步下放，尽管这只是环境权益救济的一个补充手段，但是作为捍卫环保公益、践行公众监督权的一个全新途径，这种做法对于改善环境质量、监控企业违法行为甚至于推进中国民主政治进程等的作用都是非常令人期待的。[④] 伯克利法学院中国环境法专家，助理教授雷切尔·斯特恩表示"新《环保法》允许非政府组织代表公众权益提起诉讼无疑是新法中最引人瞩目的改变之一，这非常有意思"，尽管对于"非政府组织"还有诸多限制，这一改变无疑标志着中国公民环境执法的开始。[⑤]

---

① 《地球岛日报》2014 年 8 月 21 日，《中国的环境保护能否转危为安》，Loftus Farren 著，http://www.earthisland.org/journal/index.php/elist/eListRead/is_china_turning_the_corner_on_environmental_protection/。

② 2014 年 4 月 25 日《自然世界新闻》，《世界头号污染大国中国出台更强硬环境法律》，http://www.natureworldnews.com/articles/6747/20140425/worlds-top-polluter-china-gets-tougher-environmental-laws.htm。

③ 英国《金融时报》网站 4 月 25 日报道。

④ 自然资源保护委员会亚洲区总监巴巴拉·A·菲娜摩尔（Barbara A. Finamore）2014 年 4 月 25 日发表，《与污染作战的新武器：中国环境法修订案》，http://www.huffingtonpost.com/barbara-a-finamore/new-weapons-in-the-war-on_b_5212724.html。

⑤ 《中国的环境保护是否能转危为安》，《地球岛》（*Earth Island*）记者 ZOE Loftus 2014 年 8 月 21 日报道。http://www.earthisland.org/journal/index.php/elist/eListRead/is_china_turning_the_corner_on_environmental_protection/。

　　由于地方政府往往是排污企业创造利税的受益者，新《环保法》"督促"地方政府对环境污染行为执行处罚或提起诉讼的规定还是显得比较"软弱"，因此发动社会和媒体的力量，对环境事件形成自下而上的公众舆论监督不失为行之有效的措施。尽管中国政府对于公众行动比较敏感，但同时也需要发动并借助公众的力量，在这方面新《环保法》向着正确的方向迈出了一大步。①

　　也有一些国外媒体对我国新《环保法》的执行和实施效果持观望态度。他们认为尽管新《环保法》加大了处罚力度，但是在未来的执行过程中可能流为空谈。这些质疑主要表现为：

### 1. 新《环保法》相关条文能否切实得到执行

　　虽然中国政府表示将坚决治理环境污染，推进生态文明建设，但立法难、执法更难是各国环境法律实施时遇到的通病，有国外媒体认为"说到不代表能做到"②，对新《环保法》的具体实施情况持观望态度，提出建立考核机制、环境信用制度并进一步严格界定相关法律责任。持这种疑虑态度的舆论普遍认为，中国地方政府近年来全力追求经济发展，出现很多以环境资源换取地方发展的情况，环境保护形势严峻。而新环境法历经数稿，反复四次才获得批准通过表明背后各方利益博弈激烈，这种利益权衡将会在很大程度上影响新《环保法》的具体实施。③《美国之音》的报道就对当前地方政府能否在追逐国民生产总值的普遍热潮下坚守新环境法所界定的生态红线表示怀疑。英国《卫报》称"中国环境管理的最大问题是立法与执行之间的巨大反差"④。

### 2. 环境管理能力水平和配套规章健全程度与新《环保法》执行需求不匹配，影响具体实施效果

　　有专家指出，缺少专业执法人员也是新《环保法》未来执行过程中的一大短板。"显然中国政府致力于改变，但是如果没有专业的人员去执行，再好的法律也不过

---

① 《中国环境 —— 呼吸一点新鲜空气》，《经济学人》2014 年 2 月 8 日。
② 《华盛顿邮报》2014 年 6 月 4 日，《中国是否来得及及时清理污染？》，Terrence NcCoy，《华盛顿邮报》外国事物记者，http://www.washingtonpost.com/news/morning-mix/wp/2014/06/04/can-china-clean-up-its-pollution-before-its-too-late/。
③ 自然资源保护委员会亚洲区总监巴巴拉·A·菲娜摩尔（Barbara A. Finamore）2014 年 4 月 25 日发表，《与污染作战的新武器：中国环境法修订案》，http://www.huffingtonpost.com/barbara-a-finamore/new-weapons-in-the-war-on_b_5212724.html。
④ 英国《卫报》2014 年 4 月 25 日，《中国强化环境相关法律》，驻京记者 Jonathan Kaiman 著，http://www.theguardian.com/environment/2014/apr/25/china-strengthens-environmental-laws-polluting-factories。

是一纸空文"。① 亚洲基金会周刊《在亚洲》（In Asia）撰文称许多中国基层环境保护单位连基本的环境监测任务都很难完成，面对新《环保法》带来的很多制度性改变，这些具体执行单位可能会需要很长的时间才能"进入角色"。另外，中国当前正在进行经济体制改革和各种制度建设，新《环保法》作为国家层面的立法，实施过程中地方机构对于一些具体条款的解读乃至配套规章的完善水平都会直接影响新《环保法》的实施效果。②

综上所述，国际社会对我国新环保法的密切关注基本反映了两种态度，一方面，高度认可我国新《环保法》出台后制定的一系列严格的环境保护制度，显示了我国向污染宣战，建设生态文明的坚定信心与国家意志，表明中国正在走向绿色发展转型之路。另一方面，也对新环保法的实施持观望和疑虑态度，新《环保法》已经成为中国历史上最严格的环境保护法律制度，但是能否全面地不折不扣地实施好执行好，取得应有的效果，考验着中央政府和地方各级政府在环境治理方面的能力。目前当务之急是细化新《环保法》规定的相关制度，如生态红线制度、环境审计制度、环境监管与处罚制度等，使之更具有可操作性，另外，还需要全面提升环境治理能力建设，包括监测能力、信息公开能力、环境监管能力、处罚与执行能力等，否则很多严格的环境保护条文将会在实施中大打折扣，甚至流于空文。

---

① Christopher Marquis，哈佛商学院中国环境政策专家。
② 2014 年 5 月 28 日，亚洲基金会《在亚洲》周刊，http://asiafoundation.org/in-asia/2014/05/28/chinas-environmental-protection-law-lays-groundwork-for-greater-transparency/。

# 巴黎的雾霾攻坚战

陈 刚

2014 年 3 月，法国巴黎遭遇雾霾，有关法国政府施行免费公共交通外加单双号限行的报道一时间占据了各大主流媒体的显著位置，由此引发广泛的讨论和关注。北京作为或揶揄或比较的对象，也仿佛成为了时尚之都的患难兄弟，很有必要向巴黎求教、取经。本文通过定性与定量分析，试图展现法国政府与巴黎市政府的治霾策略与举措。

法国深受空气污染之害，政府重视这一问题并采取积极行动。针对大气颗粒物污染，法国政府以 $PM_{10}$ 为重点、解决民生为核心，颁布法律法规，推进节能减排，改造老旧建筑，并制定了低于世卫标准的常规监测标准（30 μg/m³）和紧急情况的安全值（80 μg/m³），取得了一定成效。巴黎市政府以改善交通为抓手，通过限行降速、尾气达标排放、降低柴油车比例和改善机动车构成四项措施，切实改善了空气质量和受影响人群，也施行了单双号限行等应急政策。但针对此次长期超标的雾霾污染，常规监管无法满足公众的预期，执政党也不能承受国际形象受损、选票丢失的双输局面。为此，政府只有果断出招、迅速把监测数值降下来。巴黎市政府采取免费交通加单双号限行的政策，不影响就业、不干扰民生，在监测指标达标后仍执行限行政策，以防反复或加剧。最终选举结果表明，巴黎市政府措施得当、转危为机。治理雾霾已经超越环保工作本身，成为一场意义重大的政治考验，而巴黎以善治的思路治理雾霾，是这场攻坚战最大的收获。具体而言，这一治理思路体现在五个方面：一是常规防治与应急决策相结合；二是环境信息公开透明，环境监测机构可信、监测数据可靠；三是限行政策人性化、民生至上；四是管控手段经济合理，奖惩结合；五是舆论监督客观宽容，善于掌控话语权。

## 一、巴黎治霾

自去年入冬以来，法国法兰西岛（包括巴黎市及其周边上塞纳省、瓦勒德马恩省和塞纳-圣丹尼省的 22 个城镇，俗称"巴黎大区"）未曾降雪，今春又无风少雨，3 月巴黎大区 $PM_{10}$ 最高升至 227 $\mu g/m^3$，埃菲尔铁塔等建筑物在雾霾中几近消失。由于法国 $PM_{10}$ 标准为 30 $\mu g/m^3$，安全值上限为 80 $\mu g/m^3$，这一"严重超标"的数据对巴黎的国际形象造成了极大的负面影响，也成为巴黎市政府和法国政府最优先解决的难题。

3 月 10 日，巴黎市政府在其网站上宣布，11 日市区路边停车位全部免费，鼓励市民将私家车停在家附近的公共车位，而改乘公共交通出行。此外，市政府还宣布市区快速路限速由每小时 90 公里降为 70 公里，郊区高速限速由每小时 130 公里降为 110 公里，从而减少尾气排放。巴黎市政府还出台临时规定，在空气质量未好转之前，市政府所有公车除非是混合动力车型，一律停止运行。

巴黎市政府的举措并未收到良好成效。11 日空气质量更加恶化，多个区域超过安全值上限。3 月 13 日，法国环境能源与可持续发展部召开紧急新闻发布会，这也是该部首度在庭院内"露天"举行的一场发布会，正式宣布 14 至 16 日所有公共交通免费三天。

3 月 15 日，政府总理埃罗在与环境部、卫生部、内政部、交通部会商后，由总理府发表公告称自 17 日清晨 5：30 起实施机动车单双号限行措施；巴黎大区已持续三天的公交免费政策 17 日将继续执行[1]。限行当天，700 警力布置在 22 个区 60 个点进行单双号检查[2]。

3 月 17 日下午，政府发布消息称，空气质量已经好转，近 20 年来的首次限行政策午夜停止[3]，巴黎重新回归"鲜花之都"的行列。

---

[1] http://news.xinhuanet.com/world/2014-03/17/c_126274758.htm.

[2] http://www.thelocal.fr/20140317/free-public-transport-costs-paris-4million-a-day.

[3] http://www.latimes.com/world/worldnow/la-fg-wn-paris-smog-cars-ban-20140317,0,5700535.story#axzz2wNQdye9e.

## 二、各方意见

对国际社会而言，北京治霾已经不是什么大新闻，巴黎治霾、特别是单双号限行却是一个极大的焦点。路透社、法新社、《纽约时报》、英国《卫报》、BBC、CNN、法国 24 小时电视台等国际主流媒体均对巴黎治霾进行专题报道。这些报道着重说明巴黎雾霾的严重性和政府采取限行措施的必要性，但也兼顾限行措施对于普通民众所带来的不便以及主要的反对团体的意见。

### （一）主流声音

根据 2011 年 10 月颁布的跨省政府法令，如果雾霾指数超过 80 μg/m³，应实施交通管制措施。2013 年通过的《空气质量紧急计划》要求政府在空气污染严重时采取限速等交通管制措施，限制期限可长达 3—4 天。对政府而言，此次雾霾天气持续时间过长（超过 5 天）、影响范围大、健康风险加剧，政府必须有所行动，公众作为利益相关者理应鼎力配合。总理埃罗认为限行措施会给人们的生活带来不便，但是此项措施是"必需的"，他相信每位公民的责任意识；交通部长弗雷德里克·屈维利耶说，雾霾关乎公众健康，政府感谢理解并支持限行的民众；环境部部长马丁更是对限行政策信心十足，认为"法国人会充分理解这一举措"，同时"公众的健康需要努力一把"。

### （二）反对声音

虽然政府对限行治霾踌躇满志，但法国国内的反对声音也不在少数，主要观点包括：

#### 1. 限行无效论

1997 年，巴黎曾实施一天的限行措施，招来"骂声一片"。3 月 13 日巴黎及北部-加来海峡等区域在交通高峰期时实施了限速及环线限行等交通管制措施，效果也不理想。

#### 2. 汽车无罪论

拥有 76 万会员的法国汽车俱乐部协会公开谴责限行措施"轻率、无效"，"注定会引发混乱"[①]；法国"4 000 万司机"汽车协会表示限行政策无法在巴黎得到有

---

① http://www.afp.com/en/node/1301177.

效执行，这一做法不仅无益，而且是不公平的，甚至是愚蠢的；采暖对于雾霾的贡献程度高于汽车，汽车只是替罪羊而已。《观点杂志》网站所做的网上投票，截至3月17日的调查显示，19 316次投票，35.6%的人支持，64.4%的人反对[1]。

### 3. 政治图谋论

巴黎市长选举在即，反对党领袖，巴黎市长候选人莫丽泽认为限行措施是现任政府的"遮羞布"，无非是折腾警察、讨好绿党；另一位候选人则指责正是莫丽泽担任环境部长时大力提倡柴油车导致了颗粒物超标的现实。限行不是焦点，选票才是关键。

### 4. 劳民伤财论

限行对于低收入者的生活影响是显而易见的。由于限行与免费公交相结合，人为增加了"搭便车"的频次，加大了城际运输压力和运营成本，免费的结果是政府每天需多花费40万欧元、共计160万欧元。

此外法国个别媒体发文，质疑雾霾来源于德国的跨界污染[2]，但因缺乏科学常识已被法国专家所驳斥。

## 三、巴黎经验再观察

巴黎的做法，很快在中国大陆有了强烈的回响，媒体更愿意关注单双号限行、免费交通、公民社会等"亮点"。从环保而言，巴黎限行有着更多的不一样。

### （一）政府高度关注空气质量

法国深受二氧化硫、氮氧化物和颗粒物之害，公众与非政府组织对此提出了很高的期盼。为此，在法律层面，法国政府2010年颁布《空气质量法令》，明确规定可吸入颗粒物当年超标天数不多于35天。同时，投入巨资推进节能减排，提出到2020年为节能减排和促进可持续发展投资4 000亿欧元；降低新建建筑的能耗，改造老旧建筑、优化居民供热系统，2013年8月到2015年，法国政府计划投入1亿3 500万欧元用于翻新家庭供热系统。

---

[1] http://www.lepoint.fr/sondages-oui-non/etes-vous-d-accord-avec-le-principe-de-circulation-alternee-17-03-2014-1801758_1923.php.

[2] http://www.thelocal.fr/20140318/was-germany-to-blame-for-pollution-in-france.

为防治颗粒物污染，法国先后实施"颗粒物减排计划"、"空气质量紧急计划"和"空气保护计划"，形成了以环境质量为核心，覆盖从常态管理到应急、从国家到地方、从科研到监测的多元防控体系[①]。

### （二）首次限行环境效果明显，空气质量持续改善

1997 年，巴黎因二氧化氮超标首次启用交通限行，事后巴黎大区空气监测局（Airparif）发布报告称，限行取得了良好成效，体现在两个方面：一是交通流量显著降低，巴黎市与连接线流量减少了 20%，其他区域减少了 8%，总体减少 15%；二是二氧化氮总量减少，与 9 月 30 日相比减少了 15%，交通源减排达到 22%。同时，限行措施有效缓解了交通堵塞与出行成本。

去年是欧洲空气年，巴黎市政府专门请巴黎大区空气监测局重点对氮氧化物和可吸入颗粒物的年际变化做了评估，监测数据表明 2002—2012 年，巴黎大气污染物排放呈下降趋势，空气质量得到明显改善，（以浓度计）约 170 万巴黎人直接受益于大气质量的整体改善。

交通领域四大措施与 $PM_{10}$ 减排相关，分别是限速或降速类的交通管控措施、机动车尾气排放达到欧盟新标准的要求、机动车柴油化的比例以及机动车组成比例的变化。按照浓度，10 年间交通管控使 17 万人受益（8%），尾气达标让 56.1 万人受益（26%），机动车比例的变化（小轿车、货车、卡车等）影响了 4.2 万人（2%），车辆的柴油化影响了 9.7 万人（4.5%）。

从排放总量来讲，与 2002 年相比，前两项措施减少了受影响人群的比例，管控措施减少了 9% 的受影响人群，尾气达标减少了 45% 的受影响人群；而后两项则分别增加了 13% 和 6% 的影响人群，10 年共计减少了 35% 的受影响人群。

### （三）治霾的替代策略

据法国媒体报道，巴黎汽车尾气排放只占细颗粒物排放的 18%，低于住宅区供暖设备以及工业制造，后两者所占比率分别为 45% 和 24%[②]。

#### 1. 为什么不限制供暖

法国主要采用集中供暖方式。按照规定，当日平均气温在 13.5℃ 以下连续两天时，集中供暖就要开启，且集中供暖的室内温度要保持在 19℃ 以上。巴黎发生雾霾，

---

① http://scitech.people.com.cn/n/2014/0303/c376843-24514308.html.

② http://health.huanqiu.com/health_news/2014-03/4943087.html.

日最高温度在 13.5℃，但最低温度在 0℃上下，天气相对寒冷，不具备停止供暖的客观条件。另一方面，法国政府已经投入巨额资金改善供暖设备，这一关乎每人切身利益的基本保障，政府不敢轻易触碰。

### 2. 为什么不等风来

巴黎雾霾主要是无风少雨再加上人类活动，气象因素是主因。如图 1 所示，3 月 14 日 8 时至 19 日 0 时，风速偶尔达到 24 km/h，按照风力等级表是属于 4 级和风，雾霾期间 3/4 以上的时间都是微风或轻风。很明显，政府不能将刮风列为具体的应急手段，更不能将污染防治工作架设在天气预报上，靠风治霾在巴黎是靠不住的。

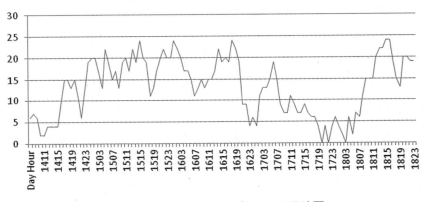

图 1　巴黎 3 月 14 日 8 时至 19 日风速图

虽然工业是另一个排放大户，对于巴黎而言，已经将重工业转移到城市之外，法国政府也始终面对高失业率的指责，只要企业是达标排放，考虑到就业因素，政府很难对工业采取措施。

既然供暖不可碰，天气不可靠，工业不可停，那么拥有限行经验且相对不敏感的机动车就成为最可靠的管控对象。

### （四）限行治霾秀

巴黎大区共设置了 23 个监测点位监测 $PM_{10}$，其中 10 个路边站、13 个背景站，数据每小时发布一次。巴黎大区空气监测局数据（如图 2 所示）表明，3 月 6—7 日，巴黎颗粒物浓度已经超过安全值，10 日之后，这一趋势更为显著，11—15 日长时间超出安全值，峰值出现在 14 日 11 时，达到 147.5 µg/m³。15 日 9 时浓度低于安全值，并迅速下降至较低水平。至 19 日，污染物浓度未高于安全值，17 日 9 时之前，监测指标接近甚至低于空气质量标准。

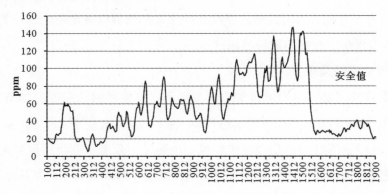

图2 3月1日至19日PM$_{10}$分时均值变化

从事后评估而言，巴黎市政府 10 日宣布次日限速、法国环境部 13 日宣布采取紧急应对措施的时机都是比较恰当的。但 15 日晚上宣布 17 日实行限行耐人寻味，因为当时污染物浓度已经降到标准之下，法国政府为什么要"矫枉过正"？究其原因，政治是最大的诱因，无论是巴黎市还是法国政府，执政党均无法承受颗粒物污染的负面效应。政府宁可"多花钱、早办事"，也不愿等待事态严重或失控后再亡羊补牢。

对巴黎而言，3 月底市长竞选，现任第一副市长社会党阿娜·伊达尔戈和右翼政党"人民运动联盟"候选人科希丘什科·莫里泽是最有力的竞争者，她们在第一轮投票中所获选票分别为 34% 和 35% 左右。针对雾霾，当局者必须采取措施，又不能引起众怒、丢失选票，措施必须人性化和精细化，化被动为主动、转危为机。

对执政党法国社会党而言，经济低迷、失业率高、财政赤字、移民问题、区域发展不平衡等已经引发了公众极大的不满，如果再因首都空气质量问题损害了国民自尊心和自豪感，很可能面临政权更迭的严峻考验。

最终伊达尔戈以 54.5% 的得票率击败对手，成为巴黎历史上首位女市长，治霾绝对是新市长当选的加分题，更是未来施政的优先重点。新市长承诺，巴黎将大力推广绿色出行，提高公共交通使用效率，继续提供公共自行车、电动车自助租用，开发电动摩托车自助租用业务，并提供夜间免费充电站；同时设定空气污染物总量减排目标，即到任期末 (2020 年) 基本消除柴油车排放，实现氮氧化物下降 40%、

$PM_{10}$ 下降 28%、$PM_{2.5}$ 下降 40%[①]。

法国政府则没有这么幸运。受经济低迷、失业率高、财政赤字等影响，执政乏力的社会党在第二轮地方选举中一败涂地，丢失了 155 个市镇的主导权，政府总理埃罗被迫辞职，奥朗德总统重新任命总理改组政府，真可谓"赢了一个巴黎，却输了全法国"。

## 四、结论与启示

马克斯·韦伯认为"政治就是国与国之间或国内各集团之间力争权力分享，或力争对权力分配施加影响"；孙中山提出"政就是众人之事，治就是管理，管理众人之事，就是政治"。雾霾关乎每个人的健康，治理触及每个人的利益，更是国内各利益集团争夺权力分享最终实现集体决策的过程，治霾本身就是政治问题。虽然雾霾不是"压垮骆驼的最后一根稻草"，但它确实能够打破政治均衡、改变政治版图，法国社会党对此应有更深的体会。

巴黎治霾，在时间、空间上均有很好的制度安排和步骤设计，展现出成熟的政治素养，体现在五个方面：

一是常规防治与应急决策相结合。政府在日常生活中倡导绿色出行、发展公共交通，创新公共自行车、电动汽车等自助租用服务，完善供暖系统，促进节能减排；针对突发事件能够果断决策，及时启动应急措施，对紧急措施均留有时间余量，减缓与公众的正面冲突。

二是环境信息公开透明，环境监测机构可信、监测数据可靠。巴黎大区空气监测局虽是国家授权机构，但董事会由国家、大区、行业和环保消费等组织构成，面向社会提供实时准确的监测数据，所有监测信息都可以申请下载，信息公开程序透明，多方参与确保信息科学、中立。

三是限行政策人性化，民生至上。限行政策首先拿市政府公车开刀，公车先停；其次才针对普通百姓。但限行有三项例外，一是电动车、混合动力车等新能源汽车；二是救护、消防、邮政、出租车等专业车；三是载客 3 人（以上）的车辆，这也在

---

[①] http://www.thelocal.fr/20140320/paris-mayor-anne-hidalgo-speaks-to-the-local.

最大限度地保障了民生。

四是管控手段经济合理，奖惩结合。对于违反限行政策的车辆，处以 22 欧元的现场罚款或者 35 欧元的补交罚款（3 天内）；对于抗法滋事者，处以拖车罚款。同时，免费的自行车—电动车—地铁综合交通网络则为最大多数人提供了基本保障，巴黎汽车保有量 500 万辆，车流量过百万，限行政策只开出 4 000 张罚单，再次证明公交体系的完备。

五是舆论监督客观宽容，允许媒体发出"不同的声音"，善于掌控话语权。基本上所有媒体在报道巴黎治霾时，在肯定工作的同时总会在结尾部分笔锋一转，写一写抱怨牢骚和指责。任何政策都会有利益受损的个体，政府对舆论和媒体报道持理性包容的态度，也在很大程度上化解了公众的担忧和疑虑。

中法国情不同，北京与巴黎也存在很大的差别，不可能将巴黎经验直接用在北京身上，但这些做法和决策考量，却是未来北京治霾的重要借鉴与参考。以善治的思路来治理雾霾，是巴黎对北京最大的借鉴。中法在广开经贸合作的同时，也应积极考虑环保合作的迫切性。雾霾问题长期、复杂，谁都不是永远的赢家，而中国在经历雾霾的重重考验之后，治霾的经验教训，必将成为一种重要的输出，构建出立足中国、惠及世界的软实力和巧实力。

# 韩国应对大气颗粒物污染问题的政策导向与几点建议

蓝艳 陈刚

大气颗粒物已成为东北亚区域最主要的大气污染物之一，其对人体健康、能见度、辐射平衡、气候变化等方面具有重要影响。中国雾霾与其他大气污染问题已不仅是中国问题，更引发国际社会的广泛关注，特别是周边国家的高度关注。与中国一衣带水的邻邦韩国，是东北亚战略博弈的枢纽地带，需以韩国为东北亚的战略支点，进一步加强中韩友好和战略合作伙伴关系。

韩国自身面临着严重的大气颗粒物污染问题，在 2014 年 3 月世界经济论坛发布的国家环境指数"PM$_{2.5}$ 指标"上，韩国在 178 个国家中排名 171 位，倒数第 7。研究认为，韩国政府采取"舆论引导与综合治理并行"的方式，应对国内日益高涨的空气治污压力。一方面，韩国媒体持续炒作中国雾霾对韩国的影响，强调大气污染物"中国制造"，削弱公众对本国污染的关注，引导绝大多数民众赞成通过更加强硬的外交手段解决来自中国的大气污染问题。另一方面，为更好地控制本国大气污染并积极应对跨界大气污染问题，韩国政府大力加强国内大气质量监测网络建设和预报预警体系建设，并通过设计监测点位，做好了能力建设与科研准备。

## 一、韩国媒体引导下的公众治霾意识

韩国大气污染问题频繁发生，公众高度关注并广泛参与到防治大气污染的行动中，大气颗粒物的来源以及政府应对措施成为公众关注的两大焦点。在韩国媒体的引导下，公众对"来自中国的雾霾"保持高度警惕。

### （一）公众普遍支持政府铁腕应对

2013 年 1 月 16 日，韩国国立环境科学院宣称韩国部分地区大气污染物超标与中国发生的雾霾有关，此后，"雾霾来自中国"的说法见诸韩国各大主流媒体。韩国 KBS 电视台、韩联社、《中央日报》、《朝鲜日报》、《东亚日报》等媒体报道称"中国雾霾可以称作人类历史上最严重的大气污染"、"中国雾霾持续对朝鲜半岛产生影响，尤其冬季受西北风影响，使得韩国处于颗粒物严重污染之下"。

在对颗粒物监测和研究不足的前提下，韩国主流媒体大肆宣传本国雾霾"来自中国"，转移大气污染责任，是韩国政府"维护形象"的政治需要，并为韩国确定新的大气环境政策方向，即"应对中国雾霾的相关环境政策"做好舆论铺垫。在媒体的舆论导向下，韩国公众普遍认为本国空气质量下降很大程度上是由于中国飘到韩国的颗粒物引起。

2013 年 12 月 15 日，韩国卫生市民中心[①]和首尔大卫生研究院共同发起针对中国雾霾及国内可吸入颗粒物环境政策相关的"国民舆论调查"，以 800 名[②]成年人为对象，通过手机实施调查，以问卷形式左右公众意见，从而影响国家决策。鉴于这一调查表格颇具代表性，研究将其分为两部分进行分析。表 1 是问卷的第一部分。

**表 1　韩国针对中国雾霾环境政策的调查结果**

| 主题 | 序号 | 问卷内容 | 赞成 / % | 非常赞成 / % | 慎重赞成 / % | 反对 / % | 其他 / % |
|------|------|---------|---------|-------------|-------------|---------|---------|
| 中国雾霾问题解决政策 | 1 | 您认为是否有必要进行：向驻首尔的中国大使要求提出解决方案；总统通过访问中国解决问题；缔结东北亚大气环境协议等积极的环境外交 | 94.2 | 63.3 | 30.9 | 2.7 | 3.1 |
| | 2 | 您认为是否有必要要求世界卫生组织（WHO）或联合国环境规划署（UNEP）出面解决问题 | 96.1 | 68.8 | 27.3 | 1.1 | 2.8 |
| | 3 | 您认为是否要通过国内外法律诉讼对健康及环境受害等要求赔偿 | 90.3 | 40.5 | 49.8 | 3.5 | 6.2 |

---

① 成立于 2010 年初，以韩国环境卫生为主题，在一线开展市民和专家运动等活动的民间团体。
② 调查对象包括男士 396 人，女士 404 人。其中，首尔 163 人，仁川 & 京畿道 232 人，大田 & 世宗 & 忠南 83 人，光州 & 全南 82 人，大邱 & 庆北 82 人，釜山 & 蔚山 & 庆南 125 人，江原 & 济州 33 人。

从表中不难看出，针对大气污染问题，该问卷提出多层次的解决对策，以确保一旦出现僵持局面可不失时机的以新替旧。第一层面是利用环境外交方式，包括中韩两国高层交涉和缔结东北亚大气环境协议；第二层面是韩国作为受害者，引入国际组织作为第三方介入解决跨界大气污染问题；第三层面是诉诸法律武器，通过提出法律诉讼，要求损害赔偿。以上各项对策均得到了韩国公众90%以上的赞成率。一旦韩国启动第二、第三层面的对策，中国将处于被动地位，在国际社会责任对话中丧失话语主动权。

### （二）公众理性支持政府采取限行措施控制本地污染

韩国部分媒体对本地产生的大气颗粒物污染只字不提，但韩国有关专家对$PM_{2.5}$污染源解析结果表明，其中大概有40%（高污染期间会上升至60% ~ 80%）来自中国，而60%由韩国本地产生[①]。韩国环境安全人体健康研究所所长金正秀也表示，韩国$PM_{2.5}$已非常严重，与从中国吹来的$PM_{2.5}$相比，韩国本地产生的$PM_{2.5}$问题对日常生活的影响更大，需综合系统地治理。

环境卫生市民中心同样强调应重视对本地大气颗粒物的治理工作，"国民舆论调查"第二部分同步对解决韩国大气颗粒物污染防治政策做了调查（见表2）。

---

① http://travel.people.com.cn/n/2014/0227/c41570-24477208.html.

表 2　韩国针对本国产生大气颗粒物环境政策的调查结果

| 主题 | 序号 | 问卷内容 | 赞成／% | 非常赞成／% | 慎重赞成／% | 反对／% | 其他／% |
|---|---|---|---|---|---|---|---|
| 针对本国产生大气颗粒物的解决政策 | 1 | 汽车尾气对大气颗粒物有较大贡献。您认为是否要进行车辆限行 | 82.5 | 40.1 | 42.4 | 10.1 | 7.3 |
| | 2 | 实行车辆限行会给日常生活带来不便。您认为哪种限行方式比较好 | 54.8 方式1① | 27.5 方式2② | 7.1 方式3③ | | 10.7 |
| | 3 | 韩国大气可吸入颗粒物和细颗粒物的质量标准低于主要发达国家及WHO的标准。您如何看待"提高韩国颗粒物质量标准"的观点 | 93.5 | 65.8 | 27.7 | 3.2 | 3.3 |
| | 4 | 国土部欲引入柴油出租车，环境部因其带来的环境污染反对。您是否赞成引入柴油出租车呢 | 18.5 | | | 60.8 | 20.7 |
| | 5 | 您是否知道WHO将$PM_{2.5}$指定为"一类致癌物" | 34.9 知道 | | | 59.3 不知道 | 5.2 |

① 将汽车尾号 1 ～ 10 与日期尾数 1 ～ 10 对应限行。
② 将汽车尾号与星期尾数对应限行，如星期一尾号 1 和 6 停驶、星期二尾号 2 和 7 停驶、星期三尾号 3 和 8 停驶、星期四尾号 4 和 9 停驶、星期五尾号 5 和 0 停驶，周末不限行，定期轮换。
③ 单双号限行。

　　从上表可知，大部分韩国民众支持政府实施汽车限行措施和提高韩国的大气颗粒物质量标准，并反对引入尾气中含有大量 $PM_{2.5}$ 的柴油出租车。但为了减少对日常生活的影响，一半以上的民众选择支持相对低频的汽车限行措施，即将汽车尾号 1 ～ 10 与日期尾号 1 ～ 10 对应进行限行的方式，该措施可限制约 1/10 的汽车上路。值得注意的是，高达 59.3% 的公众并不清楚 $PM_{2.5}$ 为"一类致癌物"，缺乏对 $PM_{2.5}$ 的科学认识，而调查问卷正好普及了这一敏感信息，为以后的策略做好了铺垫。

## 二、韩国政府的治霾之道

　　韩国环境部 2014 年 1 月 2 日公布了 2015—2024 年《首都圈大气环境管理基本计划》，为了实现降低大气四项污染物浓度（$PM_{10}$、$PM_{2.5}$、$NO_x$、$O_3$）指标，韩国政府计划在 10 年间投入 4.5 万亿韩元（约合人民币 258 亿元）。根据韩国环境部的预测，如果该计划得以顺利实施，可将因空气污染造成的过早死亡人数降低约50%，而因大气治理产生的经济效益约为 6 万亿韩元／年（约合人民币 344 亿元／年）。

韩国在首都圈大气环境治理上的资金投入，其成本效益比达到 1：13.3，预期收益十分显著。

保障国民健康和高额经济效益是韩国政府加大在大气污染治理领域投资的直接驱动力。同时，韩国政府在推进本国大气污染防治工作的同时，通过一些别有用心的设计，做好了与中国进行雾霾纠纷处理的能力建设与科研准备。

### （一）污染困局倒逼政策加码，逐步提高环境质量标准

韩国 $PM_{10}$ 环境标准自 1996 年开始实施，当时的标准为年均浓度限值 $70\,\mu g/m^3$，日均浓度限值 $150\,\mu g/m^3$。2011 年，根据韩国环保部《环境白皮书》，$PM_{10}$ 年均浓度限值提升至 $50\,\mu g/m^3$，日均浓度限值提升至 $100\,\mu g/m^3$。韩国于 2011 年 3 月颁布了 $PM_{2.5}$ 环境标准，设定了相当于世卫组织确定的第二个过渡时期的 $PM_{2.5}$ 目标值（年均浓度限值 $25\,\mu g/m^3$，日均浓度限值 $50\,\mu g/m^3$），并将于 2015 年开始实施。韩国环境部有关负责人称："$PM_{2.5}$ 大气环境标准的设置，对于韩国环境政策朝着以预防环境疾病为主的健康中心体系转移有着重大意义"。

韩国政府还提高了相应项目的环境质量标准，大幅强化大型排污设施及大型排放企业的排放许可标准，天然气、柴油锅炉、煤制天然气气化设施、燃料制造等设施的排放标准也相应提高；自明年起汽车排放执行"欧 6"标准，进一步加大对相关车辆污染物排放的控制力度。

韩国 $PM_{2.5}$ 质量标准的实施将先于中国，且严于中国对二类区[①]的 $PM_{2.5}$ 质量要求。颗粒物大气环境质量标准的设立出于对国家环境污染控制技术水平及社会经济水平的综合考虑，韩国逐步提高大气环境质量标准，不仅对本国开展大气环境治理工作提出了更高的要求，也对中国的大气环境治理施加了压力。

### （二）构建大气污染物监测体系，$PM_{2.5}$ 监测全面启动

韩国现阶段对大气颗粒物的监测和管理仍以 $PM_{10}$ 为主。同时，韩国环保部意识到对 $PM_{2.5}$ 的研究还不够充分，正支持有关部门开展大量对 $PM_{2.5}$ 监测方法的研究及其相关科研工作，$PM_{2.5}$ 监测值计划于 2015 年开始实时公布。根据韩国"大气污染监测网运营计划（2011—2015）"，已设立完善的大气污染物监测体系（如图 1 所示），为其构建健全统一的大气质量管理体系打下了良好的基础。

---

① 居住区、商业交通居民混合区、文化区、工业区和农村地区。

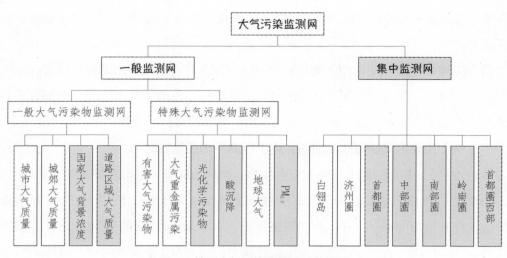

图1　韩国大气污染监测网运营体系

在韩国大气污染监测网中，涉及 $PM_{2.5}$ 监测的包括国家大气背景浓度监测网、道路区域大气质量监测网、光化学污染物监测网、酸沉降监测网、$PM_{2.5}$ 监测网，以及集中监测网中的 5 个监测网站，超过一半的监测网中包括对 $PM_{2.5}$ 的监测（即图 1 中灰色区域）。韩国已将 $PM_{2.5}$ 作为重点监测对象设立于各监测网中。

### （三）监测点位逐年增加，重点布设首都圈

韩国环境部大气环境网向公众实时公布全国 200 多个监测站点的空气质量数据（CAI、$PM_{10}$、$O_3$、$NO_2$、CO、$SO_2$），其中 30% 的站点集中于西北部首都圈（如图 2 所示）。首都圈是韩国大气污染的重点区域，2010—2012 年三年间，首尔 $PM_{2.5}$ 年平均值[①] 分别为 28.8 $\mu g/m^3$、29.3 $\mu g/m^3$、25.2 $\mu g/m^3$，均超过了环境质量标准。韩国国立环境科学院称导致该地区重污染的原因，一是受首尔、仁川及京畿道附近大量工厂及汽车尾气的影响，二是"受中国影响"[②]。

韩国已有 164 个自动监测站实施 $PM_{2.5}$ 监测，手动监测站计划于 2014 年从 30 个增加到 36 个站。其中，地方政府运营的 128 个 $PM_{2.5}$ 监测点也主要集中于首尔、京畿道等城市。从韩国环保部公布的 2011—2012 年 $PM_{2.5}$ 监测结果来看，2012 年 11 个人工测定点中 6 个测定点的年平均值超过了环境质量标准。

---

① 首尔银屏区首都圈集中测定点数据。
② http://chinese.joins.com/gb/article.do?method=detail&art_id=102223&category=002002.

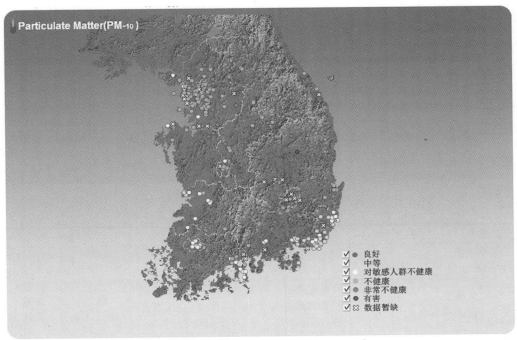

数据来源：韩国环境部大气环境信息网[①]

图2　韩国PM$_{10}$监测点位及数据

　　韩国处于中国下风向，其首都圈与中国京津冀、山东地区隔海相望，重点布设首都圈大气监测，在实现本地污染监控的同时，极有可能"精确测量"中国对韩国大气污染的贡献。而其布设于东南沿海地区的监测站点大大弱于西北沿岸，日韩间大气污染物跨境传输并未引起韩国政府关注。韩国这一强调其受害者身份的做法，使其在中韩及东北亚大气环境合作中处于有利位置，并将对东北亚大气环境合作进程产生直接影响。

### （四）推进大气颗粒物污染预报预警制度建设，积极提高预报精度

　　在加强大气颗粒物科研和监测能力建设的同时，韩国正在推进全国性的大气颗粒物污染预报制度。国立环境科学院作为PM$_{10}$预报的负责单位，从2013年8月开始对首都圈地区（首尔，仁川，京畿道）实施试预报，并逐渐向全国推广。韩国环境部预计于2015年1月开始对全国正式实施PM$_{2.5}$预报（如图3所示）。

---

[①] http://www.airkorea.or.kr/airkorea/eng/realtime/main.jsp?action=pm10.

图 3　韩国大气颗粒物污染预报进程

韩国以"日均值"为标准将 $PM_{10}$ 预报等级分为 5 级（见表 3），预报结果可以通过天气预报、环境部大气环境信息网、智能手机及 SMS 短信息等方式获得。

表 3　韩国 $PM_{10}$ 预报等级

| 区间 | | 好 | 普通 | 微差 [1] | 差 [2] | 极差 | |
|---|---|---|---|---|---|---|---|
| 预测浓度（$\mu g/m^3 \cdot d$） | | 0~30 | 31~80 | 81~120 | 121~200 | 201~300 | 301~ |
| 行动要领 | 儿童，老人等 | — | — | 尽可能的控制长时间的户外活动 | 要求控制过多的室外活动（尤其呼吸器官，心疾患者，老弱者） | 避免室外活动 | 室内活动 |
| | 普通人群 | — | — | — | 控制长时间过多的室外活动 | 控制室外活动 | 控制室外活动 |

① "微差"时，易于对儿童、老弱者、呼吸器官疾病病患等人群产生影响，应注意采取防护措施。
② "差"及"极差"时普通人群也应注意采取防护措施。

但韩国现阶段对大气颗粒物的预报效果不甚理想，导致民众不满。在对 $PM_{10}$ 进行预报的半年时间中，对高浓度 $PM_{10}$ 的预报准确度只有 33.3%；对首尔地区 2 月 21—25 日进行的 $PM_{2.5}$ 预报中，只有 22 日一天准确。韩国大气专家认为，颗粒物预报准确度低一是由于预报经验不足；二是因为环境科学院进行预报时参考的是美国气象数据，与韩国实际的气象情况不甚符合[1]。

为了提高预报、预警的准确性，韩国正通过以下几方面来努力：①改善气象模型：加强与韩国气象厅的合作，灵活运用韩国气象模型（UM）结果，以反映随时变化的气象资料。②改善大气模型：开发新的预测技术（灵活运用卫星及监测点资料），改善大气模型中的模块等，开发出韩国式预报模式。③确保掌握排放量资料：确保掌握国内及国外（尤其是中国大气污染物）最新的排放量资料及实时监测资料；在

① http://article.joins.com/news/article/article.asp?total_id=14013045.

中国大气污染进入韩半岛的通道——西海岸沿岸建立更多观测站，以便得到充分观测数据；必要的话，还可以考虑发射专门进行气象与环境观测的人工卫星，或者追加获取外国卫星相关资料等方式。④加强科学研究：对颗粒物流入途径进行更加准确的分析调查，并对颗粒物生成和消失的过程机制进行更加精确的研究；让地区环境当局主导预报工作，在各地区分别进行研究，以使预报结果更贴近地区实际情况。

**（五）积极开展国际合作，共同应对跨界大气污染问题**

近年来，韩国政府积极推进中日韩三国环境部长会议（TEMM）和东北亚空气污染物长距离传输项目（LTP）等形式的大气环境合作。今年，一系列新的大气环境合作也开始启动，第一次中日韩空气污染政策对话会、中韩大气污染防治技术及绿色环境产品商务交流会的召开，加深了两国在大气环境管理政策和技术方面的交流；地方层面的合作对接也有亮点，韩鲁大气合作咨询委员会初次会议已在济南召开，首尔与北京的环保部门已于2014年4月签订了环保合作备忘录，意味着两国地方层面的大气环境合作正式启动。

可以看到，韩国正在积极推动东北亚的大气环境合作，并在东北亚环境合作中起到了调整各国利益关系的作用。但同时应注意到，韩国在推进东北亚地区大气环境合作中更多的是出于自身利益的考虑，我国在参与区域大气环境保护的同时，应最大限度地维护国家利益。

# 三、韩国治霾的政策导向

韩国大气颗粒物受本地源和长距离跨境输送双重影响，成因相对复杂。虽然中国雾霾对韩国的实际贡献仍存争议，但韩国政府采取的"舆论引导与综合治理并行"的策略已有效维护了其在国内的政府形象。韩国政府在大气污染问题上采取的应对策略，具有如下特点：

一是公众参与正成为大气环境保护的重要推动力量。韩国公众对大气环境质量管理的参与程度相对较高，公众积极通过非政府组织等渠道参与到大气污染防治工作中，并对韩国大气环境政策的制定产生影响。韩国媒体高调炒作"中国雾霾威胁论"，使公众对跨界大气污染形成错误认识，与此同时，公众的需求对政府形成压力，促使政府作出更加符合大气环境保护的目标要求。

　　二是全面启动大气质量监测和预报预警能力建设。韩国现阶段对大气颗粒物监测和预报预警能力还相对较弱，但其大气污染物监测体系和预报预警制度已在积极构建之中。2015 年，韩国新的大气颗粒物质量标准将开始实施，并正式发布 $PM_{2.5}$ 的监测和预报信息。韩国政府通过设计监测点位、收集国内外大气资料等做法，做好了能力建设与科研准备。

　　三是将国际合作作为解决跨界大气颗粒物环境问题的重要手段。东北亚是韩国开展环境外交的重要舞台，其一直致力于东北亚环境合作的形成与发展。韩国在东北亚大气环境合作中同样表现出积极的态势，全力推动地区间的双边及多边环境合作。

# 可持续城市转型之路：
# 推动资源环境脱钩

彭 宁

2013 年 12 月举行的中央城镇化工作会议指出，城镇化是解决农业、农村、农民问题的重要途径，是推动区域协调发展的有力支撑，是扩大内需和促进产业升级的重要抓手，对全面建成小康社会、加快推进社会主义现代化具有重大现实意义和深远历史意义。刚刚闭幕的中央农村工作会议又进一步细化了城镇化时间表，提出了三个"1 亿"目标，即到 2020 年，要解决约 1 亿进城常住的农业转移人口落户城镇；约 1 亿人口的城镇棚户区和城中村改造；约 1 亿人口在中西部地区的城镇化。

可以说，推进城镇化是中国现阶段发展的优先重点。城镇化进程加速必将导致城镇资源消耗量激增，对资源和环境的压力加剧。如何在满足日益增长的城镇人口资源需求的同时，保持城市高质量、可持续发展，是需要着力研究解决的问题。

2013 年，在联合国环境规划署（UNEP）国际资源委员会（IRP）发布了《城市层面的脱钩：城市资源流与基础设施转化治理》报告（以下简称"城市脱钩报告"）。城市脱钩报告以"经济发展与资源环境脱钩理论"为基础，以重新配置城市环境基础设施为核心，关注城市资源流动以及实现资源流动所需基础设施情况，引入"物质流定量分析方法"，对城市资源流及物质流在基础设施上的流转进行定量分析，进一步探索在城市层面实践脱钩的可行性方案和模型选择，并在此基础上提出相关的政策建议，以实现城市向可持续城市与绿色经济的转型。

为了学习和借鉴国际上有关城市化与资源环境问题的最新研究成果，为提高我国城镇化质量提供参考，本文主要对"城市脱钩报告"的主要内容和相关研究结论进行简要介绍，并结合我国当前推动城镇化的需求，提出城镇化与资源环境脱钩带来的启示与政策选择。

## 一、城市是可持续发展的基石

目前全球经济生产与消费都集中在城市中，面积占全球 2% 的城市地区利用国内和国际的资源产生了 80% 的 GDP。在过去的 150 年中，城市规模稳步扩大，截至 2007 年，全球 70 亿人口中已有一半以上居住在城市地区，消耗了全球约 75% 的能源与物料流。据预测，从 1950—2030 年，发展中国家的城市将吸纳 40 亿人口，形成"第二次城市（镇）化浪潮"。到 2050 年，预计将有超过 60 亿的人口（约占彼时世界人口总量的 70%）居住在城市中，绝大部分城市人口增长出现在发展中国家。与此同时，1990—2010 年，发展中国家城市贫民人口数量增加了 26%，达到了 8.3 亿。

随着人类开采资源速度的加剧，自然资源密度变小，有限资源正在枯竭，制约着全球经济发展。因此，要实现全球经济持续发展有赖于实现发展与资源利用的脱钩[①]，如图 1 所示。

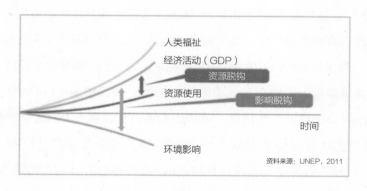

图 1　脱钩模型

由于大部分支持城市运行、发展的资源都是有限资源，实现城市层面的脱钩，成为实现发展与资源利用脱钩的基础之一。开展城市脱钩实践要求开展创新，以便更加有效地管理资源流，替代需要资源无限供应的传统城市发展模式。城市是由相互连接的基础设施构成的复杂网络。为城市提供交通、信息、排水、供水、能源分

---

[①] "脱钩"，即打破经济活动与有限资源耗竭、环境退化之间的联系。脱钩有两种类型：资源脱钩与影响脱钩。资源脱钩即减少单位经济产出的主要资源消率；影响脱钩即在增加经济活动的同时减少其带来的负面环境影响。

配等服务的基础设施通过引入资源，使用资源提供服务、生产财富，并处理消费产生的垃圾废物，决定着资源如何在城市系统内流动。这种资源的流动可以视为城市的"代谢"。循环性强的城市代谢将某一部门的产出作为另一部门的投入，这有助于城市将资源利用与提供更好的服务、与经济发展脱钩，有助于城市适应未来资源限制与变动的气候。

对基础设施的设计、建造和运行也将塑造居民的生活方式，决定其购买、使用与处置所需资源的方式。因此，加大在城市层面基础设施方面的关注与投入力度，对提升资源效率，实现城市层面脱钩，改善城市居民生活水平与所享受的服务水平都将发挥重要作用。

市场和社会都需要具有可持续性、高效率的新型基础设施，这创造了巨大的投资机遇，有助于帮助很多国家恢复经济。投资行为既要推动经济增长，同时不相应增加资源消耗（资源脱钩），又要支持可以减少环境影响（影响脱钩）的城市基础设施建设。

## 二、建设可持续城市需要考虑的因素

推广效率更高的城市基础设施，加强对高效基础设施的规划与设计有助于建设可持续城市。在这一过程中，需要考虑如下几个方法：

将基础设施网络作为"社会—技术体系"，在关注物理基础设施建设的同时将社会因素考虑进去。公平、公正、就业等与公众利益相关的问题都将决定公众是否支持创新以实现脱钩。

（1）检验"城市代谢流"，摒弃传统的投—产出模式。典型现代都市多进行线性代谢，应通过创新促进资源的循环利用，推动城市开展循环型代谢。

（2）减少对有限资源的使用，通过管理"生态系统服务"提供的惠益满足人类需求。

（3）采用"物质流分析"，将产业生态学与城市政治经济联系起来；同时认识到"多尺度视角"在确定城市对可持续物质流需求方面的重要性。

（4）不可持续的全球资源流产生的负面影响使脱钩成为城市发展的迫切选择。通过使用物质流分析，可以评估城市资源储备（即城市内部可以使用的资源，如建筑、基础设施、知识资本等）与流动（城市与外部的资源投入和产出）情况，以便进行城市基础设施的重新配置，实现脱钩。

物质流分析有多重复杂模型评估城市资源的动态流动。城市脱钩报告在对国家层面和地区层面物质流分析模型的基础上进行调整，构造了适用于城市物质流分析的模型，如图2所示。

通过模型进行物质流分析，管理者可以监控城市资源投入，管理城市废物流向，分析物质流的使用总量和使用强度，以便对已有城市基础设施进行改造或重组，或设计、新建可持续基础设施，提高资源效率，降低环境影响，实现城市层面的脱钩。

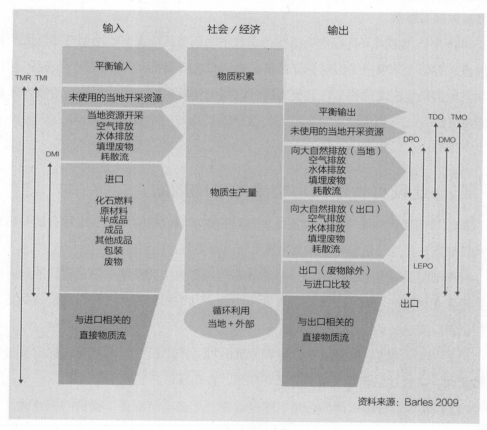

图2 城市物质流

注：指标和简写词汇释义表。

BI：平衡输出；BO：平衡输入；DMC：国内物质消费＝直接物质输入－出口

DMC：国内物质消费＝直接物质输入－进口

DMC$_{corr}$：调整的国内物质消费＝直接物质输入－进口废物－除废物外的出口

DMI：直接物质输入

直接物质输入＋平衡输入＝物质库存净增量＋区域内物质输出＋平衡输出

DMO：直接物质输出；DPO：区域内加工产出
LEPO：当地和出口加工产出＝区域内加工产出＋流向大自然的出口物质流
NAS：物质库存净增量；TDO：区域总产出
TMI：物质总输入
物质总输入＋平衡输入＝物质库存净增量＋物质输出总量＋平衡输出
TMO：物质输出总量；TMR：物质需求总量

# 三、向可持续城市转型

管理者可通过对城市基础设施进行设计、重组和建设，提高资源的利用率、减少浪费、提高循环利用率，实现在有限资源的条件下满足城市人口的资源需求，进一步实现社会公平。报告分析提出了如下方法推动向可持续城市的转型，实现脱钩：

## （一）倡导向可持续基础设施投资

2007—2008 年，各国政府都实施了公共财政投资进行基础设施建设，以缓解经济危机的影响。在发达国家，政府投资主要用于更新老化的城市基础设施；在发展中国家，公共投资更多用于迅速增长的城市中新建基础设施，以满足激增人口对基础设施的需求，缓解原有基础设施的超负荷运作效应。

据预测，在 2005—2030 年期间，发达国家改建更新基础设施和发展中国家新建基础设施的资金需求总额高达 41 万亿美元，水系统资金需求为 22.6 万亿美元，能源部门需 9 万亿美元，公路和铁路建设 7.8 万亿美元，空港和海港建设 1.6 万亿美元。

报告指出，基础设施投资可以将储蓄投资资金投入市场，形成规模，减少温室气体排放量，提高资源效率，但前提是减少政策干预的不确定性，逐步建立投资者的信心。

当然，对城市基础设施的重组将意味着寻求创新设计和先进科技来实现自然资源的可持续利用。城市具有高度的行政和立法自治权，可以为投资者提供法律和行政上的保障，营造良好的投资环境。因此，政策制定者应鼓励私人或团体的大量储蓄资金流入基础设施投资市场，参与到提高资源效率和低碳经济活动中，在政府财政能力允许的条件下制定投资者满意的制度安排，确保对可持续基础设施的投资同时实现资源和影响脱钩。

## （二）通过城市基础设施改建或重组恢复生态系统服务

实践已经表明，相对脱钩在部分发达国家已经实现，但是如果没有政策干预来刺激整体系统的改变，包括行为的改变，减少环境退化的同时减少化石燃料、清洁水、稀有金属等有限资源的使用，世界人口对食物、住所和交通的需求将无法得到满足。效率和资源生产力的提高能最大限度地延长有限资源的生命周期，但需要从多方面采取互补措施。报告指出，综合提高资源效率、更多使用当地可再生资源以及对废弃物的循环使用能够有效管理物质流，从而实现脱钩。

## 1. 提高资源效率

提高资源效率是可持续资源管理的第一步。提高资源效率意味着，用最小的物质投入实现更多的物质产出。实现资源的可持续性需要全局把握统筹，从根本上改变整个系统。

提高资源效率的方法多种多样，且具有技术难度。从某种层面上来说，提高资源效率可以被称为"需求方管理措施"，但它同样能够影响特定服务中供应方的行为。例如，电力调控主要通过鼓励使用节能灯和电器、使用绝缘建材来减少电力供暖的需求，从而来减少终端用户的电力需求。

提高资源效率在某种程度上用更少的资源实现额同样的目标，或者用同样的资源得到了更多的产出，实现了相对脱钩。但是，这不能从根本上减少对有限资源的依赖，而且很可能导致单纯追求资源效率提高的行为。没有充分了解资源效率提高对总体资源消费的影响，而单方面追求的不可再生资源效率措施，将会导致脱钩的"反弹效应"，即由于资源效率增加导致鼓励消费，从而使总的资源需求增加，从而减损净化环境效益。

## 2. 使用可再生资源和生态系统服务

在全球人口持续增长的背景下，提高不可再生资源效率和生产力只是缓兵之计，无法从根本上改变资源总量的限制。然而，可持续管理太阳能、风能和生物能等可再生资源，取代对有限资源的消费，则有可能突破资源约束。这种脱钩措施被称为"转化物质方法"或者"寻找低环境影响的替代物来提供服务"。这种措施着眼于寻找新的替代方案，进一步扩大创新。

同样地，通过提升自然系统提供的服务既能够满足人类物质需求，又能够减少有限资源的使用。自然环境（如河流、流域、森林、珊瑚礁等）经常会替代人类修建的基础设施，提供重要的服务与惠益，即"生态系统服务"。支付生态系统服务的各类体系将确保生态系统产生的惠益持续流动。例如，传统的废物处理设施需要昂贵的资金来维护运转，但自然环境的生态降解功能相对而言成本低许多，这在某种程度上节约了资源。因此，城市规划者可以通过将生态系统服务纳入未来城市发展战略与基础设施分布，增加实现资源脱钩的措施选择，促进社会公平。

### 3. 废物再利用

人类生活生产不可避免地产生废物。现代城市的新陈代谢呈现线性状态，即从城市外部汲取资源来保证城市各项经济社会活动的正常运转，同时将产生的废物排放到外围环境中。现代城市需要源源不断的资源输入，但其废物吸收处理的自然能力有限。如果城市要在有限资源约束和气候不确定的情况下取得可持续发展，那么对废物的回收利用就显得非常重要。因此，通过基础设施的建设与重组，实现废物的分类、回收、循环再利用，改变人们的行为习惯，城市可实现自发的资源循环，减少资源使用，降低环境负载压力，从而实现脱钩。

### （三）制定可持续城市发展愿景

要实现现有城市向可持续城市的转型，还必须有未来城市发展愿景进行指导。鉴于社会维度对于城市的健康与功能至关重要，每个城市的发展愿景都应该涵盖具体的目标，不但要考虑所有的利益相关方，还要充分应对贫困挑战，实现更大的公平；同时，都应以国家可持续城镇化发展政策为基础，而可持续城镇化发展政策必须支持发展有利于减少环境影响（影响脱钩），提高资源效率与生产率（资源脱钩）的城市基础设施。遵循脱钩的原则对基础设施进行形式创新，可以对所有人产生惠益，对发展中国家快速发展的城市尤其适用。

当然，单独使用某类措施无法有效地从根本上解决资源约束的困境。因此必须从多元角度出发，开源节流，推广效率更高的城市基础设施，加强高效基础设施的规划与设计，鼓励私人和社会团体对基础设施的投资，带动基础设施创新，在提高资源效率的同时，减少对有限资源的使用，通过管理"生态系统服务"提供的惠益满足人类需求。

## 四、可持续城市转型的模型：将新概念应用于城市基础设施脱钩实践

要实现现有城市向可持续城市的转型，需要选择有效的可持续城市转型模型。

报告从两个维度出发，利用象限法提出了四种可持续城市转型的模型，如图3所示。坐标纵轴显示了城市需求的关注点，包括"新建建筑和基础设施网络"和"对现存建筑和基础设施网络进行改建"两个方面；横轴表示城市是需要进行综合性（系统性）改变还是仅需要改变某类特定的基础设施网络。报告采用象限分析法确定了新建基础设施与改造基础设施的差异，明确了基础设施网络与网络间综合性改造的差异。通过开展30个案例研究，报告分析指出了每种模型的优缺点。

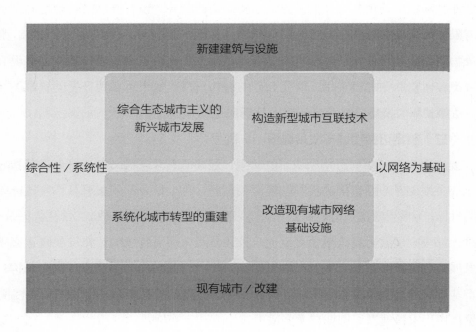

图3　绿色城市网络的四种类型

### （一）综合生态城市主义的新兴城市发展

综合生态城市主义属于全新发展，如生态岛，新城镇、生态村。整个区域的设计将基础设施网络系统联结起来，即在设计新建筑、社区、城、镇的过程中，将一定规模的建筑群通过最便捷的基础设施网整合在一起，从而实现更高级别的可持续发展目标。它通常关注整个新整体的进展（如生态城），或者关注毗邻或者包含在现存城市里新独立个体的发展（如生态房）。与现存城市或现存基础设施网的整体转型相比，这种模型更加关注发展规模的整体性。其优点是能够超越传统的方案来应对气候或者资源约束，因为其在整个系统内部生产食物、能源和其他重要资源，将废物作为资源再利用并减少对外部资源的依赖度，从而建立起整体的生态安全。

目前，对综合生态城市主义试验的评估很少，所以很难评价其对资源环境的影响。

### （二）构造新型城市互联技术

新型城市互联技术也包括新建工程，但其主要针对特定技术，而不是关注综合性方法。这种模型通过新建基础设施系统、创造新的或重构资源相互依赖性，推广传统能源、水、废物和交通网络的替代方案，能够在气候变化和资源约束的条件下，建立更具弹性的资源流。它更加关注拓展城市新能源网络，引导整个系统均匀分配传统能源和替代能源，如水能和生物燃料；试图解决传统基础设施在提供均等性服务和高质量服务不足、环境负面影响大的问题。

这种模型具有发展潜力，但是其缺点是开发替代能源常常需要大量长期投资，而且长期的资本投资具有社会风险。

### （三）系统化城市转型的重建

系统化城市转型是指使用一个综合性、整体性的网络方法，对现有城市基础设施或建筑进行重组或翻新。这种整体网络方法投资少，对环境影响低，倡导新科技的应用。这种发展思路尝试在城市的社会科技组织和现存基础设施之间实施有针对性的城市转型，主要关注整体效果，而不是具体干预措施，这需要综合调动社会、政治、体制和科技来重塑现存的城市网络。

这种方案鼓励在城市组织之间进行系统性的社会科技变革，以应对气候变化和资源约束。它通常需要用一个更开阔的视野看待正在建设的城市的类型，也需要从发展的角度呼吁各方利益相关者的参与。

### （四）改造现有城市网络基础设施

"城市网络基础设施"方案主要针对解决特定问题的系统（如确保用水安全、能源安全、食品安全、抗洪能力的设施等）进行翻新改建。这种模型使用智能科技和定价体系重新构建现有基础设施的使用方式，从而减少脆弱性、提高自力更生能力、提高适应性。它主要关注某类特定的技术，如快速公共交通系统、新型用水效率基础设施，需要国家资金扶持和长期投资项目，当地政府起到一个牵头作用，采取资源使用效率的传统方式。

这个方案要关注的关键问题就是公平，这需要计划者保证翻新改建城市网络基础设施并能够以更低成本的能源效率科技的方式为城市的穷人带来真正的利益。

# 五、未来之路：研究结论与政策建议

报告的核心研究结论指出，通过精心设计城市基础设施，能够在资源消耗更少、碳排放更低的情况下产生同等水平甚至更多的社会福利（分别实现资源和影响的脱钩）。城市转型的关键是识别主要驱动力、各种分配不均等以及资源流动造成的生态影响。这为城市领导者提供了进行分析的环境，有助于他们采取创新方法和思路，对现有基础设施进行重建、翻新和改造，以取代阻碍脱钩、减损福利的老旧方法与思路。

对城市基础设施的投资不断增加为城市实现包容性经济增长、对自然资源进行可持续消费创造了独特的机遇。有很多替代方案可以取代传统的资源与能源密集型方法进行城市基础设施建设。当然，还需要开展深入研究，进一步量化这些基础设施建设替代方案对实际物质流及物质分配产生的影响。

据此，报告提出了如下政策建议：

## （一）制定国家层面和城市层面的政策支持可持续基础设施建设

中央政府应该具有前瞻性眼光，制定和实施相关政策，推动城市在国家可持续发展战略中发挥作用。这些政策必须明确提出可持续城市基础设施规划，并与空间规划导则、基础设施投资战略、公平目标、财政能力和长期可持续发展目标相匹配。市政府则应在国家政策框架下制定符合当地实际情况的可持续基础设施政策。

## （二）将公平原则作为所有基础设施建设中的基本原则

公平是为可持续基础设施建设与创新赢得公众支持的道德基础。政府和企业在设定新增基础设施目标时，应该促进形成更广泛的公平，并将这些目标与实际措施紧密联系，如采取措施为城市贫民创造就业机会、增强能力等。投资者应该努力推动以可持续性为导向的创新，尤其要在发展中国家的城市中倡导创新，因为发展中国家将从大规模投资新建城市基础设施中获益，减轻贫困。这就需要对创新型城市基础设施（能够确保公平）提供国际支持。

## （三）设定具有挑战性又切实可行的可持续基础设施目标

城市政府应根据城市经济和生态实际情况，设定适当的人均代谢流目标。设定目标将提供一个清晰明确、易于理解的框架，用于衡量可持续资源利用的进展情况。设定目标需要提高市（镇）政府及其合作伙伴（如大学、企业等）的能力，以收集和处理有关城市代谢流的量化数据。在处理数据时应采用全球通用的标准化方法，便于设定绩效基准值。例如，监测各大城市人均用水量有利于政府确定水资源消费的战略目标。政府为促进城市向绿色经济进行长期转型而开展的城市基础设施投资，更需要针对每项基础设施服务设定具体的资源生产力目标（例如，单位国内生产总值的用水量、市民对公共交通的使用率等）。

### （四）采用创新方法进行可持续基础设施建设

随着人们对城市代谢流的理解不断深入，可以逐渐揭示出城市与国内外物质输出地区之间的联系以及城市对这些地区的环境影响，为生态系统服务付费奠定基础。支持城市基础设施创新的措施应该包括：有利于创新的采购标准，进行管理改革以开放市场、破除原有基础设施服务供应商的垄断，鼓励和激励创新的社会进程，为创新提供的资金支持，培养、孵化创新的保护措施等。鼓励发展能够积累知识、分担风险、调动资源、刺激创新的组织、网络与伙伴关系。

### （五）促进对创新型城市基础设施的投资

在未来二十年，对可持续城市基础设施的投资将带来价值40万亿美元的商业机会。应充分考虑资源脱钩和影响脱钩，用环境标准指导这些投资，同时保证利益相关方充分参与，这既能确保城市基础设施满足投资潜力，而且能够促进环境发展和社会福利。

当然，每个城市都具有其独特性，转化、落实政策建议时需要考虑每个城市的特性，解决其面临的具体挑战与问题。由于消费、文化行为、技术的变化，未来城市会进行根本性重组。如果从物质流的角度考虑这种重组，可以对基础设施进行重新配置，以提高资源生产力、减少环境影响。实现城市脱钩需要一个清晰明确的目标，而这个目标需要多方利益相关者的良性互动，同时综合考量城市脱钩中可持续基础设施建设和重组的挑战和机遇。

## 六、城市层面的脱钩对我国的政策启示

目前，推进城镇化已经成为中国发展的重要战略导向。2012年，中国的城市人口占比已经超过52%。按照当前工业化和城镇化的发展趋势，未来20年中国城镇常住人口将达10亿，城镇化率可达70%左右。现阶段是中国城镇化快速发展的关

键时期。

城市脱钩报告指出，第二次城镇化浪潮将新增 20 亿～30 亿消费者，使部分消费能力从发达国家向发展中国家转移。传统商业中，有着资源需求和环境影响的城市建设和城市基础设施并不是可持续的，因此，重新构思和重建城市基础设施，必须实现更多的可持续资源代谢。

中央城镇化工作会议指出，要"根据区域自然条件，科学设置开发强度，……把城市放在大自然中，把绿水青山保留给城市居民"，从生态文明建设的角度提出了城镇化要求。会议还强调，推进城镇化，既要坚持使市场在资源配置中起决定性作用，又要更好发挥政府在创造制度环境、编制发展规划、建设基础设施、提供公共服务、加强社会治理等方面的职能。

国家已经明确指出，外延增长式的城市发展方式难以适应新形势下的发展要求，中国城市化的发展方式要进行实质性转变。城市脱钩报告有关物质流分析、城市基础设施建设与重新配置、技术选择与创新的研究成果给予我们如下启示：

### （一）完善功能，强化基础设施建设

中国城镇化发展过程中，要改造和兴建大量的基础设施满足新增城镇人口的需求。在进行旧城改造、新城建设的过程中，决策者可借鉴物质流分析的方法监测城市资源流动情况，兼顾资源效率与生态承载力，利用技术创新进行可持续城市基础设施的设计、改造与新建。

（1）发挥政府职能，加强基础设施建设与改造。完善城市给排水、供电、供气等基础设施，通过技术改造提高现有设施的服务能力和质量，减少中间环节的浪费，使城市居民生活、生产的用水、用气、用电得到更好的保障；普及清洁能源，减少环境污染。继续加大对环境的投入，促进城市内生态系统提供服务；保持环境基础设施的健全与完备，提高污水、固体废弃物的处理能力；采用创新技术，增加对物质的循环利用。

（2）优化城市交通设施。全面提高城市道路交通功能，既通过改善运输条件、提高行车速度、降低油耗、缩短居民出行的时间等途径降低产品的生产成本，又通过改变城市的空间结构，更大程度地实现城市的聚集效益和集约化发展，从而有效节约资源，减少对环境的胁迫。

**（二）政策驱动，制定可持续基础设施政策**

坚持生态文明建设、统筹区域协调发展和可持续发展的政策理念，进一步明确城镇化在国家可持续发展战略中的位置，并进行相关的政策与制度安排。应从中央和地方两个层面着手，制定符合我国国情和地方城市特色的可持续基础设施政策，指导基础设施的升级改造与建设工作，协调各利益相关方的行为。通过适宜的可持续基础设施建设，"让居民望得见山、看得见水、记得住乡愁"。

**（三）市场调节，鼓励可持续基础设施创新投资**

在城镇化过程中涌现出大量的投资机遇，未来向基础设施投资量将呈现增长趋势。中央鼓励社会资本参与城市公用设施投资运营。因此，要充分发挥市场的调节作用，积极引导社会资本的投资方向，鼓励向可持续基础设施的投资行为。同时，依靠市场调节，辅以政府提供的政策条件与资金支持，鼓励创新，确保投资行为能够协助实现可持续城市基础设施建设。

**（四）转变模式，倡导向绿色经济的转型**

绿色经济是指通过技术创新、管理创新和制度创新，实现低资源消耗、低环境负荷的新经济发展思路和理念，目标是实现经济增长与资源过度消耗和环境恶化脱钩，提高生产效率和增长质量，实现以更少的资源消耗和更小的环境代价下的经济发展。我国在城市层面的脱钩，必须转变传统的发展模式，倡导向绿色经济的逐步转型，实现经济、社会和环境的良性可持续发展。

**（五）多方参与，保障各利益相关者的公平利益**

在城市可持续基础设施转化过程中，政府、企业、公众和社会组织作为利益相关方，将参与其中，发挥不同作用，承担相应责任。在城市基础设施可持续转化过程中，政府要发挥其领导和调节作用，企业、社会组织和公众将平等参与相关决策当中。政府应该协调好城市基础设施可持续转型中各方的利益，充分听取各方意见，保障利益相关者的公平利益；个人则应该充分发挥其创新能力，创新可持续基础设施；企业和社会团体则在投资领域要积极向可持续基础设施创新投资。

# G20 关注绿色发展：
# 实现包容性绿色增长的政策选择

王　晨　奚　旺

　　2012 年 6 月，在 G20 发展工作组的要求下，四个国际组织（非洲开发银行、经合组织、联合国和世界银行）联合开发了一个非指令性的包容性绿色增长工具包，并在 2013 年 7 月进行了更新，目的是为各国决策者提供三方面内容，一是开发包容性绿色增长战略的框架；二是应对绿色增长和包容性增长面临挑战的一些关键工具概述；三是知识共享和能力建设的相关挑战和解决方案。报告分四部分进行了阐述，其中：

　　第一部分是"前言"，介绍了包容性绿色增长工具包开发的背景。报告指出，包容性绿色增长是长期可持续发展的关键因素，国际社会应一起支持发展中国家找到适合当地实际的政策工具。报告强调，各国应根据国情选择适用的政策工具以制定符合实际的包容性绿色增长战略。

　　第二部分是"制定包容性绿色增长的国家战略"，介绍了将包容性绿色增长战略纳入国家发展框架的步骤。报告指出，应将包容性绿色增长纳入国家政策制定和发展规划编制的过程中，而不是创建独立的政策文件或机构。报告提出了愿景和目的、诊断、目标设定、优先序设置与可行性分析、实施、监测与评估等将包容性绿色增长战略纳入国家发展框架的步骤。

　　第三部分是"包容性绿色增长相关工具"，提出了一些关键工具的概述。报告提出了环境财政改革和收费、公共环境支出审查、可持续公共采购、战略环境评价、社会保护工具、环境服务付费、可持续产品认证等政策工具。

　　第四部分是"知识共享和能力提升"，提出了能力建设和知识共享的相关措施。报告指出，在环境风险评估、跨部门协调和环境财政改革等方面能力有限，是许多发展中国家追求包容性绿色增长的重大障碍。报告认为，拥有经验的国家应在全球和地区层面进行知识和经验分享，是机构建设和促进包容性绿色增长实施的关键。

本文对《支持包容性绿色增长的政策工具包》报告（英文版）进行了编译。主要内容如下：

## 一、前言

2012 年，由墨西哥主持的 20 国集团峰会把包容性绿色增长列为会议优先事项之一。2012 年 3 月，在韩国首尔召开的 20 国集团发展工作组（以下简称"DWG"）第二次会议主要聚焦于基础设施、食品安全和包容性绿色增长等峰会确定的优先领域。同时，会议决定，2012 年由 DWG 共同主持方和相关国际组织（非洲开发银行、经合组织、联合国和世界银行）一起开发关于包容性绿色增长国家政策框架的非指令性良好实践指南 / 工具包，以支持有意愿设计和实施包容性绿色增长政策的国家，使其最终实现可持续发展。

DWG 认为包容性绿色增长是长期可持续发展的关键要素，是否开展包容性绿色增长不应成为发展中国家和 G20 国家获得国际援助和国际资源的前提条件。相反，国际社会应一道支持发展中国家找到适合自身国情的政策工具，促进具有环境可持续性和社会包容性的经济增长。包容性绿色增长不会自动实现，需要各个层面采取深思熟虑的相关政策和投资，确保经济增长是绿色的和包容的。

发展水平不同，各国实现包容性绿色增长的一揽子政策工具也不同。实现包容性绿色增长是一个重大的挑战，意味着国家将采取"转型"行动，部门间和部门内的财政资金分配情况也会随之变化。个别的投资项目干预对于实现包容性绿色增长是不够的，但也不是说要毕其功于一役。包容性绿色增长战略框架对于确定干预措施的优先序十分重要，有助于确定哪些干预是紧迫的，哪些可以再等一等，可以帮助发展中国家应对一些直接和关键的挑战。

适合的政策和措施与国情紧密相关，特别是与最紧迫的环境、社会和经济问题，因此报告无法提供一个普遍适用的实现包容性绿色增长战略的解决方案。根据收入水平、经济构成、资源性行业比重、带队化石燃料行业依赖度、环境风险和脆弱性，不同国家有不同的侧重点。此外，政治经济情况也会对国家绿色增长政策的制定有重大影响。因此，各国应根据国情选择报告中提供的政策工具。

## 二、制定包容性绿色增长的国家战略

全局视野和整体战略对于制定具有长期目标的包容性绿色增长改革政策与国家战略不可或缺。正确的做法是将绿色增长纳入国家政策和发展规划的制定过程，而不是创建独立的政策文件或机构。这种做法有利于控制改革的成本，使民众（包括私营部门）更易于接受改革，也保持了政策制定的连贯性，为长期项目投资提供了稳定的政策环境。但是，制定国家战略本身会带来一些挑战，包括政府换届对政策一致性的影响、多个利益相关者的参与、跨部门协调以及长期战略目标和指标的定义。

在重大政策制定时，应先确定政策制定的方法，应从一个共同愿景开始，逐一分析可能存在的问题、经验教训和机遇、具体且现实的国家目标、技术选项的分析与确定、包含具体行动的改革议程和/或投资计划、时间和资源的影响等。相关国家会开发出不同战略，但其中的基本元素相同，可以形成一个通用的框架（如图1所示）。该框架确定了战略制定的主要步骤，每个步骤可以应用不同的政策工具。

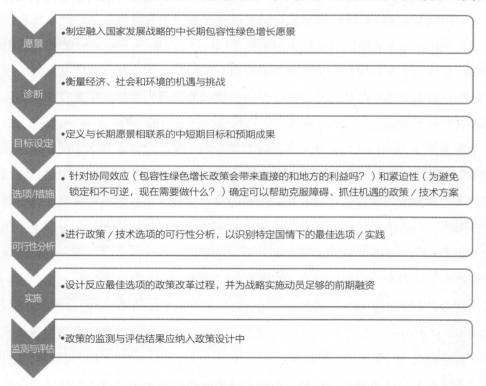

**愿景** ● 制定融入国家发展战略的中长期包容性绿色增长愿景

**诊断** ● 衡量经济、社会和环境的机遇与挑战

**目标设定** ● 定义与长期愿景相联系的中短期目标和预期成果

**选项/措施** ● 针对协同效应（包容性绿色增长政策会带来直接的和地方的利益吗？）和紧迫性（为避免锁定和不可逆，现在需要做什么？）确定可以帮助克服障碍、抓住机遇的政策/技术方案

**可行性分析** ● 进行政策/技术选项的可行性分析，以识别特定国情下的最佳选项/实践

**实施** ● 设计反应最佳选项的政策改革过程，并为战略实施动员足够的前期融资

**监测与评估** ● 政策的监测与评估结果应纳入政策设计中

图 1  将包容性绿色增长战略纳入国家发展框架的步骤

上述步骤的不同行动类型讨论如下。

### （一）步骤 1 愿景和目的

如前所述，任何包容性绿色增长战略都需要纳入政府和选民（包括边缘人士和绿色经济转型中比较脆弱的人群）广泛支持的国家发展愿景。为实现这一目标，战略制定需要不同层面的政治承诺和支持，这要求不同利益相关方深入磋商、信息共享，确保战略制定决策透明。

### （二）步骤 2 诊断

系统整理相关信息，以更好地理解实现包容性绿色增长目标时的机遇与挑战。特别是要确定国家经济、社会和环境／自然资源挑战和机遇、气候风险管理问题、现有政策工具评估以及实现包容性绿色增长的制约因素。

### （三）步骤 3 目标设定

制定与长期愿景相联系的中短期具体目标和预期成果。要根据各国特定的国情明确各种选项和措施的排序标准。同时，应进行制度、金融和能力限制的评估以确保政策制定与制度能力相匹配。

此外，随着国家目标的设定，各国将考虑纳入最佳实践方法的指导方针和标准。这可能包括不是专门促进绿色增长政策的指导方针，而是在政策和投资安排中考虑了可持续性和包容性核心问题的指导方针；在许多低收入国家，这些政策和投资会影响到处于政策制定中心位置的相关部门。例如，与农业有关的可能是联合国世界粮食安全委员会的土地、渔业和森林权属负责任治理自愿准则，或联合国粮农组织的负责任渔业行为准则等。

### （四）步骤 4 优先序设置与可行性分析

在缺乏市场价格（环保产品）和存在大量不确定性（关于气候风险、技术）的情况下，多标准分析可能要考虑到成本效益分析的局限性。同时，政治经济分析和分配评估也很重要。

随着紧急和重要步骤优先顺序的确定，各国可以进一步将推进包容性绿色增长。其中，应重点考虑以下两点：

#### 1. 协同效应

绿色政策能提供的当地福利，以及实现更快速更包容增长的程度。能提供直接当地福利的绿色政策的政治社会可接受度较高。政治社会可接受度是能否实现战略的一个关键因素。

### 2. 紧迫性

在不存在运行不可逆损害的风险或陷入不可持续增长模式的情况下，政策可以被推迟的程度。

### （五）步骤 5 实施

实施一揽子政策应有明确的时间表（次序安排）和预计的支撑资源（财务、人力和技术）的支持。因此，政策应被纳入部门计划和国家财政预算流程。政策实施应优先考虑"快速赢得"或政策可以带来的快速积极回报（例如直接收入、成本节约、就业）和 / 或最低的实施成本。

### （六）步骤 6 监测与评估

政策设计时，需要对政策和干预措施进行监测和评估，以形成反馈回路。工具包括标准的监测与评估，以及正式学习绿色增长对什么干预效果最有效而进行的影响评价。此外，监测与评估过程可以充分体现包容性绿色增长的包容性。其参与性的方法可以充分反映政策实施的社会和经济影响。

## 三、包容性绿色增长相关工具

一个实用、灵活的政策工具包在帮助发展中国家识别并解决实现包容性绿色增长中的瓶颈和约束问题时将扮演重要角色。这个工具包需要包括环境、经济和社会的一般性和特殊性政策的详细情况，它从技术和制度两个层面考虑重要的长期投资和创新，避免陷入低效且昂贵的技术和基础设施。为促进这样的投资和政策，适当的政策框架、治理安排、能力建设和知识共享必须到位。

报告识别或开发了一些政策工具来培育包容性绿色增长。报告列出的工具绝不是最终清单，而是开放并且定期更新的清单。表 1 列出了这些工具的类型和服务功能。

表1　相关工具的类型和服务功能

| | 激励 | | | 设计 | 金融 | 监测 |
|---|---|---|---|---|---|---|
| | 污染物和自然资源利用定价的工具 | 补充定价政策的工具 | 促进包容性的工具 | 管理不确定性的工具 | 融资和投资工具 | 监测工具 |
| 环境财政改革和收费 | √ | | √ | | | |
| 公共环境支出审查 | √ | √ | | √ | | |
| 可持续公共采购 | | √ | √ | | √ | |
| 战略环境评价 | | √ | √ | | | |
| 社会保护工具 | | | √ | | √ | |
| 环境服务付费 | √ | | √ | | √ | |
| 可持续产品认证 | | | √ | | √ | √ |
| 设计环境政策的工具沟通和推动 | | √ | √ | | | |
| 绿色创新和产业政策 | | √ | | | √ | |
| 不确定性条件下的决策 | | | | √ | | |
| 项目层面的影响评估 | | | √ | √ | | |
| 关于劳动力市场和收入影响的分析 | | √ | √ | | | |
| 可持续土地管理——非洲土地政策框架和指导方针 | √ | √ | √ | | | |
| 水资源综合管理（IWRM） | √ | √ | √ | | | |
| 绿色核算 | | | | | | √ |

每个工具的简要描述如下：

**（一）环境财政改革和收费**

环境财政改革是指可能会增加财政收入、提高效率和改善社会公平，同时促进环境目标的一系列税收和价格措施。环境财政改革工具分为以下四大类：① 自然资源定价措施，如森林和渔业开发的税收；② 产品补贴和税收的改革；③ 成本回收措施，如能源和水用户收费，该措施普遍适用，但需小心执行并配合保护穷人的配套措施；④ 排污收费，特别是工业污染严重的相关国家，实现排污收费的国家行政能力相对较高。

**（二）公共环境支出审查**

公共环境支出审查检查部门内、部门间和／或国家与省级之间的政府资源分配情况，并评估不同环境优先事项之间资源分配的效率和有效性。公共环境支出审查经常表明环境政策、计划和政府在这些领域的低水平支出之间不匹配，而这些领域与环境的可持续和自然资本相关。在许多情况下，公共环境支出审查有助于重新分配支出，使其转向负责环境优先事项的机构和长期目标，从而大大增加环境预算。公共环境支出审查也有利于识别、量化和最大化被低估自然资源的公共收入潜力，如林业、渔业和矿产。

### （三）可持续公共采购

可持续公共采购通常定义为以在整个生命基础上物有所值的方式，某个组织满足对商品、服务、工作和公用事业需求的一个过程。此过程不仅给该组织带来收益，也给经济和社会带来收益，同时减少了对环境的破坏。

### （四）战略环境评价

战略环境评价是指一系列分析和参与式方法，旨在将环境因素纳入政策并评价其与经济、社会和气候变化因素的内在联系。他们是各种各样的工具，而不是一个单一的、固定的和说明性的方法。战略环境评价应用在决策最早期阶段，帮助制定政策和评估其潜在发展有效性和可持续性，关注环境、社会和经济目标间的权衡。这对于评估"绿色"政策或重大项目是否会产生意想不到的后果很有价值，如补贴改革。绿色增长治理中，战略环境评价在政策和制度层面是有效的。

### （五）社会保护工具

社会保护工具确保为需要保护的个人提供基本服务，防止他们落入赤贫或帮助他们摆脱贫困。根据特定国情定义，社会保护线的目标是逐步实现有共享长期愿景的普遍、全面的覆盖，在许多情况下，社会保障线在现有的、分散的社会保护计划上进行建设，如安全网。社会保护计划对于特定人群和／或区域是暂时和局限的，通常反映紧急的优先事项，如应对食品和金融危机的需要等。

### （六）环境服务付费

环境服务付费被定义为在至少一个"卖方"和"买家"之间签订关于环境服务（或者假定可生产环境服务的土地利用）的一个自愿、有条件的协议。通过给环境服务提供商报酬，加强国际、国家、区域和地方等不同尺度的生态系统服务供应。

### （七）可持续产品认证

通过认证，识别有潜力减少不良环境和社会影响的商品和服务。区分绿色产品可以增加农民和生产者的市场价值和占有率，在有助于经济增长的同时改善环境行为，确保资源的可持续性。作为消费者的信息系统，认证计划包括：① 多个利益相关方的协议，协议形成标准下最好的 / 可接受的实践；② 评估符合性的审计过程；③ 可持续资源跟踪过程；④ 产品标签。

### （八）设计环境政策的工具：沟通和推动

沟通和推动代表广泛的以证据为基础的战略，旨在刺激和维持个体之间的环境可持续行为，包括以下几点：① 社会营销方法，利用商业营销技术并已在很多领域进行大规模使用。如安全带使用、艾滋病毒 / 艾滋病预防和 20 世纪 60 年代以来的计划生育；② 以社区为基础的方法（社会营销的一个子集），专注于改变社会规范；③ 推动低成本、简单的干预措施，旨鼓励人们做出最好的关于卫生、环境或其他因素的决策。

### （九）绿色创新和产业政策

绿色创新政策是通过鼓励全面创新（水平政策）或支持特定技术（垂直创新）来推进绿色创新的政策。绿色产业政策是针对特定行业或公司使其经济生产结构绿色化的政策。它们包括特定行业的研发补贴、资金补贴、税收减免、上网电价和进口保护等。他们不包括针对需求的政策（如消费者授权），这可以在不改变当地产量的情况下通过进口来满足。

### （十）不确定性条件下的决策

在绿色增长战略中主要有 4 种方法来解决不确定性：不确定下的成本效益分析（CBA）、CBA 的实物期权法、稳健决策法和气候信息决策分析法。

### （十一）项目层面的影响评估

顶层包容性绿色增长的规划和决策必须转化为操作层面的投资决策和实施过程，以确保项目投资可以提高环保和社会效益并管理潜在风险。例如，在过去的 40 年里，环境影响评估（EIA）是一个行之有效的工具，在评估项目建议书环境风险与机遇和提高项目成果质量上效果较高。环境影响评价已是成熟做法，越来越被纳入国家立法。对于环境评估中的社会问题，它确实是最佳实践，但做到多大程度是不确定的。还有几个细分的项目层面影响评价方法，如社会影响评估（SIA），也可以为项目设计和决策实现包容性绿色增长提供切入点和工具。

### （十二）关于劳动力市场和收入影响的分析

国际劳工组织的这一分析工具可以准确识别劳动力市场的变化、机遇和挑战，特别是青年男女。该工具可以各个部门为基础或不同类型家庭收入变化来识别潜在的就业和失业。在影响评估之外，该工具提供了劳动力市场信息，例如强调为青年创造体面的工作机会，为政策制定提供指南，如某些行业就业形式的需求或对绿色微型和小型企业的支持，特别是对年轻企业家或基础设施投资的支持。同样，该工具产生的数据为评估对技能要求变化的预期以及教育、职业指导和培训政策带来的影响提供了依据。

### （十三）可持续土地管理——非洲土地政策框架和指导方针

2006 年，非洲联盟委员会、非洲经济委员会和非洲开发银行启动了关于土地政策和土地改革的框架和指导方针的程序，目的是加强土地权利、提高生产率并保障多数大陆人口的生计。该倡议以广泛磋商的方式进行，涉及非洲大陆 5 个地区的区域经济委员会、民间社会组织、非洲和其他地方的卓越中心、土地政策开发和实施的从业者和研究人员、政府机构和非洲的发展伙伴。为了获得 2009 年 7 月国家元首和政府首脑大会的同意和采纳，倡议的最终结果在非盟大会正式决策过程批准之前发布。

### （十四）水资源综合管理（IWRM）

水资源综合管理（IWRM）是一个全面的水资源管理方法，将水视为竞争性适用的，与生态、社会和经济系统有内在联系的单一资源。通过水资源综合管理，水都被视为一个经济、社会和环境物品。水资源综合管理有助于确保指导水资源管理的政策和选择在一个综合框架内进行分析。

### （十五）绿色核算

绿色核算将国民经济核算扩展到包括破坏和损耗自然资源的价值，这些自然资源支撑了生产和人类福祉。净储蓄、生产资产折旧的调整、环境枯竭和退化等可以表明幸福是否可以持续到未来。负的净储蓄表明幸福无法持续，因为支持幸福的资产正被耗尽。通过绿色核算，相关指标可以与国内生产总值（GDP）共同使用，评估一个国家如何更好地做好长远打算，同时它还提供了自然资本管理的详细核算。过去 20 年许多国家采用了这一方法——尤其对水、能源和污染。也有个别国家采用了修改后的宏观经济指标。

## 四、知识共享和能力开发

尽管目前还没有国家是严格按照"包容式绿色增长之路"发展起来，但已有许多倡议可为制定包容性绿色增长政策提供了参考；同时，此类知识已向许多国家和参与者传播，建设知识共享工具变得十分迫切。在此背景下，知识平台可以发挥重要作用，如绿色增长知识平台。

调整和配置绿色技术、进行环境风险评估、跨部门协调和制定环境财政改革等方面能力有限，是许多发展中国家追求包容性绿色增长的一个重大障碍，仅仅知识共享可能并不足以解决此问题。开发能力在一定程度上与个人和各级组织、政府内外的开发技能和知识有关，能力开发的关键也建立支持开发的宽松环境和跨机构、跨部门沟通以及协作有关。跨机构、跨部门沟通和协作工作对于绿色增长政策制定十分必要。在这些领域，拥有设计和实施绿色增长战略经验的各国应以更具协作性的方式工作，在全球和地区层面建立一个知识和经验分享的过程。这与努力开发绿色经济的技能相互独立、相互补充。

在一些情况下，外部参与者可在国家层面的包容性绿色增长决策能力建设上发挥重要支撑作用。为使外部参与者能帮助指导各国实施包容性绿色增长战略，报告提出五步框架如下：

（1）通过分析国情、激励架构以及自然资源的限制和机会，评估国家政治和制度背景。

（2）确定关键参与者及其能力开发需要，如政府官员、私营部门代表和公民社会团体的成员，识别影响利益相关者的政治和经济需求。

（3）确定建立组织激励的机会，包括寻找切入点、设立优先级、确立合适的时间表、目标和所需资源。

（4）确定认识／知识需求及现有分析工具，提高对经济发展中环境作用的认识，熟悉现有的知识产品，并采用技术工具使经济发展有利于环境项目和措施。

（5）确定应对政策，从修订的优先序和实施战略到具体环境管理措施和投资。

上述步骤不一定是连续的，也并非都是必要的，取决于使用环境。建立带有与政策制定或规划周期相联系时间表的方案十分重要。同时，监测和评估是从经验中学习、提高能力开发成果、规划和分配资源以满足优先序和示范成果的重要基础，因此定期监测项目进展十分必要。在区域及全球范围内的知识共享是机构建设和促进包容性绿色增长实施的关键。同时，也应开发普遍适用的学习课程。

总的来说，国情不同，资源和挑战不同，各国的绿色增长政策也不同。但无论如何，都应高度重视政策工具的包容性。报告提供了广泛适用的战略制定步骤和相关的非指令性政策工具。此外，成功的政策应基于良好的知识，并与地方实际能力相匹配。因此，有必要制定知识和能力建设方案以推动包容性绿色增长。

# 东盟实现 2030 年经济共同体目标的主要挑战

李 博　刘 平　王语懿　田 舫

　　成立至今，东盟已逐步成长为亚太地区政治、经济和安全领域的一支举足轻重的力量，并成为全球重要的区域组织之一。其中，东盟经济共同体是构建东盟经济一体化的重要里程碑。该共同体的发展不仅攸关东盟整体走向，对中国与东盟关系也会带来深远的影响。

　　2014 年，亚洲开发银行发布了《东盟 2030 年：迈向无国界经济共同体》报告。该报告分析了东盟经济共同体建设的现状、挑战和对策。本文章对上述报告进行了摘编，重点介绍东盟实现经济共同体目标所存在的主要挑战，主要内容包括 2030 年共同体目标综述，提升宏观经济与金融系统的稳定性，支持公平增长，提高竞争力与创造力，加强环境保护等。

## 一、综述

　　对东盟与其成员国而言，其将在 2030 年实现的主要目标包括：建立一个具有高度适应性、包容性、竞争性与和谐性的联盟。东盟国家的人均 GDP 在 2010—2030 年之间将发生较大增长。如今，东盟国家的人民生活质量也提高到了经济合作与发展组织（OECD）所要求的水平。然而，为了达到这些目标，东盟国家和地区将面临严峻的挑战。深刻的家庭结构改革势在必行，需要改变个体经济，保持成长和发展。对东盟而言，地区主动合作迫在眉睫，这有利于确保其在泛亚洲地区的中心地位和在全球范围内的竞争力。

　　本报告将通过采用自下而上的分析方法，深入探析东盟国家在实现上述目标过程中将面临的主要困难与挑战。第一部分涉及经济恢复和金融波动的挑战，将讨论宏观经济和金融财政稳定性的重要性。第二部分涉及实现公平性增长和包容性发展的挑战，注重经济集聚，促进平等，提高社会凝聚力，从而在根本上避免陷入中等收入的陷阱。第三部分涉及竞争力和创新性的挑战，将诠释东盟的研究和发展战略，同时给出提高生产力的建议。最后，在第四部分，涉及与环境问题有关的挑战，将尽可能寻找一个关于自然资源管理、能源政策和城市化的可持续发展方案。

　　表1以国家为对象，详细分析东盟所面临主要挑战类型。其中，七个东盟国家认为人力资本发展将是未来所面临的最主要挑战；其他共同的挑战，则与管理、研究、提升环境保护、自然资源管理、发展经济基础设施，提高宏观管理、促进平等和提高社会凝聚力等有关。此外，有四个东盟国家提出需要提高经济多样性。总之，从国家层面看，已明确出 24 项不同类型的挑战。

### 表 1　东盟所面临的主要挑战（按国家分类）

| 国 家 | 第一挑战 | | | 第二挑战 | | |
|---|---|---|---|---|---|---|
| 文莱 | 经济多样化 | 提高商业与投资环境 | 发展人力资本 | 提高环境保护和自然资源管理 | 促进金融深化 | 提高生活质量 |
| 柬埔寨 | 发展人力资源 | 经济多样化 | 减贫 | 提高环境保护和自然资源管理 | 加强管理和研究 | 提高宏观管理 |
| 印尼 | 提高宏观管理 | 发展经济设施 | 提高环境保护和自然资源管理 | 促进平等，提高社会凝聚力 | 加强管理和研究 | 经济多样化 |
| 老挝 | 经济多样化 | 发展人力资源 | 促进平等，提高社会凝聚力 | 发展经济设施 | 发展经济设施 | 促进互联网安全可持续 |
| 马来西亚 | 使经济富有竞争力 | 发展人力资源 | 种植技术和创新能力 | 提高劳动生产率 | 促进平等，提高社会凝聚力 | 提高环境保护和自然资源管理 |
| 缅甸 | 加强管理和研究 | 提高宏观管理 | 加强农业 | 发展人力资源 | 加强工业基础 | 发展经济设施 |
| 菲律宾 | 提高商业与投资环境 | 发展经济设施 | 加强管理和研究 | 加强工业基础 | 促进平等，提高社会凝聚力 | 改善财政管理 |

| 国 家 | 第一挑战 | | | 第二挑战 | | |
|------|---------|---|---|---------|---|---|
| 新加坡 | 管理有限资源 | 解决人口和劳动力的限制 | 种植技术和创新能力 | 明确增长新动力 | 促进平等,提高社会凝聚力 | 管理城镇化和环境 |
| 泰国 | 发展人力资源 | 促进平等,提高社会凝聚力 | 提高宏观管理 | 明确增长新动力 | 加强管理和研究 | 确保能源安全 |
| 越南 | 加强管理和研究 | 发展经济设施 | 发展人力资源 | 提高城镇化管理 | 提高环境保护和自然资源管理 | 促进互联网安全可持续 |

# 二、提升宏观经济与金融系统的稳定性

## （一）加强经济一体化

过去几十年里，在东盟成员国与其他东亚经济体之间的贸易一体化程度不断加强。截至 2010 年，东盟与中日韩三国之间商品出口量的 50% 与进口量的 56% 都发生在本区域内。东盟内部的外国直接投资（FDI）也在显著增加。1996—2012 年，累计外国直接投资流入东盟总额约为 8 800 亿美元（见表 2）。

表 2  1996—2012 年外国对东盟直接投资情况表

| 资金来源 | 流入量 | | | 总计 | |
|---------|-------|-------|-------|------|------|
| | 1996 年 | 2005 年 | 2012 年 | 单价 / 百万美元 | 比例 / 百分比 |
| 全部外国直接投资 | 30 178 | 39 386 | 108 214 | 879 003 | 100% |
| 东盟 | 4 265 | 3 517 | 20 037 | 125 228 | 14.2% |
| 日本 | 5 276 | 5 765 | 20 772 | 119 642 | 13.6% |
| 中国 | 118 | 743 | 4 101 | 23 561 | 2.7% |
| 韩国 | 505 | 886 | 1 893 | 19 460 | 2.2% |
| 印度 | 69 | 80 | 2 624 | 10 202 | 1.2% |
| 澳大利亚 | 325 | 588 | 1 851 | 12 229 | 1.4% |
| 欧盟 | 7 352 | 11 435 | 23 466 | 218 480 | 24.9% |
| 美国 | 5 178 | 4 344 | 6 924 | 93 074 | 10.6% |
| 其他国家与地区 | 7 091 | 12 028 | 26 545 | 257 126 | 29.3% |

数据来源：东盟秘书处。

东盟经济一体化加强的另一标志是自由贸易区成效明显。截至 2011 年，东盟自由贸易区（AFTA）已取得明显成效。老东盟六国（新加坡、马来西亚、印度尼西亚、泰国、菲律宾和文莱）之间已取消 99.65% 的关税，几乎实现了零关税的自贸区目标。新东盟四国（柬埔寨、老挝、缅甸和越南）的平均关税也已大幅降至 2.6% 的新低。自贸区建设将为推动构建更全面、更深入的经济共同体打下了良好基础。

此外，按照东盟经济共同体蓝图，东盟经济共同体建设将推动实现东盟经济一体化的四个主要目标：①建成一个单一的市场和生产基地；②建成一个竞争性的经济区；③经济均衡发展；④融入全球经济。截至 2013 年，蓝图中的 259 项措施已得到实施，东盟经济共同体按计划完成了 77.54% 的既定目标。

## （二）政策目标

1997—1998 年东南亚经济危机发生后，印度尼西亚和泰国这两个受影响最严重的东盟国家用了五年时间将实际 GDP 恢复到危机前水平（图 1）。在它们未来的发展道路上，任意一国发生的大型的经济或金融危机都有可能致使类似的倒退。

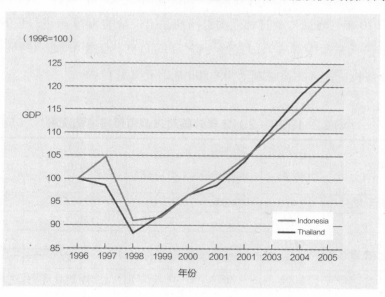

数据来源：国际货币基金组织，世界经济展望数据库。

图 1 GDP 增长指数：印度尼西亚与泰国

保持宏观经济和金融稳定，最初是国内的主要目标——鼓励应对国内国外冲击的弹性。自亚洲金融危机以来，大部分东盟国家在调控宏观经济政策方面表现得很合理，例如东盟对 2008—2009 年全球金融危机的应对。宏观经济的合理规划的关键问题是确定风险和准确地审估脆弱点。

　　亚洲金融危机后，许多东盟国家从挂钩转向灵活的汇率与通货膨胀目标明确或含蓄地指导货币政策。然而，柬老缅越四国，仍在很大程度上挂钩于美元化或多个货币现象保持不同的汇率制度。虽然这些国家受到亚洲金融危机影响较小，但上述四国未来仍然需要构建技术和机构能力，使宏观经济管理更有效。

　　目前，东盟经济体正显露出不同程度的宏观经济脆弱性（表 2）。一般来说，就除印度尼西亚的所有国家的活期存款剩余，相对强健的外部储备头寸，由低下到稳健的国债和依据资本充足性和不良贷款的相对健康的银行业来看，东盟 6 个经济体（文莱达鲁萨兰国，印度尼西亚，马来西亚，菲律宾，新加坡，泰国）的宏观经济条件相对强健。另一方面，柬埔寨、老挝、缅甸和越南四国，则从经济体较高的外部和财政赤字和由稳健到低下的官方储备总额显露出较大的脆弱性。

　　对于存在高额的财政赤字的几个东盟经济体而言，财政可持续性是一个潜在的政策问题。考虑到东盟国家的货币快速增长，资产泡沫的风险管理也是一个挑战。展望未来，数据表明：越南，柬埔寨和老挝应该仔细监控宏观经济发展；而马来西亚、菲律宾和泰国由于其相对较高的财政赤字可能面临中期财政挑战。

### （三）加强区域合作

　　区域合作不论是对于各国还是整个东盟都是促进宏观经济和金融稳定的一个重要工具。1997—1998 年的金融危机为东亚金融合作倡议提供了动力。许多国家认为鉴于该地区的金融资源丰富，如果该地区有更紧密的金融合作，这场危机本可以避免。或者至少危机解决机制可以危害更少，且国际货币基金组织的规定条件可以更缓和。

　　东盟金融货币合作的日期可以追溯到 20 世纪 70 年代。1977 年，5 个创始的东盟中央银行建立了东盟互换安排（ASA），向其成员提供短期（不超过 6 个月）流动性援助以帮助解决国际临时流动性的问题。其初始资金为 1 亿美元。每个成员贡献 2 000 万美元就可以获得其贡献的两倍。这个交换设施随后被再次提出并在 1987 年增加了一倍。

### 1. 清迈多边倡议

　　在 2000 年 5 月，为了应对 1997—1998 年的金融危机，东盟 - 中日韩诸国在"东盟互换安排"下达成了清迈协议（CMI），其协议补充了 5 个东盟经济体和中日韩国家的双边互换协议。由于许多单独的合同存在不同的货币，不同的条款和条件，所以这个网络自然是繁琐的 。为了提高清迈协议的效率，2007 年 5 月，东盟 - 中日韩诸国在单边协议的支持下就发展自我管理的外汇储备库机制达成协议。这个协议被称为"多边化清迈倡议"（CMIM），于 2010 年 3 月 24 日生效，其覆盖所有东盟十国和中日韩国家。

● 提升清迈倡议多边机制的有效性

近年来，各政策决定者、学者和其他专家就清迈倡议多边机制是否确实有效展开了讨论。他们将关注点放在政府结构、会员国的扩大、基金动员的条款和条件、与国际货币基金组织项目的联系、规模大小以及决策制定规则。

● 与国际货币基金组织的关系

当前，如果链接到国际货币基金组织的监督程序，任何一个超过经济交换配额的 30% 的数目都会被记录。 这项规定存在一个内在矛盾，即只有当清迈多边机制为贷款经济提供的价值大于国际货币基金组织通过角色互补已提供的价值时，该机制才切实有效。因此，一些专家对自动的国际货币基金组织链接产生极大的关注，他们主张减少这种链接，直至最后完全消除。

● 规模

目前国际货币基金组织未链接部分所占比例太小以至于未能为风险防范和解决提供有效帮助。例如，泰国和印度尼西在国际货币基金组织的未链接份额为 68.28 亿美元，与 1997 年泰国的 172 亿美元，印度尼西亚的 400 亿美元以及在 2008 年、2009 年全球金融危机中韩国接受的来自美联储的 300 亿美元相比，这些份额实在是太小了。很明显，急性外汇流动短缺或外汇危机仍将迫使泰国和印度尼西亚这样的国家向国际货币基金组织寻求帮助已获得充足的资金。总之，当前的清迈倡议多边机制的规模无法在像 1997 年经济危机这样的环境中提供增值。

一旦危机出现，国际货币基金组织不可避免的要参与决策，特别是涉及限制条款的时候。然而，对临时于外汇短缺（不是危机），国际货币基金组织的非链接份额应该足够大，以便发挥作用。未链接份额计划在 2014 年增加到 40%。可是这些仍然不够。除非未链接份额足够大或清迈倡议多边机制在临时流动性短缺的某一特定时期与基金组织完全脱钩 ( 正如雷曼兄弟破产后发生的那样 )，东盟国家极有可能会避免使用多边化并且与拥有大量外汇储备的国家，如美国、中国、日本争夺双边互换。

良好的国际比较是由拉丁美洲的储备基金提供的，FLAR 有七个成员国，实收资本的约 20 亿美元，其规模远远小于清迈倡议多边机制的规模。它与国际货币基金组织没有操作链接，但在其 30 年的历史中，其成员国经常向基金组织借款总计 100 亿美元。尽管没有贷款条件，但从未有一个国家拖欠贷款。

●决策制定和表决权

中日韩三国持有 71.59% 的投票权，决定例如交换批准和制约性等操作问题需获得超过三分之二的投票。如此一来，即使所有东盟成员国不同意，只要 +3 国家同意，他们就可以实际操作决策。为了避免将来地区内部的摩擦，最好将 +3 国家的投票比重降低到三分之二以下，大概是 60%，以便使两个或以上的东盟成员国可能得到三分之二的投票。引入这种决策机制的变化可能需要讨论和时间；然而，它将帮助加强多边化团结，作为东盟＋3 金融和货币合作走向 2030 年。

## 2. 东盟－中日韩（ASEAN+3）宏观经济研究办公室

东盟监视进程自 1999 年以来支持区域政策对话、经济审查、及经济和金融的一体化。并在东盟秘书处设立了一个高级宏观经济和金融监督办公室（MFSO）以此加强区域监测能力。尽管有了这些发展，作为一个团体，东盟依然只有相当有限的资源，东盟国家必须利用区域监测倡议在东盟 +3 的水平，特别是通过东盟 - 中日韩宏观经济研究办公室（AMRO）。

AMRO 于 2011 年 4 月在新加坡成立，是一个独立的宏观经济和金融监督机构，支持清迈倡议多边化监测，区域经济体分析和为清迈倡议多边化决策作出贡献。

目前，AMRO 生产季度区域经济监测报告和每年两次各国的评估，提交给东盟 - 中日韩财务代表，并在四月、十一月东盟 - 中日韩金融人大代表会议和五月在东盟 - 中日韩的财政部长和中央银行行长会议上提交。AMRO 也进行了专题研究，以此加强监测能力。受益于其见解，东盟各国财政部长同意邀请 AMRO 代表去他们的定期会议作集团区域宏观经济和金融状况简报。

## 3. 金融市场的深化与整合

最后，对东盟国家区域合作的另一方面包括旨在发展和深化资本市场的举措。例如：亚洲债券市场倡议（ABMI），亚洲债券基金（ABF），和信用担保与投资基金（CGIF）。一般来说，这些举措旨在提高该地区大量储蓄为长期区域发展的融资需要和减少国家依赖短期外债的需要，如1997—1998年发生的危机。东盟国家赞赏深化和开放区域金融市场的重要性。资本市场发展、金融服务自由化和资本账户自由化通过"货币和金融一体化的东盟路线图（RIA-Fin）"从而成为东盟经济共同体 (AEC) 蓝图的一部分。

### 4. 汇率波动

柬埔寨、老挝、缅甸和越南四国与其余东盟六国兑美元汇率显示了几个趋势。如印尼盾汇率和菲律宾比索兑美元汇率表现出明显的波动性，需要由货币当局严密监视。同时，由于前面讨论的大量的美元化，柬老缅越四国的汇率趋势与东盟六国相比是独特的。

东盟区域内汇率波动过度增加了跨境业务的成本，阻碍了双边和区域内贸易。考虑到当地市场不够成熟无法提供套期保值，缔约方的成本效应，可能会妨碍跨境贸易和投资。如果汇率波动太大，商业合同的当地货币价值也会随着汇率的波动而变动。因此，东盟货币当局联合限制汇率波动是可取的。

### 5. 短期资本流动

尽管在动荡的短期资本流动背景下，人们利用各类工具来控制宏观经济的稳健，但仍有许多重要的地区和全球化维度需要评估。短期资本流动受到美联储、日本央行和英国央行等主要中央银行所使用的利用量化宽松政策刺激经济增长决策的影响。欧洲央行也明确表示在不久也会使用类似政策。虽然一部分流动资本会留在美国，日本和欧洲，但绝大多数资本很有可能流向国外以寻找更高的回报。快速的资本流入考验着货币当局控制汇率、满足本外币对冲成本以及防止资本逆流的能力，极有可能使东盟国家继续成为主要受益人。

常见的政策工具，如外汇干预、外汇储备积累、本外币对冲、利率以及各种宏观和微观政策可能会存在不足，需要用资本控制措施来补充。2006年，泰国陷入因短期资本快速流入而导致本国货币升值的困境。货币当局决定引进资本控制。但这些政策设计不合理，经过一段时间对金融市场的负面反映后最终被废除了。

### 6. 财政政策可持续性

财政政策是国家政府领域的一部分。期待任何一种东盟经济财政协定在2030年出现都是不切实际的。这在欧元区里也是令人捉摸不透的。东盟国家在经济结构、发展水平、国际收支地位、储备水平和社会优先决定财政政策方面存在着明显的差异性。尽管如此，财政可持续性对避免财政危机和在 2030 年实现成为富裕东盟这一目标是至关重要的。

目前，东盟对增值税和企业所得税相关的地区性税收协调暂无计划，因为这会引起对双重征税和税收竞争的担忧。大多数东盟国家在亚洲地区 23% 的平均税率上下几个百分点浮动范围内征收企业所得税。然而，菲律宾征收的 30% 的企业所得税税率几乎是新加坡征收的 17% 的两倍。

# 三、支持公平性增长

## （一）不平等与发展差距

在中上等收入东盟六国（文莱、新加坡、马来西亚、印度尼西亚、菲律宾、泰国）和低收入的柬老缅越两组国家之间，有一套衡量不平等的有效方法，从而可以追踪收入和发展的差距。在这两组国家中存在的发展差距反映出了东盟不平等的本质。如果目前的发展趋势可以持续，到 2030 年，更快的经济增长将使柬老缅越与其余东盟六国的发展差距大大缩小。

亚洲常被视为消除贫困的成功范例。据亚洲开发银行估算，从 1990—2010 年，亚洲及太平洋地区日均购买力低于 1.25 美元的贫困人口数量从大约 15 亿下降到 7.5 亿，其中东南亚国家是功不可没的。快速的经济增长是贫困减少的重要因素之一，1990—2010 年的 20 年间，东盟国家的年均 GDP 增速为 5.8%，而同期世界平均水平为 3.4%。

由于消除贫困的成功，一大批中产阶级在亚洲国家诞生并且保持旺盛的上升势头。这证明了经济发展政策的正确性，尤其是那些鼓励贸易和开放的政策的正确性。但与此同时，这也加剧东盟一些国家的不公平——不论是收入上的还是与收入无关的。除了收入差别大之外，人们的生活水平也千差万别，这说明大家从发展中的受益水平是不一样的。从地域上来看，城乡的收入差距较大。这种地域、阶级之间的差距问题比欧洲、拉丁美洲、北非甚至其他亚洲地区都更为严重。

东盟国家范围内广泛的收入不均是实现东盟经济共同体的严重阻碍。要建设共同市场与单一的产品基地，就要缩短成员国间的发展差距——同时也要确保共享繁荣的合作计划有效开展。就算排除高收入国家新加坡和文莱，第三位的马来西亚在 2012 年的人均 GDP 也是缅甸的 11.9 倍，地区平均水平的 2.7 倍（表 3）。

表 3　东盟国家的收入差距（人均 GDP）

| 国　家 | 与最低水平之间的差距 | | 与平均水平之间的差距 | |
|---|---|---|---|---|
| | 2012 年 | 2020 年 | 2012 年 | 2020 年 |
| 文莱 | 48.8 | 17.9 | 11.2 | 6.4 |
| 柬埔寨 | 1.1 | 1.0 | 0.2 | 0.4 |
| 印度尼西亚 | 4.1 | 3.1 | 1.0 | 1.1 |
| 老挝 | 1.6 | 1.2 | 0.4 | 0.4 |
| 马来西亚 | 11.9 | 6.3 | 2.7 | 2.2 |
| 缅甸 | 1.0 | 1.0 | 0.2 | 0.4 |
| 菲律宾 | 3.0 | 1.6 | 0.7 | 0.6 |
| 新加坡 | 60.0 | 23.7 | 13.8 | 8.4 |
| 泰国 | 6.2 | 4.5 | 1.4 | 1.6 |
| 越南 | 2.0 | 1.4 | 0.5 | 0.5 |
| 东盟平均水平 | 4.3 | 2.8 | 1.0 | 1.0 |
| 东盟六国 | 5.4 | 1.2 | 1.3 | 0.4 |
| 柬老缅越 | 1.5 | 3.4 | 0.4 | 1.2 |

要实现东盟在 2030 年 GDP 增长目标，就意味着各国趋于东盟的平均水平，也就是发展差距大幅缩小。在 1990 年，东盟六国的平均人均 GDP 大概是柬老缅越的 11 倍。到 2012 年，这个差距已经缩小到了 3.5 倍；如果 2030 年预期目标实现，这个差距将会缩小到 2.8 倍。但是如果东盟国家不进行国内产业结构改革和施行地区合作计划来创造一个真正的无国界的经济共同体，成员国的经济增长就会陷入低迷，收入差距将可能增加，进而毁掉目前的良好趋势。

即使在近几十年有傲人成果，仍有许多柬老缅越的人们未脱离贫困（图 2）。例如，2008 年老挝 66.0% 的人口以及 2010 年柬埔寨 49.5% 的人口都生活在贫困线（日均购买力 2 美元）以下。同时，印尼和菲律宾居高不下的贫困率说明了达到较低的中等收入水平对减少贫困并不是万能的。相反，越南大幅度的贫困减少（日均可支配金额低于 2 美元的人口从 1993 年的 75.2% 降低到 2008 年的 43.4%）表明"亲贫"的增长政策是切实有效的。

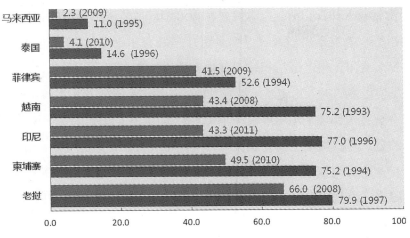

图 2 东盟的贫困减少情况（日均购买力低于 2 美元的人口比例）

　　贫困是与不平等密切相关的。俗话说三十年河东三十年河西，可是东盟国家在改善不平等问题上却一直没取得显著进步。事实上，没有扩大不平等已经是万幸了。1990 年至今，东盟国家中只有泰国的基尼系数（一个常用来衡量收入差距的指标）是连续下降的（图 3）。在柬埔寨、菲律宾与越南等国家，基尼系数在 21 世纪前 10 年是上升的，尽管最近下降了，但跟 20 多年前没太大变化。马来西亚是第一个收入不均等下降的国家，但在 21 世纪头 10 年间它的基尼系数已上升到近似 20 世纪 90 年代的水平。印尼和老挝的基尼系数在过去 20 年间大幅度上升。换句话说，在 1990—2000 年，东盟更富裕的国家从发展中的受益要相对多于贫穷国家。

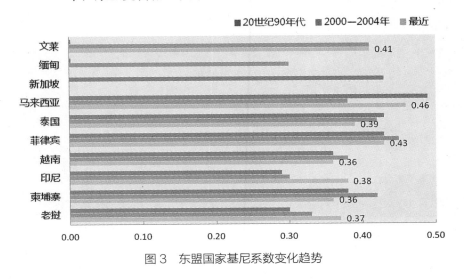

图 3 东盟国家基尼系数变化趋势

403

　　除了衡量收入情况以外，人类发展指数 (HDI) 也是一个有用的指标。作为与收入类似的指标，人类发展指数可以衡量医疗与教育水平。从 2012 年人类发展指数国家排名可以看出，柬老缅越相较于其他东盟六国来说要大为逊色，同时也反映了这些国家需要更多的对人力资本、教育和医疗的投资来创造更好的发展机会。

　　通过分析各国实现千年发展目标（MDGs）的进展，也能看出来不平等的情况。不可否认的是，这些国家之间差别巨大——其中一些已经超越了目标，而另一些只有些微进步甚至出现倒退（表 4）。每一个东盟国家在实现千年发展目标时都面临着各自的困难，但是多数国家都面临着医疗相关问题，尤其是在降低婴儿死亡率和孕产妇死亡率上的问题。印尼和菲律宾，由于庞大的人口和岛屿众多的地理因素，在提供卫生设施方面遇到了很大困难。另外，菲律宾和泰国在实现教育相关方面目标时进步甚微，甚至有所倒退。

**表 4　东盟国家实现千年发展目标的进展情况**

| 国家 | 提高日均购买力大于1.25美元的人口比例 | 小学净入学率95%以上 | 95%以上儿童完成小学学业 | 小学的男女入学比例达到0.95以上 | 5岁以下儿童死亡率降低2/3 | 婴儿死亡率降低2/3 | 孕产妇死亡率降低3/4 | 将不能获取安全饮用水的人口数量减半 | 将不能获取卫生设施的人口数量减半 |
|---|---|---|---|---|---|---|---|---|---|
| 文莱 | 无 |  | 优 | 中 |  |  | 中 | 无 | 无 |
| 柬埔寨 | 优 | 优 | 优 | 优 |  | 中 | 良 | 优 | 中 |
| 印尼 | 优 |  | 中 | 良 |  |  | 中 | 良 | 中 |
| 老挝 | 良 |  | 中 | 良 | 优 | 优 | 良 |  |  |
| 马来西亚 | 优 |  | 优 | 优 | 良 | 良 |  | 优 | 优 |
| 缅甸 | 无 | 无 | 中 | 优 | 中 | 中 | 中 |  | 良 |
| 菲律宾 | 中 | 差 |  |  |  |  |  | 良 | 中 |
| 新加坡 | 无 | 无 | 无 | 无 | 良 | 优 |  | 优 | 优 |
| 泰国 | 优 | 差 | 无 | 优 |  | 良 | 良 |  |  |
| 越南 |  | 优 | 良 | 良 | 中 | 中 | 优 |  |  |

（说明：优——已达成目标；良——2015 年前可达成目标；中——2015 年后才能达成目标；差——自 1990 年以来毫无进展甚至有所倒退；无——无该国家信息）

如果要实现千年发展目标和更广泛的包容性发展目标，东盟成员国的政府必须更多的投资于教育与医疗。但是各国政府在增加财政方面往往效率低下，相应政策也没有到位。马来西亚、泰国和越南在教育和医疗方面投入了大量财政资金，比较而言，柬埔寨、菲律宾和印尼就逊色一些，缅甸则是相差更远（表5）。

表5　东盟2011年的教育和医疗投资占GDP的比例

| 国家 | 教育 | 医疗 |
|---|---|---|
| 文莱 | 3.7 | 2.1 |
| 柬埔寨 | 2.6 | 1.3 |
| 印尼 | 2.8 | 0.9 |
| 老挝 | 3.3 | 1.4 |
| 马来西亚 | 5.1 | 1.6 |
| 缅甸 | 0.8 | 0.3 |
| 菲律宾 | 2.8 | 1.4 |
| 新加坡 | 3.2 | 1.4 |
| 泰国 | 5.8 | 3.1 |
| 越南 | 6.6 | 2.7 |
| 东盟平均 | 4.0 | 1.7 |
| 中国 | 3.5 | 2.9 |
| 印度 | 3.3 | 1.2 |
| 日本 | 3.8 | 7.4 |
| 韩国 | 3.3 | 4.1 |

改善不公平问题需要走一条既能带来快速增长，又能使人们共同受益的发展道路。就发展而言，东盟的多样性既是优势也是劣势。优势在于，如果跨区域的多样性整合得好，区域内外的各种因素和资源禀赋都可以利用不同国家的比较优势来促进经济增长。但是多样性也可能是劣势，巨大收入差距使东盟成员国难以制定共同的发展目标，也难以达成有效的区域增长策略。多样性同时也让价格和贸易模式的转变不损害贫困人群变得更加困难。

**（二）避免中等收入陷阱**

2013年，大约86%的东盟人口都生活在中等收入国家。中等收入国家分为两类：中低收入国家（老挝、越南、菲律宾和印尼）和中高收入国家（泰国和马来西亚）。这两类中等收入国家的收入水平仍有很大的差距。收入差距问题在这些国家的内部也很尖锐的，如城乡差异，区域差异等。其余 13% 的东盟人口生活在低收入国家（柬埔寨和缅甸），相比其他国家，其国内也充斥着大量的不平等和高贫困发生率。剩下的 1% 的人口生活在高收入国家（文莱和新加坡）。从地区的视野来看，公平是可以由目标发展策略推动的，国家和区域之间的差距被缩小到什么程度，公平就能被提高到什么程度。东盟作为一个整体，正在推进平等和包容性的经济发展，从而为柬老缅越四国创造出比其他国家增长更快的机会。

鉴于目前东盟经济的发展状况，不仅东盟四国（印尼、马来西亚、菲律宾、泰国），甚至越南和老挝都应该避免其增长策略陷入中等收入陷阱。增长与发展不会是一帆风顺的，而且成员国的情况也各不相同。成功克服大面积贫困并不能保证一个国家可以摆脱中等收入的状态。在过去的四十年之中，东亚只有日本、韩国和少数几个小的经济体稳步迈入高收入状态。相较之下，东盟的中等收入国家在 1997—1998 年亚洲金融危机之前就已表现出较低的发展速度了。

能摆脱中等收入陷阱的策略包括加强国家的和地区的资本和熟练劳动力流动，控制生产力增长慢的行业，提高研发投资，支持知识密集型行业和发展更高增长潜力的新兴商业。这种策略需要经济发展从投资导向型转变为创新导向型。

迄今为止，东盟四国（印尼、马来西亚、菲律宾、泰国）和越南大体都能吸取别国成熟的科技，同时辅之以持续的投资，使这些国家可以达到中等收入状态。而从 1997—1998 年的亚洲金融危机开始，在这几个国家的投资退回了金融危机之前的水平。为了应对这种结构性的变化，鼓励东盟各国企业加强科技创新的政策急需出台，就如同在中国、新加坡、韩国一直在做的一样。

**（三）缩短发展差距的区域行动**

在避免中等收入陷阱的政策中，也要考虑柬老缅越对于消除贫困的要求，特别是柬埔寨和缅甸。对这几个国家而言，目前急需的是发展农村经济和农业生产力、增加投资和引进新技术。当然，随着这些国家渐渐发展为中等收入状态，发展策略也需要相应的转型。

在东盟平等经济发展框架（AFEED）的支持下，东盟六国的紧密协调将帮助柬老缅越的发展，促进经济融合。东盟平等经济发展框架始创于 2011 年，强调通过加强联系与合作来促进平等、包容和可持续的发展。东盟各国领导在 2000 年峰会上签署了东盟整合倡议（IAI），重点支持对柬老缅越国家的援助。

基于区域标准与国际规范，IAI 设计第一个工作计划（2002—2008）并列出 134 个项目，预期成本只有 2 亿美元多一点，比很多由国际金融机构在柬老缅越实施的援助项目资金要少很多。实际上，2005 年以来的项目资金量要远远小于预期，而且在 IAI 框架外东盟六国只提供了很小部分的援助资金（表6）。

**表6 东盟六国对柬老缅越的支持（基于 2012 年 9 月数据）**

| 国家 | 项目数量 | 资金量/美元 |
|---|---|---|
| 文莱 | 12 | 1 475 332 |
| 印尼 | 34 | 1 768 668 |
| 马来西亚 | 65 | 5 314 065 |
| 菲律宾 | 2 | 30 932 |
| 新加坡 | 59 | 24 462 263 |
| 泰国 | 14 | 481 902 |
| 合计 | 186 | 33 533 162 |

### （四）次区域项目

以东盟为中心的次区域合作项目（和机构）帮助减少各成员国之间的发展不平衡，并正在改变在大陆以及群岛地区发展滞后的现状。这些项目通常是帮助发展基础设施或引进政策改革，从而提升当地人民的生活水平和政府的能力。到目前为止，好几个项目都建成运输通道，现在应该转化为更具包容性的"发展走廊"，从而将迄今为止获利较少的周边岛屿和边境地区也带动起来。例如：大湄公河次区域（GMS）、文莱-马来西亚-菲律宾东盟东部增长区（BIMP-EAGA）、印尼-马来西亚-泰国增长三角（IMT-GT），以及孟加拉湾多部门技术和经济合作倡议（BIMSTEC）。

### 1. 大湄公河次区域（GMS）

作为东南亚乃至全世界的一个范例，GMS 作为次区域方案中无疑是最成功的。参与方包括柬埔寨、老挝、缅甸、泰国、越南和中国（云南省和广西壮族自治区）。GMS 于 1992 年成立并一直得到亚行的支持，迄今为止已引入超过 100 亿美元的投资，这些投资主要用于基础设施建设。它促进了边境贸易开放政策，从而确保了公共和私人投资的高效率，改善了人民的生活水平。

作为大湄公河次区域项目的一部分，桥梁、机场、铁路以及全天候道路等相关设施已建成，为加强次区域连通作出了巨大贡献。20 世纪 90 年代初，只有泰国建成了较发达的交通网络，其他国家则是缺乏人力物力来开展交通运输。而到 2005 年，大湄公河次区域项目涵盖的主要城市之间已建成了相连的道路，有力的支撑了经济发展。尽管交通基础设施建设占用了大湄公河次区域项目的大部分投资，但其他行业也有一些重大项目，如输电网路建设使老挝的水电可以出口到泰国。这些输电线路以及其他配套的水电设施投资，让老挝通过电力贸易得到极大的发展，不仅平衡了大湄公河次区域国家之间的需求，也帮助缩小了其与其他东盟国家之间的收入差距。

缅甸一直是东盟发展中缺失的一环，直到其 2011 年进行了自由化与民主化的经济与政治改革。如今，GMS 项目将重点放在缅甸，帮助其缩小发展差距，联合方不仅包括东南亚的大陆国家，还包括中国、印度和孟加拉国。随着中国将增长和发展目标重点放在南部地区，GMS 的成功潜力巨大。加强 GMS 的联系为柬老缅越经济体提供了新的发展机会，也为东盟更加包容性的增长提供了动力。

### 2. 文莱－印尼－马来西亚－菲律宾东部增长地区（BIMP-EAGA）

BIMP-EAGA 包含了由马来西亚和印度尼西亚共享的婆罗洲和苏拉威西岛（印度尼西亚中部），该地区历史上就是经济落后的地区。BIMP-EAGA 将目标放在了海上通道以及次区域内丰富的生物多样性上面。但其目的是通过基础设施建设和增加贸易政策来扩宽道路和航空路线。

### 3. 印尼－马来西亚－泰国 增长三角区（IMT-GT）

IMT-GT 是一个以私营部门为主导的计划，目的在于更好地将马来西亚半岛与苏门答腊（印尼）、泰国南部连接起来。其重心在于推动实施贸易政策、促进企业投资。

### 4. 孟加拉湾多部门的技术和经济合作倡议（BIMSTEC）

BIMSTEC 通过陆地与海上线路连接缅甸、泰国、孟加拉国、不丹、印度、尼泊尔和斯里兰卡。其拥有宽广的区位覆盖，主要增长与发展机会来自东南到南亚的通道，这两个区域都拥有巨大的经济潜力。

## 四、提高竞争力与创造力

### （一）竞争力基础

世界经济论坛全球竞争力报告排列出了 12 项影响一个国家竞争力的宏观经济

与微观经济根基的基础。报告将国家分为三个阶段。在阶段一是因素驱动型经济，其主要的竞争力支柱来源于制度机构、基础设施、宏观经济环境以及基本服务的提供，比如健康和基础教育。在阶段二，竞争是被效率因素推动的，包括更高等的教育和培训，金融市场发展，科技准备度以及市场规模、效率。在阶段三，竞争力更多的是被创造力与企业成熟度驱动。学者们为东盟国家制作出了一个基于全球竞争力报告评判标准的指数（表7）。

### 表7　东盟国家竞争力基础，2013

| | 新加坡 | 马来西亚 | 文莱 | 泰国 | 印度尼西亚 | 菲律宾 | 越南 | 老挝 | 柬埔寨 | 缅甸 |
|---|---|---|---|---|---|---|---|---|---|---|
| **排名与得分** | | | | | | | | | | |
| 全球排名（148个经济体） | 2 | 24 | 26 | 37 | 38 | 59 | 70 | 81 | 88 | 139 |
| 全球得分（1~7） | 5.61 | 5.03 | 4.95 | 4.54 | 4.53 | 4.29 | 4.18 | 4.08 | 4.01 | 3.23 |
| **发展阶段** | | | | | | | | | | |
| 2013年 | III | II~III | I~II | II | II | I~II | I | I | I | I |
| 2013年（期望值） | III | III | II~III | III | II~III | II~III | II~III | III | III | II |
| **竞争力支柱** | | | | | | | | | | |
| 制度机构 | 6.04 | 4.85 | 4.96 | 3.79 | 3.97 | 3.76 | 3.54 | 4.00 | 3.61 | 2.80 |
| 基础设施 | 6.41 | 5.19 | 4.29 | 4.53 | 4.17 | 3.40 | 3.69 | 3.66 | 3.26 | 2.01 |
| 宏观经济境 | 6.01 | 5.35 | 7.00 | 5.61 | 5.75 | 5.34 | 4.44 | 4.41 | 4.53 | 3.74 |
| 医疗与基础教育 | 6.72 | 6.10 | 6.33 | 5.52 | 5.71 | 5.33 | 5.78 | 5.56 | 5.32 | 5.05 |
| 高等教育与培训 | 5.91 | 4.68 | 4.52 | 4.29 | 4.30 | 4.28 | 3.69 | 3.31 | 3.12 | 2.52 |
| 生产资料市场发展 | 5.59 | 5.23 | 4.52 | 4.67 | 4.40 | 4.19 | 4.25 | 4.36 | 4.35 | 3.57 |
| 劳动力市场发展 | 5.77 | 4.79 | 5.06 | 4.35 | 4.04 | 4.08 | 4.40 | 4.55 | 4.76 | 4.09 |
| 金融市场展 | 5.82 | 5.45 | 4.29 | 4.61 | 4.18 | 4.41 | 3.76 | 3.77 | 4.04 | 2.41 |
| 科技准备度 | 6.01 | 4.17 | 3.75 | 3.56 | 3.66 | 3.58 | 3.14 | 2.98 | 3.22 | 2.03 |
| 市场容量 | 4.66 | 4.87 | 2.42 | 5.10 | 5.32 | 4.66 | 4.64 | 2.63 | 3.23 | 3.57 |
| 企业成熟度 | 5.08 | 5.02 | 4.23 | 4.42 | 4.44 | 4.29 | 3.68 | 3.86 | 3.83 | 2.87 |
| 创新力 | 5.19 | 4.39 | 3.38 | 3.24 | 3.82 | 3.21 | 3.14 | 3.22 | 3.05 | 2.24 |

备注：1. 排名与得分来自2013—2014年度全球世界经济论坛竞争力报告，排名靠前与得分高意味着竞争力更强；2. 发展阶段"I" / "II" / "III" 代表国家的主要竞争力支柱是因素驱动/效率因素/创新力与企业成熟度，红色/灰色方块是得分最高/最低的两个支柱。资料来源：世界经济论坛（2013b）。

### （二）研发投资和创新挑战

由技术变革促进的，维持生产力增长的创新是提高竞争力的一个最重要的因素。调查表明东盟国家在测量科技准备度和创新指标上较为落后（参考表 7）。

联合国开发计划署发展了一个技术成就指数（TAI）来评估一个国家的科技水平，包括①创造新科技；②使用最新创新科技；③使用相对陈旧的创新；④建立人类技术基础去采纳、适应以及创造科技。该指标的结果显示，一个国家的科技水平的高低，重点在于能否有效参与创造与应用科技，这比其科学家的数量、科研支出或者政策环境更为重要。

2011 年，一项修改的技术成就指数被采用来评估亚洲的科技发展水平，该指数也被东盟和其他国家采用。指数排名最靠前的包括日本、韩国和新加坡，东盟国家、中国和印度等则远远落后（图 4）。

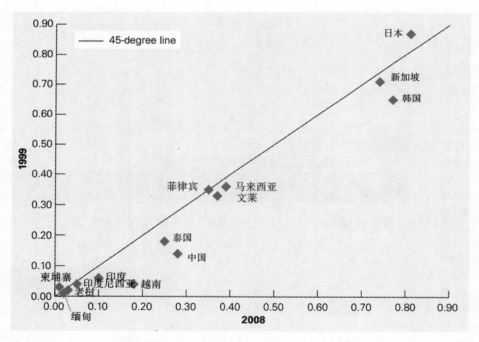

图 4　亚洲技术成就指数，1999 年与 2008 年

### （三）农业生产率与粮食安全

除了文莱与新加坡，农业对于其他东盟国家来说都是关键一环。东盟的农业研发和创新在生产方面涵盖了热带蔬菜和水果，同时帮助除了大米以外的主要农产品广泛拓宽如橡胶、棕榈油、甘蔗等的用途。

东盟在保证全亚洲粮食安全方面扮演着重要角色，这个任务在最近变得相当艰巨，超越了其传统有关粮食方面的可靠性、可访问性、分销和利用率。提高粮食安全和可追溯性也成为了地区粮食安全的一部分。东盟的粮食安全主要集中在大米，应急储备可在东盟外加三大紧急大米储备组织下建立起来，同时与东盟粮食安全信息系统相协调。

### （四）生产网络与产业集群

受区域间自由贸易和投资协议的影响，从 21 世纪初开始在亚洲扩展的区域内贸易进一步发展。区域（及全球）生产网络是由多个部分和组件组装成成品的复杂系统，其生产过程能被拆分为几个部分并分布在多个国家。生产网络会促成产业集群，产业集群指一个企业里相互联系的厂商、专门供应商、服务提供商和联合机构的空间积聚体。其临近效应和规模效应合可以增加生产力和竞争力。这些集群的发展和更新对于政府和私营部门来说日益重要。新加坡对一些国家来说是一个令人振奋的例子。

#### 新加坡的产业集群——启奥生物医药园

自 1990 年从来，发展产业集群就成了新加坡产业政策的一部分。为了加强产业和服务的竞争力并成为科技特定领域的中心，新加坡在 1991 年建立了国家科技局。一个充满雄心的生物科技集群将政府、产业和学术界聚合在一起，促进了创新和企业家精神。

新加坡取得经济成功的一个关键是它将大学资源、企业发展和对创业技能的培养融为一体，为此建立了很多研究园区和机构。政府为了吸引专家和保护知识产权特意为生物医药产业营造了一个有利的环境。新加坡向那些寻求进一步研究和发展新的医疗仪器的公司宣传了其比较优势。有超过 50 家制药、生物、医药科技企业在这里建立了商业设施并通过与政府合作和瞄准供应商覆盖利基市场的能力来维持生产和进行工艺开发。

新加坡的启奥生物医药园是高科技产业聚集的一个榜样。它完成于 2006 年，是作为一个囊括国际生物医药科技整个价值链的中心而设计的持续三年的建设项目。主要制药企业毗邻世界级的研究机构（新加坡科技研究局），共同发展公私合作的伙伴关系。自建立以来，很多生物科技公司已经运用这个综合研究网络来加速新药的发展，为其他东盟成员如何利用产业集群进行创新和保持竞争力提供了典范。

产业集群也是发展有竞争力的中小企业的重要途径，与支柱型产业同样重要。中国是亚洲主要的装配基地和零件生产者。新加坡、泰国和马来西亚的零件贸易占GDP 比重在全世界算很高的，运用比较优势制造专业化的零件对这些国家很重要。

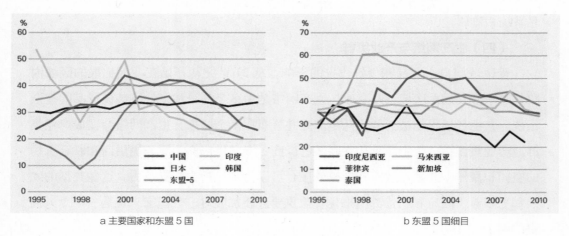

a 主要国家和东盟 5 国　　　　　　　　　b 东盟 5 国细目

备注：图 5a 为东盟 5 国的平均价值，表 5b 为它们各自的发展趋势。
资料来源：联合国商品交换数据库，http://comtrade.un.org/db/default.aspx (accessed October 2013)。

图 5　零件占总机械比重及零件出口 1995—2010

## （五）服务领域

随着经济的发展，服务业占 GDP 的比重通常会上升，并能促进生产和发展、提高人均收入。扩大服务业同时也能促进包容性增长。尽管发展政策常常将制造业作为创造就业机会的主要方式，数据显示服务业劳动力生产的增长也同样迅速。在几个东盟国家服务业的增长总体上来说已经几乎和制造业同样显著（图 6）。

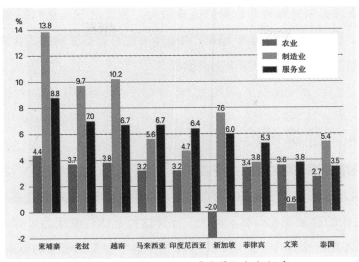

数据来源：世界银行，世界发展指数数据库。

图6 行业附加值的年均增长 1999—2011（部分东盟国家）

　　建立一个有效的高产能的服务业显然是国家竞争力战略的一个重要部分。一些研究表明出口型制造业的大规模盈利常常归功于交通和电信行业效率的提升。由于它们之间的相关性，能提供更好的后勤服务的国家（由后勤表现指数衡量）的零件交易量比其他国家相对来说更多，提高了生产网络的效率（图7）。

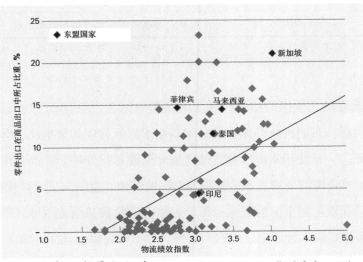

资料来源：1. 联合国商品贸易数据库。http://comtrade.un.org/db/default.aspx (accessed September 2013)。2. 世界银行，2007。Connecting to Compete: Trade Logistics in the Global Economy. Washington, DC. http://siteresources.worldbank.org/INTTLF/Resources/lpireport.pdf (accessed September 2013)。

图7 生产网络参与与物流绩效指数 2007

旅游和交通占东盟服务业贸易的比重最大。相比之下，它们所占 GDP 的比重要小很多。东盟的旅游业比起其他国家和地区来说有着得天独厚的优势。东盟成员之间在旅游业方面的竞争很明显但也很健康。

## 五、加强环境保护

### （一）环境管理与经济增长的平衡

东盟国家几乎都拥有丰富的自然资源，有效的资源管理对它们来说日益重要。不巧的是，过去的政策导致森林、河流、海洋这些基础资源成为了非可持续发展行为的牺牲品。不断壮大的中产阶级将对干净的空气和安全的水源的要求会愈加强烈。东盟国家淡水系统的恶化也是目前面临的一大挑战（表 8）。

**表 8　东盟部分国家的水质现状**

| 国家 | 年份 | 水质现状 |
| --- | --- | --- |
| 印尼 | 2008 | 所监控的 33 条河流中有 54% 受到严重污染 |
| 菲律宾 | 2008 | 14% ~ 28% 的河流超过了生化需氧量的极限 |
| 泰国 | 2008 | 受污染的河流从 2005 年的 29% 上升到 2007 年的 48% |
| 越南 | 1996—2001 | 河流的生化需氧量水平超过国家标准的 2 ~ 3.8 倍 |

注释：BOD 即生化需氧量，是在一定时间内，微生物分解一定体积水中的某些可被氧化物质，特别是有机物质，所消耗的溶解氧的量。它是反映水中有机污染物含量的一个综合指标。

如果缺乏迅速而果断的措施，这个区域的一些地方在 2030 年将会面临可用水资源匮乏的问题。东盟的战略性行动计划着眼于污水管理的分散化，让地方企业承担更多的责任。一旦使用水源（及其他设施）必须承担开销。然而，很多国家过去一直尝试压低水资源的使用成本。这不利于环境保护，也限制了对财政资源的利用，相当于一个"双输"局面。对现实资源的利用进行收费并给贫困地区的家庭提供补助将是在确保稳定的水资源上迈出的一大步。对于柬埔寨、老挝、缅甸、越南来说，挑战尤其严峻，她们需要来自东盟六国和其他伙伴的技术和经济援助。

森林是这个地区最丰富的资源之一，但它们也面临着类似的挑战（表 9）。红树林的消失破坏了海洋渔业，它们的消失减少了鱼类、基本食物、生计和收入来源。

东南亚森林的急剧破坏也影响了全球变暖。1990—2010 年，东盟的森林总量缩小了2%（图 8）。

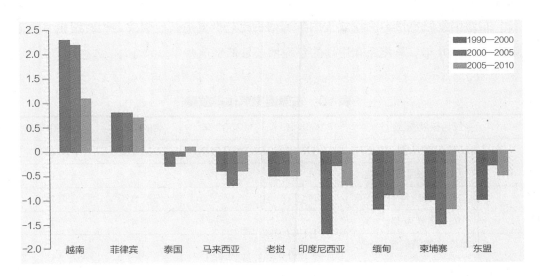

图 8　东盟森林面积的变化 1990—2010 年（年度 % 变化）

**表 9　东盟森林和林地面积**

| 国家 | 森林 | 其他林地 | 总数 | |
|---|---|---|---|---|
| | 千公顷 | 千公顷 | 千公顷 | 所占比例 /% |
| 柬埔寨 | 10 094 | 133 | 10 227 | 57.9 |
| 印度尼西亚 | 94 432 | 21 003 | 115 435 | 63.7 |
| 老挝 | 15 751 | 4 834 | 20 585 | 89.2 |
| 马来西亚 | 20 456 | 0 | 20 456 | 62.3 |
| 缅甸 | 31 773 | 20 113 | 51 886 | 79.4 |
| 菲律宾 | 7 665 | 10 128 | 17 793 | 59.7 |
| 泰国 | 18 972 | 0 | 18 972 | 37.1 |
| 越南 | 13 797 | 1 124 | 14 921 | 48.1 |
| 东盟 | 214 064 | 57 385 | 271 449 | 62.7 |

备注：所占比例是指总森林与其他林地总和占国家土地面积百分比。

数据来源：联合国粮食及农业组织 .2010. 《全球森林资源评估》.Rome. http://www.fao.org/do-crep/013/i1757e.pdf（2013 年 11 月）。

东盟不断显示出对改善全球变暖趋势的强烈兴趣。东盟拥有着漫长的海岸线和超过 24 000 座的岛屿，因此对海平面的上升十分敏感。潮汐、飓风和洪水影响着众多国家大面积的区域，包括一些市中心。不断升级的暴雨和台风正冲击菲律宾和越南这样的国家。所有东南亚国家面临着无法预测的气候变化，使其大面积的农业种植面临着多种无法预知的风险。

东盟国家温室气体的排放量的年均增长比起世界上其他国家，相对缓慢并呈下降趋势。2010 年二氧化氮和甲烷的年均增长量低于前些年（表 10）。

**表 10　东盟温室气体排放量**

| 空气污染物排放 | | 1995 年 | 2000 年 | 2005 年 | 2010 年 |
|---|---|---|---|---|---|
| N$_2$O | 二氧化碳当量 / 千公吨 | 163 130 | 180 290 | 202 290 | 206 336 |
| | 年均增长百分比 /% | | 2.1 | 2.4 | 2.0 |
| CH$_4$ | 二氧化碳当量 / 千公吨 | 481 350 | 517 670 | 527 670 | 530 308 |
| | 年均增长百分比 /% | | 1.5 | 0.4 | 0.1 |
| CFCs | 潜在臭氧消耗量 / 千公吨 | 21 944 | 14 318 | 1 037 | 1 025 |
| | 年均增长百分比 /% | | −7.0 | −18.6 | −0.2 |

来源：联合国政府间气象变化委员会 . 2007. 日内瓦综合报告 . http://www.ipcc.ch/pdf/assesment−report/ar4/syr/ar4_syr.pdf (accessed October 2013)。

**表 11　东盟各国温室气体排放量**

（1）N$_2$O 排放量（千公吨 CO$_2$ 当量）

| 国家 | 1995 年 | 2000 年 | 2005 年 | 2010 年 |
|---|---|---|---|---|
| 文莱 | 70 | 360 | 370 | 377 |
| 柬埔寨 | 4 350 | 3 490 | 3 820 | 3 896 |
| 印度尼西亚 | 66 640 | 69 130 | 69 910 | 71 308 |
| 马来西亚 | 12 410 | 9 350 | 9 920 | 10 118 |
| 缅甸 | 15 850 | 22 050 | 25 900 | 26 418 |
| 菲律宾 | 18 520 | 16 890 | 18 940 | 19 319 |
| 新加坡 | 1 140 | 5 880 | 7 970 | 8 129 |
| 泰国 | 23 650 | 26 030 | 27 990 | 28 550 |
| 越南 | 20 500 | 27 110 | 37 470 | 38 219 |

（2）$CH_4$ 排放量（千公吨 $CO_2$ 当量）

| 国家 | 1995 年 | 2000 年 | 2005 年 | 2010 年 |
| --- | --- | --- | --- | --- |
| 文莱 | 2 010 | 2 070 | 2 060 | 2 070 |
| 柬埔寨 | 12 800 | 13 350 | 14 890 | 14 964 |
| 印度尼西亚 | 214 710 | 223 140 | 224 330 | 225 452 |
| 马来西亚 | 24 360 | 25 320 | 25 510 | 25 638 |
| 缅甸 | 49 640 | 59 270 | 60 840 | 61 144 |
| 菲律宾 | 44 490 | 44 630 | 44 860 | 45 084 |
| 新加坡 | 1 120 | 1 260 | 1 260 | 1 266 |
| 泰国 | 73 090 | 77 070 | 78 840 | 79 234 |
| 越南 | 59 130 | 71 560 | 75 080 | 75 455 |

（3）CFCs 排放量（千公吨潜在 $O_3$ 消耗量）

| 国家 | 1995 年 | 2000 年 | 2005 年 | 2010 年 |
| --- | --- | --- | --- | --- |
| 文莱 | 59 | 47 | 10 | 10 |
| 柬埔寨 | 94 | 94 | 12 | 12 |
| 印度尼西亚 | 5 249 | 5 411 | 203 | 200 |
| 老挝 | 4 | 45 | 6 | 6 |
| 马来西亚 | 3 384 | 1 980 | 234 | 232 |
| 缅甸 | 16 | 26 | — | |
| 菲律宾 | 2 981 | 2 905 | 143 | 142 |
| 新加坡 | 3 167 | 22 | — | — |
| 泰国 | 6 660 | 3 568 | 322 | 319 |
| 越南 | 330 | 220 | 38 | 38 |

来源：政府街气候变化委员会 . 2007. 日内瓦综合报告 .
http://www.ipcc/c/pdf/assessment-report/ar4/syr/ar4_syr.pdf。

　　解决全球变暖的唯一途径是其他地方的碳排放量也减少。空气污染是另一个主要的环境威胁，它与经济发展密切相关，它的来源也多种多样。东盟特大城市之间的空气质量相差悬殊。

　　许多东盟城市受烟霾侵扰——危害健康的大颗粒污染。有时烟霾会变成地区性的问题，特别是对于印度尼西亚、马来西亚和新加坡来说。跨境的烟霾是大面积的焚烧森林和田地用于种植业而造成的，特别是在苏门答腊和婆罗洲。空气污染已经严重影响到能见度，空中运输和整个区域内一系列的健康问题。东盟已经为抗击烟霾努力多年，2002 年签订的《越境烟霾协定》试一次有益的尝试，包括为越境烟霾污染控制建立一个调控中心。

环境问题对于东盟来说并不新鲜，但在过去的几十年里，与贫困对抗的需求使人们很少注意到空气污染，水污染或固体污染。同世界上其他的发展中地区一样，许多东南亚的政府倾向于将环境和对自然资源的保护作为 GDP 增长的牺牲品。然而如果没有有效而长期的管理，经济也会失去竞争力。淡水资源的匮乏会限制工农业的发展，也会明显降低生活质量。空气污染不仅造成更高的健康成本，也提高了很多行业的生产成本。破坏环境的行为给穷人带来了额外的负担，他们往往是不安全的水质，洪水和牲畜死亡最大的风险承担者。

干净的环境对公众有益能促进其制定更好的发展战略，这些战略可以促进可持续的有竞争力的商业行为。比如，限制污染和固体垃圾的生产可以满足消费者对"绿色"产品日益增长的需求。目前对东盟国家来说这些市场尚且处于起步阶段，但它们有着巨大的增长潜力，它们不只服务于欧美；东亚的中产阶级对环境友好型的产品和服务的需求也日益旺盛。泰国的"环保车"项目为国内汽车市场开辟了一种新的模型，并且很有可能出口到全世界。渗入新市场的能力需要以发展"绿色科技"为目标的政策支持，包括从研发到新品发售以及新技术的扩散。

### （二）能源资源管理

合理的能源管理，包括发电用电，是负责任的环境管理的本质特征。持续的经济发展依赖于对现有能源的合理分配和妥善利用，并发展更为有效的利用方式。同时，也需要合理的处理亚洲国家之间对日益稀缺的能源的竞争，不仅是东盟内部，中国、印度等其他国家也一样。东盟需要团结的行动来避免成员国之间和周边国家的潜在争端。对能源生产、交易和消费的合理管理是确保一个国家的经济迅速稳定发展的重要因素。东盟典型的能源资源有化石燃料（煤矿、石油、天然气）和可再生能源（生物燃料、地热、水电、太阳能和风能）。总体来说，化石燃料在东盟国家的能源使用结构中继续占据主导地位。

供电设施的完善是一个较为基本的问题。经济增长和生活水平的提高加大了对能源供应的需求。东盟最贫困的国家、省份以及农村都需要通过投资来扩大电气化。2010 年，城市的电气化率高于 90%，但在乡村只达到 55%。需扩大现有的电网来提供充足可靠，管理科学的系统来与预期的发展模式相适应。

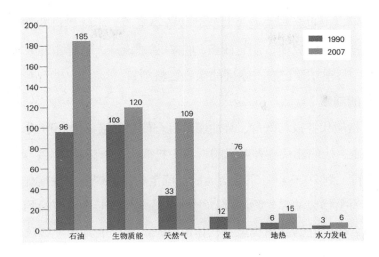

备注：石油当量（吨）大致相当于一吨原油燃烧所产生的能量。

资料来源：Chira Achayuthakan and Weerakorn Ongsakul. 2012. 2030 东盟能量需求。《东盟 2030 研究》的背景文件。

图 9　东盟的一次能源结构（百万吨石油当量）

商业能源的扩展为减少贫困和经济增长提供了动力，但对化石燃料的依赖与日俱增不仅加重了温室效应，而且使该区域易被原油价格的浮动所左右。总体来说，东盟对石油的进口超过了出口，2009 年对石油的进口占总消费的 42.5%。

不幸的是，一些政府对石油零售价的补贴造成了不稳定的财政负担，也减少了企业和百姓节约能源的动力。在 2008 年年中，中国香港、韩国和新加坡这几个相对高效能的经济体的汽油价格为每升 1.56 ~ 1.94 美元，柴油价格每升 1.65 ~ 2.20 美元。对比来看，在东盟国家（新加坡除外）中，柬埔寨的能源价格最高（石油每升 1.34 美元，美元柴油每升 1.36 美元），印度尼西亚的能源价格处在最低的行列（汽油每升 0.61 美元，柴油每升 0.67 美元）。尽管决策者逐渐减少了补贴，长远来看最好还是完全让市场来决定能源价格。。

高的石化燃料价格激励生产者生产可再生资源,尤其是生物燃料、地热能、水力、太阳能和风能。东盟拥有大量未开发的水能资源，特别是在多岛屿的地区。资源包括能帮助偏远地区或岛屿发展小型径流式系统，也有大型的水力发电的大坝，如老挝的湄公河。

生物燃料是避免过度依赖化石燃料的另一选择。生物燃料也许能提高农村地区人们的生活水平，但也会与农业等其他领域抢夺资源。生物燃料的有效利用需要大量的公共投资来建立研究所，制定政策和完善基础设施，这样市场才能持续而又不失竞争的发展。目前东盟已有一系列的生物燃料项目。

### 生物燃料的前景

生物燃料指能代替或与汽油、柴油燃料混合使用的液体能源形式，可用于工业、每户家庭或交通。他们能从各种各样的材料中提取出来（生物质），如植物、油籽、动物脂肪和废料。到 2030 年，东盟会为成员国生物燃料产业的发展提供几个选择。两种主要分类为生物柴油和生物酒精。生物燃料减少了对进口石油的依赖，这样改善了国际收支平衡。它们能减少温室气体的排放，在生长期还能吸收二氧化碳。但生物燃料在种植收割和加工阶段也会消耗能源。不同作物的种植加工模式不同，因此对环境产生的影响也不相同。因为生物燃料与食品作物存在竞争关系，所以应该平衡处理土地、水资源、劳动力和其他农业投入。除非科技创新能带来新的机遇，不然 2030 年前为促进能源安全发展生物燃料这一行为与食品安全之间的竞争将会加剧。

虽然好的政策为可再生资源的推广提供了动力，但要转变公众对正在进行的实践的态度还需要时间。现阶段的科技，交通系统和市场机构仍偏向于使用化石燃料。能源经济研究所（2011）最近研究表明即使带着有效节约能源的动机和乐观的"替代性政策前景"，化石燃料占东盟主要燃料的比重仍会从 2010 年的 72.4% 增加到 2030 年的 77.4%。尽管有很多环境上的弊端，煤矿在 2007 年到 2030 年的预计年均增长速度仍预计为 6.2%。

同时段内可再生资源中水电和地热能预期的年均增长量分别为 7.1% 和 5.1%，生物燃料为 1.1%，大大低于前者。

然而，一派环境不友好型的"一切照旧"的景象表明到 2030 年化石燃料占主要能源的比重可能增加到超过 80%，而煤矿所占将比重增至 30%。

### （三）城市化带来的影响

过去几十年东盟迅速的城市化进程增加了环境管理的难度。过去的几十年见证了世界范围内特别是坐落于亚洲的特大城市的发展，东盟自然被包括在内。市中心的发展主要归功于交通费用的降低，信息技术和金融革新带来的生产力的发展和生产网络和供应链的迅速完善。

外商直接投资常常带来其与全球生产链的连接，从而刺激了劳动力从农村到城市的转移。经济区也旧颜换新貌，尤其是临近首都的城市——现代化企业和贫民区同时在市中心扩张。市区扩展将中产阶级所在的区域挤到了市区边缘。

但城市的快速发展是以能源效率为代价的，使得水资源和卫生系统等公共设施不堪重负。原本用于公共交通的道路也渐渐被汽车占领。作为经济中心的特大城市尽管掌控着国家的经济却正在作茧自缚，因此东盟需要采取战略性的措施来重新建设城市，使其朝着环保节能的方向发展。

为了维持足够的资源以供未来发展，新加坡、斯里巴加湾市和吉隆坡通过投资来建造生态友好型的基础设施。但其他东盟城市在这方面的进步却有限。孟加拉和马尼拉愈加频发的洪水和将雅加达的交通堵塞证明了问题的严峻性和采取行动的紧迫性。到2030年前，随着特大城市的不断涌现，它们可能成为经济生产力的集中地，也有可能相反的，加剧不平等现象并沦为政治不稳定的因素。

### （四）环境上的区域合作

自然资源和环境的管理是国家政府的责任。同时，国家间对话，计划和合作也为积极的改变创造了机会。对于烟霾，过度捕捞及对海洋资源不可持续性的利用等跨境问题尤其如此。东盟国家已通过不同途径参与其中，包括不同的组织机构和子群体来处理大家共同的问题。"珊瑚三角区倡议"和"婆罗洲之心倡议"是两个比较突出的区域行动。

"珊瑚三角区倡议"是六个东南亚和太平洋国家（印度尼西亚，马来西亚，巴布亚新几内亚，菲律宾，所罗门群岛和地摩尔莱斯塔）为共同应对海洋资源的退化问题而提出的。它与东盟东部经济成长区合作并得到了很多国际方面的支持。东盟大面积的群岛都缺乏管制。在未来的几十年里，国家机构必须合作通过同一立场来保护这些资源。

"婆罗洲之心倡议"与"珊瑚三角倡议有所不同。它由共同拥有婆罗洲的三个国家发起（文莱，印度尼西亚和马来西亚），它的目的是阻止对婆罗洲主要森林区域的非可持续利用。平衡打击非法砍伐、保护林地的紧迫需要与扩展农业的需求（比如通过扩大种植）是一项艰巨的任务。赋予当地居民更多权利，允许他们参与决策，支持适当的社区发展和进行文化保护是倡议的部分内容。尽管本质上带有区域性，"婆罗洲之心倡议"的影响却是全球性的。

　　东盟在环境上的合作有着很长的历史。环境部长会议在 2010 年制订了环境保护蓝图，并明确了以下优先领域：应对全球环境问题；处理和预防跨境污染（烟霾、有害废料的转移）；通过教育和公众参与来促进可持续发展；促进环境技术的发展；提高城市人口的生活质量；统一环境政策和数据库；促进海岸和海洋环境的可持续利用；促进有效的自然资源管理和生物多样性；维持淡水资源；应对气候变化及其影响。

　　如此广泛的议题毫无疑问不仅需要投入巨大的人力与经济资源，还需要强有力的政治决断力来贯彻国家政策。既然环境管理是持续、和谐的经济发展的基础，东盟领导人应该平衡国家和区域的增长战略和环境管理。东盟要在 2030 年实现真正的无界限的经济共同体必须加强对环境保护的重视。

# 大数据时代下的环保国际合作

丁士能　贾　宁

随着社交网络、移动互联、电子商务、互联网和云计算的兴起，各个行业的以音频、视频、图像、日志等形式产业的数据正以指数级增长。2008 年，国际顶级学术期刊 *Nature* 以"Big Data"为专刊，讨论了大数据给各个领域带来的冲击和挑战；2011 年 5 月，国际著名咨询机构麦肯锡公司发布了题为"大数据：下一个创新、竞争和生产力的前沿"的报告。这是第一份系统阐述大数据的专题研究成果。2012 年，美国总统奥巴马宣布美国政府投资 2 亿美元启动"大数据研究和发展计划（Big Data Research and Development Initiative）"。这是继 1993 年美国宣布"信息高速公路"计划后的又一次重大科技发展部署。美国政府认为，大数据是"未来的新石油"，并把大数据的研究上升为国家意志。可以预见，随着大数据的发展与应用，将对未来的经济、社会各个方面乃至政府管理模式的发展带来深远影响。不同于其他行业，中国在大数据发展方面基本做到了与世界同步。2011 年，中国计算机学会、中国通信学会先后成立了大数据委员会，研究大数据中的科学与工程问题。此外，中国还于 2011 年、2012 年，举办了第一届、第二届"大数据世界论坛"，与国际 IT 业、金融、电信等行业领先人物一同探讨大数据的应用与发展。科技部的《中国云科技发展"十二五"专项规划》和工信部的《物联网"十二五"发展规划》等都把大数据技术作为一项重点予以支持。

在这一时代背景下，环境保护部门也意识到在大数据应用的影响下，目前现有的管理方式、模式，信息化建设等方面面临着创新发展。本文结合国际大数据发展趋势以及中国大数据发展现状，对环保国际合作的大数据应用进行探究，并提出了以下几点意见：树立大数据意识，开展大数据国际合作顶层设计；加强重点区域环境信息平台建设，支持环保"走出去"；积极参与国际环保系统建设，强化国际环境信息数据收集能力；加强对大数据管理和分析的基础能力建设，保障相关决策的科学性。

# 一、大数据概念及主要应用

## （一）大数据的基本概念

大数据从 2009 年开始流行于互联网，2011 年 5 月，著名的麦肯锡全球研究院推出了关于大数据的研究报告《大数据的下一个前沿：创新、竞争和生产力》。该报告代表性提出了大数据发展的问题，而之后关于大数据的行动与讨论将全球信息化发展引入一个新的境界，一时间大数据成为世界瞩目的话题。

截至目前，世界多个机构和专家均从不同角度对大数据进行了定义。普遍能接受的一种是，"大数据技术 (big data)，或称巨量资料，指的是所涉及的资料量规模巨大到无法通过目前主流软件工具，在合理时间内达到撷取、管理、处理、并整理成为帮助企业经营决策更积极目的的资讯。"需要注意的是，大数据看上去与"海量数据"和"大规模数据"相似，但是在内涵上，大数据不仅包含了"海量数据"和"大规模数据"，而且还包括了更为复杂的数据类型；在数据处理方面，大数据的应用要求数据处理的响应速度由以往的周、天、小时降为分、秒的时间处理周期，需要借助云计算、物联网技术降低成本，提高处理数据的效率。

## （二）大数据的基本特性

大数据的特点归纳起来可为 4 个：Volume（大量）、Variety（多样）、Velocity（高速）、Value（价值）。具体如下：

（1）数据体量大。随着信息化技术的高速发展，数据开始爆炸性增长。现在大型数据集，数据量一般在 10TB[1] 规模左右，更多的认为应该达到 PB[2] 规模。

（2）数据类别大。数据来自多种数据源，数据种类和格式日渐丰富，已冲破了以前所限定的结构化数据 [3] 范畴，囊括了半结构化 [4] 和非结构化数据 [5]。如网络日志、视频、图片、地理位置信息、政府信息、行业信息等各式各样的信息。

（3）数据处理速度快。在数据量非常庞大的情况下，也能够做到数据的实时处理。

---

[1] 淘宝近 4 亿的会员每天产生的商品交易数据约 20TB。
[2] Google 每天通过云计算平台处理的数据超 13PB。
[3] 结构化数据：财务系统数据、信息管理系统数据、医疗系统数据等，其特点是数据间因果关系强。
[4] 半结构化数据：HTML 文档、邮件、网页等，其特点是数据间因果关系弱。
[5] 非结构化数据：视频、图片、音频等，其特点是数据间没有因果关系。

（4）数据价值密度低，价值密度的高低与数据总量的大小成反比。以视频为例，一部 1 小时的视频，在连续不间断的监控中，有用数据可能仅有一二秒。如何通过强大的机器算法更迅速地完成数据的价值"提纯"成为目前大数据背景下亟待解决的难题。

### （三）大数据的应用

在大数据时代，数据的收集不再关注其本身的联系，而在与其潜在的联系，数据收集范围也扩大，不再拘泥于几个抽样点。随着信息化以及计算机相关技术的爆炸发展，大数据的基础——大量的数据收集、整理、分析不再是问题，因此，大数据被看做一种商业资本，被逐步大规模运用于商业市场。

#### 1. 沃尔玛的搜索

这家零售业寡头为其网站 Walmart.com 自行设计了最新的搜索引擎 Polaris，利用语义数据进行文本分析、机器学习和同义词挖掘等。根据沃尔玛的说法，语义搜索技术的运用使得在线购物的完成率提升了 10% ~ 15%。而这就意味着数十亿美元的金额。

#### 2. 分析病情

在加拿大多伦多的一家医院，针对早产婴儿，每秒钟有超过 3 000 次的数据读取。通过这些数据分析，医院能够提前知道哪些早产儿出现问题并且有针对性地采取措施，避免早产婴儿夭折。

#### 3. 提高运营效率

一家连锁超市在其数据仓库中收集了 700 万部冰箱的数据。通过对这些数据的分析，进行更全面的监控并进行主动的维修以降低整体能耗。

#### 4. 智慧交通

瑞典斯德哥尔摩市通过多方式的交通信息采集系统收集诸如交通流量、事故等信息。通过相关系统的实时分析，提前预测交通拥堵情况，指导相关车辆绕行。同时，通过结合居民出行信息，斯德哥尔摩为公共交通工具规划了更为合理的路线。

## 二、大数据国际发展的趋势

### （一）大数据已成为国家重要的战略资源

大数据与自然资源、人力资源一样，在发达国家或区域内，大数据已经成为重要的战略资源，将为经济发展发挥巨大贡献。美国认为，大数据的战略地位堪比工业时代的石油；英国相关调查报告指出，英国 2011 年私企和公共部门企业的数据资产价值为 251 亿英镑，2017 年将达到 407 亿英镑；韩国认为其本国公共数据已成为具有社会和经济价值的重要国家资产；欧盟的报告认为，欧盟公共机构产生、收集或承担的地理信息、统计数据、气象数据、公共资金资助研究项目、数字图书馆等数据资源全面开放，将每年会给欧盟带来 400 亿欧元的经济增长。

### （二）发达国家开始了大数据的战略布局

目前，发达国家已经开展了大数据的战略布局，争夺新经济的制高点，形成大数据时代的国家竞争力。

#### 1. 美国：计划先行

2012 年 3 月 29 日，美国奥巴马政府推出"大数据研究与开发计划"。为启动该项计划，美国国家科学基金会、国立卫生研究院、国防部、能源部等六大联邦机构宣布将共同投入 2 亿美元的资金，用于开发收集、存储、管理大数据的工具和技术。

#### 2. 欧盟：科研投入

欧委会承诺，欧盟第七研发框架计划(FP7)和新设立的欧盟 2020 地平线（Horizon 2020），一直并将继续增加对大数据技术的研发创新（R&D&I）投入。截至目前，欧委会公共财政资助支持的大数据技术研发创新重点优先领域主要包括：① 云计算研发战略及其行动计划；② 未来物联网及其大通量超高速低能耗传输技术研制开发；③ 大型数据集（Large Datasets）虚拟现实工具（VRT）新兴技术开发应用；④ 面对大数据人类感知与生理反应的移情同感数据系统（CEEDS）研究开发；⑤ 大数据经验感应仪（XIM）研制开发等。

#### 3. 英国：投资保障

2013 年，英国商业、创新和技能部宣布，将注资 6 亿英镑发展 8 类高新技术，其中对大数据的投资达 1.89 亿英镑。同时，政府将在计算基础设施方面投入巨资，加强数据采集和分析，希望能在数据革命中占得先机。

### 4. 法国：解决方案

法国政府在其发布的《数字化路线图》中表示，将大力支持"大数据"在内的战略性高新技术。日前，法国经济、财政和工业部宣布，将投入 1 150 万欧元用于支持 7 个未来投资项目。法国政府投资这些项目的目的在于"通过发展创新性解决方案，并将其用于实践，来促进法国在大数据领域的发展"。

### 5. 日本：政策推动

2013 年 6 月，安倍内阁正式公布了新 IT 战略——"创建最尖端 IT 国家宣言"。"宣言"全面阐述了 2013—2020 年期间以发展开放公共数据和大数据为核心的日本新 IT 国家战略，提出要把日本建设成为一个具有"世界最高水准的广泛运用信息产业技术的社会"。

### 6. 新加坡、韩国：国家工程

新加坡认为大数据是"未来流通的货币"，并拟推动大数据枢纽中心建设；韩国划拨了 2 亿美元预算，在 2013 年起的 4 年时间里打造旨在运用大数据的国家工程。

### （三）政府数据资源成为国家推动大数据发展的重要抓手

以美国为首的发达国家积极推动政府数据公开，并以此希望带动本国大数据产业的发展。美国于 2013 年发布了《数据开放政策》行政命令，要求公开教育、健康等七大关键领域数据，并对各政府机构数据开放时间作出了明确要求。英国实施"开放数据"项目，建立"数据英国"网站用于数据公开，为英国公共部门、学术机构等方面的创新发展提供"孵化环境"。法国于 2011 年推出"公开信息线上共享平台"，公开了包括国家财政支出、空气质量等数据。韩国在首尔市打造"首尔开放数据广场"，为用户提供十大类公共数据信息。新加坡也于 2011 年建立政府公开数据平台，开放来自 60 多个公共机构的数据。

### （四）大数据推动政府管理能力创新发展

大数据应用为政府管理能力的提升带来了发展机遇。

(1) 为推动政府管理理念和模式的变化带来机遇。通过让海量、动态、多样的数据有效集成为有价值的信息资源，推动政府转变管理理念和治理模式，进而加快管理体系和管理能力现代化。

(2) 为推动政府治理决策精细化和科学化带来机遇。大数据能够对经济社会运行规律进行直观呈现，从而降低政府治理偏差概率，提高政府管理的精细化和科学化。

(3) 为推动政府管理提高效率和节约成本带来机遇。利用大数据，可以使政府相关管理措施所依据的数据资料更加全面，不同部门和机构之间的协调更加顺畅，进而有效提高工作效率，节约治理成本。

# 三、中国的大数据发展

## （一）中国发展大数据的意义

我国正处在全面建成小康社会征程中，工业化、信息化、城镇化、农业现代化任务很重，建设下一代信息基础设施，发展现代信息技术产业体系，健全信息安全保障体系，推进信息网络技术广泛运用，是实现四化同步发展的保证。大数据分析对我们深刻领会世情和国情，把握规律，实现科学发展，做出科学决策具有重要意义。

### 1. 大力发展大数据有利于国家竞争力的提升

在大数据时代，国家竞争力将部分体现为一国拥有数据的规模、活性以及解释、运用数据的能力；国家数据主权体现对数据的占有和控制。数据主权将是继边防、海防、空防之后，另一个大国博弈的空间，我国应当给予高度重视。

### 2. 大数据是中国社会经济创新发展的重要机遇

目前，中国正处于社会、经济发展转型期。大数据的发展为尚处于初步阶段的我国社会管理信息化提供了跨越式发展的机遇。在经济方面，大数据成为企业提升竞争力的新途径，同时也为国家经济的可持续、绿色发展创造了条件。

## （二）大数据在中国主要应用领域

2011 年以来，中国计算机学会、中国通信学会先后成立了大数据委员会，研究大数据中的科学与工程问题，科技部的《中国云科技发展"十二五"专项规划》和工信部的《物联网"十二五"发展规划》等都把大数据技术作为一项重点予以支持。

目前，大数据在我国主要经济领域应用如下：

### 1. 大数据在经济预警方面发挥重要作用

在 2008 年金融危机中，阿里平台的海量交易记录预测了经济指数的下滑。2008 年初，阿里巴巴平台上整个买家询盘数急剧下滑，预示了经济危机的来临。数以万计的中小制造商及时获得阿里巴巴的预警，为预防危机做好了准备。

### 2.大数据分析成为市场营销的重要手段

基于百度覆盖95%中国网民的用户量，百度帮助宝洁精准的定位了消费者的地域分布、兴趣爱好等信息，根据百度分析的结论，宝洁适时地调整了营销策略。

### 3.大数据在临床诊断、远程监控、药品研发等领域发挥重要作用

我国目前已经有十余座城市开展了数字医疗。病历、影像、远程医疗等都会产生大量的数据并形成电子病历及健康档案。基于这些海量数据，医院能够精准地分析病人的体征、治疗费用和疗效数据，可避免过度及副作用较为明显的治疗，此外还可以利用这些数据进行实现计算机远程监护，对慢性病进行管理等。

### 4.大数据为金融领域的客户管理、营销管理及风险管理提供重要支撑

中国金融系统依托大数据平台可以进行客户行为跟踪、分析，进而获取用户的消费习惯、风险收益偏好等。针对用户这些特性，银行等金融部门有针对性实施风险及营销管理。

### （三）中国大数据发展的主要问题

### 1.数据总量不够、信息"孤岛"现象严重

我国数字化的数据资源总量远远低于美欧，每年新增数据量仅为美国的7%，欧洲的12%，其中政府和制造业的数据资源积累远远落后于国外。就已有有限的数据资源来说，还存在标准化、准确性、完整性低，利用价值不高的情况，这大大降低了数据的价值。同时，我国政府、企业和行业信息化系统建设往往缺少统一规划和科学论证，系统之间缺乏统一的标准，形成了众多"信息孤岛"，而且受行政垄断和商业利益所限，数据开放程度较低，以邻为壑、共享难，这给数据利用造成极大障碍。

### 2.大数据认识不足

目前，虽然已经有越来越多的政府以及企业用户尝试应用大数据的解决方案，但是大多数用户对于大数据的认识仍然十分模糊，一些政府部门和企业对大数据在本部门、本行业的应用尚不能充分认识。例如，在大数据智慧型城市发展中，许多政府部门对大数据的应用还停留在移动生活和移动办公中，对于更深入的交通、生态、宜居等方面应用还认识不足。

### 3.信息处理技术落后

大数据除了数据收集之外，最主要的是数据处理、分析及应用。而我国数据处

理技术基础薄弱，总体上以跟随为主，难以满足大数据大规模应用的需求。如果把大数据比作石油，那数据分析工具就是勘探、钻井、提炼、加工的技术。我国必须掌握大数据关键技术，才能将资源转化为价值。

### 4. 基础设施硬件不能满足大数据发展需求

大数据通常都是非结构性的，其中视频、音频、监测等数据对实时性的要求很高，大数据需要大管道和超高速的网络连接。然而，在宽带网建设方面，我国的国际互联网干线带宽、国内带宽以及移动互联网下载速率的国际排名都比较靠后。此外，由于大数据不再对数据进行取样分析，而是采用全数据分析。因此，对于需要对监测数据进行实时收集的行业来说，实时监测基础设施是否完善，将制约着大数据的应用。

### 5. 大数据建设在部分领域存在重复建设

中国大数据发展过程中存在基础设施硬件不能满足大数据发展的同时，也存在的部分领域的重复建设问题。如在大数据智慧型城市建设领域，地方政府的各个部门都开展相关信息收集能力建设，但是对于一些应用广泛、收集容易的数据，重复建设现象严重。以一地级市为例，其有关部门相关系统设计的信息采集重叠率达到82%，信息不一致率达到27%，信息不完整率达到43%，存在大量的重复投入和信息盲点。

## 四、大数据对推动环保国际合作的重要作用

目前，我国环境保护面临着来自国内、国际的双重压力与挑战，明显表现为"双向影响严峻、内外利益攸关、国际形象关切、大国责任凸显、挑战机遇并存"的局面。在新形势下，环保国际合作要进一步统筹国际国内两个大局，构建有利于生态文明建设的环保国际合作战略，既要加强顶层设计，又要推动实践创新，抓住重点，着力探索环保国际合作新道路。大数据作为推动环保发展的重要手段，在促进环保国际合作方面具有重要的意义和作用。

### （一）支持生态文明建设创新发展

生态文明建设为中国实现美丽中国梦、民族永续发展指明了方向和实现途径，是我国推动环境与经济和谐发展理念的集中体现，是我国在全球可持续发展领域的

一次理论创新。大数据有助于环保部门通过充分地对比、科学地分析，为引入适合中国国情的国际环境与发展先进理念服务，促进中国生态文明理念和"美丽中国"的国际理解互动，丰富与深化生态文明国际化内涵，支持生态文明建设的创新发展。

### （二）增强服务环保中心工作能力

环保国际合作是推动污染减排、促进生态环境建设的重要手段之一。推动大数据在跨界水体环境监管、跨界生态环境状况监测、边境地区环境预警与应急体系中，有助于提高区域相关国家应对突发环境问题的预警以及应急能力，确保重大环境污染事件的有效处置。同时，在推动大数据在这些体系中运用的同时，也有助于全面收集和系统分析相关国家的环保体系、环境标准等相关信息，为国内进一步完善法律、制度、管理等体系提供国际借鉴。

### （三）推动环保国际宣传

随着我国成为世界第二大经济体，在国际事务中的影响不断加大，节能减排以及跨界环境问题开始成为舆论关注的热点。如，日本、韩国媒体将本国雾霾天归咎于中国；美国相关研究成果认为中国细小颗粒物飘至美国。而经济增长带动的资源需求，也对国际资源市场形成了巨大的压力和冲击。国际社会对我国加强环保能力建设的呼声高涨。通过大数据建设，在推动我国诸如环保物联网发展、环境风险的预测能力、环境管理水平、污染排放监管等环保基础能力建设的同时，还有助于环保部门在保证数据准确的基础上，通过相关数据展示，更为广泛、具体、有效、直观地展现中国环保成就，推动中国环保国际宣传，争取国际社会的理解与支持，减少国际上对我国环境保护压力，提升我国的环境"软实力"。

### （四）促进环保"走出去"

目前，推动环保"走出去"是我国开展环保国际合作的主要内容之一。环保"走出去"主要是针对发展中国家及不发达国家，分享我国的环保理念、体系、制度、规则、标准以及相关产品、设备及服务，营造有利于中国发展的国际舆论环境以及推动环保产业"走出去"的商业环境。但是，由于我国环保国际合作还处于初步阶段，对相关国家的环境信息收集手段单一，渠道狭窄，数据分析能力屡弱。因此，通过环保国际合作大数据平台建设，有助于推动我国对他国环境信息的收集能力，准确及有效地分析、把握他国（区域）环保需求、发展趋势，结合我国自身特点，通过开展培训、交流、技术转移等活动，推动我国环保"走出去"。

## （五）支持国际合作的基础能力建设

根据"十二五"环境保护国际合作工作纲要相关内容，为推动环保国际合作的开展，环境保护部将在"十二五"期间开展基础能力和保障能力建设，其中包括：区域环境保护合作平台、环保产业与技术国际合作平台、国际环境合作战略与政策研究基地、跨界环境问题研究基地等。在统一的大数据平台的支持下，这些平台基地将能有效地收集、利用相关数据，为相关决策提供科学分析，更好地发挥环保国际合作的智库作用。

## （六）争取国际环境谈判主动权

目前，发达国家仍是世界有限资源的主要消费者和污染源。而发展中国家以不发达国家面临着环境与经济发展的双重问题。因此，在相关国际（区域、双边）环境问题谈判中，中国遵循着"共同但有区别的责任"的原则，强调发达国家对发展中国家要做出资金支持、技术转移等切实贡献。在大数据时代下，通过加强信息平台建设，有助于中国收集相关国家环境信息，强化依据数据进行的国际环境问题的分析和研究能力，为我国参与相关环境保护国际谈判提供支撑，推动全球、区域、跨界等环境问题的解决。

# 五、推动大数据在环保国际合作的相关战略思考

大数据应用推动着环保国际合作变革同时，也对开展环保国际合作的内容提出了创新要求。因此，对于我国环保部门，应认清大数据在环保国际合作发展过程中的突出问题，准确把握相关工作职能、工作模式带来的从思维模式到具体行动的大变革，顺应大数据的潮流，为进一步促进环保国际合作服务。

## （一）树立大数据意识，开展大数据国际合作顶层设计

积极推动环保国际合作人员主动树立大数据意识，积极转换思维观念，关注大数据带来的国际合作创新发展，充分理解大数据的内涵，重视数据、尊重数据、"让数据发声"，使大数据成为我们在信息化条件下开展环保国际合作工作的有力抓手。目前，如何充分发挥大数据优势，推动环保国际合作还处于摸索阶段，下一步建议，应开展环保国际合作在大数据时代下发展的专题研究工作，引入"大环保"概念，并针对国际合作具体内容的创新而可能带来的管理、职能以及体制、制度方面的

变革，做好统筹规划与顶层设计，明确环保国际合作在大数据时代下的建设方向与路径。

### （二）加强重点区域环境信息平台建设，支持环保"走出去"

结合目前的国家实施"一带一路"战略的外交大局，中亚及东盟地区是环保"走出去"的重点区域。因此，建议环境保护部重点支持上海合作组织环境信息平台以及中国－东盟环境信息平台建设。通过上述两个平台建设，收集周边环境信息数据，通过分析、总结，支持相关跨界环境问题研究，并有针对性地开展相关国际合作以及援助工作，分享我国环保理念、制度以及标准，推动我国优秀的环保技术及企业"走出去"，落实环保"走出去"。

### （三）积极参与国际环保系统建设，强化国际环境信息数据收集能力

目前，国际上建立了全球环境监测系统、国际环境资料查询系统和有毒化学物的国际登记中心等诸多涉及监测、环境信息分享、技术交流的系统和网络。我国黄河、长江、珠江、太湖四个水系已参加全球水监测系统，北京、上海、沈阳、广州和西安等城市已参加世界城市大气污染监测网络。以欧盟、东盟为代表的国家区域联盟也正积极建设并推动相关信息数据网络平台建设，强化区域内环保相关信息数据的收集、分享与交流。下一步，应加强环保网络建设方面的交流与合作，进一步完善我国相关网络平台建设，支持并积极参与全球或者区域网络平台建设。通过这些网络平台的建设，强化国际环境信息数据的收集能力。

### （四）加强对大数据管理和分析的基础能力建设，保障相关决策的科学性

大数据时代最大的特征在于对数据的应用，支持相关决策的科学性。因此，在强化数据收集能力的基础上，还应加强对数据的管理和分析的基础能力建设。下一步，建议建设环保国际合作大数据平台，该数据平台将与上述信息平台和相关网络实现对接，从而实现对国内外环保相关信息的统一综合管理，避免重复建设，防止"信息孤岛"现象发生，为环保国际合作相关决策做好服务，为国际环境问题谈判提供科学依据，为涉及环境问题的国际贸易协议签署提供支撑。此外，结合我国目前技术、管理、分析的复合型人才缺乏，信息处理技术落后的现实，建议应加强应用人才队伍建设，培养和造就一支懂指挥、懂技术、懂管理的大数据建设专业队伍，确保对收集的数据能进行有效的管理，并进行科学的分析，保障相关决策的科学性。

# 参考文献

[1] 大数据及其发展趋势研究 . http://www.xzbu.com/9/view-4969491.htm.

[2] 付玉辉 ."从大数据、大环保到大治理", 2014.

[3] 侯人华、徐少同："美国政府开放数据的管理和利用分析——以 WWW.DATA.GOV 为例", 2011.

[4] 陆建英，郑磊，Sharon S.Dawes："美国的政府数据开放：历史、进展与启示"，2013.

[5] 大数据能源管理信息化研究会， http://www.ceee.com.cn/hyml/2013-7-24/NEWS44117.HTML.

[6] 维克托，迈尔 - 舍恩伯格 . 大数据时代 - 生活、工作与思维的大变革 . 杭州：浙江人民出版社，2012.

[7] 孟小峰，慈祥 ."大数据管理：概念、技术与挑战"，2013.

[8] 李国杰，程学旗 ."大数据研究：未来科技及经济社会发展的重大战略领域"，2012.

[9] 欧美国家大数据战略及市场情况， http://intl.ce.cn/specials/zxgjzh/201406/10/t20140610_2952431.shtml.

[10] 大数据与中国的战略选择， http://www.qstheory.cn/freely/2014-07/07/c_1111485084.htm.

[11] 看各国如何布局大数据战略，http://www.chinaeg.gov.cn/show-5747.html.